基于粒计算模型的图像处理

Image Processing Based on Granular Computing Model

郝晓丽◎著

人 民 邮 电 出 版 社
北 京

图书在版编目（CIP）数据

基于粒计算模型的图像处理 / 郝晓丽著. -- 北京 ：
人民邮电出版社, 2019.11
ISBN 978-7-115-51695-4

Ⅰ. ①基… Ⅱ. ①郝… Ⅲ. ①图象处理 Ⅳ.
①TP391.413

中国版本图书馆CIP数据核字(2019)第153742号

内 容 提 要

从哲学角度讲，粒计算是一种人类看待客观世界的方法论；从科学研究角度讲，粒计算是一种模拟人类解决复杂问题的理论方法，是人工智能研究领域的一个分支。本书以词计算模型、粗糙集模型、商空间理论模型的基本理论为起点，对一种新的粒计算模型理论及方法进行讨论，进一步解释粒化和粒计算。内容涉及模型建立的理论框架、有关模型定理的阐述和证明，以及粒计算模型在完备和不完备信息系统的知识发现、聚类、图像分割、镜头边界检测、关键帧提取、人脸检测、人眼检测、面部表情识别等相关领域的应用。

本书可供计算机及相关专业的研究人员、教师、研究生、高年级本科生阅读，也可供相关领域科研人员阅读参考。

◆ 著　　　郝晓丽
责任编辑　王　夏
责任印制　彭志环

◆ 人民邮电出版社出版发行　　北京市丰台区成寿寺路 11 号
邮编　100164　　电子邮件　315@ptpress.com.cn
网址　http://www.ptpress.com.cn
北京市艺辉印刷有限公司印刷

◆ 开本：787×1092　1/16
印张：15.5　　　　2019 年 11 月第 1 版
字数：377 千字　　2019 年 11 月北京第 1 次印刷

定价：139.00 元

读者服务热线：(010)81055493　印装质量热线：(010)81055316
反盗版热线：(010)81055315

前　言

人们在认知和处理现实世界的问题时，常常采用从不同层次观察问题的策略，这种策略可以使用粒计算的原理更加准确、严格地表述。因此粒计算不仅是一些理论、方法、技术或工具的总称，而且可以认为是一种看待客观世界的世界观和方法论。粒计算可以从两大方面来进行研究：粒的构造和使用粒的计算。前者处理粒的形成、表示和解释，后者处理在问题求解中粒的运用。总的来说，粒计算是通过粒对现实问题的抽象、粒之间的关系、粒的分解和合成以及粒或者粒集之间的交互来描述和解决问题的一种方法。

本书以研究粒计算的 3 个主要模型——词计算模型、粗糙集模型、商空间理论模型的基本理论为起点，从人工智能、粒度表示、所研究的对象粒等角度，分析了三者之间的联系及区别。由此，本书以一种新的粒计算模型——粒度格矩阵空间模型为理论轴线，在二进制粒空间和模糊空间下进行了定义和定理的阐述和证明，解释了粒化、粒计算，使其成为连接关系、粒、矩阵理论和图论之间的一座桥梁。其次，将该理论与其他智能计算理论相结合，依次应用于完备和不完备信息系统的知识发现、聚类、图像分割、镜头边界检测、关键帧提取、人脸检测、人眼检测、面部表情识别等相关领域。

本书在结构上力求从传统理论研究入手，以粒计算模型为主线，以应用研究为立足点，由浅入深、由远及近地介绍了粒计算理论的历史发展、研究现状及应用。在文字叙述上，着力描述准确、简明扼要、层次清晰，便于读者对全书理论的了解和梳理。在内容上，本书集合了著者多年对粒计算模型研究的理论体会，以及以大量实验为基础的研究成果。谈及此处，深知从事粒计算理论研究的学者前辈之多、研究理论之深广、经验之丰富，足令著者等晚辈自惭，虽以此书为阶段科研总结，也是下一步致力于应用领域研究的契机。

全书共分 11 章，安排如下。

第 1 章为绪论，总结了粒计算的基本问题，分析了粒计算目前存在的 3 个主要模型，同时对其当前的研究现状及在相关领域的应用进行了阐述，为新模型的建立提供了理论和应用依据。

第 2 章提出了粒度格矩阵空间模型。该章在集合论的框架下，从商空间理论、粗糙集方法及模糊集理论出发，提出更强有力的粒度格矩阵空间模型 $(\mathrm{GX},\mathrm{GA},\mathrm{GV},(\mathrm{GI},\mathrm{GE},\mathrm{GM}),t)$，构成一个更加完整的粒计算理论。第 2 章是全书的理论基础，为后续章节的知识发现、聚类和图像分割等领域的应用提供了有力的理论依据。

第 3 章阐述了基于新模型的完备和不完备信息系统的知识发现。首先，以完备信息系统为研究对象，通过等价关系将论域划分为互不相交的等价粒，以粒度格矩阵作为运算途径对系统进行知识约简。其次，针对粗糙集知识发现的非动态性缺点，提出了一种基于新模型的具有动态粒度的决策规则挖掘算法。最后，以不完备信息系统为研究对象，通过构造相容粒和粒空间，达到不完备信息系统的知识挖掘。

第 4 章提出了基于新模型的动态聚类算法，阐明了对不同性质的样本点采用“动态粒度”聚类的必要性。利用第 2 章建立的粒度模型和第 3 章基于新模型的知识发现算法，对构建的信息系统进行知识挖掘，明确样本集合中各属性的权值，重新定义距离公式，提出了新聚类算法。第 4

章是第 3 章提出的基于新模型的知识发现算法在聚类问题中的应用，从另一个角度验证了基于新模型的知识发现算法的可行性和有效性，同时为第 5 章的图像分割问题做了铺垫。

第 5 章详细描述了粒度格矩阵空间模型下的图像分割问题。首先，论证了图像分割问题与粒度划分的一致性，完成了图像向粒度格矩阵空间模型的转换。其次，根据等价关系的不同设定，将图像转化为具有分层结构的知识体系。最后，在各单元粒度层完成图像的逐次分割后，通过粒度的合成取得最终的分割效果。

第 6 章在分析镜头边界检测算法的基础上，提出了一种基于多粒度特征融合的自适应双阈值镜头检测算法。该方法运用 HSV 颜色粒度特征和 LBP 纹理粒度特征来突出表现视频帧的主要内容，同时采用自适应阈值选取方式进行镜头边界检测。

第 7 章针对当前关键帧提取算法普遍存在速度慢、时间复杂度高等缺点，提出了一种基于 CUDA 模型的粒信息熵的关键帧提取算法，利用帧粒互信息熵提取图像帧特征，并运用 SUSAN 算子完成帧粒特征的边缘匹配，结合 CPU+GPU 并行编码的方式加速计算过程，从而缩短提取关键帧所用的时间开销。同时，提出了基于 DCT 与 NCIE 的关键帧多级提取方法，将镜头分为动态镜头集和静态镜头集，针对动态镜头，采用非线性相关信息熵（NCIE）对镜头帧进行相似性度量，从子镜头中选择最接近平均信息熵的一帧作为关键帧。

第 8 章提出基于 Adaboost 的人脸检测多阶段优化算法。该算法为避免传统 Adaboost 算法易出现训练过度、训练时间长、误报率高等问题，在算法学习和检测过程中通过扩充训练样本、缩减特征数量、限制样本权重等，对传统 Adaboost 算法进行多阶段优化；其次，通过在算法前端和后端设置自判断机制缩减误报。在分类器判断待检测窗口之前设置前端误报缩减机制，通过边缘能量初步过滤、删除非感兴趣子窗口，提高检测准确度；后端自判断机制是在 Adaboost 算法检测后，设置基于粗糙粒的肤色检测和边缘蒙板的“过滤器”，在窗口内再次筛选人脸，进一步缩减误报。

第 9 章在改进 Adaboost 算法三层结构人眼检测方法的基础上，针对 CamShift 算法在跟踪过程中仅仅依靠前一帧获取到的目标信息初始化当前帧图像的搜索窗口缺乏预测模块、易跟踪失败等弊端，将 Kalman 滤波器引入 CamShift 算法，提出了一种基于 Kalman 滤波器和改进 CamShift 算法的双眼跟踪方法；其次，在人眼检测和人眼跟踪的基础上，利用 Ostu 对定位到的人眼区域进行阈值化处理，通过 Freeman 链码方法提取人眼外围轮廓进行拟合，根据椭圆的长短轴比值分析判断人眼状态。

第 10 章针对改善深度置信网络运用于面部表情识别时，易出现局部结构特征被忽视、顽健性差、运算量大等问题，提出了融合双韦伯特征的深度置信网络表情识别算法。通过设计双韦伯描述算子，在空间分布优化传统韦伯特征的梯度方向算法，对图像进行初次特征提取，丰富局部细节纹理信息；其次，在深度置信网络中进行二次特征提取，融合局部纹理信息的表征优势，借助深度学习在整体结构信息的提取优势，得到更易识别的高级抽象特征。

第 11 章为结论和展望，总结了全书的工作及创新，并为下一步的研究指明了方向。

在本书的编写过程中，初稿得益于太原理工大学谢克明教授的大力支持，在应用领域的编写中，得到了同课题组各位老师、同学的鼓励和帮助。在此，对他们表示衷心的感谢。

限于著者的水平，书中难免存在不妥之处，敬请致力于粒计算研究的前辈、同仁和各位学者批评指正。

作　者

2019 年 5 月

目 录

第1章 绪论……1

1.1 引言……1

1.2 粒计算的起源……2

1.3 粒计算的3个主要模型及其关系……3

1.3.1 词计算模型……3

1.3.2 粗糙集模型……4

1.3.3 商空间理论模型……5

1.3.4 从粒计算分析三者之间的关系……5

1.4 粒计算的基本问题……6

1.4.1 粒的构造和使用粒的计算……7

1.4.2 粒……7

1.4.3 粒化……7

1.4.4 粒层……8

1.4.5 所有粒层构成的结构……8

1.4.6 以粒为运算对象的运算和推理……9

1.5 粒计算模型研究现状及与其他智能理论的关系……9

1.5.1 粒计算模型研究现状……9

1.5.2 粒计算模型与其他智能理论的关系……10

1.5.3 粒计算模型与其他应用研究的结合……12

1.6 主要创新……13

第2章 粒度格矩阵空间模型……15

2.1 引言……15

2.2 粒度划分格……15

2.2.1 格论基础……15

2.2.2 划分和划分布尔格的粒度化……16

2.2.3 信息的粒度划分格与概念递阶……17

2.3 粒度格矩阵空间模型的提出……19

2.3.1 问题的提出……19

2.3.2 粒度格矩阵空间模型……20

2.4 粒度矩阵和粒度格矩阵……24
2.4.1 二进制空间下的粒度格矩阵……24
2.4.2 模糊空间下的粒度矩阵……32
2.5 小结……39

第 3 章 基于粒度格矩阵空间的信息系统知识发现……41

3.1 引言……41
3.2 约简算法及分析……41
3.3 基于粒度格矩阵空间的完备信息系统知识发现……42
3.3.1 基于粒度格矩阵空间的知识约简理论……43
3.3.2 基于粒度格矩阵空间的知识约简算法……45
3.3.3 基于粒度格矩阵空间的规则提取……49
3.4 基于粒度格矩阵空间的不完备信息系统知识发现……53
3.4.1 不完备信息系统……53
3.4.2 不完备信息系统的粒化空间……54
3.4.3 基于粒度格矩阵空间的不完备信息系统属性约简……56
3.4.4 算例……57
3.5 小结……60

第 4 章 基于粒度格矩阵空间的动态聚类……61

4.1 引言……61
4.2 统一粒度下的聚类算法及分析……62
4.2.1 聚类算法……62
4.2.2 统一粒度聚类算法的缺陷……63
4.3 粒度格矩阵空间下的聚类……65
4.3.1 聚类中的动态粒度分析……65
4.3.2 动态粒度的确定……66
4.3.3 粒度格矩阵空间下的聚类协调性……67
4.4 基于粒度格矩阵空间的动态聚类算法……69
4.4.1 动态聚类的一般算法……69
4.4.2 基于粒度格矩阵空间的动态聚类算法……70
4.5 实验及分析……75
4.6 小结……77

第 5 章 基于粒度格矩阵空间的图像分割及显著性提取……78

5.1 引言……78
5.2 粒计算在图像分割中的应用……79
5.2.1 图像分割算法及分析……79
5.2.2 粗糙集在图像处理中的主要应用……81
5.2.3 模糊集在图像处理中的主要应用……81

5.2.4 商空间在图像处理中的主要应用……82
5.2.5 粒计算在图像处理中的研究方向……82
5.3 基于模糊 C-均值的图像分割算法……83
5.3.1 算法描述……83
5.3.2 算法缺陷……83
5.4 基于粒度格矩阵空间的图像分割……84
5.4.1 图像分割方法中的粒度原理……84
5.4.2 粒度格矩阵空间下的图像分割……85
5.4.3 单元粒度层的图像分割……86
5.4.4 单元粒度层图像分割的合成……89
5.4.5 实验及分析……90
5.5 基于粒空间融合的多特征显著区域检测……94
5.5.1 矩形粒特征提取……95
5.5.2 球形粒特征提取……97
5.5.3 粒融合……98
5.5.4 实验及分析……100
5.6 小结……101

第 6 章 基于多粒特征融合的视频镜头边界检测……102

6.1 引言……102
6.2 基于内容的视频检索……104
6.2.1 基于内容的视频检索结构框架……104
6.2.2 基于内容的视频检索关键技术……105
6.3 特征提取与匹配……106
6.3.1 特征提取……106
6.3.2 特征匹配……111
6.4 镜头边界检测……113
6.4.1 镜头变换……113
6.4.2 镜头突变检测……114
6.4.3 镜头渐变检测……117
6.5 基于多粒度特征融合的双阈值镜头检测算法……119
6.5.1 算法描述……120
6.5.2 实验与分析……122
6.6 小结……123

第 7 章 基于粒度熵的关键帧提取……124

7.1 引言……124
7.2 常见的关键帧提取算法……124
7.3 基于粒度熵的关键帧提取算法……126
7.3.1 基于粒度熵的特征提取……127

7.3.2 基于 SUSAN 算子的帧粒边缘匹配……128
7.3.3 实验与分析……130
7.4 基于 DCT 与 NCIE 的关键帧多级提取算法……134
7.4.1 基于 DCT 的快速特征提取……135
7.4.2 基于 NCIE 度量的视频关键帧提取……137
7.4.3 实验与分析……141
7.5 小结……145

第 8 章 基于粗糙粒的人脸检测……146

8.1 引言……146
8.2 传统人脸检测算法及分析……146
8.2.1 基于知识的方法……147
8.2.2 基于学习的方法……148
8.3 Adaboost 人脸检测算法……149
8.3.1 Adaboost 算法原理……150
8.3.2 实验及分析……158
8.3.3 基于 Adaboost 人脸检测算法的缺陷……159
8.4 Adaboost 算法多阶段优化……160
8.4.1 训练样本扩充……160
8.4.2 特征数量缩减……161
8.4.3 样本权重限制……163
8.4.4 自判断机制……165
8.4.5 实验及分析……167
8.5 基于粗糙粒的 Adaboost 人脸检测算法……172
8.5.1 粗糙粒定义……172
8.5.2 基于粗糙粒的肤色过滤……173
8.5.3 基于粗糙粒的边缘蒙版……175
8.5.4 实验及分析……177
8.6 小结……178

第 9 章 基于视频序列的人眼检测与跟踪……180

9.1 引言……180
9.1.1 人眼检测……180
9.1.2 人眼跟踪……181
9.2 基于改进 Adaboost 算法的人眼检测……181
9.2.1 改进的 Adaboost 算法……182
9.2.2 三层结构人眼检测……183
9.2.3 实验与分析……184
9.3 基于 Kalman 滤波器和改进 CamShift 算法的人眼跟踪……187
9.3.1 CamShift 算法……187

9.3.2 Kalman 滤波器 ……190
9.3.3 改进 CamShift 算法……191
9.3.4 基于 Kalman 和改进 CamShift 算法的人眼跟踪 ……192
9.3.5 实验与分析……193
9.4 人眼检测与跟踪在疲劳检测中的应用……196
9.4.1 人眼状态分析……196
9.4.2 人眼疲劳检测……200
9.4.3 实验与分析……202
9.5 小结……204

第 10 章 融合双韦伯特征深度置信网络表情识别……205

10.1 引言……205
10.2 表情识别系统及相关理论……206
10.2.1 表情数据库……206
10.2.2 表情图片预处理……207
10.2.3 表情特征提取……212
10.2.4 表情分类……214
10.3 韦伯局部描述算子的改进及应用……215
10.3.1 韦伯局部描述算子基本原理……215
10.3.2 WLD 特征的直方图统计……217
10.3.3 改进韦伯特征……218
10.3.4 实验及分析……220
10.4 融合改进韦伯特征的深度置信网络的表情识别……222
10.4.1 深度置信网络……222
10.4.2 基于深度置信网络的表情识别……225
10.4.3 融合双韦伯特征的深度置信网络表情识别算法……226
10.4.4 实验及分析……228
10.5 小结……231

第 11 章 结论与展望……232

11.1 本书的主要贡献……232
11.2 下一步研究工作……233

参考文献……234

第1章 绪 论

1.1 引 言

人们在认知和处理现实世界的问题时，常常采用从不同层次观察问题的策略，这种策略可以使用粒计算的原理更加准确、严格地表述。因此粒计算不仅是一些理论、方法、技术或工具的总称，还可以认为是一种看待客观世界的世界观和方法论。

一般来说，人们对事物的认识总是由浅至深、由表及里。人们在思考问题时，总是先从总体进行观察，然后再逐步深入地研究各个部分的情况；或先从各个方面对同一问题进行不同层面的了解，然后对它们进行综合；或根据具体情况，将大问题分解成若干个小问题，或把若干个小问题合并成一个大问题。人们从不同的角度或不同的层次对问题进行观察和分析，然后把这些零星的、片面的知识进行汇总，进而对整个事物有较为系统的、全面的了解。总之，凭借经验或专业知识，根据需要从不同层面、不同角度反复对事物进行了解、分析、综合、推理，最后得出事物本质的性质和结论，这正是粒计算的基本思想。

顾名思义，所谓粒度，就是将问题划分为不同大小的颗粒，规模较大的对象称为“粗粒度”，反之则称为“细粒度”，继而进一步研究粗细粒度的相互转换。所谓粒计算，就是研究被划分类或颗粒的大小及这些颗粒之间的关系。

以上是对人们智能求解问题的总结，即人们能从极不相同的粒度上观察和分析同一问题。人们不仅能在不同粒度的世界上进行问题求解，还能够很快地从一个粒度世界跳到另一个粒度世界，往返自如，毫无困难。这种处理不同粒度世界的能力，正是人们对于问题求解能力强有力的表现。同样地，在信息处理过程中，人们希望计算机能从不同的粒度解决复杂的问题，甚至能在不同的粒度之间进行跳跃或在不同的粒度之间进行计算结果的融合以得到更优的解。这就要求在信息处理的过程中引入粒计算，完成信息粒化的过程，即解决和处理大量复杂信息问题时，需要把大量复杂信息按各自的特征和性能将其划分成若干个较简单的块，而每个如此划分的块被看成一个粒。由此看出，粒计算同样是智能计算最重要的研究方法。

虽然目前还没有一个公认的关于粒计算的精确定义，也没有一个统一的粒计算模型，但它被公认为是信息处理的一种新的概念和计算范式，其覆盖了所有与粒度相关的理论、方法、技术和工具，主要用于不确定、不完整的模糊海量信息的智能处理。在很多情况下，当问题涉及不完全性、不确定性或模糊信息时，人们很难将不同元素区分开来，这时不得不考虑粒，典型的例子是粗糙集理论。同时，在许多实际问题中并不要求精确求解，或获取精确信息的代价不菲，而粗化粒度就可以有效而实际地解决问题。由此引出了模糊逻辑的原则：“充分利用不精确、不确定和部分为真的容许偏差，实现问题求解的易处理、顽健、低求解耗费以及与现实的友好性。”因此，粒计算不仅是粒度属性的子集，同时也是模糊信息粒度理论、粗糙集理论、商空间理论、区间计算等的超集。

本章对粒计算的相关知识进行了讨论，不仅总结了粒计算的基本问题，还分析了目前存在的 3 个主要粒计算模型，并对其当前的研究现状及在相关领域的应用进行了阐述。

1.2 粒计算的起源

粒度原本是一个物理学的概念，是指对微粒大小的平均度量。在这里被借用作对数据信息和知识粗细的平均度量，用于从宏观或微观层面上分析和处理信息。在人们的认识活动中，粒度的思想无处不在，人们观察、度量、定义和推理的实体都是粒度。

粒度的概念起源于 20 世纪 70 年代。模糊数学的创始人 Zadch[1-2]首次提出并探讨了模糊信息粒度，以元素属于给定概念（信息粒）的隶属程度作为粒度，推动了模糊逻辑理论及其应用的发展。1996 年，Zadeh 提出了“词计算理论”[3-5]，认为人们认知的 3 个主要概念是粒化、组织和因果，人们在进行思考、判断和推理时主要是用语言进行的，而语言本身就是粒度。这标志着模糊粒度化理论的诞生。

与此同时，粒计算中的另一个子集——粗糙集（Rough Set）理论，从 20 世纪 80 年代初诞生以来就得到了长足的发展和研究。1982 年，Pawlak 提出了粗糙集理论[6-7]，认为“人的知识就是一种分类的能力”，这个观点可能不是很完备，但却非常精炼。它用论域中的子集来表示概念，给定了论域上的一簇子集，相当于给定了一组知识。这样，在论域中给定了一个等价关系，就给定了一个知识基，然后再讨论一个如何用这个知识基来表示的一般概念。

随着粗糙集理论的不断发展，并随之应用在人工智能领域中，人们开始探讨是否有一种更为抽象的、建立在粗糙集之上的广义理论，于是开始对粒度概念进行深入研究。

国内在粒计算的研究方面起步较早，如张钹教授和张玲教授提出的商空间理论粒度模型和模糊商空间理论粒度模型，是目前粒计算理论中的代表性研究方向之一。他们于 1990 年在清华大学出版社出版的专著《问题求解理论及应用》中进行了关于粒度问题的讨论，提出了商空间理论模型，建立了一整套理论和相应的算法，并将其应用于启发式搜索、路径规划等方面，取得了较大的成功。该模型已经和 Zadeh 的模糊集理论模型、Pawlak 以粗糙集理论为基础的粒计算模型并列成为目前粒计算的 3 个主要模型。他们认为“人类智能的一个公认的特点，就是人们能从极不相同的粒度上观察和分析同一问题。人们不仅能在不同粒度的世界上进行问题的求解，还能够很快地从一个粒度的世界跳到另一个粒度的世界，往返自如，毫无困难。这种处理不同粒度世界的能力，正是人类问题求解的强有力的表现。”这正是建立商空间理论的出发点。

然而，粒计算（GRC，Granular Computing）作为一个专业术语是在 1997 年由 Lin 和 Zadeh 首先提出的。随后，Lin、Yao 和 Zadeh 在文献中着重描述了粒计算的重要性，激发了人们对它的研究兴趣。随着粒计算理论研究的不断深入及其在相关各个领域的广泛应用，粒计算已作为一个固定的课题，成为当前人工智能领域的研究热点之一。

近年来，关于粒计算的文章和专著越来越多，粒计算的应用领域也越来越广，它已成为计算智能领域研究的热点。人们对它的研究将对复杂的智能系统的设计和实现产生深远的影响。

1.3 粒计算的 3 个主要模型及其关系

虽然目前还没有一个公认的关于粒计算的精确定义，也没有一个统一的粒计算模型，但它被公认为是信息处理的一种新的概念和计算范式，覆盖了所有与粒度相关的理论、方法、技术和工具，主要用于不确定、不完整的模糊海量信息的智能处理，其实质是用简单易求、低成本的、足够满意的近似解替代精确解，即利用不精确、不完整、不确定和海量信息的可容度，实现问题的易处理、顽健性、低求解耗费以及与现实的友好性。粗略地讲，一方面它是模糊信息粒度理论、粗糙集理论、商空间理论、区间计算等的超集，另一方面它又是粒度属性的子集。具体地说，凡是在分析问题和求解问题的过程中应用了分组、分类和聚类手段的一切理论与方法，均属于粒计算的范畴。

1.3.1 词计算模型

人类思考、判断、推理主要用语言，而语言是一个很粗的粒，如何用语言进行推理判断，这就是词计算。Zadeh 于 1996 年提出了“词计算理论”，标志着模糊粒度化理论的诞生。随后，Helmut 教授的“词计算理论的语义模型”和 Zadeh 发表的文献促进了词计算理论的发展。词计算旨在解决利用自然语言，进行模糊推理和判断，以实现模糊智能控制。词计算理论对互联网上海量信息资源的高效利用有着深远的影响，由此，基于模糊集合论的词计算理论和模型的研究成为粒计算研究的主要方向之一。

Zadeh 指出，人类认知的 3 个主要概念分别是粒化（Granulation）、组合（Organization）、因果（Causation）。他认为人类在进行思考、判断、推理时主要是用语言进行的，而语言本身就是“粒度”。粒化是将全体分解为部分；组合是将部分集合为全体；因果是挖掘出原因与结果之间的关系。对象 A 的粒化产生一系列 A 的粒，粒是指一些个体（元素、点等）通过不分明关系、相似关系、邻近关系或功能关系等形成的块，即每个粒为一簇点集，这些点难以区别，它们以不同的程度分属于几个不同的集合，是一种不确定现象。例如，人类头部的额头、鼻子、脸颊、耳朵、眼睛等，它们都是模糊粒，因为无法准确地划分它们具体的边界限位置。对于每个模糊粒，它都与一个模糊属性集联系在一起，比如头发，其模糊属性是颜色、长度、组织结构等，且每个模糊属性又与一个模糊值集联系在一起。在这里，模糊属性长度的模糊值包括长的、短的、不很长的等。这些模糊粒的属性及其模糊性都是在人类概念中形成、组织、处理并赋予特征值的。

总之，模糊信息粒化理论通过处理人类感知的信息，根据人类运用自然语言描述和分析事物的习惯进行运算，其运算对象是语言变量，即变量的值是用自然语言描述的词语或句子，是人类在一种不精确和部分真值的环境中做出合理决策的一种方法。

人的概念大都是模糊的，人脑在推理、形成概念粒方面的特点决定了信息的粒化具有模糊性。因此，模糊信息粒化正是这种能力的基础，是由定义它的广义约束来刻画的。在模糊逻辑中，它也是语言变量、模糊规则“if-then”以及模糊图的基础。这种划分上的不确定性是由于事物之间差异的中间过渡性所引起的，是事物本身固有的属性，它摆脱了经典数学中的二元性（非此即彼），使概念的外延具有一种模糊性（亦此亦彼）。

词计算就是在语言基础上发展起来的，是用词语代替数字进行计算和推理的一种方法。在词计算中，粒的概念是出发点。从本质上看，粒是点的模糊集，而这些点是一簇元素，由于相似性结合在一起。词是粒的标签，反过来粒是词的外延，一个词可以是原子词，也可以是复合词。词的外延可以是高阶谓词，作为词外延的粒可看作是对一个变量的模糊约束，如命题“小王是年轻的”，模糊粒“年轻”是加在小王年龄上的模糊约束。用词语进行计算有 2 个最主要的理由：第一，当可得到的信息不够精确从而使数值失之偏颇时，必须进行词计算；第二，当允许利用不精确性、不确定性及部分真值使问题易于处理、获得顽健性、降低求解费用以及能较好地与现实一致时，有利于运用词计算。

基于词计算理论的推理、决策和识别方式是最贴近人类的思维形式来求解问题的，其对复杂系统的信息处理有着广阔的应用前景，并在解决利用自然语言进行模糊推理判断、实现模糊控制以及在语言动力学系统和医疗诊断等应用领域获得了一些成功。

1.3.2 粗糙集模型

波兰科学家 Pawlak 于 1982 年提出的粗糙集理论是一种刻画不完整性、不确定性的数学工具，主要解决信息粒在近似方面的问题。它是建立在分类机制基础上处理不精确、不确定与不完全数据的新的数学理论，不需要提供除问题所需集合之外的任何先验信息，仅根据观测数据删除冗余信息。通过比较知识不完整的程度——粗糙度、属性间的依赖性与重要性发现数据间的关系，在不损失信息的前提下提取有用特征、简化信息，为研究不精确、不确定知识的表达、学习、归纳方法等提供了一个有力的数学工具，为智能信息处理提供了有效的处理技术，成为当前机器学习、知识发现等领域的研究热点。

粗糙集理论将知识理解为对数据的划分，将分类理解为在特定空间上的等价关系，而等价关系构成了对该空间的划分。每一个被划分的集合称为粒。粗糙集理论的主要思想是利用已知的知识库，将不精确或不确定的知识用已知的知识库中的知识来近似刻画。

粗糙集理论的核心是将知识与分类联系在一起。在粗糙集理论中，“知识”被认为是一种将现实或抽象的对象进行分类的能力。分类用来产生概念，概念则是构成知识的模块。粗糙集理论中的不确定性和模糊性是一种基于边界的概念，即一个模糊的概念具有模糊的边界。

在粗糙集中，人们经常利用知识约简，在保证不丢失知识库有效信息的前提下，消除知识库中的冗余分类或冗余范畴。完成知识约简的基本工作是利用“约简”和“核”这 2 个概念进行的。核是表达知识必不可少的重要属性集。可以看出，核的概念有 2 个目的：首先，它可以作为所有简化的计算基础，因为核包含在所有的简化之中，且计算可以直接进行；其次，核是在知识约简时不能消去的知识特征的集合。

粗糙集理论不需要提供问题所需处理的数据集合之外的任何先验信息，对问题不确定性的描述或处理是比较客观的。由于这个理论未包含处理不精确或不确定原始数据的机制，因此其与概率论、模糊数学和证据理论等其他处理不确定或不精确问题的理论有很强的互补性。目前，粗糙集理论已被广泛应用于神经网络、数据挖掘、系统分析、二进制粒算法等领域。

1.3.3 商空间理论模型

张钹等[8]在研究问题求解时提出了商空间理论。该模型基于这样的哲学思想，即“人类智能的公认特点，就是人们能从极不相同的粒度上观察和分析同一问题。人们不仅能在不同粒度的世界上进行问题求解，还能够很快地从一个粒度世界跳到另一个粒度世界，往返自如，毫无困难。这种处理不同粒度世界的能力，正是人类对于问题求解能力强有力的表现”。商空间粒度理论是关于复杂问题求解的空间关系理论，其主要内容包括复杂问题的商空间描述、商空间的粒计算、粒度空间关系的推理等。商空间理论已被成功应用于时间表安排、空间路径规划、遥感图像处理和模式识别等领域。

张钹等又将模糊集合论引入商空间，利用模糊等价关系实现了商空间模型的推广。模糊商空间理论能够更好地反映人类处理不确定问题的若干特点，即信息的确定与不确定、概念的清晰与模糊都是相对的，其都与问题的粒度粗细有关。因此，构造合理的分层递阶的粒度结构，可以高效地求解问题和处理信息。另一方面，商空间理论同样缺少实现粒度之间、粒度世界之间等转换的手段和技术方法。

1.3.4 从粒计算分析三者之间的关系

词计算理论、粗糙集理论和商空间理论都是粒计算这把“大伞”下具体的粒计算模型，而且它们都是在集合论这个大框架下讨论粒计算的，即它们都把粒看作论域的子集。这三者不是相互排斥的，而是侧重点各有不同而已。下面，简单地讨论三者之间的联系。

（1）从人工智能的角度来看

三者都是从各自研究的角度阐述了对人类智能的理解，虽然表述不尽相同，但是都体现了粒计算的基本思想。一方面，人们在求解复杂问题时，可以将其划分为一系列更容易管理和更小的子问题，并在这些子问题上进行求解，从而降低问题求解的复杂度。另一方面，在实际应用中，人们所获得的信息是不完全的、不确定的或模糊的，要想完全区分不同元素是很困难的，而且精确解的代价也很高。因此，为了提高问题求解的效率，需要选择适当的粒度，忽略无关紧要的细节，缩小对问题解的搜索范围。

（2）从粒度的模型来看

虽然三者都是描述人类按照不同粒度处理事物能力的模型，然而商空间理论和粗糙集理论认为“概念用集合来表示”，即不同粒度的概念可以用不同大小的子集来表示，所有这些表示又可以用等价关系来描述。而词计算理论认为“概念用词来表示”，而描述“词”的有效方法就是模糊集合论。

（3）从粒度的表示来看

三者都是将所讨论的对象的集合构成论域，然后通过子集来描述粒。商空间理论、粗糙集理论认为概念可以用子集来表示，不同粒度的概念可以用不同大小的子集来表示，所有这些表示可以用等价关系来描述。一个等价关系对应一个粒，它们的粒可定义为：

$$G_R = \frac{U}{R} = \{[x]_R \mid x \in U\}$$

粗糙集主要是以 G_R 中的元素即等价类作为研究对象，商空间则是以宏观粒作为研究对象。

Zadeh 认为，概念用“词”来表示，而描述“词”的有效方法就是模糊集理论。设 X 为论域 U 上任意一个非空符号子集，则 X 中的任一有限或无限的元素组成的字符串都对应于 X 的一个词，可见词可以用集合来表示，只是此时的粒定义为 $G=\{X|X \text{ isr } R\}$，其按照约束 R 的类型进行分类。

（4）从研究的对象粒来看

虽然粗糙集与商空间都是利用等价类来描述粒，利用粒来描述概念，但二者的侧重点有所不同。粗糙集理论是通过元素的不同属性值来描述元素之间的关系，即按照不同属性进行元素分类来表示不同的概念粒度对象。粗糙集理论主要研究概念的表示、刻画及粒与概念之间的依存关系。商空间理论的本质是对 (X,f,T) 采用分层递阶方法，其着重点在于通过模型转换来构造不同的粒度空间，进而研究不同粒度空间之间的相互转换、相互依存的关系，是描述空间关系学的理论。

然而，从 Zadeh 的观点来看，前两者所讨论的都是清晰的粒计算，而词计算则是模糊的粒计算，不同的词就表示不同的粒度。词计算理论主要研究如何描述由词界定的不同粒度的对象，它更擅长描述形容词、副词等表达的不同粒度的概念，如非常好、很好等。因为这些词有程度上的不同，所以在一定意义上，虽然词计算理论给出了描述元素之间的关系，但只限于由属性的强弱程度不同所形成的关系。

总之，商空间的求解过程是在“由所有商空间组成的半序格”中运动转换的过程，故可看作宏观的粒计算，而粗糙集理论是在给定的商空间中的运动，故可看作微观的粒计算。由于两者都建立在等价关系之上，因此可以将两者结合起来以便得到更为有效的粒计算工具。从理论上说，若对商空间理论和粗糙集理论进行模糊化，即在它们的模型上引入模糊的概念，则分别提出了模糊商空间理论和模糊粗糙集理论。

由以上对比可以看出，词计算理论是从微观的角度研究词的推理，粗糙集理论是从微观的角度研究属性的约简，而商空间理论是从宏观的角度研究粒度的变化规律。这 3 个不同的粒计算理论，从思考问题的出发点到解决问题的任务等都不尽相同，但是三者都有一个共同的特点，那就是都考虑到人类智能中有从不同粒度思考问题的这一特点。如何将三者的优点结合起来，形成更强有力的粒计算的方法和理论，是今后一个重要的研究课题。

1.4 粒计算的基本问题

Yao 认为，粒的大小、粒上的操作、粒之间的关系是粒计算理论发展中最重要的部分。对研究对象进行适当分割，在问题求解中使用粒子，是粒计算的基本思想。粒计算是一个很宽泛的概念，它“覆盖了所有有关粒度的理论、方法、技术和工具的研究。粗略地讲，一方面，它是模糊信息粒理论、粗糙集理论、商空间理论、区间计算等的超集，另一方面，它又是粒度数学的子集。具体地讲，凡是在分析问题中应用了分组、分类和聚类手段的一切理论与方法均属于粒计算的研究范畴。”综上所述，粒计算是研究信息如何分类的，被分成的块是两两分离的划分，还是两两可能有交的模糊分割，它还研究分成的粒度大小、不同粒度层之间的关系、粒度分解和合并等。简言之，它是对于基于不同粒度层次和粒度细节的一般问题求解理论的研究。

毫无疑问，要建立一个形式化模型，首先应该确定要研究的对象及对象之间的相互关系。下面，详细讨论构成粒计算模型的 3 种基本元素：粒、按照相同准则所得到的粒构成的粒层（粒世界）和所有粒层构成的层次结构，以及 2 个方面的问题：粒化和以粒作为运算对象的运算、推理。对于每个问题都可以从语义和算法这 2 个方面来进行研究。

1.4.1 粒的构造和使用粒的计算

粒计算主要有 2 个方面的问题：粒的构造和使用粒的计算。前者处理粒的形成、表示和解释，后者处理在问题求解中的粒的运算。同时，粒计算可以从语义和算法的层面展开，其中每个方面对粒计算来说都同等重要。

① 粒的构造：构造粒的标准、准则，构造粒的方法，粒的表示及描述。

② 利用粒为对象的运算和推理：粒层映射，粒的转换，粒上的操作，性质保持性。

1.4.2 粒

粒是构成一个粒计算模型最基本的元素，或者说是粒计算模型的原语。粒是一簇点（对象、物体），这些点由于难以区别，或相似、或接近、或因为某种功能而结合在一起。我们可以把粒理解为由若干小的“颗粒”遵循某个规则结合在一起而构成一个大的“颗粒”，该规则称为粒化准则，按照粒化准则形成粒的过程称为粒化。一般来说，按照一个粒化准则可以得到一簇粒。

粒是无处不在的。可以说，人类生活在一个对现实世界进行粒化后的世界中。例如，时间的粒化伴随着人类生活，大到一个国家的长远战略规划，小到每个人的日常生活安排，几乎都是粒化的例证。再如，图像处理及地理信息都涉及空间粒化，图像的下层处理涉及分割、边缘检测、降噪等，而上层处理涉及图像的描述、解释。不同阶段粒化的程度不同，或者说对图像抽象的程度不同。

一个粒的物理含义与具体的问题以及所采用的粒化准则有关。例如，在商空间理论、粗糙集理论、聚类分析中，粒化准则通常是等价关系，而相应的等价类就是粒，它是原来论域的一个子集。

综上所述，粒是按照某个粒化准则对原来世界进行抽象所得到的结果，是粒计算模型中最基本的元素。

1.4.3 粒化

构造信息粒的过程称作信息粒化。信息粒化在本质上是分层次的。例如，在对一群人进行分析时，可以从性别、年龄、籍贯等角度进行考虑，即从不同粒度上来观察分析。

粒化是一个构造性的过程，可以简单地理解为在给定的粒化准则下得到一个粒层，在给定的多个粒化准则下得到多个粒层，进而得到所有粒层构成的结构。通常的方法可以是自顶而下地通过分解粗粒度的粒得到更细的粒，或自底而上地通过合成细粒度的粒得到更粗粒度的粒。粒化是执行粒计算的前提。

粒化准则考虑的是语义方面的问题，是回答为什么 2 个对象会被放进同一粒内的问题。关于粒化准则的一般要求有：粒化的结果使人们对问题的本质方面有更深入的理解，同时，抛弃那些无关紧要的细节，从而可以达到降低问题求解复杂度的目的。

粒化方法回答如何进行粒化的问题。在给定粒化准则的前提下，采用何种方法来实现粒层的构造，是算法方面的问题。例如，在划分模型下，粒化方法就是如何高效地实现划分的问题。

1.4.4 粒层

Yao 从整个粒计算的结构角度出发，提出粒计算中的 3 个层次结构如下。

① 每个粒内部的结构。

② 处于同一粒层的不同粒之间的结构。

③ 所有粒层形成的结构。

按照某个粒化准则所得到的粒的全体构成一个粒层，又被称为一个粒世界，是对现实世界的一种抽象化描述。下面，主要集中在集合论上讨论粒层的内部结构和粒层上的运算，因此可以借助一些数学术语。事实上，绝大部分实际应用问题都可以抽象到集合论这种模型下。

（1）粒层的内部结构

粒层的内部结构是指该层上的各个粒所组成的论域的结构，即粒与粒之间的关系。作为原来论域的子集来说，粒与粒之间可以是两两不相交的，如商空间理论、经典粗糙集理论；也可以是有交叉的，如基于模糊数学的词计算、某些广义粗糙集模型。粒层的内部结构可以把原来论域上的结构“继承”过来。

（2）粒层上的运算

这里提及 2 类：一类是代数运算，另一类是函数运算。某个论域上的一个代数运算可以简单地描述为参与若干个运算的对象以及运算的结果，其都是该论域上的元素，可以等价地用多元关系描述，实际上可以看作该论域上的一种结构。

人类在认识事物和解决问题时，总是习惯于从不同的角度和不同的方面去观察和分析，这是人类认识事物的一种基本方法。粒计算思想延续了人类这种智慧的结晶，使粒化后的不同粒之间形成了一种层次关系，不同层次的粒通过一定的自身内在关系（规则等）来形成联系；一般来说，上一层的粒比下一层的粒粗糙，下一层的粒比上一层的粒更细（具体）；不同层次的粒形成了一种分层的框架结构，正如人类思维中现实世界的概念也是层次结构的一样，并且这种层次结构可以形成一种偏序结构等。

1.4.5 所有粒层构成的结构

一个粒化准则对应一个粒层，不同的粒化准则对应多个粒层，这实际反映了人们可以从不同的角度、不同的侧面来观察和理解世界。那么，所有的粒层在一起应该用一定的结构表示。我们可以用层次结构或塔状结构来对其进行描述。虽然所用的术语不同，但它们都传递了一个基本的信息：应该考虑所有粒层构成的结构。如果把每个粒层看成一个元素，那么所有的粒层构成一个论域。

（1）粒层之间的关系

粒层与粒层之间可以按照集合的包含关系自然构成一个偏序集，甚至是完备格。例如，所有等价关系的全体构成完备格，其对应划分的全体构成的完备格被称为划分格，商空间理论和经典的粗糙集理论都是在这个格上进行讨论的，不过前者重在寻求一个合适的粒层上进行问题求解而后者强调在某个粒层上完成未知知识的表示。

（2）粒层之间的通信

一个粒层就是一个智能 Agent，它们之间应该有通信的功能，而遍历所有粒层的基本问题是编码和解码问题。编码是将输入该层的信息变换成该层所能识别的码字，而解码则是将该层的粒变换成目标层所能识别的格式。2 个粒层之间的编码和解码应该满足的理想条件是两者的合成是恒同映射，但实际上往往不能满足，因此取某种最优解。

（3）构造新的粒层

若给定一个粒世界，人们可以对它进行细分以得到抽象程度最低的粒层。例如，基于模糊等价关系的商空间理论，通过由小到大选取一组水平值，就可以得到一个分层递阶结构。若给定 2 个或若干个粒层，实际是得到对现实世界的不同层面的理解。为了得到对现实世界更为综合、客观的理解，需要进行粒世界的合成来解决这一问题。

1.4.6 以粒为运算对象的运算和推理

以粒为运算对象的运算和推理，也就是前面所说的狭义上的粒计算。粒计算一般涉及粒、粒层和所有粒层构成的层次结构，也可以从语义和算法这 2 个方面来研究。

（1）不同粒层之间的映射

由粒化得到的不同粒层之间的联系可以由映射来表示。在不同粒层上，同一问题以不同的粒度、不同的细节表示，粒层之间的映射就建立了同一问题不同细节描述之间的关系。例如，在商空间理论中，分层递阶结构实际是一条商空间链，自然投影具有连接各个层的作用，且任何 3 个层次之间的自然投影满足合成律，这样就实现了对同一问题在不同细节上的描述。事实上，商空间理论中所讨论的投影问题、合成问题以及推理问题都与自然投影有关，其中的核心概念是它的连续性。

（2）不同粒层之间的转换

在不同粒层上观察、分析、求解问题并实现在不同粒度间的自由转换，是粒计算的根本任务。考虑粗糙集模型，若等价关系由信息的属性子集决定，则对属性子集增加或减少若干属性，一般来说，可以实现在不同粒度之间的转换。在商空间理论中，从 2 个（或若干个）商空间出发进行合成，得到上界商空间和下界商空间，也可以完成不同粒度之间的转换。

（3）性质保持性

粒化允许同一问题在不同的细节上表示，一个自然的要求就是该问题的某些关键性质必须能够在不同粒度上体现出来，这是衡量粒化准则好坏的一个标准。商空间理论关于连通性、序的讨论都体现了这一点，其关键是自然投影（同时可以看作粒化方法、集值映射）的连续性。特别是由连通性所得到的保假原理，可以大大地缩小问题求解的搜索空间，在推理模型中尤为重要。

1.5 粒计算模型研究现状及与其他智能理论的关系

1.5.1 粒计算模型研究现状

虽然词计算模型、粗糙集模型和商空间模型是 3 个主要的粒计算模型，但是在这 3 个模型的基础上，人们提出了很多新的模型。例如，基于划分的模型，文献[9]从语义和算法这 2 个方面定义了粒子的构建、描述和表达方法，研究了粒子进行计算和推理的规则等问题，并构建了 Zooming-in 和 Zooming-out 算子，用以实现不同粒层之间的粒子相互转化，该模型为基于集合论的划分粒计算模型。文献[10]在二元关系下，对粒计算的结构、表示和应用进行了系统的诠释，其研究对象是以邻域为载体的典型的覆盖模型。文献[11]提出了基于集合覆盖原理的粒计算模型，该模型是基于一个有限集合上的自反二元关系，并利用 Zooming-in 和 Zooming-out 算子来实现不同粒层上粒子的相互转化。文献[12]以容差关系为基础，提出了容差信息系统的粒计算模型，使用属性值上的容差关系给出了粒表示、粒运算规则和粒分解算法，提出了容差信息系统在粒表示下属性必要性的判定条件。文献[13]提出了相容粒度空间模型，根据人类具有依据具体的任务特性把相关数据和知识泛化或例化成不同程度、不同大小的粒的能力，并进一步依据粒和粒之间的关系来进行问题求解。文献[14]进一步研究了覆盖粒计算模型的不确定度量。

1.5.2 粒计算模型与其他智能理论的关系

无论何种粒计算模型，其都反映了人类智能求解问题的本质，即人们能从极不相同的粒度上观察和分析同一问题。人们不仅能在不同粒度的世界上进行问题求解，还能够很快地从一个粒度的世界跳到另一个粒度的世界，往返自如，毫无困难。当前，模拟人类智能体系的理论有很多，如模拟自然界生物进化机制的进化计算，模拟人脑神经网络的结构和功能的人工神经网络构建，以及模拟人类复杂思想诸如判断、结论等的形式概念分析等，这些理论在机器学习、专家系统、故障诊断、预测控制和图像识别等领域都有着重要的理论意义和实际应用。因此，作为反映人类智能的新模型——粒计算模型，它不但与其他智能理论都有着千丝万缕的联系，而且它们之间的结合将为理论研究和工程应用开辟新的领域和方向。

1. 粒计算模型与概念格理论

形式概念分析也称为概念格理论，是 Wille[15]于 1982 年提出的，其基本思想是基于对象与属性之间的关系建立的一种二元关系概念层次结构，其中，每个概念都是对象与属性的统一体。从数据集中生成概念格的过程实际上是一种概念聚类的过程。概念格理论作为数据分析、规则提取和知识处理的形式化工具，已被广泛地应用于软件工程、知识工程、数据挖掘、信息检索等领域。

由于概念格与粒度划分在概念聚类的过程中都是基于不同层次的概念结构来进行分类表示的，而且粒度划分本身构成一个格结构，因此两者在概念层次递阶方面有着密切的联系。文献[16]通过对论域的划分来分析概念，找出概念粒度划分与概念划分的格结构之间的联系，得到粒度划分格与概念格在进行概念递阶过程中的相通之处，为概念的泛化与细化提供了新的渠道。

概念格理论和粒计算的主要模型之一——粗糙集也有着内在的联系。虽然两者属于 2 种不同的数据处理方法，可以从不同层面研究和表现数据中隐含的知识，但它们之间有许多相似之处。例如，在概念格理论中引用近似算子，或将粗糙集的一些概念用概念格来表示。文献[17]提出了基于模糊概念格的算法，讨论了基于模糊概念格的模糊推理。

文献[18]首先对形式概念的外延与粗糙集的等价类之间的关系进行了讨论，给出了形式背景约简和划分约简之间的关系。文献[19]进一步证明了粗糙集与概念格之间存在着内在联系，由此定义了对象粒，给出了形式背景中对象粒的属性特征及属性粒约简，最终实现了由形式背景向集值信息系统的转化。

此外，文献[20]通过证明粗糙集理论中的划分、上下近似、独立、依赖、约简等核心概念在相应的衍生背景中的表示，利用梯级的方法扩展了粗糙集理论，建立起形式概念与粗糙集之间融合的理论基础。

2. 粒计算模型与人工神经网络理论

人工神经网络是指利用工程技术手段模拟人脑神经网络结构和功能的一种技术系统，它是一种大规模并行的非线性动力学系统。一方面，由于神经网络具有信息的分布存储、并行处理以及自学习能力等优点，因此，在信息处理、模式识别、智能控制等领域有着难以估量的应用价值。另一方面，神经网络具有学习时间较长、所表达的知识隐蔽且难以理解以及功能主要集中在分类上等弱点，因此其应用受到局限，难以成为理想的知识获取的工具。

为了解决神经网络在效率和可扩展性方面的缺陷，文献[21]将粒计算引入了人工神经网络，提出了语言粒度神经网络（LNN，Language Neural Network），论证了一种基于词计算理论的粒向量空间理论，并研究分析了基于这种粒向量空间理论的人工神经网络模型。

鉴于运用神经网络直接对样本进行学习时，由于不同样式信号的特殊性，难以得到好的识别结果。文献[22]提出先对样本进行粒度处理，将属性相近的不同类别样本进行粗粒度合并形成新的训练样本，然后再进行分类学习。这样不但降低了样本学习难度，提高了分类泛化能力，而且识别正确率得到很大程度的提高。

文献[23]充分利用了商空间理论选取最优粒度聚类的优势，同时发挥了构造型神经网络计算复杂度低的优点，提出了基于人工神经网络的新的聚类算法，该算法对大规模复杂数据的聚类效果好。

虽然进化神经网络的提出有助于改善其结构的顽健性，但依旧存在计算量大、耗时长的问题。鉴于该问题，文献[24]提出了在分布式计算环境下，进化神经网络的集中式粗粒度实现模型。由于引入粒度概念，该模型区别于传统的主从式并行模型，使每一台从机上都运行一个ENN（Electronic Neural Network），有利于提高并行进化的整体效率，加快了神经网络的进化速度。

针对有些分类问题中存在的类数多且分布极其不平衡的情况，在构造性学习方法的基础上，利用商空间的粒度原理和霍夫曼编者按码的思想，将比例较小的类别合并，构造多种粒度，在不同的粒度空间上建立层次覆盖网络，构造分层竞争覆盖网络，提高了网络训练的速度和识别的精度，减少了拒识样本。

神经网络与粒计算主要模型的结合是研究的热点。神经网络存在结构缺乏通用且推理过程不透明等缺陷，都可运用粗糙集分析来辅助。粗糙集理论对噪声敏感且泛化能力弱，可以用神经网络的优点（自组织、容错和推广能力）来弥补。所以粗糙集理论和神经网络之间具有很强的优势互补性，将两者结合起来能很好地实现数据的分类以及预测问题。二者的结合，为处理不确定、不完整信息提供了一条强有力的途径，粗糙神经网络的模型已成功地应用在电力设备故障诊断、图像识别、医疗诊断以及预测控制当中。

3. 粒计算模型与进化计算理论

进化计算模拟的是达尔文生物进化机制。在粒度与进化计算的结合上，学者们进行了初步的探讨和尝试。粒度进化计算是粒计算框架内的一种计算方法，它是基于文化进化机制来实现粒度的“自我扩大”，即粒度的进化扩张。文献[25]基于粒度的思想，利用多种群并行优化，不仅在各岛屿的群体之间进行竞争，还在各岛屿间引入竞争，实现了多种群的协同进化。这不但提高了GA的运行速度，而且很好地抑制了早熟现象的发生。

将粗糙集理论应用于进化算法的研究不少。将以粗糙集为代表的知识发现与推理的方法融合在进化计算中，形成知识与进化相融合的混合智能进化算法，可以提高进化算法的性能。本课题组一直致力于该方向上的研究，采用粒化的方法将复杂的优化问题进行分解，利用粗糙集和粒计算方法分析被求解问题的特征，形成知识引导进化方向。

1.5.3 粒计算模型与其他应用研究的结合

粒计算不但在理论研究方面与其他智能计算有了一定的融合，而且由于粒计算具有不同层次观察问题的策略，因此在自然科学和社会科学领域的应用也越来越广泛，并逐步受到人们的关注。这里进行一个简要的介绍。

1. 粒计算模型与分类

文献[26]提出概念的内涵与外延，将概念的形成与 if-then 关系描述为颗粒的形成和颗粒集合的包含关系，并提出了利用所有划分构成的格来求解一致分类问题。

粒计算的模型之一——粗糙集是一种研究不完整、不确定知识和数据的表达、学习、归纳的理论方法，由于它是建立在分类机制基础上的，因此它在分类问题中的应用很多。基于模糊集的词计算是较早提出的粒计算模型，将它引入聚类，打破了硬聚类的约束，从而产生了模糊聚类及其一系列的改进算法。从信息粒度角度剖析分类和聚类，试图用信息粒度原理的框架来统一分类和聚类。

2. 粒计算模型与规则挖掘

面对海量的数据处理，不同领域的人们期待从这些数据中得到自己的答案，将信息变为知识，因此提出了各式各样的挖掘方法。粒计算方法凭借自身的特点在数据挖掘领域中显现出了较大的优势。

文献[27]通过概念形成和概念关系识别将粒计算和数据挖掘联系起来，提出了基于粒计算的规则挖掘的形式化模型，此模型提供了一个通用背景以分析和比较规则挖掘的不同算法。商空间理论是研究不同粒度世界的数学工具，在面对海量的数据时，其可以针对要处理的问题，在保证问题求解精度的前提下，选择合适的粒度空间，不仅得到所需的处理结果，还提高挖掘知识的效率。利用商空间粒度理论中将原问题变成商空间层次上的问题进行描述的方法，人们可以从不同粒度考察数据库，得出比较满意的结果。

3. 粒计算模型与逻辑推理

文献[28]定义了粒语言及其语法、语义以及粒语句运算法则，还定义了粒与粒之间相互包含和相似的关系，构造了一种逻辑推理的新模型，然后基于 Rough 集定义了决策规则粒，构造了决策规则粒库，将它运用于搜索推理，并用实例说明这种推理模式的可行性和有效性。

4. 粒计算模型与复杂问题的求解

面对复杂的、难以准确把握的问题，人们通常不是采用系统、精确的方法去追求问题的最佳解，而是通过逐步尝试的方法达到有限的、合理的目标，也就是取得所谓足够满意的解。人们就是采用这种概括的、由粗到细的、不断求精的多粒试验分析法，解决了计算复杂度高的困难。对于复杂问题的描述方法，关键在于不同粒度世界的描述问题。商空间模型给出了描述不同粒度世界的分层递阶方法[29]，通过合成技术将不同角度、不同层次上得到的信息合成得到原问题的解。近年来，针对实际问题，很多学者将商空间理论进行了推广和应用。

5. 粒计算模型与图像处理

根据粒计算理论，图像分割就是图像由细粒度空间转变成粗粒度空间的过程。文献[30]正是利用商空间粒计算模型来描述图像分割过程的，其采用分层方法，先对图像进行粗分割，再向更高层次分析。在图像粗分割后，可以得到图像的一些重要区域特征，在此粗粒度空间上进一步对图像局部进行细化。文献[31]同样将商空间粒度合成理论引入 SAR 图像的分类中，利用不同纹理特征对 SAR 图像不同区域的刻画能力及对分类结果的不同贡献，采用粒度合成技术实现信息融合，从而提高 SAR 图像分类精度。然而，在国内，由于粒计算的发展与研究还处于初期，因此它与图像处理结合的相关文献还比较少。

1.6　主要创新

本章从粒计算的角度出发，提出了粒度格矩阵空间模型，用以模拟粒与粒之间的关系。该模型集粗糙集、模糊集和商空间理论为一体，重新定义了粒计算模型。它不仅能对知识和信息进行不同层次和粗细程度的粒化，还体现了粒化后粒与粒之间的关系，从而更好地挖掘内在知识。在解决问题时，可以根据具体的情况，利用粒度格矩阵空间模型中粒与粒之间的空间结构，实现不同粒和粒层之间的跳跃和往返，从而提供了一种知识发现和描述的新方法。该模型在后续的章节中充分证明了其在知识发现、聚类、图像分割、视频处理等领域得到了有效的应用。

本书的主要创新点如下。

① 基于商空间理论、粗糙集方法及模糊集理论等理论基础，提出了新的粒计算模型，即粒度格矩阵空间模型。该模型不仅延承了粗糙集和商空间的“等价类”和“商集”等基于划分的概念，还吸收了模糊集处理不精确问题的方法，同样具有在模糊空间下处理问题的能力。该模型的提出架起了关系、粒、矩阵理论以及图论之间的桥梁，为模糊集、粗糙集和商空间等理论的统一提供了简单可行的算法模型。

② 提出了基于新模型的完备和不完备信息系统的知识发现算法。该算法分别以完备和不完备信息系统为研究对象，将常规的知识约简转化为矩阵的数值运算过程，提供了一种有别于传统方法的新的运算规则，该运算途径有利于对复杂的对象进行处理，如聚类问题和图像分割问题。通过举例证明了该算法和现有的几种常规知识约简算法的等价性。

③ 提出了基于新模型的动态聚类算法。该算法针对不同性质的样本点，采用“动态粒度”的思想对其进行层次聚类。该算法是基于新模型的知识发现算法在聚类问题上的应用，它从应用的角度验证了新模型的可行性和有效性。

④ 提出了基于新模型的图像分割算法。该算法基于图像分割问题与粒度划分的统一性，将图像转化为具有分层结构的知识体系，构造了多个单元粒度层，通过各单元粒度层分割的粒度合成取得最终的分割效果。实验证明，该算法在边缘细化的处理上有明显的效果。

⑤ 提出了融合粒空间的多特征显著区域检测方法。借鉴矩形粒对比显著图有效得到显著目标的位置和边缘信息，而球形粒对比显著图有着更为完整的纹理和内容信息，以矩形粒对比显著图为基准，与球形粒相融合，检测图像的显著区域，该方法计算量小、用时短，准确率和查全率均高于现存算法。

⑥ 提出了一种基于多粒度特征融合的自适应双阈值镜头检测算法。通过选取 HSV 颜色粒度特征和 LBP 纹理粒度特征作为视频帧的主要特征，既描述了视频图像的全局内容，又充分利用了图像的局部细节信息，并通过权值将 2 个特征粒度融合为统一粒度空间来计算帧

间差，运用自适应设定的阈值，更好地区别突变镜头和渐变镜头。

⑦ 提出了一种基于 CUDA 模型的粒信息熵的关键帧提取算法。利用帧粒互信息熵提取图像帧特征，并运用 SUSAN 算子完成帧粒特征的边缘匹配，结合 CPU+GPU 并行编码的方式加速计算过程，从而缩短提取关键帧所用的时间开销。

⑧ 提出了基于 DCT 与 NCIE 的关键帧多级提取方法。通过将视频帧从像素域转换到频率域，采用 DCT 算法对视频帧提取相关系数作为图像特征；再将镜头类型区分为动态镜头和静态镜头。针对静态镜头，提取中间一帧作为关键帧；针对动态镜头，采用非线性相关信息熵（NCIE）的度量方法对镜头帧进行相似性度量，并进一步细分成若干子镜头，然后从子镜头中选择最接近平均信息熵的一帧作为关键帧。

⑨ 提出了基于 Adaboost 的多阶段优化人脸检测算法。以经典 Adaboost 算法为基础，分别在算法学习、算法检测过程中对其进行优化，提出前后端自判断机制用以缩减误报。在分类器判断待检测窗口之前，设置前端误报缩减机制，通过边缘能量检测删除非感兴趣子窗口；在 Adaboost 算法检测后，通过基于粗糙粒的肤色检测和边缘蒙版过滤构成的“过滤器”，在窗口内再次筛选人脸，进一步缩减误报。

⑩ 针对目前的人眼跟踪方法对人眼部分遮挡、人脸尺度变化和头部旋转等情况过于敏感，经常因丢失目标而导致跟踪失败的情况，提出了一种基于 Kalman 滤波器和改进 CamShift 算法的双眼跟踪方法。运用 Kalman 滤波器预测当前帧图像中双眼的位置，根据双眼的颜色分布特征运用改进 Camshift 迭代算法在估计的邻域范围内搜索双眼目标，再根据双眼分布的对称性和旋转不变性校正搜索到的双眼窗口，并更新 Kalman 滤波器和人眼模板。该算法避免了遮挡和背景对双眼的影响，对人脸尺度变化、人眼部分遮挡和头部旋转都有较强的顽健性，在人眼微睁甚至完全闭合的情况下可以准确跟踪到人眼状态。

⑪ 提出了融合双韦伯特征的深度置信网络表情识别算法。采用双韦伯特征算子对图像进行初次特征提取，将初次特征输入深度置信网络模型，进行更高层次的特征抽象。提取结果融合了局部特征和全局特征的优势，改善了韦伯特征在提取面部表情时整体纹理结构信息不足、深度学习对图像局部纹理构建不全等弊端。将双韦伯特征作为深度置信网络的输入减少了对冗余信息的学习和计算，使深度学习的速度得到明显提高，且韦伯特征与深度置信网络的特征融合，提高了分类器表情识别的准确率。

第 2 章 粒度格矩阵空间模型

2.1 引 言

人们在认识问题时，可以先从较抽象、整体和宏观的粒度开始，一步一步地深入较具体、局部或微观的粒度细节，例如，对人体的认识过程，首先从整体出发，认识人的外部特征，再从各个具体的部位如头、身体和四肢等逐步深入。当然，人们也可以先从较具体的粒度出发，逐步进行归纳和总结，从而得出较抽象的粒度的一般模式和规则，例如，在进行数据挖掘时，总是从具体的数据出发，经过归纳和总结，挖掘出数据的一般规则。因此，人类不仅具有从极不相同的粒度上观察和分析同一问题的能力，更具有根据特定背景把相应的数据、知识建立成适合问题求解的粒度空间的能力。根据具体的任务背景，把论域中的对象抽象为不同的粒与粒之间的关系，进一步生成相应的粒度空间，通过在该粒度空间上的粒之间、粒集之间以及粒度层次之间的往返跳跃，得到问题的解，这是人类智能的一个重要特点。

人工智能最主要的目的就是为人类的某些智能行为建立适当的形式化模型，以便利用计算机再现人的智能的部分功能。因此，知识的表示是人工智能研究的基础，由此研究重点自然是粒度的表示问题，即如何建立一个粒度世界模型，使人们不仅能在不同粒度的世界上进行问题求解，还能够很快地从一个粒度世界跳到另一个粒度世界，往返自如，毫无困难。

本章从粒计算的角度出发，提出了粒度格矩阵空间模型，用以模拟粒与粒之间的关系。该模型集粗糙集、模糊集和商空间理论为一体，重新定义了粒计算模型。它不仅能对知识和信息进行不同层次和粗细程度的粒化，还体现了粒化后粒与粒之间的关系，从而更好地挖掘其内在知识。在解决问题时，可以根据具体的情况，利用粒度格矩阵空间模型中的粒及空间结构，在不同的粒和粒层之间进行跳跃和往返，从而提供一种知识发现和描述的新方法。后述的章节中充分证明了该模型在知识发现、聚类、图像分割、视频处理等领域得到了有效的应用。

2.2 粒度划分格

2.2.1 格论基础

定义 2-1 设 A 是一个集合，如果 A 上有一个关系 R，对于 $\forall x, y, z \in A$，满足如下条件。

① 自反性：xRx。

② 反对称性：$xRy, yRx \Rightarrow x = y$。

③ 传递性：$xRy, yRz \Rightarrow xRz$。

则称 R 是 A 上的一个偏序关系，记作“$\leqslant$”，则序偶 $< A, \leqslant >$ 称为偏序集。

定义 2-2 设 $< A, \leqslant >$ 为偏序集且 $B \subseteq A$ 为一个子集，$a \in A$。如果对 B 的任意元素 x，都满足 $x \leqslant a$，则称 a 为子集 B 的一个上界。反之，如果对 B 的任意元素 x，都满足 $a \leqslant x$，则称 a 为子集 B 的一个下界。

定义 2-3 设 $< A, \leqslant >$ 为偏序集且 $B \subseteq A$ 为一个子集，a 为 B 的一个上界，且对于 B 的任意上界 y 均有 $a \leqslant y$，则称 a 为 B 的最小上界或上确界（supremum），记作 $\sup(B)$。反之，若 b 为 B 的一个下界，且对于 B 的任意下界 z 均有 $z \leqslant b$，则称 b 为 B 的最大下界或下确界（infimum），记作 $\inf(B)$。

定义 2-4 设 $< A, \leqslant >$ 为偏序集，如果 A 中任意 2 个元素都有上确界和下确界，则称 $< A, \leqslant >$ 为格。

定义 2-5 设 $< A, \leqslant >$ 是一个格，如果在 A 上定义 2 个二元运算 $\wedge$ 和 $\vee$，使对于任意的 $a, b \in A$，$a \vee b$ 等于 a 和 b 的上确界，$a \wedge b$ 等于 a 和 b 的下确界，那么格 $< A, \leqslant >$ 往往记为 $< A, \vee, \wedge >$，这是一个含有 2 个二元运算的代数系统，其中，二元运算 $\wedge$ 和 $\vee$ 分别称为并运算和交运算。

2.2.2 划分和划分布尔格的粒度化

对论域 U 的粒度变化可基于等价关系或划分来定义，假设 $R \subseteq U \times U$ 表示 U 上的等价关系，其中，$\times$ 代表集合的笛卡尔积，即 R 是自反、对称、传递的，等价关系 R 将 U 划分为一系列不相交的子集，称为对 U 的空间划分，记作 $\pi_R = \dfrac{U}{R}$。划分中的子集叫作等价类。相应地，给定论域的划分 π，定义等价关系 R_π：$xR_\pi y \Leftrightarrow x$ 和 y 在 π 划分的同一等价类中。

根据划分与等价的一对一关系，可以等价地使用其中任意一个。对 U 的所有划分组成的集合上定义一个顺序关系，如划分 π_1 比另一个划分 π_2 更细或划分 π_2 比另一个划分 π_1 更粗糙，记作 $\pi_1 \leqslant \pi_2$。如果 π_1 的每一个等价类都包含 π_2 的某一个等价类，那么在等价关系里可表示为 $R_{\pi_1} \subseteq R_{\pi_2}$。

$\leqslant$ 是半序的，即满足自反性、非对称性、传递性。给定 2 个划分 π_1 和 π_2，它们的合取 $\pi_1 \wedge \pi_2$ 是比 π_1、π_2 都细的最大划分，它们的析取 $\pi_1 \vee \pi_2$ 是比 π_1、π_2 都粗糙的最细划分。因此，合取的等价类是 π_1 和 π_2 等价类的非空交集，而析取的等价类恰好是 π_1 和 π_2 等价类的最小子集。

定理 2-1 论域 U 上的所有划分 $\Pi(U)$ 在偏序关系 $\leqslant$ 下构成划分格。

证明 要证明定理 2-1，即证明 $\forall \pi_1, \pi_2, \pi_3 \in \Pi(U)$，满足以下条件。

① 幂等律：$\pi_1 \wedge \pi_2 = \pi_1, \pi_1 \vee \pi_1 = \pi_1$。

② 交换律：$\pi_1 \wedge \pi_2 = \pi_2 \wedge \pi_1, \pi_1 \vee \pi_2 = \pi_2 \vee \pi_1$。

③ 结合律：$(\pi_1 \wedge \pi_2) \wedge \pi_3 = \pi_1 \wedge (\pi_2 \wedge \pi_3)$；

$(\pi_1 \vee \pi_2) \vee \pi_3 = \pi_1 \vee (\pi_2 \vee \pi_3)$。

④ 吸收律：$\pi_1 \vee (\pi_1 \wedge \pi_2) = \pi_1$；

$\pi_1 \wedge (\pi_1 \vee \pi_2) = \pi_1$。

下面依次给予证明。

① 幂等律可由定义直接证明，故在此可省略。

② 由于 $\Pi(U)$ 中的任意 2 个元素的最大上界和最小下界与顺序无关，因此交换律得证。

③ $(\pi_1 \wedge \pi_2) \wedge \pi_3 \leqslant \pi_3$，且 $(\pi_1 \wedge \pi_2) \wedge \pi_3 \leqslant (\pi_1 \wedge \pi_2) \leqslant \pi_2$，所以有 $(\pi_1 \wedge \pi_2) \wedge \pi_3 \leqslant \pi_1 \wedge (\pi_2 \leqslant \pi_3)$，同理得到 $\pi_1 \wedge (\pi_2 \wedge \pi_3) \leqslant (\pi_1 \wedge \pi_2) \wedge \pi_3$。故有 $\pi_1 \wedge (\pi_2 \wedge \pi_3) = (\pi_1 \wedge \pi_2) \wedge \pi_3$。同理可证得 $\pi_1 \vee (\pi_2 \vee \pi_3) = (\pi_1 \vee \pi_2) \vee \pi_3$。由此结合律得证。

④ $\pi_1 \leqslant (\pi_1 \vee \pi_2), \pi_1 \leqslant \pi_1$，故有 $\pi_1 \leqslant \pi_1 \wedge (\pi_1 \vee \pi_2)$，又因为 $\pi_1 \wedge (\pi_1 \vee \pi_2) \leqslant \pi_1$，故有 $\pi_1 \vee (\pi_1 \wedge \pi_2) = \pi_1$。同理可证得 $\pi_1 \wedge (\pi_1 \vee \pi_2) = \pi_1$。由此吸收律得证。

下面讨论粒度划分格的一些性质。

对 $\forall \pi_1, \pi_2, \pi_3 \in \Pi(U)$，有以下关系成立。

① 若 $\pi_2 \leqslant \pi_3$，则 $\pi_1 \wedge \pi_2 \leqslant \pi_1 \wedge \pi_3$，$\pi_1 \vee \pi_2 \leqslant \pi_1 \vee \pi_3$。

② 若 $\pi_1 \leqslant \pi_2$，$\pi_3 \leqslant \pi_4$，则 $\pi_1 \vee \pi_3 \leqslant \pi_2 \vee \pi_4$，$\pi_1 \wedge \pi_3 \leqslant \pi_2 \wedge \pi_4$；

若 $\pi_1 \leqslant \pi_2 \leqslant \pi_3$，且 $\pi_3 \wedge \pi_4 = \pi_1$，则 $\pi_2 \wedge \pi_4 = \pi_1$；

若 $\pi_1 \geqslant \pi_2 \geqslant \pi_3$，且 $\pi_3 \vee \pi_4 = \pi_1$，则 $\pi_2 \vee \pi_4 = \pi_1$。

③ $\forall \pi_1, \pi_2, \pi_3 \in \Pi(U)$，若 $\pi_3 \leqslant \pi_1$，则 $\pi_1 \wedge (\pi_2 \vee \pi_3) \leqslant \pi_3 \vee (\pi_1 \wedge \pi_2)$。

2.2.3　信息的粒度划分格与概念递阶

定义 2-6　信息系统由一个三元组 (U, D, R) 表示，其中，U 是对象的集合，D 是属性的集合，R 是 U 和 D 之间的二元关系。对于 $\forall x \in U$，若 x 具有属性 y，那么 x 与 y 是有关的，记为 xRy。与对象 $x \in U$ 相关的属性可表示为

$$xR = \{y \in D | xRy\} \tag{2.1}$$

同理，拥有属性 $y \in D$ 的对象可表示为

$$Ry = \{x \in U | xRy\} \tag{2.2}$$

在对象集合 U 的幂集 $P(U)$ 和属性集合 D 的幂集 $P(D)$ 之间可以建立对象与属性之间的联系。与对象集合 X 相关的属性集合为

$$X^* = \{y \in D | \forall x \in U (x \in \Rightarrow xRy\} = \{y \in D | X \subseteq Ry\} = \bigcap_{x \in X} xR \in P(D) \tag{2.3}$$

拥有属性集合 Y 的对象表示为

$$Y^* = \{x \in U | \forall y \in U (y \in \Rightarrow xRy\} = \{x \in D | Y \subseteq xR\} = \bigcap_{y \in Y} Ry \in P(U) \tag{2.4}$$

基于对象与属性间的联系来定义概念。

定义 2-7　对于 $X^* \in P(U)$，$Y^* \in P(D)$，如果 X 和 Y 满足 $(X, Y) = (Y^*, X^*)$，则称 (X, Y) 是一个概念。其中，X 是概念的外延，用 $\mathrm{Ex}(X, Y)$ 表示；Y 是概念的内涵，用 $\mathrm{In}(X, Y)$ 表示。设所有概念的集合用 $L(k)$ 表示，在 $L(k)$ 中的元素间可以建立一种偏序关系 $\leqslant$。给定 $L(k)$ 中的 2 个概念 $H_1 = (X_1, Y_1)$ 和 $H_2 = (X_2, Y_2)$，若有

$$H_1 \leqslant H_2 \Leftrightarrow Y_1 \supseteq Y_2 \Leftrightarrow X_1 \subseteq X_2 \tag{2.5}$$

则由该偏序关系诱导出的 $L(k)$ 也是一个格结构。

根据粒度化概念的分析可以看到，概念描述事实上与粒计算的概念描述是等价的。也就

是说，在分析概念时，都是由对象与属性之间的关系来确定的。概念的构成定义为$(X,Y)=(Y^*,X^*)$，而粒度划分的DL语言在描述概念时所使用的形式为$m(\phi)$。事实上，$m(\phi)$对应于$Ex(X,Y)$，ϕ对应于$In(X,Y)$。这样，(X,Y)就可以等价表示为$m(\phi)$。

令属性$a\in D$在对象$x\in U$上的取值为$a(x)$，扩展属性子集$A\subseteq D$，$A(x)$表示x在属性集合A上的取值，这可以看作$a(x)$的一个向量，$a\in A$作为其中一个元素。对于$a\in A$，一个等价关系R_a可以这样给定，即对于$x,y\in U$，有$xR_a y\Leftrightarrow xRy$。

在单属性的情况下，2个对象被视为无差别的前提是当且仅当它们拥有相同的值。属性子集$A\in D$的等价关系R_A定义为

$$xR_A y\Leftrightarrow A(x)=A(y)\Leftrightarrow(\forall a\in D)a(x)=a(y)\Leftrightarrow\bigcap_{a\in A}R_a$$

对于属性集合A，2个对象x、y无差别的前提是当且仅当对A中的每一个属性它们都拥有相同的值。

空集Φ产生最粗糙的关系，即$R_\Phi - U\times U_a$。若应用整个属性集，则产生最优关系R_D。进一步，若没有2个对象有相同的描述，R_D就变为同一关系，代数$(\{R_A\}_{A\in D}\}$就是一个拥有零元素R_D的更低半格。

等价关系的定义是将一个概念的精确描述与每个等价类联系起来。在DL语言中，给定一个原子公式$a=v$（其中$a\in D$）。若ϕ,ψ是公式，那么$\neg\phi,\phi\wedge\psi,\phi\vee\psi,\phi\to\psi,\phi\equiv\psi$都是公式。模型是一个信息表，它提供对符号和DL公式的解释。对象x对公式ϕ的满意度记为$x|=\phi$，并给出以下结论。

① $x|=a=v$ iff $a(x)=v$。

② $x|=\neg\phi$ iff not $x|=\phi$。

③ $x|=\phi\wedge\psi$ iff $x|=\phi$ and $x|=\psi$。

④ $x|=\phi\vee\psi$ iff $x|=\phi$ or $x|=\psi$。

⑤ $x|=\phi\to\psi$ iff $x|=\neg\phi\vee\psi$。

⑥ $x|=\phi\equiv\psi$ iff $x|=\phi\to\psi$ and $x|=\phi\to\psi$。

若ϕ为公式，那么集合$m(\phi)$定义为

$$m(\phi)=\{x\in U|x|=\phi\}\tag{2.6}$$

式(2.6)称作公式ϕ的意义。对R_A的等价类可以用这种形式表示：$\wedge_{a\in A}a=v_a$。进一步，$[x]_{R_A}=m(\wedge_{a\in A}a=a(x))$，其中，$a(x)$为$x$在属性$a$上的值。

基于上述概念以及等价类与粒度划分格的关系，在进行概念的粒度划分时都是根据不同的属性基数或对象基数来进行的。也就是说，不同层次的概念所包含的信息量不同。根据信息量的不同对论域进行粒度划分。因此，概念与粒度划分都是基于（对象，属性）对来进行描述的。也就是说，在研究粒度划分的过程中，可以根据格的构建过程来进行概念的粗化与细化。

根据粒度化的细度，定义粒度化的分层递阶结构。设$\pi_0\leqslant\pi_1\leqslant\cdots\leqslant\pi_n$是论域$U$上的一簇由粗到细的划分，其中，$\pi_0$表示论域本身，即最粗的划分，$\pi_n$表示$\forall x,y\in U$，$xR_n y\Leftrightarrow x=y$，即最细的划分，如图2-1所示。

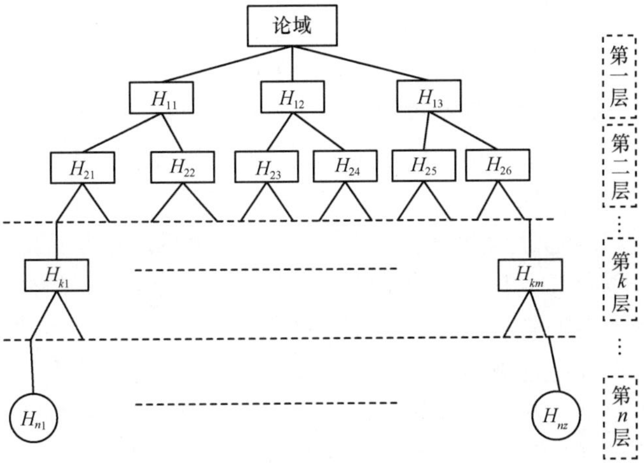

图 2-1　概念粒度划分

令 $L_{e1},L_{e2},\cdots,L_{en}$ 分别表示第一层、第二层到第 n 层，对于任意概念 $H_{1x}\in L_{e1}$，$H_{2y}\in L_{e2},\cdots,H_{nz}\in L_{en}$，有 $H_{1x}\leqslant H_{2y}\leqslant\cdots\leqslant H_{nz}$（其中，$1x$、$2y$ 表示各层的序号）。可以看出，粒度划分在分层分析概念时都是基于概念结构的。这种形式的概念分析在进行概念细化（粗化）的过程中都是基于属性的累加（减少）来实现的，即在概念的层次模型中随着新节点的增加产生了格结构，并且通过概念的合取与析取来实现概念的泛化与细化，其结构如图 2-2 所示。

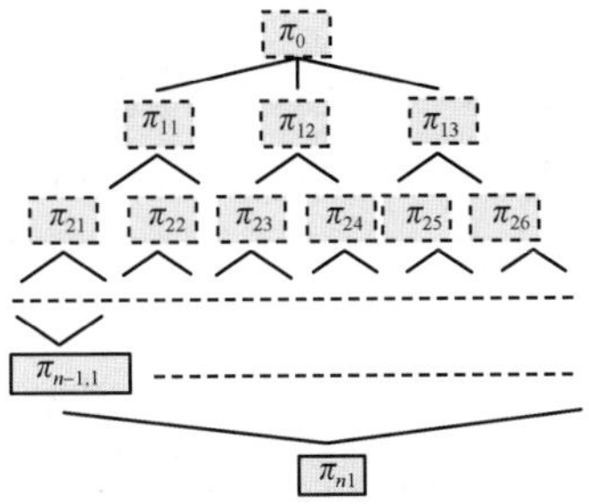

图 2-2　概念划分的格结构

通过上面的分析可以看到，粒度划分格与概念递阶有相通之处，即通过对论域的粒度划分构造“格”结构，再进一步分析概念，通过层次递阶来进行概念的泛化与细化。因此，在新粒计算模型中引入“格”的概念，使知识在递阶方面忽略不必要的冗余，达到更高的效率。

2.3　粒度格矩阵空间模型的提出

2.3.1　问题的提出

在第 1 章已对主要的粒计算模型做了详细的分析和比较，从中可以知道，商空间方法与粗糙集方法都是利用等价类来描述粒，再利用粒来描述概念的，但是商空间具有拓扑结构，而粗糙集模型由于缺乏元素之间相互关系的手段，故很难提取论域中有关结构所提供的信息。从这个意义上来说，粗糙集理论是商空间理论的一个特例，是在给定的商空间中的运动，它忽略了有关结构的理论，如拓扑学、图论等，故可看作微观的粒模型。商空间理论从宏观角度研究粒度的变化规则，在概念结构图中确定节点的同时，也确定了此节点对应的结构和属性。这在一定程度上弥补了粗糙集的不足，但是它却忽略了粒度在微观上的研究。由上述分析可知，对一个问题不仅要从宏观上研究整体变化规则，还应该从微观上研究内部具体的变化规则，而且有时粒的划分是不清晰的，即粒与粒之间的界限是模糊的。因此只有将粗糙集、模糊集、商空间以及其他有关粒模型的理论有效地结合到统一的模型中，才能更好地认识问题，更好地反映问题的本质特征。因此，如何从一种新的思维角度来进行问题的描述，并提出一种新的粒计算模型已成为一个新的研究课题。新粒计算模型不仅能够反映人类智能从不同粒度思考问题这一特点，还能集粗糙集、商空间理论及模糊集概念的优势于一体，具有更强有力的分析方法和理论。本书正是从商空间理论、粗糙集方法及模糊集理论出发，将微观和宏观的粒计算理论统一起来，构成一个更加完整的粒计算模型和理论，以更有效地求解问题。

2.3.2 粒度格矩阵空间模型

尽管不同的专家学者在对自己领域知识的多年研究的基础上，总结出了一个具有共性的关于粒的直观概念，即粒是以某种方式从整体中分离出的部分，但目前还没有一个从数学角度上，撇开粒的这些特定领域中的含义，而单纯应用形式化的语言将“粒是整体的部分”这一特点描述出来的定义。因此，本章结合粒的直观概念和逻辑推理的特点来对粒进行严格的定义，而在粒计算模型定义的过程中就蕴含了粒化思想。

定义 2-8 用一个五元组 $(\mathrm{GX},\mathrm{GA},\mathrm{GV},(\mathrm{GI},\mathrm{GE},\mathrm{GM}),t)$ 来描述粒度格矩阵空间模型（GLMS，Granular Lattice Matrix Space），其中，GX 为所研究的粒集合，GA 为粒的所有属性构成的集合，GV 为粒的属性值集合，GI 为由粒度矩阵体现的粒的内涵，GE 为由粒度矩阵体现的粒的外延，GM 为以粒度矩阵的形式执行内涵外延算子和外延内涵算子的功能，即实现内涵和外延之间的相互转换，t 为时间参数或偏序准则。

粒度格矩阵空间模型的定义不仅从时间和空间上反映了粒度的变化规则，还充分定义了粒的 7 个基本属性，具体介绍如下。

① GX 表示所研究的粒的集合，可在一定程度上理解为研究对象构成的论域。它可以是普通的集合，也可以是模糊集；可以是有限的，也可以是无限的。

② GA 表示粒的所有属性构成的集合，分为条件属性集合 C 和决策属性集合 D，即 $\mathrm{GA}=C\cup D$。

③ GV 表示粒的属性值域所构成的集合，即对 $\forall a\in\mathrm{GA}$，都有 $f(x,a)\in\mathrm{GV}$。

④ GI 反映了某个知识子粒内部成员粒交互作用的内部属性，具有趋同意义。

⑤ GE 反映了某个知识子粒与其他知识子粒交互作用的外部属性，具有异化意义。

⑥ GM 首先运用粒度矩阵的形式，结构化了粒的内部和外部联系，其次通过粒度矩阵的合成产生粒度格矩阵来描述“格”概念，进一步体现序关系、拓扑结构关系和一般的图关系。

⑦ 粒度是动态的，为了更好地体现这一特征，引入了一个时间参数 t，此时的时间参数可理解为等价关系 R，表示在时刻 t 或等价关系 R 下所呈现出来的粒的状态特征。时间 t 表示

在时刻 t 的状态或在二进制空间的关系 R 准则下所呈现的粒 $(\mathrm{GI},\mathrm{GE},\mathrm{GM})$，或在模糊空间的等价关系 $\tilde{R}$ 下的粒的状态。

给定一个粒集合 GX，它对应的粒属性、属性值和粒结构分别为 GA、GV 和 $(\mathrm{GI},\mathrm{GE},\mathrm{GM})$，此时，问题空间用 $(\mathrm{GX},\mathrm{GA},\mathrm{GV},(\mathrm{GI},\mathrm{GE},\mathrm{GM}),R)$ 描述，称为粒度格矩阵空间，简称为粒度空间或粒空间，简记为 $((\mathrm{GI},\mathrm{GE},\mathrm{GM}),R)$。

由上述分析可知，任一 $R\in\mathcal{R}$ 都对应一个粒度空间，$\mathcal{R}$ 表示粒度空间集合。

给定一个细分规则 R_1，设 R_1 对应的粒集合为 GX_1，对应的粒属性、属性值和粒结构分别为 GA_1、GV_1 和 $(\mathrm{GI}_1,\mathrm{GE}_1,\mathrm{GM}_1)$，则称其为 R_1 对应的一个粒度空间。

给定知识库 $K=(U,R)$，将其转变为相应的粒度格矩阵空间模型 $((\mathrm{GI},\mathrm{GE},\mathrm{GM}),R)$。对于任意的 $R_1,R_2\in\mathcal{R}$，若 $x,y\in U$，$xR_1y\to xR_2y$，则称 R_1 比 R_2 细，记为 $R_2\leqslant R_1$；设 R_1、R_2 对应的粒集合分别为 GX_1、GX_2，若 R_1 比 R_2 细，则称 GX_1 比 GX_2 细，记为 $\mathrm{GX}_1\leqslant\mathrm{GX}_2$；设 R_1、R_2 对应的粒度格矩阵空间分别为 $((\mathrm{GI}_1,\mathrm{GE}_1,\mathrm{GM}_1),R_1)$、$((\mathrm{GI}_2,\mathrm{GE}_2,\mathrm{GM}_2),R_2)$，若 R_1 比 R_2 细，则也称 $((\mathrm{GI}_1,\mathrm{GE}_1,\mathrm{GM}_1),R_1)$ 比 $((\mathrm{GI}_2,\mathrm{GE}_2,\mathrm{GM}_2),R_2)$ 细，记为 $((\mathrm{GI}_1,\mathrm{GE}_1,\mathrm{GM}_1),R_1)\leqslant((\mathrm{GI}_2,\mathrm{GE}_2,\mathrm{GM}_2),R_2)$。

下面就本文提出的粒度格矩阵空间模型做详细的介绍。

1. 粒度格矩阵空间模型的内涵

粒度格矩阵空间模型的内涵反映了在定义的粒度空间中知识粒的嵌套和层次关系，从而揭示了知识粒之间的交互作用，即内涵是指知识粒在特定环境下粒所表现的知识。内涵表示在一个特定的条件下所有元素的一般特征、规则和共性等。在模型中，可用商粒来表示内涵。

定义 2-9 设知识库 $K=(U,R)$，有 $X\subseteq U$，$R\in\mathcal{R}$，则 $x\in X$ 在 X 中关于 R 的等价类定义为 $[x]_R$，简记为 $[x]$，即 $[x]_R=\{y|xRy,y\in X\}$。

定义 2-10 给定一个论域 U 以及其上的一个映射 $f:U\to P(U)$，其中，$P(U)$ 为 U 的幂集。对 U 的任一子集 X，若它在 f 下的像为 $f(X)=\{X_1,X_2,\cdots,X_k\}$，且 $X=\bigcup_{i=1}^{k}X_i$，则 $f(X)$ 称为知识粒，简称粒；$f(X)$ 中的任一元素 X_i 称为子粒，也可称为简单粒（或基本粒、原子粒）。

f 可以是一般的函数，也可以是等价关系、相容关系、不可区分关系、功能近似关系、相似关系、约束、模糊关系或多种关系所组成的复合关系等。当 f 为等价关系时，$f(X)$ 为 X 的一个划分；当 f 为相容关系时，$f(X)$ 为 X 的一个覆盖。

定义 2-11 由 X 关于 R 的商集 $[X]_R=\{[x]_R|x\in X\}$ 所构成的知识粒称为商粒，简记为 $[X]$。

若商粒由一簇向量表示，则该粒模型的内涵可表示为 $\mathrm{GI}=([X]_1,[X]_2,\cdots[X]_n)$。之所以用向量描述粒模型的内涵，是因为很多知识结构都可以用向量的形式进行表示，从而使该粒模型描述其他知识结构有了丰富的表达方式，而且由于向量容易计算，把粒的内涵和对象用向量表示，使向量的每一维表示一个特征，从而每个向量可以看作粒度空间中知识粒的一个子粒，有利于该模型在知识发现、聚类和图像处理等领域的应用研究中发挥作用。

由于商粒的维数受条件的约束，因此内涵的计算根据约束条件的不同，可由简单粒（基本粒，原子粒）或复杂粒构成。复杂粒是由简单粒按某种规则构造而成的，复杂粒内的基本粒之间常常有某种功能上的联系。常见的复杂粒介绍如下。

① 简单粒形成的序列：如规则有 if α then β，可以表示成粒 (α,β)。同一个粒在不同时间段的状态可以用一个粒序列来表示，该序列可以描述这个粒的动态变化过程。

例如，在信息系统的决策规则优化中，一个用于表示决策规则粒的内涵为$(5,\{1\})$，它表示的决策规则粒为$(a=5)\to(d=1)$，即当属性a=5时，决策属性d=1。该决策规则粒的外延是所有满足这个规则的实例的集合。

设$n(i)$是以i为中心的属性邻域值时，一个表示决策规则的粒的内涵为$(n(5),\{n(1)\})$，其相应的决策规则为$(a=n(5))\to(d=n(1))$，即当属性a的取值为以5为中心的属性邻域值时，决策d的取值为以1为中心的邻域值。

② 基本粒的集合：将一些表示概念的基本粒组成一个集合，就得到了一个更广泛的概念。

例如，信息系统$U=\{0,1,2,3,4,5,6,7,8,9,10\}$，给定等价关系$R$，则相应的粒集为$U/R=\{P_1,P_2,P_3,P_4,P_5\}$，其中，基本粒分别定义为$P_1=\{0,5,10\}$，$P_2=\{1,6\}$，$P_3=\{2,7\}$，$P_4=\{3,8\}$，$P_5=\{4,9\}$

③ 基本粒序列的集合：如对一组规则的描述。

例如，一组决策规则粒的内涵为$(\{v_1,u_1\},\{v_2,u_2\},\cdots,\{v_n,u_n\})$，它表示的一组决策规则粒为$((a_1=v_1)\to(d_1=u_1))\wedge\cdots\wedge((a_n=v_n)\to(d_n=u_n))$。

④ 基本粒集合的序列：当一个规则的前提是多个条件的合取时，就可以用这些条件的粒的集合来表示前提，而前提和结论之间用序列表示。

例如，一个表示决策规则的粒的内涵为$(n(5),n(3),\{n(1)\})$，其相应的决策规则为$(a_1=n(5))\wedge(a_2=n(3))\to(d=n(1))$，即当属性$a_1$的取值为以5为中心的属性邻域值且$a_2$的取值为以3为中心的属性邻域值时，决策$d$的取值为以1为中心的邻域值。

⑤ 基本粒作为顶点的图：当一个基本粒依赖于另一个基本粒或一个粒与另一个粒相似时，可以在二者之间加一条有向边。

例如，在概念格理论中，设形式背景对应的知识库为$K=(U,R)$，其中，$U=\{1,2,\cdots,5\}$，$R=\{a,b,\cdots,i\}$，其形式背景对应的概念格由相应的Hasse图给出，如图2-3所示。

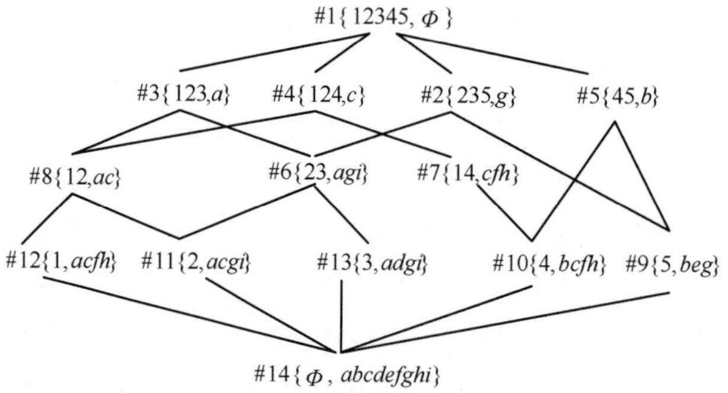

图2-3 概念格的Hasse图

由图2-3可以看出，在Hasse图中从#1到达#14时，途经的边分别由#1、#3、#6、#13和#14各节点构成，每个节点表示一个形式概念，每个形式概念用其外延和内涵来标识，节点之间的边表示形式概念之间的序关系，其中，节点对应的粒分别有如下关系：$\{1,2,3,4,5\}\supseteq\{1,2,3\}\supseteq\{2,3\}\supseteq\{3\}\supseteq\{\Phi\}$。

以上定义的每个复杂粒都相应地具有一定的性质，当2个复杂粒相似时，它们应该具有相同的性质。

2. 粒度格矩阵空间模型的外延

外延是一个集合，该集合包含被这个商粒所涵盖的对象或其他粒。此时，将内涵转化为用商粒向量表示的集合。

定义 2-12　给定知识库 $K=(U,R)$，对任意子集 $P\subseteq R$，等价类 $U/\text{IND}(P)=(Y_1,\cdots,Y_i,\cdots Y_m)$ $(1\leqslant i\leqslant m)$ 称作具有知识 P 的粒，其中，Y_i 为该粒结构的子粒。

定义 2-13　设论域 U 且集合 $X\subseteq U$，有 l 个元素 $x_1,x_2,\cdots x_k,\cdots,x_l$ $(1\leqslant k\leqslant l)$，$P$ 为 X 上的等价关系，其对应的知识粒为 Y，$Y=\{Y_1,Y_2,\cdots,Y_i,\cdots,Y_m\}$（$1\leqslant i\leqslant m$），且 $\bigcup Y_i=X$，$\bigcap Y_i=\varPhi$。也可表示为，由 X 关于 P 的商集 $[X]_P=\{[x]_P \mid x\in X\}$ 所构成的粒为商粒，表示为 $[X]=\{[X]_{Y_1},[X]_{Y_2},\cdots,[X]_{Y_m}\}$。设 Y_i 为具有知识 P 的子粒，定义从实数域到二进制域的映射为编码空间，即 $f:R^+\to\{0,1\}^l$，则子粒 Y_i 的二进制粒化表示为

$$Y_i=(y_{i1},y_{i2},\cdots,y_{ik},\cdots,y_{il}),\quad y_{ik}=\begin{cases}1, & x_k\in Y_i(1\leqslant k\leqslant l)\\ 0, & x_k\notin Y_i(1\leqslant k\leqslant l)\end{cases} \tag{2.7}$$

由此，商粒 $[X]=\{[X]_{Y_1},[X]_{Y_2},\cdots,[X]_{Y_m}\}$ 可以表示为一簇向量集合，构成粒度矩阵，其中，每个向量称为商粒向量。

当粒内涵是一个集合时，粒的外延则可以在商粒之间定义集合之间的关系，并可以进一步讨论商粒之间的关系性质，如商粒之间的包含关系、相似关系，本书则属于此范畴。

当粒内涵是一个序列时，粒的外延则需要讨论 2 个序列之间的相似性，用于规则之间的相似性比较，也可用来判断一个序列是否是另一个序列的子序列。

当粒内涵是一个图时，粒的外延可以挖掘它的最大子图，根据问题的具体要求将一个复杂的问题分解。例如，在比较粒的相似性的带权图中，通过寻找权值最小的完全子图来确定基本粒的合并方案。

3. 粒度格矩阵空间模型的转换函数

运用粒度矩阵的形式，执行内涵外延算子和外延内涵算子的功能，即实现内涵和外延之间的相互转换。内涵外延算子将粒内涵的抽象描述加以特化，而外延内涵算子将粒外延的具体描述加以泛化。

定义 2-14　用长度为 l 的二进制数粒化每个具有知识 P 的子粒。如果 $x_k\in Y_i$，$1\leqslant k\leqslant l$，那么对应的二进制粒的第 i 位为 1，否则为 0，其中，l 为 U 的势。

由定义 2-12～定义 2-14 可知，商粒和商粒向量之间可以互相转化，即内涵和外延之间可用粒度矩阵来实现转换。

由上述定义可知，GI 和 GE 是粒 GX 的内涵和外延。设 T 为对于粒 GX 所有可能外延的集合，即外延的论域，S 为对于粒 GX 所有可能内涵的集合，即内涵的论域，则有以下定义成立。

定义 2-15　对于粒 GX，由 GI 到 GE 的内涵外延算子是笛卡儿积 $S\times T$ 的一个子集，即对 $\forall \text{GI}\in S$，都存在唯一的 $\text{GE}\in T$，使 $(\text{GI},\text{GE})\in\text{GM}$。

定义 2-16　对于粒 GX，由 GE 到 GI 的外延内涵算子是笛卡儿积 $T\times S$ 的一个子集，即对 $\forall \text{GE}\in T$，都存在唯一的 $\text{GI}\in S$，使 $(\text{GE},\text{GI})\in\text{GM}'$。

在此，用一个粒度矩阵来表示转化函数，以结构化商粒的内部和外部联系。在 2.4 节将详细定义和描述粒度矩阵。

4. 时间

t 既可以理解为一般的时间，粒是随时间的变化而不断变化的，也可以现解为结构 R 上的细分规则，不同的细分规则对应不同的粒，粒度是随细分规则的变化而不断变化的，它反映出一定的动态性。因此，时间 t 可以理解为在二进制空间中的偏序准则 R 下，或在模糊空间中的模糊等价关系 $\tilde{R}$ 下，讨论粒状态 $(\text{GI},\text{GE},\text{GM})$ 。

2.4 粒度矩阵和粒度格矩阵

由以上分析可以看出，在该模型的定义中，粒度矩阵和粒度格矩阵的概念贯穿始终。因此，本节着重介绍 2 种矩阵——粒度矩阵和粒度格矩阵。粒度矩阵是借鉴二进制粒概念提出的，其将一簇商粒向量构成矩阵完成粒化。粒度格矩阵则从合成的角度体现了粒度矩阵中商粒向量之间可能或确定的包含关系。粒度矩阵的定义继承了粗糙集和商空间的基于“划分”的概念，同时，粒度格矩阵是粒度矩阵通过合成运算产生的。因此，粒度格矩阵空间模型同样能对模糊知识和不确定概念进行定义和描述，并为统一粗糙集、模糊集和商空间提供了可能。

2.4.1 二进制空间下的粒度格矩阵

在粒度格矩阵空间模型中，无论是内涵和外延的定义，还是转换函数的定义，自始至终都涉及了粒度矩阵和粒度格矩阵，本节将对其进行详细描述。用二进制表示粒的概念，在此基础上，本节运用矩阵的形式体现知识粒和商粒，提出了静态粒度和动态粒度下的粒度格矩阵，新的定义可以使人们更直观地了解粒结构的本质，同时为粒计算的应用提供简单可行的算法模型。

基于划分的粒计算模型都对应论域上的一个二元关系，而关系、粒、粒度矩阵和粒度格矩阵之间是一一对应的，因此粒度矩阵和粒度格矩阵可以作为刻画粒计算模型的软工具。由于粒度矩阵架起了矩阵理论与图论之间的桥梁，因此其也可以用来研究有结构的粒。这样就很自然地把粒计算和矩阵理论联系起来，不但可以研究更多的关系，扩大研究内容，而且可以吸收矩阵理论、图论等理论中的现有方法，同时把模糊集、粗糙集和商空间等理论统一起来进行研究。

1. 静态粒度下的粒度格矩阵

定义 2-17 静态粒度格矩阵（SGLM，Static Granular Lattice Matrix）。给定知识库 $K=(U,R)$ ，论域 $U=\{x_1,x_2,\cdots u_l\}$ ，设 P 、Q 分别为论域 U 上的等价关系，即 $P,Q\subseteq R$ ，其对应的商粒分别为 Y 和 X ： $U/\text{IND}(P)=Y=\{\boldsymbol{Y}_1,\boldsymbol{Y}_2,\cdots,\boldsymbol{Y}_i,\cdots,\boldsymbol{Y}_m\},1\leqslant i\leqslant m$ ； $U/\text{IND}(Q)=X=\{\boldsymbol{X}_1,\boldsymbol{X}_2,\cdots,\boldsymbol{X}_j,\cdots,\boldsymbol{X}_n\},1\leqslant j\leqslant n$ 。

由定义 2-13，用商粒向量表示子粒 $\boldsymbol{Y}_i$ 和 $\boldsymbol{X}_j$ ，得到粒度矩阵 $\boldsymbol{Y}_{m\times l}=(y_{ik})_{m\times l}$ 和粒度矩阵 $\boldsymbol{X}_{n\times l}=(x_{jk})_{n\times l}$ ，即

$$\boldsymbol{Y}_{m\times l}=\begin{bmatrix}\boldsymbol{Y}_1\\ \vdots\\ \boldsymbol{Y}_m\end{bmatrix}=\begin{bmatrix}y_{11} & \cdots & y_{1l}\\ \cdots & \cdots & \cdots\\ y_{m1} & \cdots & y_{ml}\end{bmatrix}，其中\ y_{ik}=\begin{cases}1, & x_k\in\boldsymbol{Y}_i(1\leqslant k\leqslant l)\\ 0, & x_k\notin\boldsymbol{Y}_i(1\leqslant k\leqslant l)\end{cases} \tag{2.8}$$

$$X_{n\times l}=\begin{bmatrix}X_1\\ \vdots\\ X_n\end{bmatrix}=\begin{bmatrix}x_{11} & \cdots & x_{1l}\\ \cdots & \cdots & \cdots\\ x_{n1} & \cdots & x_{nl}\end{bmatrix}，其中\ x_{jk}=\begin{cases}1, & x_k\in X_j(1\leqslant k\leqslant l)\\ 0, & x_k\notin X_j(1\leqslant k\leqslant l)\end{cases} \tag{2.9}$$

则静态粒度格矩阵 $Z_{m\times n}$ 定义为

$$Z_{m\times n}=\begin{bmatrix}Z_1\\ \vdots\\ Z_m\end{bmatrix}=Y_{m\times l}\cdot X_{n\times l}^{\mathrm{T}}=\begin{bmatrix}y_{11} & \cdots & y_{1l}\\ \cdots & \cdots & \cdots\\ y_{m1} & \cdots & y_{ml}\end{bmatrix}\cdot\begin{bmatrix}x_{11} & \cdots & x_{n1}\\ \cdots & \cdots & \cdots\\ x_{1l} & \cdots & x_{nl}\end{bmatrix}=\begin{bmatrix}z_{11} & \cdots & z_{1n}\\ \cdots & z_{ij} & \cdots\\ z_{m1} & \cdots & z_{mn}\end{bmatrix} \tag{2.10}$$

其中，$Y_{m\times l}$、$X_{n\times l}$ 为用商粒向量表示的二进制粒度矩阵，它们的合成 $Y_{m\times l}\cdot X_{n\times l}^{\mathrm{T}}$ 是一个用二进制表示的 m 行 n 列的静态粒度格矩阵 $Z_{m\times n}$，$Z_{m\times n}$ 的第 i 行第 j 列元素 z_{ij} 与 $Y_{m\times l}$ 的第 i 行元素、$X_{n\times l}^{\mathrm{T}}$ 的第 j 列元素的关系为

$$z_{ij}=\bigvee_{k=1}^{l}(y_{ik}\wedge x_{kj}),\ 1\leqslant i\leqslant m,\ 1\leqslant k\leqslant l,\ 1\leqslant j\leqslant n \tag{2.11}$$

即静态粒度格矩阵中的任一元素 z_{ij} 可先通过在 $Y_{m\times l}$、$X_{n\times l}^{\mathrm{T}}$ 中的对应元素两两取较小，然后在所得的结果中取较大者。

$Z_{m\times n}$ 反映了商粒 Y_i 与 X_j 之间的所有可能包含关系，其中每个元素 z_{ij} 反映了 Y_i 和 X_j 中元素的可能从属关系。

由上述定义可以看出，粒度矩阵是商粒的二进制向量的表现，而粒度格矩阵则体现了粒度矩阵中商粒向量之间的可能包含关系。粒度矩阵的定义继承了粗糙集和商空间的基于“划分”的概念，同时粒度格矩阵是粒度矩阵的合成，继承了模糊集中合成运算的概念，从而使该模型统一了粗糙集、模糊集和商空间理论。因此，运用粒度格矩阵模型同样能对模糊知识和不确定概念进行定义和描述。

定义 2-18　在静态粒度格矩阵定义下，一个知识子粒由具有不可分辨关系的元素构成，即当该子粒映射为一个二进制的商粒向量时，取值为 1 的元素属于同一等价类，它们具有不可分辨关系，称它们为子粒中的成员粒。从二进制粒化的角度看，子粒中成员粒的个数取决于相应商粒向量中所含 1 信息量的大小，用 NR 表示。

基于二进制粒化概念，从新粒计算模型的角度对粗糙集中上近似、下近似、分类的近似精度和质量重新进行诠释。

定义 2-19　给定知识库 $K=(U,R)$，论域 $U=\{x_1,x_2,\cdots,x_k,\cdots,x_l\}$ 上任一子集 X 二进制粒化后的粒为 $X_{1\times l}=(x_{11},x_{12},\cdots,x_{1l})$，其中，$x_{1k}=\begin{cases}1, & x_k\in X\\ 0, & x_k\notin X\end{cases}$，等价关系 $P\subseteq R$ 对应的知识粒集为 $\{Y_1,\cdots,Y_i,\cdots,Y_m\}$，将子粒 Y_i 二进制粒化，用商粒向量可表示为 $Y_i=(y_{i1},\cdots,y_{il})$，其中，$y_{ik}=\begin{cases}1, & x_k\in Y_i\\ 0, & x_k\notin Y_i\end{cases}$。定义 X 关于 P 的上近似和下近似为

$$P_{-}(X)=\{\cup Y_i \mid i(Y_i\cap X_{1\times l}=Y_i)\} \tag{2.12}$$

$$P^{-}(X)=\{\cup Y_i \mid i(Y_i\cap X_{1\times l}\neq \varPhi)\}=\{\cup Y_i \mid i(z_{ij}=1)\} \tag{2.13}$$

$$\mathrm{card}(P_{-}(X))=\sum_{i=1}^{m}(\mathrm{NR}(Y_i)\mid i(Y_i\cap X_{1\times l}=Y_i)) \tag{2.14}$$

$$\mathrm{card}(P^{-}(X))=\sum_{i=1}^{m}(\mathrm{NR}(\boldsymbol{Y}_i)|i(\boldsymbol{Y}_i\cap\boldsymbol{X}_{1\times l}\neq\varPhi)) \tag{2.15}$$

定义 2-20 给定知识库 $K=(U,R)$，论域 $U=\{x_1,x_2,\cdots,x_k,\cdots,x_l\}$ 上任一子集 X 二进制粒化后的粒为 $\boldsymbol{X}_{1\times l}=\{x_{11},x_{12},\cdots,x_{1l}\}$，其中，$x_{1k}=\begin{cases}1, & x_k\in X\\0, & x_k\notin X\end{cases}$，等价关系 P 对应的知识粒集为 $\{\boldsymbol{Y}_1,\cdots,\boldsymbol{Y}_i,\cdots\boldsymbol{Y}_m\}$，子粒 $\boldsymbol{Y}_i$ 用商粒向量表示。定义 X 关于 P 的近似精度为

$$\alpha_P(X)=\frac{\mathrm{card}(P_{-}(X))}{\mathrm{card}(P^{-}(X))}=\frac{\sum_{i=1}^{m}(\mathrm{NR}(\boldsymbol{Y}_i)|i(\boldsymbol{Y}_i\cap\boldsymbol{X}_{1\times l}=\boldsymbol{Y}_i))}{\sum_{i=1}^{m}(\mathrm{NR}(\boldsymbol{Y}_i)|i(\boldsymbol{Y}_i\cap\boldsymbol{X}_{1\times l}\neq\varPhi))} \tag{2.16}$$

定义 2-21～定义 2-23 都基于如下描述的二进制粒化，将商粒转化为商粒向量。对知识库 $K=(U,R)$，等价关系 $Q\subseteq R$ 对应 U 上的知识粒集为 $X=\{\boldsymbol{X}_1,\cdots,\boldsymbol{X}_j,\cdots,\boldsymbol{X}_n\}$，其中，子粒 $\boldsymbol{X}_j$ 用商粒向量表示，有 $\boldsymbol{X}_j=(x_{j1},\cdots,x_{jk},\cdots,x_{jl})$，其中，$x_{jk}=\begin{cases}1, & x_k\in\boldsymbol{X}_j\\0, & x_k\notin\boldsymbol{X}_j\end{cases}$。这个分类独立于等价关系 $P\subseteq R$ 对应的知识粒集为 $\{\boldsymbol{Y}_1,\cdots,\boldsymbol{Y}_i,\cdots\boldsymbol{Y}_m\}$，子粒 $\boldsymbol{Y}_i$ 用商粒向量表示，有 $\boldsymbol{Y}_i=(y_{i1},\cdots,y_{ik},\cdots,y_{il})$，其中，$y_{ik}=\begin{cases}1, & x_k\in\boldsymbol{Y}_i\\0, & x_k\notin\boldsymbol{Y}_i\end{cases}$。

定义 2-21 给定知识库 $K=(U,R)$，U 上有等价关系 Q 和 P，对应的知识粒集 X 和 Y 进行二进制粒化。运用静态粒度格矩阵 $\boldsymbol{Z}_{m\times n}$ 定义知识粒集 X 关于 P 的下近似和上近似分别为

$$\begin{aligned}&P_{-}(X)=\{P_{-}(\boldsymbol{X}_1),P_{-}(\boldsymbol{X}_2),\cdots,P_{-}(\boldsymbol{X}_n)\}=\\&\{\cup\boldsymbol{Y}_i\,|i(\boldsymbol{Y}_i\cap\boldsymbol{X}_j=\boldsymbol{Y}_i)\}=\{\cup\boldsymbol{Y}_i\,|i(\sum_{j=1}^{n}z_{ij}=1)\}\end{aligned} \tag{2.17}$$

$$\begin{aligned}&P^{-}(X)=\{P^{-}(\boldsymbol{X}_1),P^{-}(\boldsymbol{X}_2),\cdots,P^{-}(\boldsymbol{X}_n)\}=\\&\{\cup\boldsymbol{Y}_i|i(\boldsymbol{Y}_i\cap\boldsymbol{X}_j\neq\varPhi)\}=\{\cup\boldsymbol{Y}_i|i(\text{存在}z_{ij}=1)\}\end{aligned} \tag{2.18}$$

定义 2-22 给定知识库 $K=(U,R)$，U 上有等价关系 Q 和 P，对应的知识粒集 X 和 Y 进行二进制粒化。P 中每个子粒 $\boldsymbol{Y}_i$ 所含成员粒的个数，是在矩阵 $\boldsymbol{Y}_{m\times l}$ 中 $\boldsymbol{Y}_i$ 的商粒向量中所含 1 的信息量的大小，用 $\mathrm{NR}(\boldsymbol{Y}_i)$ 表示，则有

$$\mathrm{card}(P_{-}(X))=\sum_{\substack{i\in[1,m]\\j\in[1,n]}}(z_{ij}\cdot\mathrm{NR}(\boldsymbol{Y}_i)|\sum_{j=1}^{n}z_{ij}=1) \tag{2.19}$$

$$\mathrm{card}(P^{-}(X))=\sum_{\substack{i\in[1,m]\\j\in[1,n]}}(z_{ij}\cdot\mathrm{NR}(\boldsymbol{Y}_i)|\sum_{j=1}^{n}z_{ij}=1+\mathrm{NR}(\boldsymbol{Z}_i)|\sum_{j=1}^{n}z_{ij}\neq1) \tag{2.20}$$

定义 2-23 给定知识库 $K=(U,R)$，U 上有等价关系 Q 和 P，对应的知识粒集 X 和 Y 进行二进制粒化。根据知识 P，知识粒集 X 的分类精确性可由近似分类精度和近似分类质量描述，运用静态粒度格矩阵 $\boldsymbol{Z}_{m\times n}$ 分别定义知识粒集 X 的近似分类精度和分类质量为

$$a_P(X)=\frac{\sum_{j=1}^{n}\mathrm{card}P_-(\boldsymbol{X}_j)}{\sum_{j=1}^{n}\mathrm{card}P^-(\boldsymbol{X}_j)}=\frac{\sum_{\substack{i\in[1,m]\\ j\in[1,n]}}(z_{ij}\cdot\mathrm{NR}(\boldsymbol{Y}_i)\Big|\sum_{j=1}^{n}z_{ij}=1)}{\sum_{\substack{i\in[1,m]\\ j\in[1,n]}}(z_{ij}\cdot\mathrm{NR}(\boldsymbol{Y}_i)\Big|\sum_{j=1}^{n}z_{ij}=1+\mathrm{NR}(\boldsymbol{Z}_i)\Big|\sum_{j=1}^{n}z_{ij}\neq 1)} \tag{2.21}$$

$$r_P(X)=\frac{\sum_{j=1}^{n}\mathrm{card}P_-(\boldsymbol{X}_j)}{\mathrm{card}U}=\frac{1}{l}\sum_{\substack{i\in[1,m]\\ j\in[1,n]}}(z_{ij}\cdot\mathrm{NR}(\boldsymbol{Y}_i)\Big|\sum_{j=1}^{n}z_{ij}=1) \tag{2.22}$$

例 2-1　一个知识系统$U=\{x_1,x_2,\cdots,x_7\}$，$l=7$，有等价关系 P 和 Q。

设等价关系 P 有知识粒集：$U/P=Y=\{\boldsymbol{Y}_1,\boldsymbol{Y}_2,\boldsymbol{Y}_3,\boldsymbol{Y}_4\}=\{\{x_1,x_3\},\{x_2,x_5\},\{x_4,x_6\},\{x_7\}\}$。

设等价关系 Q 有知识粒集：$U/Q=X=\{\boldsymbol{X}_1,\boldsymbol{X}_2,\boldsymbol{X}_3\}=\{\{x_1,x_3,x_6\},\{x_2,x_5\},\{x_4,x_7\}\}$。

分别对$U/P=Y=\{\boldsymbol{Y}_1,\boldsymbol{Y}_2,\boldsymbol{Y}_3,\boldsymbol{Y}_4\}$中子粒 $\boldsymbol{Y}_i$ $(1\leqslant i\leqslant 4)$ 和$U/Q=X=\{\boldsymbol{X}_1,\boldsymbol{X}_2,\boldsymbol{X}_3\}$中的子粒 $\boldsymbol{X}_j(1\leqslant j\leqslant 3)$ 进行二进制粒化。

令 $\mathrm{NR}(\boldsymbol{Y}_i)$ 和 $\mathrm{NR}(\boldsymbol{X}_j)$ 分别表示子粒 $\boldsymbol{Y}_i$、$\boldsymbol{X}_j$ 中的成员粒个数，即当运用二进制粒化方法对子粒进行描述时，其形式如表 2-1 所示。

表 2-1　知识子粒的粒化描述（例 2-1）

子粒	成员粒	商粒向量	$\mathrm{NR}(\boldsymbol{Y}_i)$	$\mathrm{NR}(\boldsymbol{X}_j)$
$\{\boldsymbol{Y}_1\}$	x_1,x_3	1010000	2	0
$\{\boldsymbol{Y}_2\}$	x_2,x_5	0100100	2	0
$\{\boldsymbol{Y}_3\}$	x_4,x_6	0001010	2	0
$\{\boldsymbol{Y}_4\}$	x_7	0000001	1	0
$\{\boldsymbol{X}_1\}$	x_1,x_3,x_6	1010010	0	3
$\{\boldsymbol{X}_2\}$	x_2,x_5	0100100	0	2
$\{\boldsymbol{X}_3\}$	x_4,x_7	0001001	0	2

依据题意，通过二进制粒化后，由一簇商粒向量得到粒度矩阵 $\boldsymbol{Y}_{4\times7}$、$\boldsymbol{X}_{3\times7}$ 分别为

$$\boldsymbol{Y}_{4\times7}=\begin{bmatrix}\boldsymbol{Y}_1\\ \boldsymbol{Y}_2\\ \boldsymbol{Y}_3\\ \boldsymbol{Y}_4\end{bmatrix}=\begin{bmatrix}1&0&1&0&0&0&0\\0&1&0&0&1&0&0\\0&0&0&1&0&1&0\\0&0&0&0&0&0&1\end{bmatrix},\quad \boldsymbol{X}_{3\times7}=\begin{bmatrix}\boldsymbol{X}_1\\ \boldsymbol{X}_2\\ \boldsymbol{X}_3\end{bmatrix}=\begin{bmatrix}1&0&1&0&0&1&0\\0&1&0&0&1&0&0\\0&0&0&1&0&0&1\end{bmatrix}$$

则粒度格矩阵为 $\boldsymbol{Y}_{4\times7}$ 与 $\boldsymbol{X}_{3\times7}$ 的合成，有

$$\boldsymbol{Z}_{4\times3}=\begin{bmatrix}\boldsymbol{Z}_1\\ \boldsymbol{Z}_2\\ \boldsymbol{Z}_3\\ \boldsymbol{Z}_4\end{bmatrix}=\boldsymbol{Y}_{4\times7}\cdot\boldsymbol{X}_{3\times7}^{\mathrm{T}}=\begin{bmatrix}1&0&1&0&0&0&0\\0&1&0&0&1&0&0\\0&0&0&1&0&1&0\\0&0&0&0&0&0&1\end{bmatrix}\cdot\begin{bmatrix}1&0&1&0&0&1&0\\0&1&0&0&1&0&0\\0&0&0&1&0&0&1\end{bmatrix}^{\mathrm{T}}=\begin{bmatrix}1&0&0\\0&1&0\\1&0&1\\0&0&1\end{bmatrix}$$

依据上述定义，得到相关性质如下

$$P_-(X)=\{\cup\boldsymbol{Y}_i\ \Big|\ i(\sum_{j=1}^{n}z_{ij}=1)\}=\{\boldsymbol{Y}_1\cup\boldsymbol{Y}_2\cup\boldsymbol{Y}_4\}=\{x_1,x_2,x_3,x_5,x_7\}$$

$$\text{card}(P_-(X)) = \sum_{\substack{i\in[1,m]\\ j\in[1,n]}} (z_{ij} \cdot \text{NR}(\boldsymbol{Y}_i) \Big| \sum_{j=1}^{n} z_{ij} = 1) =$$

$$z_{11} \cdot \text{NR}(\boldsymbol{Y}_1) + z_{22} \cdot \text{NR}(\boldsymbol{Y}_2) + z_{43} \cdot \text{NR}(\boldsymbol{Y}_4) = 1\times 2 + 1\times 2 + 1\times 1 = 5$$

$$P^-(X) = \{\bigcup \boldsymbol{Y}_i \big| i(\text{存在} z_{ij} = 1)\} = \{\boldsymbol{Y}_1 \cup \boldsymbol{Y}_2 \cup \boldsymbol{Y}_3 \cup \boldsymbol{Y}_4\} = \{x_1, x_2, x_3, x_4, x_5, x_6, x_7\}$$

$$\text{card}(P^-(X)) = \sum_{\substack{i\in[1,m]\\ j\in[1,n]}} (z_{ij} \cdot \text{NR}(\boldsymbol{Y}_i) \Big| \sum_{j=1}^{n} z_{ij} = 1 + \text{NR}(\boldsymbol{Z}_i) \Big| \sum_{j=1}^{n} z_{ij} \neq 1) =$$

$$z_{11} \cdot \text{NR}(\boldsymbol{Y}_1) + z_{22} \cdot \text{NR}(\boldsymbol{Y}_2) + z_{43} \cdot \text{NR}(\boldsymbol{Y}_4) + \text{NR}(\boldsymbol{Z}_3) =$$

$$1\times 2 + 1\times 2 + 1\times 1 + 2 = 7$$

$$a_P(X) = \frac{\sum_{j=1}^{n} \text{card}P_-(\boldsymbol{X}_j)}{\sum_{j-1}^{n} \text{card}P^-(\boldsymbol{X}_j)} = \frac{5}{7}$$

$$r_P(X) = \frac{\sum_{j=1}^{n} \text{card}P_-(\boldsymbol{X}_j)}{\text{card}U} = \frac{5}{7}$$

2. 动态粒度下的粒度格矩阵

（1）动态粒度

从粒计算的角度来看，静态粒度格矩阵的构造依旧是基于划分的粒度，用 “静态” 矩阵重新定义了对象上近似、下近似以及近似分类精度等概念，并对对象进行了粗糙定义，定量地刻画其粗糙度。然而，静态粒度的不足之处在于：对象的边界域依旧不能够变化，不便对它做进一步的分析研究。实际中，往往需要从多个角度或多个层次来分析问题、解决问题。也就是说，对同一研究对象，需要用一簇有关系的划分来研究，即用动态粒度的方式进行分析。动态粒度的原理有 2 种情况：①对同一问题采用不同的角度（粒度）来研究；②对同一问题采用多个层次（粒度）来研究。若所采用的多个粒度之间具有一定的偏序关系，则动态变化有逐渐细化和逐渐粗糙这 2 种情况。前者主要处理对研究对象刻画过于粗糙且仍需做进一步更精细的描述；后者则相反，由于其描述过于精细，丢失了一些对象的抱团性质，因此需要使之粗糙。采用矩阵的形式，用一组具有偏序关系的等价关系簇 $R_1 \geqslant R_2 \geqslant \cdots \geqslant R_n$ 来刻画对象 X 的思想称为粒度格矩阵空间下的动态描述。基于动态粒度原理，本节又提出了动态粒度格矩阵（DGLM，Dynamic Granular Lattice Matrix）。

（2）基于细于关系的动态粒度格矩阵

定义 2-24 动态粒度格矩阵。给定知识库 $K=(U,R)$，$R_1, R_2 \subseteq R$，设 R_1、R_2 为论域 U 上 2 个具有偏序的等价关系，即 $R_1 \geqslant R_2$，其对应的商粒分别为 $Y^{(1)}$ 和 $Y^{(2)}$，则有

$$U/\text{IND}(R_1) = Y^{(1)} = \{Y_1^{(1)}, Y_2^{(1)}, \cdots, Y_i^{(1)}, \cdots, Y_m^{(1)}\}, 1 \leqslant i \leqslant m$$

$$U/\text{IND}(R_2) = Y^{(2)} = \{Y_1^{(2)}, Y_2^{(2)}, \cdots, Y_j^{(2)}, \cdots, Y_n^{(2)}\}, 1 \leqslant j \leqslant n$$

由定义 2-13 提供的二进制粒化方法可以得到商粒向量簇，进一步表示粒度矩阵 $\boldsymbol{Y}_{m\times l}^{(1)} = (y_{ik}^{(1)})_{m\times l}$ 和粒度矩阵 $\boldsymbol{Y}_{n\times l}^{(2)} = (y_{jk}^{(2)})_{n\times l}$，有

$$\boldsymbol{Y}_{m\times l}^{(1)}=\begin{bmatrix} y_{11}^{(1)} & \cdots & y_{1l}^{(1)} \\ \cdots & \cdots & \cdots \\ y_{m1}^{(1)} & \cdots & y_{ml}^{(1)} \end{bmatrix},\quad \boldsymbol{Y}_{n\times l}^{(2)}=\begin{bmatrix} y_{11}^{(2)} & \cdots & y_{1l}^{(2)} \\ \cdots & \cdots & \cdots \\ y_{n1}^{(2)} & \cdots & y_{nl}^{(2)} \end{bmatrix} \tag{2.23}$$

则动态粒度格矩阵 $\boldsymbol{Z}_{m\times n}$ 定义为

$$\boldsymbol{Z}_{m\times n}=\boldsymbol{Y}_{m\times l}^{(1)}\cdot(\boldsymbol{Y}_{n\times l}^{(2)})^{\mathrm{T}}=\begin{bmatrix} y_{11}^{(1)} & \cdots & y_{1l}^{(1)} \\ \cdots & \cdots & \cdots \\ y_{m1}^{(1)} & \cdots & y_{ml}^{(1)} \end{bmatrix}\cdot\begin{bmatrix} y_{11}^{(2)} & \cdots & y_{1l}^{(2)} \\ \cdots & \cdots & \cdots \\ y_{n1}^{(2)} & \cdots & y_{nl}^{(2)} \end{bmatrix}^{\mathrm{T}}=\begin{bmatrix} z_{11} & \cdots & z_{1n} \\ \cdots & z_{ij} & \cdots \\ z_{m1} & \cdots & z_{mn} \end{bmatrix} \tag{2.24}$$

其中，$\boldsymbol{Y}_{m\times l}^{(1)}$、$\boldsymbol{Y}_{n\times l}^{(2)}$ 为商粒向量表示的粒度矩阵，它们的合成 $\boldsymbol{Y}_{m\times l}^{(1)}\cdot(\boldsymbol{Y}_{n\times l}^{(2)})^{\mathrm{T}}$ 是一个 m 行 n 列的动态粒度格矩阵 $\boldsymbol{Z}_{m\times n}$，$\boldsymbol{Z}$ 的第 i 行第 j 列的元素 z_{ij} 和 $\boldsymbol{Y}_{m\times l}^{(1)}$ 的第 i 行元素与 $(\boldsymbol{Y}_{n\times l}^{(2)})^{\mathrm{T}}$ 的第 j 列的关系为

$$z_{ij}=\bigvee_{k=1}^{l}(y_{ik}^{(1)}\wedge y_{kj}^{(2)}),1\leqslant i\leqslant m,1\leqslant k\leqslant l,1\leqslant j\leqslant n \tag{2.25}$$

即动态粒度格矩阵 $\boldsymbol{Z}$ 中的任一元素 z_{ij} 可先通过在 $\boldsymbol{Y}_{m\times l}^{(1)}$、$\boldsymbol{Y}_{n\times l}^{(2)}$ 中的对应元素两两取较小，然后在所得的结果中取较大者获得。

动态粒度格矩阵 $\boldsymbol{Z}_{m\times n}$ 同样也反映了子粒 $Y_i^{(1)}$ 与 $Y_j^{(2)}$ 之间的所有包含关系，其中的每个元素 z_{ij} 反映了 $Y_i^{(1)}$ 和 $Y_j^{(2)}$ 中元素的确定从属关系。

通过上述定义可以看出，基于细于关系的动态粒度格矩阵是在等价关系有偏序的情况下产生的，是静态粒度格矩阵的特例。因此，粒集之间的上近似、下近似、分类的近似精度和质量均可由定义 2-19 至定义 2-23 计算推导得出，在此不再赘述。

在粒度格矩阵空间模型中，知识被看作一种对对象进行分类的能力，知识粒用二进制的商粒向量表示，由此商粒产生了概念，概念构成了知识的模块。因此可以说，知识是由粒度矩阵和粒度格矩阵组成的，通常的论域可以按照不同的属性用商粒向量或矩阵的形式加以体现。

动态粒度下的粒度格矩阵空间模型的形式可描述为 $((\mathrm{GI},\mathrm{GE},\mathrm{GM}),R_{\leqslant})$，其中，$(\mathrm{GI},\mathrm{GE},\mathrm{GM})$ 为一簇商粒向量组成的粒度矩阵表示的粒结构，$R_{\leqslant}$ 表示有偏序结构的等价关系簇。给定任意元素 $R_i,R_j\in R_{\leqslant}$，元素 R_i、R_j 分别对应一个以商粒向量簇表示的粒度矩阵，则粒度矩阵合成的动态粒度格矩阵反映了一簇商粒向量之间有确定包含关系的粒度矩阵。

定义 2-25　对模型 $((\mathrm{GI},\mathrm{GE},\mathrm{GM}),R_{\leqslant})$，任一等价关系 R_i 产生相应的不可分辨关系，同时产生一系列基本的商粒向量，每个商粒向量所含的信息量用其长度 $|U|=l$ 表示，其中取值为 1 的元素具有不可分辨关系。

在动态粒度过程中，把集合 $X\subseteq U$ 中仍需要进一步研究的领域作为下一个研究对象，这样便形成了一系列不同层次的表达式，从而使子集 $X\subseteq U$ 在等价关系簇 $R_{\leqslant}$ 下使用的知识颗粒最少且表达最为精确。

定理 2-2　设知识库 $K=(U,R)$，其对应的粒度格矩阵空间模型为 $((\mathrm{GI},\mathrm{GE},\mathrm{GM}),R_{\leqslant})$，给定任意元素 $R_i\subseteq R$，在二进制粒化下，偏序关系中的元素 R_i 对应一个以商粒向量表示的粒度矩阵，则知识库对应商粒向量有确定包含关系的粒度矩阵集合，即 $\{\boldsymbol{Y}^{(1)},\boldsymbol{Y}^{(2)},\cdots,\boldsymbol{Y}^{(i)},\cdots,\boldsymbol{Y}^{(t)}\}$，因此可以说，任何一个粒度格矩阵 $\boldsymbol{Z}=\boldsymbol{Y}^{(i)}\cdot(\boldsymbol{Y}^{(j)})^{\mathrm{T}}$，$i,j\in t$ 都确切反映了具有偏序关系的

2 个等价关系。

定理 2-3 设知识库$K=(U,R)$，其对应的粒度格矩阵空间模型为$((\mathrm{GI},\mathrm{GE},\mathrm{GM}),R_{\leqslant})$，对于子集$X\subseteq U$和具有偏序关系的等价关系簇$P=\{R_1,R_2,\cdots,R_n\}$且满足$R_1\geqslant R_2\geqslant\cdots\geqslant R_n(R_i\in P)$。令$P_t=\{R_1,R_2,\cdots,R_t\}$，那么对于$\forall P_t(i=1,2,\cdots,n)$，则有

$$P_{t\_}(X)\subseteq X\subseteq P_t^-(X),\quad P_{n\_}(X)\subseteq P_{n-1\_}(X)\subseteq\cdots\subseteq P_{1\_}(X) \tag{2.26}$$

证明 对子集$X\subseteq U$，$R_i\in P$，必有$R_{i_}(X)\subseteq X\subseteq R_i^-(X),1\leqslant i\leqslant n$。设$i=1,2,\cdots,t$，有$R_{1_}(X)\subseteq X\subseteq R_1^-(X)$，$R_{2\_}(X)\subseteq X\subseteq R_2^-(X)$，…，$R_{t\_}(X)\subseteq X\subseteq R_t^-(X)$，则$R_{1_}(X)\cap R_{2_}(X)\cap\cdots\cap R_{t_}(X)\subseteq X$，且$X\subseteq R_1^-(X)\cap R_2^-(X)\cap\cdots\cap R_t^-(X)$，令$P_t=\{R_1,R_2,\cdots,R_t\}$，必有$P_{t_}(X)\subseteq X\subseteq P_t^-(X)$。

不妨设子集$X\subseteq U$含有元素$x_1,x_2\cdots$，且$R_1\geqslant R_2$，若$x_1R_1x_2$，则有$x_1R_2x_2$，因此$R_{1_}(X)\supseteq R_{2_}(X)$，同理可得$R_{1_}(X)\supseteq R_{2_}(X)\supseteq R_{3_}(X)\supseteq\cdots\supseteq R_{t_}(X)$，则有$R_{1_}(X)\supseteq R_{1_}(X)\cap R_{2_}(X)\supseteq R_{1_}(X)\cap R_{2_}(X)\cap R_{3_}(X)\supseteq\cdots\supseteq R_{1_}(X)\cap R_{2_}(X)\cap R_{3_}(X)\cdots\cap R_{t_}(X)$，又已知$P=\{R_1,R_2,\cdots,R_n\}$是具有偏序关系的等价关系簇，所以有$P_{1_}(X)\supseteq P_{2_}(X)\supseteq\cdots\supseteq P_{n_}(X)$，式(2.26)得证。

定理 2-4 设知识库$K=(U,R)$，其对应的粒度格矩阵空间模型为$((\mathrm{GI},\mathrm{GE},\mathrm{GM}),R_{\leqslant})$，对于子集$X\subseteq U$和具有偏序关系的等价关系簇$P=\{R_1,R_2,\cdots,R_n\}$且满足$R_1\geqslant R_2\geqslant\cdots\geqslant R_n(R_i\in R)$。令$P_t=\{R_1,R_2,\cdots,R_t\}$，那么对于$\forall P_t(i=1,2,\cdots,n)$，则有

$$\alpha_{P_1}(X)\geqslant\alpha_{P_2}(X)\geqslant\cdots\geqslant\alpha_{P_n}(X) \tag{2.27}$$

证明 对子集$X\subseteq U$，有$\alpha_R(X)=\dfrac{\mathrm{card}(R_(X))}{\mathrm{card}(R^-(X))}$，对具有偏序关系的等价关系簇$P=\{R_1,R_2,\cdots R_n\}$，由定理 2-3，有$P_{1_}(X)\supseteq P_{2_}(X)\supseteq\cdots\supseteq P_{n_}(X)$，同理可得$P_1^-(X)=P_2^-(X)=\cdots=P_n^-(X)$，所以$\dfrac{\mathrm{card}P_{1_}(X)}{\mathrm{card}P_1^-(X)}\geqslant\dfrac{\mathrm{card}P_{2_}(X)}{\mathrm{card}P_2^-(X)}\geqslant\cdots\geqslant\dfrac{\mathrm{card}P_{n_}(X)}{\mathrm{card}P_n^-(X)}$，由此可以看出，$\alpha_{P_1}(X)\geqslant\alpha_{P_2}(X)\geqslant\cdots\geqslant\alpha_{P_n}(X)$得证。

定理 2-5 设知识库$K=(U,R)$，其对应的粒度格矩阵空间模型为$((\mathrm{GI},\mathrm{GE},\mathrm{GM}),R)$，不同的$R$对应不同的粒度矩阵，由此形成描述知识的粒层。对论域$U=\{x_1,x_2,\cdots,x_l\}$，设$R_1,R_2\in R$对应的粒度矩阵分别为$\boldsymbol{Y}_{m\times l}^{(1)}=(y_{ik}^{(1)})_{m\times l}$和$\boldsymbol{Y}_{n\times l}^{(2)}=(y_{jk}^{(2)})_{n\times l}$，用商粒可表示为$Y^{(1)}=\{Y_1^{(1)},Y_2^{(1)},\cdots,Y_i^{(1)},\cdots,Y_m^{(1)}\}$，$Y^{(2)}=\{Y_1^{(2)},Y_2^{(2)},\cdots,Y_j^{(2)},\cdots,Y_n^{(2)}\}$，则$R_1$比$R_2$细的充要条件是对任意的$Y_i^{(1)}\in Y^{(1)}$，都存在$Y_j^{(2)}\in Y^{(2)}$，使商粒$Y^{(1)}$和$Y^{(2)}$存在且$Y^{(1)}\subseteq Y^{(2)}$成立。

证明 若对任意的$x_1,x_2\in Y_i^{(1)}$，则必有$x_1R_1x_2$。因为R_1比R_2细，则有$x_1R_2x_2$，所以x_1、x_2必属于$Y^{(2)}$的某一子粒，不妨设为$Y_j^{(2)}$，即$x_1,x_2\in Y_j^{(2)}$，则有使商粒$Y^{(1)}$和$Y^{(2)}$存在且$Y^{(1)}\subseteq Y^{(2)}$成立。

设对任意的$Y_i^{(1)}\in Y^{(1)}$，都存在$Y_j^{(2)}\in Y^{(2)}$，使$Y^{(1)}\subseteq Y^{(2)}$。对任意的$x_1R_1x_2$，x_1、x_2必属于$Y^{(1)}$的某一子粒，不妨设为$Y_i^{(1)}$，由条件知，必存在$Y_j^{(2)}\in Y^{(2)}$，使$Y_i^{(1)}\subseteq Y_j^{(2)}$，则$x_1,x_2\in Y_j^{(2)}$，即对任意的$x_1R_2x_2$，有$x_1R_1x_2$成立，因此$R_1$比$R_2$细。

定理 2-6　设 $R_1,R_2 \in R$ 对应的粒度矩阵分别为 $\boldsymbol{Y}_{m\times l}^{(1)}=(y_{ik}^{(1)})_{m\times l}$ 和 $\boldsymbol{Y}_{n\times l}^{(2)}=(y_{jk}^{(2)})_{n\times l}$，用商粒可表示为 $Y^{(1)}=\{Y_1^{(1)},Y_2^{(1)},\cdots,Y_i^{(1)},\cdots,Y_m^{(1)}\}$，$Y^{(2)}=\{Y_1^{(2)},Y_2^{(2)},\cdots,Y_j^{(2)},\cdots,Y_n^{(2)}\}$，若 R_1 比 R_2 细，则 $n\leqslant m$，若 $m=n$，则有 $Y^{(1)}=Y^{(2)}$。

证明　反证法。若 $n>m$，只能有多个 $Y_j^{(2)}$ 包含在一个 $Y_i^{(1)}$ 中，而不可能有多个 $Y_i^{(1)}$ 包含在一个 $Y_j^{(2)}$ 中，必有 $\bigcup Y_j^{(2)} \subset \bigcup Y_i^{(1)}$，因此对 $x_1R_2x_2$，必有 $x_1R_1x_2$，根据定理 2-5，有 R_2 比 R_1 细，与已知矛盾。且当 $m=n$ 时，$Y_i^{(1)}=Y_j^{(2)}$，$\bigcup Y_j^{(2)} \subset \bigcup Y_i^{(1)}$，则有 $Y^{(1)}=Y^{(2)}$。因此上述定理成立。

例 2-2　设论域 $U=\{x_1,x_2,\cdots,x_8\}$，论域上有等价关系簇 P 和 Q，且两者满足偏序关系，设 P 和 Q 有知识粒集。

$$U/P=\{Y_1^{(1)},Y_2^{(1)},Y_3^{(1)},Y_4^{(1)},Y_5^{(1)},Y_6^{(1)},Y_7^{(1)}\}=\{\{x_1\},\{x_5\},\{x_2,u_8\},\{x_3\},\{x_4\},\{x_6\},\{x_7\}\}$$

$$U/Q=\{Y_1^{(2)},Y_2^{(2)},Y_3^{(2)},Y_4^{(2)},Y_5^{(2)}\}=\{\{x_1,x_5\},\{x_2,x_8\},\{x_3,x_4\},\{x_6\},\{x_7\}\}$$

分别对其进行二进制粒化，得到商粒向量。为了进一步体现偏序关系，令 $\mathrm{NR}(Y_i^{(1)})$、$\mathrm{NR}(Y_j^{(2)})$ 分别表示子粒 $Y_i^{(1)}$、$Y_j^{(2)}$ 中所含元素的个数。粒化过程如表 2-2 所示。

表 2-2　知识子粒的粒化描述（例 2-2）

子粒	成员粒	商粒向量	$\mathrm{NR}(Y_i^{(1)})$	$\mathrm{NR}(Y_j^{(2)})$
$\{Y_1^{(2)}\}$	x_1,x_5	10001000	0	2
x_2,x_8	x_2,x_8	01000001	0	2
$\{Y_3^{(2)}\}$	x_3,x_4	00110000	0	2
$\{Y_4^{(2)}\}$	x_6	00000100	0	1
$\{Y_5^{(2)}\}$	x_7	00000010	0	1
$\{Y_1^{(1)}\}$	x_1	10000000	1	0
$\{Y_2^{(1)}\}$	x_5	00001000	1	0
$\{Y_3^{(1)}\}$	x_2,x_8	01000001	2	0
$\{Y_4^{(1)}\}$	x_3	00100000	1	0
$\{Y_5^{(1)}\}$	x_4	00010000	1	0
$\{Y_6^{(1)}\}$	x_6	00000100	1	0
$\{Y_7^{(1)}\}$	x_7	00000010	1	0

依据题意，通过二进制粒化后，得到粒度矩阵 $\boldsymbol{Y}_{7\times 8}^{(1)}$、$\boldsymbol{Y}_{5\times 8}^{(2)}$ 为

$$\boldsymbol{Y}_{7\times 8}^{(1)}=\begin{bmatrix}Y_1^{(1)}\\Y_2^{(1)}\\Y_3^{(1)}\\Y_4^{(1)}\\Y_5^{(1)}\\Y_6^{(1)}\\Y_7^{(1)}\end{bmatrix}=\begin{bmatrix}10000000\\00001000\\01000001\\00100000\\00010000\\00000100\\00000010\end{bmatrix},\quad \boldsymbol{Y}_{5\times 8}^{(2)}=\begin{bmatrix}Y_1^{(2)}\\Y_2^{(2)}\\Y_3^{(2)}\\Y_4^{(2)}\\Y_5^{(2)}\end{bmatrix}=\begin{bmatrix}10001000\\01000001\\00110000\\00000100\\00000010\end{bmatrix}$$

则粒度格矩阵为 $\boldsymbol{Y}_{7\times 8}^{(1)}$ 与 $\boldsymbol{Y}_{5\times 8}^{(2)}$ 的合成，有

$$
\boldsymbol{Z}_{7\times 5}=\begin{bmatrix} Z_1 \\ Z_2 \\ Z_3 \\ Z_4 \\ Z_5 \\ Z_6 \\ Z_7 \end{bmatrix}=\boldsymbol{Y}_{7\times 8}^{(1)}\cdot(\boldsymbol{Y}_{5\times 8}^{(2)})^{\mathrm{T}}=\begin{bmatrix} 10000000 \\ 00001000 \\ 01000001 \\ 00100000 \\ 00010000 \\ 00000100 \\ 00000010 \end{bmatrix}\cdot\begin{bmatrix} 10001000 \\ 01000001 \\ 00110000 \\ 00000100 \\ 00000010 \end{bmatrix}^{\mathrm{T}}=\begin{bmatrix} 1 & 0 & 0 & 0 & 0 \\ 1 & 0 & 0 & 0 & 0 \\ 0 & 1 & 0 & 0 & 0 \\ 0 & 0 & 1 & 0 & 0 \\ 0 & 0 & 1 & 0 & 0 \\ 0 & 0 & 0 & 1 & 0 \\ 0 & 0 & 0 & 0 & 1 \end{bmatrix}
$$

同例 2-1，可运用前述定义计算该例中的上近似、下近似、近似分类的精度和质量等，在此不再赘述。

由该算例得出，由粒度矩阵合成的粒度格矩阵可以体现有细于关系的子粒 $Y_i^{(1)}$、$Y_j^{(2)}$，在矩阵 $\boldsymbol{Z}_{7\times 5}$ 中发现 $\sum_{j=1}^{5} z_{ij}=1$，则有对任一 $Y_i^{(1)}$ 属于且仅属于一个 $Y_j^{(2)}$。由此有 $Y_1^{(1)},Y_2^{(1)}\subseteq Y_1^{(2)},Y_3^{(1)}=Y_2^{(2)},Y_4^{(1)},Y_5^{(1)}\subseteq Y_3^{(2)},Y_6^{(1)}=Y_4^{(2)},Y_7^{(1)}\subseteq Y_5^{(2)}$。通过粒度格矩阵，可以反映不同知识下的子粒之间确定的包含关系和偏序关系 $Y_i^{(1)}\subseteq Y_j^{(2)}$ 具有不二性。

在动态粒度下的粒度格矩阵空间模型 $((\mathrm{GI},\mathrm{GE},\mathrm{GM}),R_{\leqslant})$ 中，不同等价关系 $R_i\in R_{\leqslant}$ 对应不同的粒度矩阵，由此形成了具有不同粒度划分的粒度层。通过粒度格矩阵，可以体现粒化后的粒层上的子粒之间包含与被包含、覆盖与被覆盖的关系，从而实现粒层之间的转换。

2.4.2 模糊空间下的粒度矩阵

人们要表达一个概念，通常可以从 2 个方面进行描述，一方面是从集合论的角度看，运用概念的内涵定义集合；另一方面是运用概念的外延来拓延组成该集合的所有元素。

但在人们的思维中，有许多没有明确外延的概念，即模糊概念。其表现在语言上有许多模糊概念的词，如以人的年龄为论域，那么“年轻”“中年”“老年”都没有明确的外延。或以人的身高为论域，那么“高个子”“中等身材”“矮个子”也没有明确的外延。再如以炉温为论域，那么“高温”“中温”“低温”等也没有明确的外延。所有诸如此类的概念都是模糊概念。

基于模糊理论的粒计算考虑的是集合边界的病态定义，将其与元素和集合的关系相联系，则是经典集合论中属于和不属于关系的推广；上述描述的基于划分的粒度格矩阵模型考虑的是元素（或对象）间的不可区分性，将其与集合上的等价关系相联系，则是经典集合由等价关系而得出的近似。如同粒计算的 2 个分支理论粗糙集和模糊集一样，虽然二者的特点不同，但它们之间有着密切的联系和很强的互补性[32]。如果把模糊集合中的隶属度看作粗糙集理论中的属性值，则信息系统中知识表达的模糊性可由对象的可用属性值描述，数据库中病态描述的对象可以用属性值的集合的可能性分布表示，这些可能性的分布构成模糊集合模型。由此可见，在知识表达和获取方面，2 种粒模型（模糊集与粗糙集）有它们的相似之处，但它们各自的着眼点不同，前者强调的是信息系统中知识的模糊性，后者强调的是信息系统中知识的不可分辨性，2 种方法不能简单地取代。而对于一个运用精确概念描述的粒度格矩阵空间模型来说，它是由模型 $(\mathrm{GX},\mathrm{GA},\mathrm{GV},(\mathrm{GI},\mathrm{GE},\mathrm{GM}),t)$ 构成的，其属性值 GV 是确定的，用二进制 $\{0,1\}$ 体现。当运用该模型对模糊对象进行描述时，有一定的局限性。第一，论域中的所有对象必须具备统一的表示模式，这个需求的限制使数据库中的所有元素必须具备统一的属性集合；第二，在每个对象的知识表示上没有一个隶属度量的概念，即一个对象要么具备、要么不具备一个属性。但在实际信息系统或决策系统中，描述一个对象的属性信息往往是不精确和未知的，人们应该允许这种不精确性的存在。因此，在上述章节描述的基础上，拓延定义范畴，形成模糊空间下的粒度格矩阵空间模型，其中重点要讨论的是模糊空间下的静态粒度矩阵。

1. 模糊空间下的粒度矩阵

上述研究的粒度格矩阵空间模型是基于清晰粒的粒模型，即论域中每个对象都按照等价关系严格地划分到某个等价类中，具有非此即彼的性质，这种粒度矩阵构造的界限是分明的。而实际上大多数对象并没有严格的归属，它在性态和类属方面存在中介性，具有亦此亦彼的性质，因此在构造粒度格矩阵空间模型时，要将模糊集理论作为软划分的分析工具，利用它来处理对象的模糊归属问题，进而构建模糊空间下的粒度矩阵。由于该矩阵充分体现了样本属于各个不同模糊等价类的不确定性程度，表达了样本类属的中介性，即建立了样本对于模糊等价类的不确定描述，更能客观地反映现实世界。通过该矩阵的构建，把二元等价关系推广为模糊等价关系。

定义 2-26　在模糊空间下构造静态粒度矩阵时，用隶属度表示论域中每个对象隶属于某一等价类的程度。此时，每个等价类是模糊等价类。设论域$U=\{x_1,x_2,\cdots,x_k,\cdots,x_l\}$，将其划分为$c$个模糊等价类，用隶属度描述$U$中的每个元素$x_k$属于第$i$个等价类的程度，并满足如下条件。

① $\mu_{ik}\in[0,1],1\leqslant i\leqslant C,1\leqslant k\leqslant l$。

② $\sum\limits_{i=1}^{C}\mu_{ik}=1,\forall k=1,2,\cdots,l$。

③ $0<\sum\limits_{k=1}^{l}\mu_{ik}<l,\forall i=1,2,\cdots,c$。

定义 2-27　设论域U有l个元素$x_1,x_2,\cdots,x_k,\cdots,x_l$ $(1\leqslant k\leqslant l)$，$\tilde{R}$为论域$U$上的模糊等价关系，其对应的模糊等价粒为$\tilde{Y}=\{\tilde{\boldsymbol{Y}}_1,\tilde{\boldsymbol{Y}}_2,\cdots,\tilde{\boldsymbol{Y}}_i,\cdots,\tilde{\boldsymbol{Y}}_c\}$，其中，$1\leqslant i\leqslant c$，且$\bigcup\tilde{\boldsymbol{Y}}_i=U$，$\tilde{\boldsymbol{Y}}_i$为具有知识$\tilde{R}$的子粒。定义从实数域到$[0,1]$的映射为编码空间，即$f:R^+\to[0,1]^l$。则模糊等价粒$\tilde{\boldsymbol{Y}}_i$可表示为向量形式$\tilde{\boldsymbol{Y}}_i=\{\mu_{i1},\mu_{i2},\cdots,\mu_{ik},\cdots,\mu_{il}\}$，其中，$\mu_{ik}\in[0,1]$ $(1\leqslant i\leqslant C,1\leqslant k\leqslant l)$，且$\sum\limits_{i=1}^{c}\mu_{ik}=1$，意指对$\forall k$，每个元素$x_k$隶属于$c$个模糊等价粒的程度总和为 1。且有$0<\sum\limits_{k=1}^{l}\mu_{ik}<l$，意指对$\forall i$，有每一个模糊等价粒非空，即总有一些元素以不同的程度隶属于它。

通过定义 2-26 和定义 2-27 可知，在模糊空间下的$(\mathrm{GX},\mathrm{GA},\mathrm{GV},(\mathrm{GI},\mathrm{GE},\mathrm{GM}),\tilde{R})$模型，GX 依旧为粒集合，GA 为属性集合，而属性值 GV 则不是确定的，$\mathrm{GV}\in[0,1]$，用它来处理对象$x\in\mathrm{GX}$的模糊归属问题，$(\mathrm{GI},\mathrm{GE},\mathrm{GM})$中的 GI 表示具有模糊等价关系的粒的内涵，GE 表示具有模糊等价关系的粒的外延，GM 用模糊粒度矩阵的形式$\tilde{\boldsymbol{Y}}_{c\times l}$表示每个元素$x_k$属于第$i$个模糊等价粒的程度，$\tilde{R}$是模糊等价关系。

若由单一的模糊等价关系$\tilde{R}$构造的模糊空间下的模糊粒度矩阵为

$$\tilde{\boldsymbol{Y}}_{c\times l}=\begin{bmatrix}\mu_{11} & \cdots & \mu_{1l}\\ \vdots & \ddots & \vdots\\ \mu_{c1} & \cdots & \mu_{cl}\end{bmatrix}\tag{2.28}$$

则一个模糊等价关系对应一个模糊粒度矩阵，反之亦然。

2. 模糊粒度矩阵确定模糊等价粒

通过模糊空间下粒度矩阵的构建，可以将二元等价关系推广到模糊等价关系，进而得到模糊等价粒，模糊等价粒内部的元素是模糊等价的。

设论域U包含元素$(x_1,x_2,\cdots,x_k,\cdots,x_l)$，将其划分为$c$个模糊粒，其对应的模糊粒为$\tilde{Y}=\{\tilde{Y}_1,\tilde{Y}_2,\cdots,\tilde{Y}_i,\cdots,\tilde{Y}_c\}$，可用模糊粒度矩阵表示第$k$个对象隶属于第$i$个模糊粒的程度，则有$\tilde{\boldsymbol{Y}}_{c\times l}=\begin{bmatrix}\mu_{11} & \cdots & \mu_{1l}\\ \vdots & \ddots & \vdots\\ \mu_{c1} & \cdots & \mu_{cl}\end{bmatrix}$。

用$V=(v_1,v_2,\cdots,v_c)$表示c个模糊粒的中心，则论域中的对象x_k与模糊粒中心v_i的距离为$d_{ik}=\|x_k-v_i\|$。

那么，当泛函$J_m(\tilde{Y},V)=\sum_{k=1}^{l}\sum_{i=1}^{c}(\mu_{ik})^m(d_{ik})^2, 1\leqslant m\leqslant\infty$为极小值时，可得到最终相应的模糊粒度矩阵$\tilde{\boldsymbol{Y}}^{(b+1)}$，它对应着论域$U$的合理模糊等价粒划分。其中，$m\in[1,\infty]$是一个模糊加权指数，用来控制每个模糊粒中元素的模糊程度，通常有$1.1\leqslant m\leqslant 5$。

通过下述步骤，不断更新模糊粒度矩阵$\tilde{\boldsymbol{Y}}^{(b)}=(\mu_{ik}^{(b)})_{c\times l}$，最终得到模糊等价粒。

首先，令$b=0$，初始化模糊粒数量c，初始化模糊粒度矩阵$\tilde{\boldsymbol{Y}}^{(0)}=(\mu_{ik}^{(0)})$，对$\forall k$，有$\sum_{i=1}^{c}\mu_{ik}=1$，对$\forall i$，有$0<\sum_{k=1}^{l}\mu_{ik}<l$。

其次，令$b\leftarrow b+1$，利用$V_i^{(b)}=\dfrac{\sum_{k=1}^{l}(\mu_{ik}^{(b)})^m x_k}{\sum_{k=1}^{l}(\mu_{ik}^{(b)})^m}$求模糊粒中心，得到相应的$V_i^{(b)}, i=1,2,\cdots,c$。

再次，求取新的模糊粒度矩阵$\tilde{\boldsymbol{Y}}^{(b+1)}=(\mu_{ik}^{(b+1)})$，对$k=1,\cdots,l$，计算$x_k$的新隶属度。对于$\forall i,k$，若$\exists d_{ik}>0$，则$\mu_{ik}^{(b+1)}=\dfrac{1}{\sum_{j=1}^{c}\left(\dfrac{d_{ik}}{d_{jk}}\right)^{\frac{2}{m-1}}}$；若$d_{ik}=0$，则$\mu_{ik}=1$，且对$j\neq i$，$\mu_{jk}=0$。

最后，设置ε为收敛阈值，若$\left\|\tilde{\boldsymbol{Y}}^{(b)}-\tilde{\boldsymbol{Y}}^{(b+1)}\right\|<\varepsilon$，则可得到最终的模糊粒度矩阵$\tilde{\boldsymbol{Y}}^{(b+1)}$，对应着$U$的模糊等价粒，将其最终转化为二进制空间下的粒度矩阵。方法如下。$\|x_k-v_i\|=\min_k\|x_k-v_i\|$，则将$x_k$归入第$i$类，即$x_k$与哪个模糊粒中心最近，就将它归为哪个模糊粒。或者，在$\tilde{\boldsymbol{Y}}^{(b+1)}$的第$k$列中，若$\mu_{ik}=\max_{1\leqslant i\leqslant c}(\mu_{ik})$，则将$x_k$归入第$i$类，即$x_k$对该模糊粒的隶属度最大，就将它归为哪一类。经过模糊粒度矩阵的不断更新，最终可将其转化为清晰的等价粒。也就是说，根据就近原则（若x_k距离第i类中心最近，则$x_k\in\tilde{\boldsymbol{Y}}_i^{(b+1)}$）或极大隶属度原则可把模糊粒度矩阵清晰化。

3. 模糊粒度格矩阵空间的贴近度与差异度

对模糊空间下的粒度格矩阵空间模型$(\mathrm{GX},\mathrm{GA},\mathrm{GV},(\mathrm{GI},\mathrm{GE},\mathrm{GM}),t)$，在运用模糊粒度矩阵确定模糊粒时，不同的时刻$t$（可理解为迭代次数$b$）对应不同的粒度空间，由此构架了不同的粒度层，因此 t_1 和 t_2 分别对应的粒度层为 $((\mathrm{GI}_1,\mathrm{GE}_1,\mathrm{GM}_1),t_1)$ 和 $((\mathrm{GI}_2,\mathrm{GE}_2,\mathrm{GM}_2),t_2)$。下面从粒度格矩阵空间模型的角度，就同一粒度层的模糊粒之间的贴近度和差异度，以及 2 个粒度层的贴近度和差异度进行定义。

（1）模糊粒、粒层之间的贴近度

定义 2-28　当 A、B、C 均为 U 上模糊子集时，贴近度 σ 满足如下性质。

① $\sigma(A,B)=\sigma(B,A)$。

② 当 $A=B$ 时，有 $\sigma(A,B)=1$。

③ $\sigma(\Phi,U)=0$。

④ 当 $A\subseteq B\subseteq C$ 时，有 $\sigma(A,C)\leqslant\sigma(A,B)\wedge\sigma(B,C)$。

给定一个论域 $U=\{x_1,x_2,\cdots,x_k,\cdots,x_l\}$，在时刻 t 有相应的粒度层 $((\mathrm{GI},\mathrm{GE},\mathrm{GM}),t)$，用 $\tilde{\boldsymbol{Y}}_{c\times l}=[\tilde{\boldsymbol{Y}}_1,\cdots,\tilde{\boldsymbol{Y}}_i,\cdots,\tilde{\boldsymbol{Y}}_c]^{\mathrm{T}}$ 表示该粒度层对应的模糊粒度矩阵，其中，$\tilde{\boldsymbol{Y}}_i$ 是用向量表示的模糊粒，即 $\tilde{\boldsymbol{Y}}_i=(\mu_{i1},\mu_{i2},\cdots,\mu_{il})$（$0\leqslant\mu_{ik}(x)\leqslant1$）。

定义 2-29　给定论域 $U=\{x_1,x_2,\cdots,x_k,\cdots,x_l\}$，对模糊粒度矩阵 $\tilde{\boldsymbol{Y}}_{c\times l}$，其 2 个模糊粒向量为 $\tilde{\boldsymbol{Y}}_i=(\tilde{\mu}_i(x_k))$ 和 $\tilde{\boldsymbol{Y}}_j=(\tilde{\mu}_j(x_k))$ $(1\leqslant i,j\leqslant c)$，则模糊粒相量间的贴近度定义为

$$\sigma(\tilde{\boldsymbol{Y}}_i,\tilde{\boldsymbol{Y}}_j)=\frac{\sum_{k=1}^{l}(\mu_i(x_k)\wedge\mu_j(x_k))}{\sum_{k=1}^{l}(\mu_i(x_k)\vee\mu_j(x_k))} \tag{2.29}$$

由于模糊意义下的一个模糊等价关系 $\tilde{R}$ 对应一个模糊粒度矩阵 $\tilde{\boldsymbol{Y}}_{c\times l}$，形成一个粒度层，则该粒度层的模糊粒 $\tilde{\boldsymbol{Y}}_1,\cdots,\tilde{\boldsymbol{Y}}_i,\cdots,\tilde{\boldsymbol{Y}}_c$ 之间的贴近度可由定义 2-29 描述。

当 $\tilde{\boldsymbol{Y}}_i,\tilde{\boldsymbol{Y}}_j,\tilde{\boldsymbol{Y}}_k$ 为论域 U 上的模糊粒度矩阵 $\tilde{\boldsymbol{Y}}$ 中的模糊粒向量时，一般有以下性质。

① $\sigma(\tilde{\boldsymbol{Y}}_i,\tilde{\boldsymbol{Y}}_j)=\sigma(\tilde{\boldsymbol{Y}}_j,\tilde{\boldsymbol{Y}}_i)$。

② 当 $\tilde{\boldsymbol{Y}}_i=\tilde{\boldsymbol{Y}}_j$ 时，有 $\sigma(\tilde{\boldsymbol{Y}}_i,\tilde{\boldsymbol{Y}}_j)=1$。

③ $\sigma(\Phi,U)=0$。

④ 当 $\tilde{\boldsymbol{Y}}_i\subseteq\tilde{\boldsymbol{Y}}_j\subseteq\tilde{\boldsymbol{Y}}_k$ 时，有 $\sigma(\tilde{\boldsymbol{Y}}_i,\tilde{\boldsymbol{Y}}_k)\leqslant\sigma(\tilde{\boldsymbol{Y}}_i,\tilde{\boldsymbol{Y}}_j)\wedge\sigma(\tilde{\boldsymbol{Y}}_j,\tilde{\boldsymbol{Y}}_k)$。

定义 2-30　给定一个论域 $U=\{x_1,x_2,\cdots,x_k,\cdots,x_l\}$，不妨设时刻 t_1 对应粒度层上的模糊粒度矩阵 $\tilde{\boldsymbol{Y}}_{c\times l}=[\tilde{\mu}_{ik}]_{c\times l}$，用模糊粒向量表示为 $[\tilde{\boldsymbol{Y}}_1,\cdots,\tilde{\boldsymbol{Y}}_i,\cdots,\tilde{\boldsymbol{Y}}_c]^{\mathrm{T}}$，时刻 t_2 对应粒度层上的矩阵 $\tilde{\boldsymbol{Y}}_{c\times l}{}'=[\tilde{\mu}_{ik}']_{c\times l}$，其相应模糊粒向量为 $[\tilde{\boldsymbol{Y}}_1',\cdots,\tilde{\boldsymbol{Y}}_i',\cdots,\tilde{\boldsymbol{Y}}_c']^{\mathrm{T}}$，则 2 个粒度层的贴近度定义为

$$\sigma(\tilde{\boldsymbol{Y}}_{c\times l},\tilde{\boldsymbol{Y}}_{c\times l}')=\frac{1}{c}\sum_{i=1}^{c}\frac{\left|\tilde{\boldsymbol{Y}}_i\wedge\tilde{\boldsymbol{Y}}_i'\right|}{\left|\tilde{\boldsymbol{Y}}_i\vee\tilde{\boldsymbol{Y}}_i'\right|}=\frac{1}{c}\sum_{i=1}^{c}\frac{\sum_{k=1}^{l}(\mu_{\tilde{\boldsymbol{Y}}_i}(x_k)\wedge\mu_{\tilde{\boldsymbol{Y}}_i'}(x_k))}{\sum_{k=1}^{l}(\mu_{\tilde{\boldsymbol{Y}}_i}(x_k)\vee\mu_{\tilde{\boldsymbol{Y}}_i'}(x_k))} \tag{2.30}$$

由于 2 个粒度层分别对应 2 个模糊粒度矩阵 $\tilde{\boldsymbol{Y}}_{c\times l}$ 和 $\tilde{\boldsymbol{Y}}_{c\times l}'$，则 2 个粒度层之间的贴近度可由定义 2-30 描述。

贴近度反映了同一论域下不同模糊关系所产生的知识之间的贴近或相关程度，值越大表示知识之间越贴近，值越小表示知识之间越不贴近。

当 $\tilde{\boldsymbol{Y}}_{c\times l}$、$\tilde{\boldsymbol{Y}}_{c\times l}'$ 为模糊粒度矩阵时，一般有以下性质。

① $0 \leqslant \sigma(\tilde{\boldsymbol{Y}}_{c\times l},\tilde{\boldsymbol{Y}}'_{c\times l}) \leqslant 1$。

② 当 $\tilde{\boldsymbol{Y}}_{c\times l}=\tilde{\boldsymbol{Y}}'_{c\times l}$ 时，有 $\sigma(\tilde{\boldsymbol{Y}}_{c\times l},\tilde{\boldsymbol{Y}}'_{c\times l})=1$。

③ $\sigma(\tilde{\boldsymbol{Y}}_{c\times l},\tilde{\boldsymbol{Y}}'_{c\times l})=\sigma(\tilde{\boldsymbol{Y}}'_{c\times l},\tilde{\boldsymbol{Y}}_{c\times l})$。

④ 当 $\tilde{\boldsymbol{Y}}_{c\times l}$ 的每个模糊粒向量和 $\tilde{\boldsymbol{Y}}'_{c\times l}$ 的每个模糊粒向量都不相交时，有 $\sigma(\tilde{\boldsymbol{Y}},\tilde{\boldsymbol{Y}}')=0$。

（2）模糊粒、粒层之间的差异度

给定一个论域，有时也需要知道模糊粒度矩阵内模糊粒之间的差异程度，或 2 个模糊粒矩阵之间的差异度。差异度反映出同一论域下不同模糊关系所产生的知识之间的差异程度，其定义如下。

定义 2-31 给定一个论域 $U=\{x_1,x_2,\cdots,x_k,\cdots,x_l\}$，模糊粒度矩阵 $\tilde{\boldsymbol{Y}}_{c\times l}$，其中 2 个模糊粒向量为 $\tilde{\boldsymbol{Y}}_i=(\tilde{\mu}_i(x_k))$ 和 $\tilde{\boldsymbol{Y}}_j=(\tilde{\mu}_j(x_k))$ $(1\leqslant i,j\leqslant c)$，则模糊粒相量间的差异度定义为

$$I(\tilde{\boldsymbol{Y}}_i,\tilde{\boldsymbol{Y}}_j)=1-\sigma(\tilde{\boldsymbol{Y}}_i,\tilde{\boldsymbol{Y}}_j) \tag{2.31}$$

由于模糊等价关系 $\tilde{R}$ 对应一个模糊粒度矩阵 $\tilde{\boldsymbol{Y}}$，形成一个粒度层，则该粒度层的模糊粒 $\tilde{\boldsymbol{Y}}_1,\cdots\tilde{\boldsymbol{Y}}_i,\cdots,\tilde{\boldsymbol{Y}}_c$ 之间的差异度可由定义 2-31 描述。

定义 2-32 给定一个论域 $U=\{x_1,x_2,\cdots,x_k,\cdots,x_l\}$，不妨设时刻 t_1 对应粒度层上的模糊粒度矩阵 $\tilde{\boldsymbol{Y}}_{c\times l}=[\tilde{\mu}_{ik}]_{c\times l}$，用模糊粒向量表示为 $[\tilde{\boldsymbol{Y}}_1,\cdots,\tilde{\boldsymbol{Y}}_i,\cdots,\tilde{\boldsymbol{Y}}_c]^{\mathrm{T}}$，时刻 t_2 对应粒度层上的矩阵 $\tilde{\boldsymbol{Y}}'_{c\times l}=[\tilde{\mu}'_{ik}]_{c\times l}$，其相应模糊粒向量即为 $[\tilde{\boldsymbol{Y}}'_1,\cdots,\tilde{\boldsymbol{Y}}'_i,\cdots,\tilde{\boldsymbol{Y}}'_c]^{\mathrm{T}}$，则 2 个粒度层的差异度定义为

$$I(\tilde{\boldsymbol{Y}}_{c\times l},\tilde{\boldsymbol{Y}}'_{c\times l})=\frac{1}{c}\sum_{i=1}^{c}(1-\sigma(\tilde{\boldsymbol{Y}}_i,\tilde{\boldsymbol{Y}}_i'))=\frac{1}{c}\sum_{i=1}^{c}\left(1-\frac{\sum_{k=1}^{l}(\mu_{\tilde{\boldsymbol{Y}}_i}(x_k)\wedge\mu_{\tilde{\boldsymbol{Y}}'_i}(x_k))}{\sum_{k=1}^{l}(\mu_{\tilde{\boldsymbol{Y}}_i}(x_k)\vee\mu_{\tilde{\boldsymbol{Y}}'_i}(x_k))}\right) \tag{2.32}$$

当 $\tilde{\boldsymbol{Y}}_{c\times l}$、$\tilde{\boldsymbol{Y}}'_{c\times l}$ 为模糊粒度矩阵时，一般有以下性质。

① $0\leqslant I(\tilde{\boldsymbol{Y}}_{c\times l},\tilde{\boldsymbol{Y}}'_{c\times l})\leqslant 1$。

② 当 $\tilde{\boldsymbol{Y}}_{c\times l}=\tilde{\boldsymbol{Y}}'_{c\times l}$ 时，有 $I(\tilde{\boldsymbol{Y}}_{c\times l},\tilde{\boldsymbol{Y}}'_{c\times l})=0$。

③ $I(\tilde{\boldsymbol{Y}}_{c\times l},\tilde{\boldsymbol{Y}}'_{c\times l})=I(\tilde{\boldsymbol{Y}}'_{c\times l},\tilde{\boldsymbol{Y}}_{c\times l})$。

④ 当 $\tilde{\boldsymbol{Y}}_{c\times l}$ 的每个模糊粒向量和 $\tilde{\boldsymbol{Y}}'_{c\times l}$ 的每个模糊粒向量都不相交时，有 $I(\tilde{\boldsymbol{Y}}_{c\times l},\tilde{\boldsymbol{Y}}'_{c\times l})=1$。

4. 模糊粒度格矩阵空间的分层递阶结构

定义 2-33 设 $\tilde{R}$ 是 U 上的一个模糊等价关系，模糊等价关系 $\tilde{R}$ 截矩阵 $\boldsymbol{M}_{R_\lambda}=(r_{ij}(\lambda))$ 对应的是一个布尔矩阵，其中，$r_{ij}(\lambda)=\begin{cases}1, & r_{ij}\geqslant\lambda\\ 0, & r_{ij}<\lambda\end{cases}$，$r_{ij}=\tilde{R}(x_i,y_j)$，$\tilde{R}(x_i,y_j)$ 表示 x_i 与 y_j 之间的相关程度。

定理 2-7 设 $\tilde{R}$ 为论域 U 上的模糊关系，当且仅当对于任意实数 $\lambda\in[0,1]$，$\tilde{R}$ 的截矩阵 $\boldsymbol{R}_\lambda$ 均为 U 上的等价关系时，模糊关系 $\tilde{R}$ 为模糊等价关系。

由定理 2-7 可知，欲用一个模糊等价关系来对论域的元素进行分类，可用其 λ 截集（或矩阵）来近似地划分，而且 λ 值越大，分类越细；反之，λ 值越小，分类越粗。

设 $\tilde{R}$ 是 U 上的一个模糊等价关系，若定义 $\forall x,y\in U$，$x\sim y\Leftrightarrow\tilde{R}(x,y)=1$，则关系“~”转变为 U 上一个普通的等价关系，由此可建立二进制空间下的一个相应粒度格矩阵空间 $((\mathrm{GI},\mathrm{GE},\mathrm{GM}),\tilde{R})$。

定理 2-8　设$\tilde{R}$是U上的一个模糊等价关系，对应的模糊粒度格矩阵空间为$((\mathrm{GI},\mathrm{GE},\mathrm{GM}),\tilde{R})$，其知识结构用模糊等价粒$(\tilde{\boldsymbol{Y}}_1,\tilde{\boldsymbol{Y}}_2,\cdots,\tilde{\boldsymbol{Y}}_i,\cdots\tilde{\boldsymbol{Y}}_m)$表示，其中，$\tilde{\boldsymbol{Y}}_i$表示一个模糊子粒。对于$\forall\tilde{\boldsymbol{Y}}_i,\tilde{\boldsymbol{Y}}_j$，有$d(\tilde{\boldsymbol{Y}}_i,\tilde{\boldsymbol{Y}}_j)=1-\tilde{R}(x,y)$，$\forall x\in\tilde{\boldsymbol{Y}}_i$，$\forall y\in\tilde{\boldsymbol{Y}}_j$，则$d(\cdot,\cdot)$是$((\mathrm{GI},\mathrm{GE},\mathrm{GM}),\tilde{R})$上的距离函数。

证明　① 若$d(\tilde{\boldsymbol{Y}}_i,\tilde{\boldsymbol{Y}}_j)=0$，即$d(\tilde{\boldsymbol{Y}}_i,\tilde{\boldsymbol{Y}}_j)=1-\tilde{R}(x,y)=0$，则有$\tilde{R}(x,y)=1\Rightarrow x\sim y$，即得$\tilde{\boldsymbol{Y}}_i=\tilde{\boldsymbol{Y}}_j$。

② 其次，由$\tilde{R}(x,y)=\tilde{R}(y,x)$的对称性，则有$d(\tilde{\boldsymbol{Y}}_i,\tilde{\boldsymbol{Y}}_j)=1-\tilde{R}(x,y)=1-\tilde{R}(y,x)=d(\tilde{\boldsymbol{Y}}_j,\tilde{\boldsymbol{Y}}_i)$，即$d$也具有对称性。

③ 对$\forall x\in\tilde{\boldsymbol{Y}}_i,y\in\tilde{\boldsymbol{Y}}_j,z\in\tilde{\boldsymbol{Y}}_k$，因为$d(\tilde{\boldsymbol{Y}}_i,\tilde{\boldsymbol{Y}}_k)=1-\tilde{R}(x,z)$，$d(\tilde{\boldsymbol{Y}}_i,\tilde{\boldsymbol{Y}}_j)=1-\tilde{R}(x,y)$，$d(\tilde{\boldsymbol{Y}}_j,\tilde{\boldsymbol{Y}}_k)=1-\tilde{R}(y,z)$，$\tilde{R}(x,z)\geqslant\min(\tilde{R}(x,y),\tilde{R}(y,z))$，所以有$d(\tilde{\boldsymbol{Y}}_i,\tilde{\boldsymbol{Y}}_k)\leqslant(1-\tilde{R}(x,y))+(1-\tilde{R}(y,z))=d(\tilde{\boldsymbol{Y}}_i,\tilde{\boldsymbol{Y}}_j)+d(\tilde{\boldsymbol{Y}}_j,\tilde{\boldsymbol{Y}}_k)$。

由此得证，在此定义的$d(\cdot,\cdot)$是$((\mathrm{GI},\mathrm{GE},\mathrm{GM}),\tilde{R})$的距离函数。

定理 2-8 说明$((\mathrm{GI},\mathrm{GE},\mathrm{GM}),\tilde{R})$上的一个模糊等价关系对应于$((\mathrm{GI},\mathrm{GE},\mathrm{GM}),\tilde{R})$上的一个距离。2 个模糊等价粒的关系的密切程度，可用$((\mathrm{GI},\mathrm{GE},\mathrm{GM}),\tilde{R})$上的距离函数来描述，即离得远关系疏远，离得近关系密切。

定理2-8也说明一个模糊等价关系可以定义$(\mathrm{GX},\mathrm{GA},\mathrm{GV},(\mathrm{GI},\mathrm{GE},\mathrm{GM}),\tilde{R})$上的一个距离，反之，对空间上的一个距离也相当于给定了一个模糊等价关系，二者是等价的。

定理 2-9　对于模糊等价关系$\tilde{R}_1$、$\tilde{R}_2$、$\tilde{R}_3$，其对应的模糊空间下的 3 个粒度层分别为$((\mathrm{GI}_1,\mathrm{GE}_1,\mathrm{GM}_1),\tilde{R}_1)$、$((\mathrm{GI}_2,\mathrm{GE}_2,\mathrm{GM}_2),\tilde{R}_2)$和$((\mathrm{GI}_3,\mathrm{GE}_3,\mathrm{GM}_3),\tilde{R}_3)$，对应的知识结构可用模糊等价粒表示为$\tilde{\boldsymbol{Y}}^{(1)}=(\tilde{\boldsymbol{Y}}_1^{(1)},\tilde{\boldsymbol{Y}}_2^{(1)},\cdots,\tilde{\boldsymbol{Y}}_i^{(1)},\cdots)$、$\tilde{\boldsymbol{Y}}^{(2)}=(\tilde{\boldsymbol{Y}}_1^{(2)},\tilde{\boldsymbol{Y}}_2^{(2)},\cdots,\tilde{\boldsymbol{Y}}_j^{(2)},\cdots)$和$\tilde{\boldsymbol{Y}}^{(3)}=(\tilde{\boldsymbol{Y}}_1^{(3)},\tilde{\boldsymbol{Y}}_2^{(3)},\cdots,\tilde{\boldsymbol{Y}}_k^{(3)},\cdots)$，则$d(\cdot,\cdot)$满足以下性质。

① $d(\tilde{\boldsymbol{Y}}^{(1)},\tilde{\boldsymbol{Y}}^{(2)})\geqslant0$，当且仅当$\tilde{\boldsymbol{Y}}^{(1)}=\tilde{\boldsymbol{Y}}^{(2)}$时，等号成立。

② $d(\tilde{\boldsymbol{Y}}^{(1)},\tilde{\boldsymbol{Y}}^{(2)})=d(\tilde{\boldsymbol{Y}}^{(2)},\tilde{\boldsymbol{Y}}^{(1)})$。

③ $d(\tilde{\boldsymbol{Y}}^{(1)},\tilde{\boldsymbol{Y}}^{(2)})+d(\tilde{\boldsymbol{Y}}^{(2)},\tilde{\boldsymbol{Y}}^{(3)})\geqslant d(\tilde{\boldsymbol{Y}}^{(1)},\tilde{\boldsymbol{Y}}^{(3)})$。

对U上的一个模糊等价关系$\tilde{R}$和$((\mathrm{GI},\mathrm{GE},\mathrm{GM}),\tilde{R})$上的距离，评价两元素关系的密切程度可用距离函数来描述。可以看出，给定一个距离，也就给定一个模糊等价关系$\tilde{R}$。

定理 2-10　截关系R_{λ_1}对应的粒度格矩阵空间为$((\mathrm{GI}_1,\mathrm{GE}_1,\mathrm{GM}_1),R_{\lambda_1})$，其对应的是二进制空间下的粒度矩阵$\boldsymbol{Y}_{m\times l}^{(1)}$，知识结构用商粒向量簇表示为$\boldsymbol{Y}^{(1)}=(\boldsymbol{Y}_1^{(1)},\boldsymbol{Y}_2^{(1)},\cdots,\boldsymbol{Y}_i^{(1)},\cdots)$，其中，$\boldsymbol{Y}_i^{(1)}=(y_{ik}^{(1)})_{1\times l}$。同样地，截关系$R_{\lambda_2}$对应的粒度格矩阵空间为$((\mathrm{GI}_2,\mathrm{GE}_2,\mathrm{GM}_2),R_{\lambda_2})$，其对应的是二进制空间下的粒度矩阵$\boldsymbol{Y}_{n\times l}^{(2)}$，知识结构用商粒向量簇表示为$\boldsymbol{Y}^{(2)}=(\boldsymbol{Y}_1^{(2)},\boldsymbol{Y}_2^{(2)},\cdots,\boldsymbol{Y}_j^{(2)},\cdots)$，其中，$\boldsymbol{Y}_j^{(2)}=(y_{jk}^{(2)})_{1\times l}$。当$0\leqslant\lambda_2\leqslant\lambda_1\leqslant1$时，有$R_{\lambda_2}<R_{\lambda_1}$，则$\boldsymbol{Y}_j^{(2)}\supseteq\boldsymbol{Y}_i^{(1)}$，$((\mathrm{GI}_2,\mathrm{GE}_2,\mathrm{GM}_2),R_{\lambda_2})$是$((\mathrm{GI}_1,\mathrm{GE}_1,\mathrm{GM}_1),R_{\lambda_1})$的覆盖空间。

证明略。

由定理 2-10 可以看出，对给定$0\leqslant\lambda\leqslant1$，粒度格矩阵空间$((\mathrm{GI},\mathrm{GE},\mathrm{GM}),R_\lambda)$之间有覆盖关系，即构成了模型$(\mathrm{GX},\mathrm{GA},\mathrm{GV},(\mathrm{GI},\mathrm{GE},\mathrm{GM}),R_\lambda)$中粒集GX的一个有序链，是在GX上的分层递阶结构。因此得出，给定一个模糊等价关系就对应GX上的分层递阶结构。

定理 2-11　对模型$(\mathrm{GX},\mathrm{GA},\mathrm{GV},(\mathrm{GI},\mathrm{GE},\mathrm{GM}),R_\lambda)$，下面的结论是等价的。

① 给定一个模糊等价关系。

② 给定一个距离 $d(\cdot,\cdot)$。

③ GX 上的一个分层递阶结构。

④ 在不同的粒度格矩阵空间层中，粒度矩阵的商粒向量之间具有细于关系。

⑤ 粒度格矩阵空间层之间具有覆盖关系。

例 2-3 给定论域 $U=\{x_1,x_2,x_3,x_4,x_5\}$，设 U 上有一个模糊等价关系 $\tilde{R}$，用矩阵表示为

$$\tilde{\boldsymbol{R}}(x,y)=\begin{bmatrix}1 & 0.4 & 0.8 & 0.5 & 0.5\\ 0.4 & 1 & 0.1 & 0.4 & 0.4\\ 0.8 & 0.4 & 1 & 0.5 & 0.5\\ 0.5 & 0.4 & 0.5 & 1 & 0.6\\ 0.5 & 0.4 & 0.5 & 0.6 & 1\end{bmatrix}$$

设 $d(\cdot,\cdot)=1-\tilde{R}_\lambda(x,y)$，则有以下结论成立。

① 当 $d(\cdot,\cdot)=1-1=0$ 时，对应的粒集和粒度矩阵分别为 $\boldsymbol{Y}^{(1)}=\{\boldsymbol{Y}_1^{(1)},\boldsymbol{Y}_2^{(1)},\boldsymbol{Y}_3^{(1)},\boldsymbol{Y}_4^{(1)},\boldsymbol{Y}_5^{(1)}\}=\{\{x_1\},\{x_2\},\{x_3\},\{x_4\},\{x_5\}\}$

$$\boldsymbol{Y}_{5\times5}^{(1)}=\begin{bmatrix}1 & 0 & 0 & 0 & 0\\ 0 & 1 & 0 & 0 & 0\\ 0 & 0 & 1 & 0 & 0\\ 0 & 0 & 0 & 1 & 0\\ 0 & 0 & 0 & 0 & 1\end{bmatrix}$$

② 当 $d(\cdot,\cdot)=1-0.8=0.2$ 时，对应的粒集和粒度矩阵分别为

$$\boldsymbol{Y}^{(2)}=\{\boldsymbol{Y}_1^{(2)},\boldsymbol{Y}_2^{(2)},\boldsymbol{Y}_3^{(2)},\boldsymbol{Y}_4^{(2)}\}=\{\{x_1,x_3\},\{x_2\},\{x_4\},\{x_5\}\}$$

$$\boldsymbol{Y}_{4\times5}^{(2)}=\begin{bmatrix}1 & 0 & 1 & 0 & 0\\ 0 & 1 & 0 & 0 & 0\\ 0 & 0 & 0 & 1 & 0\\ 0 & 0 & 0 & 0 & 1\end{bmatrix}$$

③ 当 $d(\cdot,\cdot)=1-0.6=0.4$ 时，对应的粒集和粒度矩阵分别为

$$\boldsymbol{Y}^{(3)}=\{\boldsymbol{Y}_1^{(3)},\boldsymbol{Y}_2^{(3)},\boldsymbol{Y}_3^{(3)}\}=\{\{x_1,x_3\},\{x_2\},\{x_4,x_5\}\}$$

$$\boldsymbol{Y}_{3\times5}^{(3)}=\begin{bmatrix}1 & 0 & 1 & 0 & 0\\ 0 & 1 & 0 & 0 & 0\\ 0 & 0 & 0 & 1 & 1\end{bmatrix}$$

④ 当 $d(\cdot,\cdot)=1-0.5=0.5$ 时，对应的粒集和粒度矩阵分别为

$$\boldsymbol{Y}^{(4)}=\{\boldsymbol{Y}_1^{(4)},\boldsymbol{Y}_2^{(4)}\}=\{\{x_1,x_3,x_4,x_5\},\{x_2\}\}$$

$$\boldsymbol{Y}_{2\times5}^{(4)}=\begin{bmatrix}1 & 0 & 1 & 1 & 1\\ 0 & 1 & 0 & 0 & 0\end{bmatrix}$$

⑤ 当 $d(\cdot,\cdot)=1-0.4=0.6$ 时，对应的粒集和粒度矩阵分别为

$$\boldsymbol{Y}^{(5)}=\{\boldsymbol{Y}_1^{(5)}\}=\{x_1,x_2,x_3,x_4,x_5\}$$

$$Y_{1\times5}^{(5)}=\begin{bmatrix}1&1&1&1&1\end{bmatrix}$$

由上述分析可以看出，根据和空间距离 $d(\cdot,\cdot)$ 的取值，可将给定论域分为 5 个粒度空间层，其中，GX 形成了一个有序链，由商粒体现为 $Y_i^{(1)}\subseteq Y_j^{(2)}\subseteq\cdots\subseteq Y_k^{(5)}$。由粒度格矩阵计算，有

$$Z_{5\times4}=Y_{5\times5}^{(1)}\cdot(Y_{4\times5}^{(2)})^{\mathrm{T}}=\begin{bmatrix}1&0&0&0&0\\0&1&0&0&0\\0&0&1&0&0\\0&0&0&1&0\\0&0&0&0&1\end{bmatrix}\cdot\begin{bmatrix}1&0&1&0&0\\0&1&0&0&0\\0&0&0&1&0\\0&0&0&0&1\end{bmatrix}^{\mathrm{T}}=$$

$$\begin{bmatrix}1&0&0&0&0\\0&1&0&0&0\\0&0&1&0&0\\0&0&0&1&0\\0&0&0&0&1\end{bmatrix}\cdot\begin{bmatrix}1&0&0&0\\0&1&0&0\\1&0&0&0\\0&0&1&0\\0&0&0&1\end{bmatrix}=\begin{bmatrix}1&0&0&0\\0&1&0&0\\1&0&0&0\\0&0&1&0\\0&0&0&1\end{bmatrix}$$

由 $Z_{5\times4}$ 可以看出，$\sum_{j=1}^{n}z_{ij}=1(i=1,2,\cdots5;j=1,2,3,4)$，这说明对第一粒度层上的子粒 $Y_i^{(1)}$ 和第二粒度层上的子粒 $Y_j^{(2)}$，有 $Y_i^{(1)}\subseteq Y_j^{(2)}$，即第二粒度层是第一粒度层的覆盖。同理，由粒度格矩阵 $Z_{4\times3}=Y_{4\times5}^{(2)}\cdot(Y_{3\times5}^{(3)})^{\mathrm{T}}$、$Z_{3\times2}=Y_{3\times5}^{(3)}\cdot(Y_{2\times5}^{(4)})^{\mathrm{T}}$、$Z_{2\times1}=Y_{2\times5}^{(4)}\cdot(Y_{1\times5}^{(5)})^{\mathrm{T}}$ 可以看出，5 个粒度层之间有依次的覆盖关系。

对一个问题的研究不仅要从宏观上去研究其整体变化规则，还应该从微观上去研究其内部具体的变化规则，并且在进行粒的划分时有时是模糊的，即粒与粒之间的界限是模糊的。因此，定义该粒度格矩阵的空间模型，以粒度矩阵和粒度格矩阵的形式，将粗糙集、模糊集、商空间及其他有关粒度的理论结合在一起，能更好地反映问题的本质。

2.5　小　结

鉴于商空间理论是宏观的粒计算，而粗糙集理论是在给定的商空间中微观的粒计算。二者都是建立在等价关系之上，这为二者的结合提供了可能。若对清晰粒下的商空间理论和粗糙集理论进行模糊化，即在它们的模型上引入模糊的概念，有助于对问题进行全面的分析。因此本章将 3 种粒计算模型结合起来，得出以下结论。

① 本章提出了粒度格矩阵空间模型，用以模拟粒以及粒之间的关系。该模型不仅能对知识和信息进行不同层次和粗细程度的粒化，还体现了粒化后粒层之间的关系，从而更好地挖掘内在知识。利用粒度格矩阵模型中的粒及粒层空间结构，在解决问题时，可以根据具体的情况，在不同的粒和粒层之间进行跳跃和往返，从而提供一种知识发现和描述的新方法。

② 本章自始至终贯穿了粒度矩阵和粒度格矩阵，粒度矩阵继承了粗糙集和商空间的基于“划分”的概念，同时粒度格矩阵是粒度矩阵的合成，继承了模糊集中的模糊合成运算，有利于对模糊信息进行处理，为该模型统一粗糙集、模糊集和商空间提供了可能。通过性质和算例分析可以看出，运用粒度矩阵和粒度格矩阵不仅能够重新诠释粗糙集、商空间和模糊

集中的概念和运算，还能够反映粒度空间中的粒和粒层之间的关系。

③ 基于静态粒度的划分关系，定义了静态粒度格矩阵，并利用该矩阵重新诠释粗糙集中的上近似、下近似以及近似分类精度、分类质量等概念。而基于一簇有偏序关系的动态粒度划分，又提出了动态粒度格矩阵，体现了粒度层之间的覆盖关系。

④ 将模糊集的理论引入了新模型，运用模糊粒度矩阵确定模糊等价粒。同时，在模糊粒度格矩阵空间下定义了具有分层递阶结构的粒度层，利用粒度层之间的距离函数分析粒层之间的覆盖关系。

本章完整地定义了粒度格矩阵空间模型以及相应的性质和定理，为其在知识发现、聚类应用、图像分割及显著区域检测、视频处理等领域的应用奠定了理论基础。

第 3 章　基于粒度格矩阵空间的信息系统知识发现

3.1 引　言

当今社会已经进入信息爆炸的时代，如何从大量的、杂乱无章的、强干扰的海量数据中挖掘潜在的、有利用价值的有用信息，这给人类的智能信息处理能力提出了前所未有的挑战。

信息系统中的不确定性问题、知识获取问题一直是信息科学领域关注的热点。由于数据性质不同，因此需要使用完全不同的理论与方法应用于知识发现的研究中，如决策树法、神经网络方法、粗糙集理论和方法、模糊论方法及进化计算等。然而基于粗糙集理论的粒计算模型以其对不完整的数据及冗余信息较强的处理能力，在知识发现中占有重要的位置。知识发现的过程一般包括数据采集、预处理、知识约简、决策规则生成、分类及预测等步骤。其中，知识约简是关键的步骤之一，也是粗糙集理论处理信息系统的重要手段。它在保持信息系统分类能力不变的前提下，导出问题的决策或分类规则。然而，粗糙集理论中的知识约简研究都集中在关于完备信息系统的绝对约简及完备决策的相对约简上，对于不完备信息系统、不完备决策表的知识约简的研究还不够深入。尽管不完备决策表缺少信息，但仍然蕴涵一些有用的知识，这些知识约简对不完备信息下的决策是很有意义的。

本章首先简要介绍经典的属性约简算法，并就其时间复杂度和空间复杂度做了简要介绍。其次以完备信息系统为研究对象，通过等价关系将论域划分为互不相交的知识粒，以粒度格矩阵作为运算途径对系统进行知识约简。同时，针对粗糙集分类的非动态性这一缺点，本章又提出了一种基于新模型的具有动态粒度的决策规则挖掘算法。最后以不完备信息系统为研究对象，通过构造相容粒和相容粒化空间，实现不完备信息系统的知识发现。实例证明，运用粒度格矩阵空间模型同样能够处理不完备信息系统。

3.2 约简算法及分析

约简是知识发现最重要的概念之一。在大多数数据库中，总会包含很多冗余属性（特征），这些属性对于规则的发现是不必要的。如果这些冗余的属性不进行约简，不但规则发现过程的时间复杂度会增加，而且被发现的规则的质量也会降低。属性约简通过删除不相关的属性（或维）来减少数据量。通常使用属性子集选择方法，其目标就是找出最小属性集，使用数据类的概率分布尽可能地接近使用所有属性的原分布。当数据量很大时，在有限的时间内求出尽可能短、尽可能好的约简，成为一些学者的研究重点。

求取属性的全部约简或最优约简依旧是一个 NP-hard 问题。为解决这一问题，各国学者相继提出了多种属性约简算法，如最为简单直观的基于分辨矩阵的经典属性约简算法，然而该算法使用矩阵方式进行运算，在空间复杂度方面，只适合于非常小的数据集。后来，人们尝试以启发式的思想找到一个近似约简。最早的启发式约简算法是文献[33]首先提出的基于属性重要性的约简算法，该算法的优点在于运算简单直观，缺点是虽然较分辨矩阵算法能够处理较大的数据集，然而该算法的复杂度 $O(|A|^2|U|\lg|U|)$ 依旧较大，在处理大数据集合时速度较慢，而且容易产生属性重要度函数的失效问题。因此，人们考虑另一种度量标准——属性出现的频率，即基于属性频度的约简算法，但该算法是一个不完备算法，它无法保证一定能求出约简，在很多时候，求出的约简是最小约简集的一个超集。若该决策系统没有核集，则可能求不出属性约简。为了进一步描述属性间概率真因果关系，人们在约简算法中引入信息熵来度量属性重要程度。在属性约简时，可以利用属性间的互信息作为属性重要度的度量方式。在约简过程中，若增加某个属性所引起的互信息的变化比较大，则说明该属性重要度比较强，应该首先添加到约简集合中。虽然该算法在大多数情况下能够得到最小约简，但是并不能够保证一定能得到最小约简，因此它也缺乏完备性。

综上所述，事实上各种启发式算法都是不完备的，且都只是搜索次优解的算法，它们并不能保证一定能够找到最优解。出现这种情况的原因还是在于属性的“组合爆炸”。在信息系统中，各个属性并不是孤立存在的，它们之间存在着相互影响和联系。虽然某些属性的单个重要性很小，但是当这些属性组合在一起时，却能对整个信息系统的正确分类产生很大的作用。而这一点有时仅仅凭借单个属性的重要性评价方法是很难发现的。尽管每次属性扩张后都采用动态调整各属性重要性的办法，在一定程度上克服这一问题，但还是无法从根本上解决问题。

总之，目前信息系统的属性约简还存在三大难题。

① 由于计算信息系统的全部约简的复杂性随着决策表的增大呈指数增长，因此信息系统的所有约简依然是个典型的 NP-hard 问题。

② 一般来讲，一个信息系统的属性约简不是唯一的，通常人们往往希望能够找到一个最小的属性约简。然而，Wong 和 Ziarko 已经证明了找出最小约简是 NP-hard 问题。导致 NP-hard 问题的主要原因是信息系统中属性的组合爆炸。目前，已存在一些具有多项式时间复杂度的属性约简算法，但遗憾的是，人们已在理论上证明它们对最小约简是不完备的。

③ 由于现有的粗糙集信息系统约简算法计算的低效性，在面对大型高维的信息时，现行算法的可行性将受到严峻的考验和挑战，这在一定程度上限制了粗糙集的广泛应用，因此寻求高效的约简算法具有重要意义。

3.3 基于粒度格矩阵空间的完备信息系统知识发现

本节从基于划分的粒计算模型的角度，给出了基于粒度格矩阵的知识约简的定理证明，并给出了相应的属性约简算法，与在原问题上求解相比，大大降低了求解问题的复杂性。

3.3.1　基于粒度格矩阵空间的知识约简理论

定理 3-1　设U是论域，P和Q是U上的 2 个等价关系簇，且其对应的粒度矩阵分别为$\boldsymbol{Y}_{m\times l}$和$\boldsymbol{X}_{n\times l}$，若$U/\text{ind}(P)=U/\text{ind}(Q)$，则$m=n$，且$\boldsymbol{Y}_{m\times l}=\boldsymbol{X}_{n\times l}$。

证明　设论域$U=\{x_1,x_2,\cdots,x_l\}$，$U/\text{ind}(P)=\{\boldsymbol{Y}_1,\boldsymbol{Y}_2,\cdots,\boldsymbol{Y}_i,\cdots,\boldsymbol{Y}_m\}$，$U/\text{ind}(Q)=\{\boldsymbol{X}_1,\boldsymbol{X}_2,\cdots,\boldsymbol{X}_j,\cdots,\boldsymbol{X}_n\}$，所以有

$$\boldsymbol{Y}_{m\times l}\overset{\Delta}{=}\begin{bmatrix} y_{11} & \cdots & y_{1l} \\ \cdots & \cdots & \cdots \\ y_{m1} & \cdots & y_{ml} \end{bmatrix}，其中\ y_{ik}=\begin{cases} 1, & x_k\in\boldsymbol{Y}_i(1\leqslant k\leqslant l) \\ 0, & x_k\notin\boldsymbol{Y}_i(1\leqslant k\leqslant l) \end{cases}$$

$$\boldsymbol{X}_{n\times l}\overset{\Delta}{=}\begin{bmatrix} x_{11} & \cdots & x_{1l} \\ \cdots & \cdots & \cdots \\ x_{n1} & \cdots & x_{nl} \end{bmatrix}，其中\ x_{jk}=\begin{cases} 1, & x_k\in\boldsymbol{X}_j(1\leqslant k\leqslant l) \\ 0, & x_k\notin\boldsymbol{X}_j(1\leqslant k\leqslant l) \end{cases}$$

若$U/\text{ind}(P)=U/\text{ind}(Q)$，当$i=j$时，有$\boldsymbol{Y}_i=\boldsymbol{X}_j$，则$m=n$，且$\boldsymbol{Y}_{m\times l}=\boldsymbol{X}_{n\times l}$。

定理 3-2　设U是论域，P是U上的等价关系簇且$a\in P$，P对应的粒度矩阵为$\boldsymbol{Y}_P$，$P-a$对应的粒度矩阵为$\boldsymbol{Y}_{P-a}$，则a在P中是冗余的充分必要条件为$\boldsymbol{Y}_P=\boldsymbol{Y}_{P-a}$。

证明　因为P是U上的等价关系簇，P对应的粒度矩阵为$\boldsymbol{Y}_P$，则有　$U/P=\{\boldsymbol{Y}_{p1},\boldsymbol{Y}_{p2},\cdots,\boldsymbol{Y}_{pm}\}$。对属性$a\in P$，$P-a$也是$U$上的等价关系簇，$P-a$对应的粒度矩阵为$\boldsymbol{Y}_{P-a}$，则有$U/(P-a)=\{\boldsymbol{Y}_{p-a,1},\boldsymbol{Y}_{p-a,2},\cdots,\boldsymbol{Y}_{p-a,n}\}$。

$\Rightarrow$若a在P中是冗余的，则有$U/\text{ind}(P)=U/\text{ind}(P-a)$，由定理 3-1 已证，则有$m=n$，且$\boldsymbol{Y}_P=\boldsymbol{Y}_{P-a}$。

$\Leftarrow$若$\boldsymbol{Y}_P=\boldsymbol{Y}_{P-a}$，则对$\boldsymbol{Y}_P=(\boldsymbol{Y}_{p1},\boldsymbol{Y}_{p2},\cdots,\boldsymbol{Y}_{Pi},\cdots,\boldsymbol{Y}_{pm})^{\text{T}}$，其中，$\boldsymbol{Y}_{Pi}$为二进制粒化后商粒向量，$\boldsymbol{Y}_{P-a}=(\boldsymbol{Y}_{p-a,1},\boldsymbol{Y}_{p-a,2},\cdots,\boldsymbol{Y}_{P-a,j},\cdots,\boldsymbol{Y}_{p-a,n})^{\text{T}}$，其中，$\boldsymbol{Y}_{P-a,j}$也为二进制粒化后商粒向量，有$m=n$，且当$i=j$时，$\boldsymbol{Y}_{pi}=\boldsymbol{Y}_{p-a,j}$，则$U/\text{ind}(P)=U/\text{ind}(P-a)$，得证$a$在$P$中是冗余的。

定理 3-3　设U是论域，P是U上的等价关系簇，且$\boldsymbol{Y}$是P导出的粒度矩阵，则P是独立的充要条件为对$\forall a\in P$，都有$U/\text{ind}(P)\neq U/\text{ind}(P-a)$，即$\boldsymbol{Y}_P\neq\boldsymbol{Y}_{P-a}$。

定义 3-1　设U是论域，P是U上的等价关系簇，且P对应的粒度矩阵为$\boldsymbol{Y}_P$，$Q\subseteq P$对应的粒度矩阵为$\boldsymbol{Y}_Q$，那么Q是P的一个约简的充分必要条件为：(1) $\boldsymbol{Y}_P=\boldsymbol{Y}_Q$；(2)不存在$R\subset Q$，使$\boldsymbol{Y}_P=\boldsymbol{Y}_R$。

定理 3-4　设P、Q为U上的 2 个等价关系簇，如果$P\subseteq Q$，那么$U/\text{ind}(Q)$是$U/\text{ind}(P)$的细分，并且$U/\text{ind}(P)$的任意等价类都是$U/\text{ind}(Q)$中的一个或多个等价类的并集。

定义 3-2　设信息系统$S=(U,A,V,f)$，$A=C\cup D$，条件属性C对应的条件粒度矩阵为$\boldsymbol{Y}_{m\times l}=(\boldsymbol{Y}_1,\cdots,\boldsymbol{Y}_i,\cdots,\boldsymbol{Y}_m)^{\text{T}}$，决策属性$D$导出的决策粒度矩阵为$\boldsymbol{X}_{n\times l}=(\boldsymbol{X}_1,\cdots,\boldsymbol{X}_j,\cdots,\boldsymbol{X}_n)^{\text{T}}$，体现二者关系的粒度格矩阵为$\boldsymbol{Z}_{m\times n}=\boldsymbol{Y}_{m\times l}\cdot\boldsymbol{X}_{n\times l}^{\text{T}}=(\boldsymbol{Z}_1,\cdots,\boldsymbol{Z}_k,\cdots,\boldsymbol{Z}_m)^{\text{T}}$，则$D$以$k$度依赖于$C$，记为

$$k=\gamma_C(D)=|\text{pos}_C(D)|/|U|=\frac{1}{l}\left(\sum_{i=1}^{m}z_{ij}\cdot\text{NR}(\boldsymbol{Y}_i)\middle|\sum_{j=1}^{n}z_{ij}=1\right) \tag{3.1}$$

若$k=1$，条件属性C完全可导决策属性D；若$0<k<1$，D是粗可导的；若$k=0$，D是全不可导的，即C与D完全独立，可以理解为C与D没有必然的因果关系。

定义 3-3 设信息系统$S=(U,A,V,f)$，有条件属性C和决策属性D，$\forall a\in C$对决策属性D的重要性w_a为

$$w_a=\gamma_{\mathrm{core}_D(C)\cup a}(D)-\gamma_{\mathrm{core}_D(C)}(D) \tag{3.2}$$

其中，$\gamma_{\mathrm{core}_D(C)\cup a}$表示将属性$a$并入核$\mathrm{core}_D(C)$后，现有知识关于决策类$U/D$的分类能力。$w_a$越大，说明加入属性$a$后，决策的改变越大，属性$a$相对于决策就越重要。当$w_a=0$时，属性$a$是$D$冗余的。

定理 3-5 设U是一个论域，C是条件属性集，D是决策属性集。如果$U/\mathrm{ind}(C)$是$U/\mathrm{ind}(D)$的细分，则称该决策表是相容的，否则称该决策表是不相容的。

定理 3-6 设U是一个论域，C是条件属性集，D是决策属性集。设由C导出的商粒为$U/\mathrm{ind}(C)=\{\boldsymbol{Y}_1,\cdots,\boldsymbol{Y}_i,\cdots,\boldsymbol{Y}_m\}$，相应的条件粒度矩阵为$\boldsymbol{Y}_{m\times l}=(y_{ik})_{m\times l}$。由$D$导出的商粒为$U/\mathrm{ind}(D)=\{\boldsymbol{X}_1,\cdots,\boldsymbol{X}_j,\cdots,\boldsymbol{X}_n\}$，相应的决策粒度矩阵为$\boldsymbol{X}_{n\times l}=(x_{jk})_{n\times l}$。如果$\boldsymbol{Z}_{m\times n}=\boldsymbol{Y}_{m\times l}\cdot\boldsymbol{X}_{n\times l}^{\mathrm{T}}=(\boldsymbol{Z}_1,\cdots,\boldsymbol{Z}_i,\cdots,\boldsymbol{Z}_m)^{\mathrm{T}}$中的任一行向量$\boldsymbol{Z}_i(1\leqslant i\leqslant m)$只有一个元素为 1，则称该决策表是相容的，否则称该决策表是不相容的。

证明 $\boldsymbol{Z}_{m\times n}=\boldsymbol{Y}_{m\times l}\cdot\boldsymbol{X}_{n\times l}^{\mathrm{T}}$反映了商粒$\boldsymbol{Y}_i$与$\boldsymbol{X}_j$之间的关系，若$\boldsymbol{Z}_{m\times n}$的任一行向量$\boldsymbol{Z}_i$只有一个元素为 1，则有$\boldsymbol{Y}_i\subseteq\boldsymbol{X}_j$，即$U/\mathrm{ind}(C)$的商粒都包含于$U/\mathrm{ind}(D)$的商粒中，则$U/\mathrm{ind}(C)$是$U/\mathrm{ind}(D)$的细分，$U/\mathrm{ind}(C)$的每一块都包含于$U/\mathrm{ind}(D)$的每一块中，这表明条件属性值相同的规则，其决策属性值一定相同，该决策表是相容的，否则该决策表是不相容的。

定理 3-7 设U是一个论域，C是条件属性集，D是决策属性集，则C中的一个属性a是C相对于决策属性集D可省略的，其充分必要条件为$U/\mathrm{ind}(C-\{a\})$是$\{U-\mathrm{pos}_C(D),\mathrm{pos}_C(D)\}$的细分，并且$\mathrm{pos}_C(D)/\mathrm{ind}(C-\{a\})$是$\mathrm{pos}_C(D)/\mathrm{ind}(D)$的细分。

证明 设由D导出的商粒为$U/\mathrm{ind}(D)=\{\boldsymbol{X}_1,\cdots,\boldsymbol{X}_j,\cdots,\boldsymbol{X}_n\}$，由$C-\{a\}$导出的商粒为$U/\mathrm{ind}(C-\{a\})=\{\boldsymbol{Y}'_1,\boldsymbol{Y}'_2,\cdots,\boldsymbol{Y}'_i,\cdots,\boldsymbol{Y}'_m\}$

① 必要性。假设属性a是C相对属性集D可省略的，则$\mathrm{pos}_C(D)=\mathrm{pos}_{C-\{a\}}(D)$，所以要证明$\mathrm{pos}_C(D)/\mathrm{ind}(C-\{a\})$是$\mathrm{pos}_C(D)/\mathrm{ind}(D)$的细分，即要证明$\mathrm{pos}_{C-\{a\}}(D)/\mathrm{ind}(C-\{a\})$是$\mathrm{pos}_{C-\{a\}}(D)/\mathrm{ind}(D)$的细分。根据$\mathrm{pos}_{C-\{a\}}(D)$的定义知，$\mathrm{pos}_{C-\{a\}}(D)=\bigcup\boldsymbol{Y}'_i$，$(\boldsymbol{Y}'_i\in U/\mathrm{ind}(C-\{a\}))\wedge(\boldsymbol{Y}'_i\subseteq\boldsymbol{X}_j)$，所以$\mathrm{pos}_{C-\{a\}}(D)/\mathrm{ind}(C-\{a\})$是$\mathrm{pos}_{C-\{a\}}(D)/\mathrm{ind}(D)$的细分，即$\mathrm{pos}_C(D)/\mathrm{ind}(C-\{a\})$是$\mathrm{pos}_C(D)/\mathrm{ind}(D)$的细分。

用反证法证明$U/\mathrm{ind}(C-\{a\})$是$\{U-\mathrm{pos}_C(D),\mathrm{pos}_C(D)\}$的细分，由于$\mathrm{pos}_C(D)=\mathrm{pos}_{C-\{a\}}(D)$，假设$U/\mathrm{ind}(C-\{a\})$不是$\{U-\mathrm{pos}_C(D),\mathrm{pos}_C(D)\}$的细分，等价于$U/\mathrm{ind}(C-\{a\})$不是$\{U-\mathrm{pos}_{C-\{a\}}(D),\mathrm{pos}_{C-\{a\}}(D)\}$的细分，那么存在规则$y_1$、$y_2$同属于$\boldsymbol{Y}_i'(i=1,2,\cdots,m)$，并满足$y_1\in U-\mathrm{pos}_{C-\{a\}}(D)$且$y_2\in\mathrm{pos}_{C-\{a\}}(D)$，或$y_1\in\mathrm{pos}_{C-\{a\}}(D)$且$y_2\in U-\mathrm{pos}_{C-\{a\}}(D)$。不妨取$y_1\in U-\mathrm{pos}_{C-\{a\}}(D)$且$y_2\in\mathrm{pos}_{C-\{a\}}(D)$，由于$y_2\in\mathrm{pos}_{C-\{a\}}(D)$，即$y_2\in\mathrm{pos}_C(D)$，那么$y_2$为决策表的一个相容规则。又因为$y_1$、$y_2$同属于$\boldsymbol{Y}_i'$，则$y_1$也为该决

策表的一个相容规则，即 $y_1 \in \text{pos}_C(D)$ ，这与 $y_1 \in U-\text{pos}_{C-\{a\}}(D)$ 相矛盾，所以假设条件不成立，即 $U/\text{ind}(C-\{a\})$ 是 $\{U-\text{pos}_C(D),\text{pos}_C(D)\}$ 的细分得证。

② 充分性。首先设 $y_1 \in \text{pos}_C(D)$ 是决策表中任意一个相容规则， $y_2 \in U-\text{pos}_C(D)$ 是决策表中任意一个不相容规则。任意属性 $a \in C$ ，如果 $U/\text{ind}(C-\{a\})$ 是 $\{U-\text{pos}_C(D),\text{pos}_C(D)\}$ 的细分，则表明在决策表中，去掉属性 a ，相容决策规则和不相容决策规则之间的相容性不发生变化，即去掉属性 a ， y_1 和 y_2 仍然相容。再设 $y_3 \in \text{pos}_C(D)$ 是决策表中不等于规则 y_1 的任一相容规则。如果 $\text{pos}_C(D)/\text{ind}(C-\{a\})$ 是 $\text{pos}_C(D)/\text{ind}(D)$ 的细分，则表明在决策表中，去掉属性 a ，相容决策规则之间的相容性不发生变化，即去掉 a ， y_1 和 y_3 仍然相容。综上所述，去掉属性 a 不改变决策表中规则之间的相容性，所以在决策表中属性 a 是可省略的。

由定理 3-7 可得出引理 3-1。

引理 3-1 设 U 是一个论域， C 是条件属性集， D 是决策属性集，导出的粒度矩阵分别可用 $\boldsymbol{Y}_{m\times l}$、 $\boldsymbol{X}_{n\times l}$ 表示， C 中的一个属性 a 是 C 相对于决策属性集 D 可省略的，其充分必要条件为 $\boldsymbol{Z}_1=\boldsymbol{Y}_{(U/\text{ind}(C-\{a\})}\cdot\boldsymbol{X}^{\mathrm{T}}_{(U-\text{pos}_C(D))}$ 或 $\boldsymbol{Z}_2=\boldsymbol{Y}_{(U/\text{ind}(C-\{a\})}\cdot\boldsymbol{X}^{\mathrm{T}}_{(\text{pos}_C(D))}$ 中的任一行向量只有一个元素为1，且 $\boldsymbol{Z}_3=\boldsymbol{Y}_{(\text{pos}_C(D)/\text{ind}(C-\{a\})}\cdot\boldsymbol{X}^{\mathrm{T}}_{(\text{pos}_C(D)/\text{ind}(D))}$ 中的任一行向量只有一个元素为 1。

定理 3-8 在相容决策表中， $a \in C$ ，当 $U/\text{ind}(C-\{a\})$ 是 $U/\text{ind}(D)$ 的细分时，决策表中属性 a 是可省略的，否则决策表中属性 a 是不可省略的。

由定理 3-8 可得出引理 3-2。

引理 3-2 在相容决策表中， $a \in C$ ，条件粒度矩阵和决策粒度矩阵分别用 $\boldsymbol{Y}$、 $\boldsymbol{X}$ 表示，决策表中属性 a 是可省略的，则 $\boldsymbol{Z}=\boldsymbol{Y}_{(U/\text{ind}(C-\{a\})}\cdot\boldsymbol{X}^{\mathrm{T}}_{(U/\text{ind}(D))}$ 中的任一行向量只有一个元素为 1。

定理 3-9 设 U 是一个论域， C 是条件属性集， D 是决策属性集。 $A \subseteq C$ ，若 $U/\text{ind}(A)$ 是 $\{U-\text{pos}_C(D),\text{pos}_C(D)\}$ 的细分，并且 $\text{pos}_C(D)/\text{ind}(A)$ 是 $\text{pos}_C(D)/\text{ind}(D)$ 的细分，不存在集合 $B \subset A$ ，使 $U/\text{ind}(B)$ 是 $\{U-\text{pos}_C(D),\text{pos}_C(D)\}$ 的细分，并且 $\text{pos}_C(D)/\text{ind}(B)$ 是 $\text{pos}_C(D)/\text{ind}(D)$ 的细分，则称 A 是条件属性集 C 的一个约简。

引理 3-3 在相容决策表中， $A \subseteq C$ ，若 $U/\text{ind}(A)$ 是 $U/\text{ind}(D)$ 的细分，并且不存在集合 $B \subset A$ ，使 $U/\text{ind}(B)$ 是 $U/\text{ind}(D)$ 的细分，则称 A 是条件属性集 C 的一个约简。

3.3.2 基于粒度格矩阵空间的知识约简算法

1. 基于粒度格矩阵空间的决策表求核算法

条件属性集 C 中不可省略属性集合称为条件属性集 C 相对于决策属性集 D 的核，记为 $\text{core}_D(C)$ 。运用粒度格矩阵设计决策表细分关系下的求核算法如下。

输入 决策表信息系统 $S=(U,A,V,f)$ ， $A=C\cup D$

输出 核 $\text{core}_D(C)$

步骤 1 决策信息系统的知识粒化。对条件属性 C 和决策属性 D 的条件类和决策类进行粒化，构造 C 的粒度矩阵 $\boldsymbol{Y}_{m\times l}$ 和 D 的粒度矩阵 $\boldsymbol{X}_{n\times l}$ ，反映条件属性和决策属性关系的粒度格矩阵为 $\boldsymbol{Z}_{m\times n}=\boldsymbol{Y}_{m\times l}\cdot\boldsymbol{X}^{\mathrm{T}}_{n\times l}$ ，粒度格矩阵 $Z_{m\times n}$ 反映了等价类 $\boldsymbol{Y}_i$ 与 $\boldsymbol{X}_j$ 之间的所有包含关系，其中的每个元素 z_{ij} 反映了 $\boldsymbol{Y}_i$ 和 $\boldsymbol{X}_j$ 之间的从属关系。

步骤 2 初始化 $\mathrm{core}_D(C)=\Phi$。

步骤 3 基于粒度格矩阵的相容性判定，并运用定理 3-6 进行系统的相容性判定。

步骤 4 基于粒度格矩阵进行核判断。

① 若为相容决策表，利用引理 3-2 进行核求取。对条件属性集 C 的 $\forall a\in C$，有 $\boldsymbol{Z}=\boldsymbol{Y}_{(U/\mathrm{ind}(C-\{a\})}\cdot\boldsymbol{X}^{\mathrm{T}}_{(U/\mathrm{ind}(D))}=(\boldsymbol{Z}_1,\cdots,\boldsymbol{Z}_i,\cdots,\boldsymbol{Z}_m)^{\mathrm{T}}$ 中 $\mathrm{card}(\boldsymbol{Z}_i)=\sum_{j=1}^{n}z_{ij}\neq 1$，则核为 $\mathrm{core}_C(D)\Leftarrow\mathrm{core}_C(D)\cup\{a\}$。

② 若为不相容决策表，利用引理 3-1 进行核求取。则对条件属性集 C 的 $\forall a\in C$，对 $\boldsymbol{Z}=(\boldsymbol{Y}_{(U/\mathrm{ind}(C-\{a\})}\cdot\boldsymbol{X}^{\mathrm{T}}_{(U-\mathrm{pos}_C(D))})=(\boldsymbol{Z}_1,\cdots,\boldsymbol{Z}_i,\cdots,\boldsymbol{Z}_m)^{\mathrm{T}}$ 中 $\mathrm{card}(\boldsymbol{Z}_i)=\sum_{j=1}^{n}z_{ij}\neq 1$，且 $\boldsymbol{Z}'=(\boldsymbol{Y}_{(U/\mathrm{ind}(C-\{a\})}\cdot\boldsymbol{X}^{\mathrm{T}}_{(\mathrm{pos}_C(D))})=(\boldsymbol{Z}'_1,\cdots,\boldsymbol{Z}'_i,\cdots,\boldsymbol{Z}'_m)^{\mathrm{T}}$ 中 $\mathrm{card}(\boldsymbol{Z}'_i)=\sum_{j=1}^{n}z'_{ij}\neq 1$，或 $\boldsymbol{Z}=\boldsymbol{Y}_{(\mathrm{pos}_C(D)/\mathrm{ind}(C-\{a\})}\cdot\boldsymbol{X}^{\mathrm{T}}_{\mathrm{pos}_C(D)/\mathrm{ind}(D)}=(\boldsymbol{Z}''_1,\cdots,\boldsymbol{Z}''_i,\cdots,\boldsymbol{Z}''_m)^{\mathrm{T}}$ 且 $\mathrm{card}(\boldsymbol{Z}''_i)\sum_{j=1}^{n}z''_{ij}\neq 1$，则 $\mathrm{core}_D(C)\Leftarrow\mathrm{core}_D(C)\cup\{C\}$。

2. 基于粒度格矩阵空间的知识约简算法

步骤 1 将决策信息系统 $S=(U,A,V,f)$ 转化为粒度格矩阵空间模型 $(\mathrm{GX},\mathrm{GA},\mathrm{GV},(\mathrm{GI},\mathrm{GE},\mathrm{GM}),t)$。其中，$U$ 根据等价关系转化为初始化粒集 GX；A 转化为属性集 $\mathrm{GA}=C\cup D$，包括条件属性集和决策属性集；V 转化为属性值 GV；新模型中的 $(\mathrm{GI},\mathrm{GE},\mathrm{GM}),R)$，通过矩阵 GM（后续描述中可指矩阵 $\boldsymbol{X}$、$\boldsymbol{Y}$、$\boldsymbol{Z}$）反映了粒、粒化与 R 的关系，此时 R 可由条件属性 C 和决策属性 D 决定。

步骤 2 决策信息系统的知识粒化。对条件属性 C 和决策属性 D 的条件类和决策类进行粒化，构造 C 的粒度矩阵 $\boldsymbol{Y}_{m\times l}$ 和 D 的粒度矩阵 $\boldsymbol{X}_{n\times l}$，反映条件属性和决策属性关系的粒度格矩阵 $\boldsymbol{Z}_{m\times n}=\boldsymbol{Y}_{m\times l}\cdot\boldsymbol{X}^{\mathrm{T}}_{n\times l}$，粒度格矩阵 $\boldsymbol{Z}_{m\times n}$ 反映了等价类 Y_i 与 X_j 之间的所有包含关系，其中的每个元素 z_{ij} 反映了 Y_i 和 X_j 中元素的从属关系。

步骤 3 利用定理 3-6 对决策表的相容性进行判定，如相容，则转至步骤 4；否则，将其拆分为相容决策表。

步骤 4 按上述提供的求核算法，首先利用粒度格矩阵 $\boldsymbol{Z}_{m\times n}$ 求得决策表的核 $\mathrm{core}_D(C)$，置 $C_0=\mathrm{core}_D(C)$。

步骤 5 令 $C'=C-C_0$。

步骤 6 对所有 $a_i\in C'$，计算 $\gamma_{C_0\cup\{a_i\}}(D)$，并计算属性 $\{a_i\}$ 的重要性 w_{a_i}，按照重要性的大小进行排序。

步骤 7 每次取出重要性 $w_{\{a_i\}}$ 最大的条件属性，将其加入 C_0 中，即 $C_0=C_0\cup a_i$，并计算此时 C_0 的依赖度 γ。

步骤 8 若 $\gamma=1$，则算法结束，否则 $C'=C'-\{a_i\}$，转至步骤 6，继续循环。

例 3-1 设信息系统 $S=(U,C\cup D,V,f)$，如表 3-1 所示。论域 $U=\{x_1,x_2,\cdots,x_8\}$，条件属性 $C=\{R_1,R_2,R_3\}$，决策属性 $D=\{d\}$，运用上述各种算法求其属性约简。

表 3-1　决策信息表（例 3-1）

U	R_1	R_2	R_3	d
x_1	1	1	1	1
x_2	0	0	0	0
x_3	1	1	2	2
x_4	1	1	2	2
x_5	1	1	1	1
x_6	1	0	1	1
x_7	1	0	0	0
x_8	0	0	0	0

（1）基于代数概念的属性约简

等价关系 R_1、R_2、R_3 有下列关系

$U/R_1=\{\{x_1,x_3,x_4,x_5,x_6,x_7\},\{x_2,x_8\}\}$

$U/R_2=\{\{x_1,x_3,x_4,x_5\},\{x_2,x_6,x_7,x_8\}\}$

$U/R_3=\{\{x_1,x_5,x_6\},\{x_2,x_7,x_8\},\{x_3,x_4\}\}$

则由 C 和 D 导出的分类为

$U/\mathrm{ind}(C)=\{\{x_1,x_5\},\{x_2,x_8\},\{x_3,x_4\},\{x_6\},\{x_7\}\}$

$U/\mathrm{ind}(D)=\{\{x_1,x_5,x_6\},\{x_2,x_7,x_8\},\{x_3,x_4,\}\}$

所以 D 的 C 正域为 $\mathrm{pos}_C(D)=\{x_1,x_2,x_3,x_4,x_5,x_6,x_7,x_8\}$。

因为 $\mathrm{pos}_{\{C-\{R_1\}\}}(D)=\{x_1,x_2,x_3,x_4,x_5,x_6,x_7,x_8\}=\mathrm{pos}_C(D)$，所以 R_1 是 C 中 D 不必要的。

因为 $\mathrm{pos}_{\{C-\{R_2\}\}}(D)=\{x_1,x_2,x_3,x_4,x_5,x_6,x_7,x_8\}=\mathrm{pos}_C(D)$，所以 R_2 是 C 中 D 不必要的。

因为 $\mathrm{pos}_{\{C-\{R_3\}\}}(D)=\{x_2,x_8\}\neq\mathrm{pos}_C(D)$，所以 R_3 是 C 中 D 必要的。

因此，C 的 D 核为 $\{R_3\}$，C 的 D 约简为 $\{R_3\}$　。

（2）基于 C-D 分辨矩阵的属性约简与核计算

由表 3-2 构造区分函数，可得 C 的 D 核和约简为 $\{R_3\}$。

表 3-2　基于 C-D 分辨矩阵

	1	2	3	4	5	6	7	8
1	—							
2	$R_1R_2R_3$	—						
3	R_3	$R_1R_2R_3$	—					
4	R_3	$R_1R_2R_3$	—	—				
5	—	$R_1R_2R_3$	R_3	R_3	—			
6	—	—	R_2R_3	R_2R_3	—	—		
7	R_2R_3	—	R_2R_3	R_2R_3	R_2R_3	R_3	—	
8	$R_1R_2R_3$	—	$R_1R_2R_3$	$R_1R_2R_3$	$R_1R_2R_3$	R_1R_3	—	—

（3）基于粒度格矩阵空间的属性约简与核计算

步骤 1　信息决策表粒化为粒度格矩阵空间模型。

由 C 导出的条件粒度矩阵可表示为

$$Y_{5\times8}=(Y_1,Y_2,Y_3,Y_4,Y_5)^{\mathrm{T}}=\begin{bmatrix}1&0&0&0&1&0&0&0\\0&1&0&0&0&0&0&1\\0&0&1&1&0&0&0&0\\0&0&0&0&0&1&0&0\\0&0&0&0&0&0&1&0\end{bmatrix}$$

由 D 导出的决策粒度矩阵也可表示为

$$X_{3\times8}=(X_1,X_2,X_3)^{\mathrm{T}}=\begin{bmatrix}1&0&0&0&1&1&0&0\\0&1&0&0&0&0&1&1\\0&0&1&1&0&0&0&0\end{bmatrix}$$

步骤 2 利用粒度格矩阵进行相容性判定。

$$Z_{5\times3}=Y_{5\times8}\cdot X_{3\times8}^{\mathrm{T}}=\begin{bmatrix}Z_1\\Z_2\\Z_3\\Z_4\\Z_5\end{bmatrix}=\begin{bmatrix}1&0&0\\0&1&0\\0&0&1\\1&0&0\\0&1&0\end{bmatrix}$$

可以看出，$Z_{5\times4}$ 的任何一个行向量 $Z_i(i=1,2,3,4,5)$ 中只有一个元素为 1，即 $\mathrm{card}\left(Z_i\right)=\left|Z_i\right|=\sum_{j=1}^{3}z_{ij}=1(i=1,2,3,4,5)$。

由定理 3-6 可知，$U/\mathrm{ind}(C)$ 是 $U/\mathrm{ind}(D)$ 的细分，所以该决策表是相容的。

步骤 3 利用粒度格矩阵进行核的求取。

由步骤 2 可知，该决策表是相容的，运用求核算法。对属性 $\{R_1\}$，判定是否存在 $\{R_1\}\in\mathrm{core}_D(C)$。

对由 $C-\{R_1\}$ 导出的条件粒度矩阵 $Y_{C-\{R_1\}}=\begin{bmatrix}1&0&0&0&1&0&0&0\\0&0&1&1&0&0&0&0\\0&1&0&0&0&0&1&1\\0&0&0&0&0&1&0&0\end{bmatrix}$，以及由 D 导出的决策粒度矩阵 $X_{3\times8}$，有粒度格矩阵 $Z_{C-\{R_1\}}=Y_{C-\{R_1\}}\cdot X_{3\times8}^{\mathrm{T}}=\begin{bmatrix}Z_1\\Z_2\\Z_3\\Z_4\end{bmatrix}=\begin{bmatrix}1&0&0\\0&0&1\\0&1&0\\1&0&0\end{bmatrix}$。

因为 $\mathrm{card}(Z_i)=\sum_{j=1}^{3}z_{ij}=1(i=1,2,3,4)$，所以 $\{R_1\}\notin\mathrm{core}_D(C)$。

同理，$\{R_2\}\notin\mathrm{core}_D(C)$。

对由 $C-\{R_3\}$ 导出的条件粒度矩阵 $Y_{C-\{R_3\}}=\begin{bmatrix}1&0&1&1&1&0&0&0\\0&1&0&0&0&0&0&1\\0&0&0&0&0&1&1&0\end{bmatrix}$，以及由 D 导出的

决策粒度矩阵 $\boldsymbol{X}_{3\times8}$，有粒度格矩阵 $\boldsymbol{Z}_{C-\{R_3\}}=\boldsymbol{Y}_{C-\{R_3\}}\cdot\boldsymbol{X}^{\mathrm{T}}=\begin{bmatrix}\boldsymbol{Z}_1\\\boldsymbol{Z}_2\\\boldsymbol{Z}_3\end{bmatrix}=\begin{bmatrix}1&0&1\\0&1&0\\1&1&0\end{bmatrix}$。

因为 $\mathrm{card}(Z_i)=\sum_{j=1}^{3}z_{ij}\neq1(i=1,2,3)$，所以有 $\mathrm{core}_D(C)\Leftarrow\{R_3\}$。

步骤 4　利用粒度格矩阵评价属性可导度。

对由 $\{R_3\}$ 导出的条件粒度矩阵 $\boldsymbol{Y}_{R_3}=\begin{bmatrix}1&0&0&0&1&1&0&0\\0&1&0&0&0&0&1&1\\0&0&1&1&0&0&0&0\end{bmatrix}$，有粒度格矩阵 $\boldsymbol{Z}_{\{R_3\}}=$ $\boldsymbol{Y}_{\{R_3\}}\cdot\boldsymbol{X}_{3\times8}^{\mathrm{T}}=\begin{bmatrix}1&0&0\\0&1&0\\0&0&1\end{bmatrix}$。

利用定义 3-2，有 $\gamma_{R_3}(D)=\left|\mathrm{pos}_{R_3}(D)\right|/\left|U\right|=\gamma_C(D)=1$，所以 C 的 D 核和约简均为 $\{R_3\}$。

3.3.3　基于粒度格矩阵空间的规则提取

经典的粗糙集理论对决策表的研究一般都是先对决策表进行约简，然后利用约简产生的属性集来生成决策规则的。但是，这种思想的不足之处就是分类过程的非动态性，从而导致决策规则挖掘的非动态性。在以往的研究中，人们在描述和刻画问题时一般都采用单一属性集，使边界域不能够变化，不便于对它做进一步的分析研究。然而在实际应用中，往往需要从多个角度或多个层次来分析问题、解决问题。也就是说，对同一个研究对象，需要用一个等价关系簇来进行研究，而不是经典粗糙集理论里的单一等价关系。因此，粒度格矩阵空间模型的建立，便于人们使用具有偏序关系的多个属性集（等价关系）来分析和解决问题。本文运用粒度格矩阵空间模型对决策表进行决策规则挖掘，提出了一种具有动态粒度的决策规则挖掘算法。

若直接通过条件属性集 C 对协调决策表的论域 U 进行划分，由于所选属性过多而导致分类结果过于精细，从而丢失了一些对象之间潜在的抱团性质。因此，本节基于粒度格矩阵空间的思想，利用一个具有偏序关系的等价关系簇对信息系统进行研究，提出了一种基于粒度格矩阵空间的决策规则挖掘算法。算法描述如下。

输入　决策信息系统 $S=(U,C\cup D,V,f)$

输出　决策规则 rule

步骤 1　将决策信息系统 $S=(U,A,V,f)$ 转化为粒度格矩阵空间模型 (GX,GA,GV,(GI,GE,GM),t)，其中，U 根据等价关系转化为初始化粒集 GX；A 转化为属性集 $\mathrm{GA}=C\cup D$，包括条件属性集和决策属性集；V 转化为属性值 GV；新模型中的 ((GI,GE,GM),R)，通过矩阵 GM（后续描述中可指矩阵 $\boldsymbol{X}$、$\boldsymbol{Y}$、$\boldsymbol{Z}$）反映了粒、粒化与 R 的关系，此时 R 可由条件属性 C 和决策属性 D 决定。

步骤 2　决策信息系统的知识粒化。对条件属性 C 和决策属性 D 的条件类和决策类进行粒化，构造 C 的粒度矩阵 $\boldsymbol{Y}_{m\times l}$ 和 D 的粒度矩阵 $\boldsymbol{X}_{n\times l}$，反映条件属性和决策属性关系的粒度格矩阵 $\boldsymbol{Z}_{m\times n}=\boldsymbol{Y}_{m\times l}\cdot\boldsymbol{X}_{n\times l}$，粒度格矩阵 $\boldsymbol{Z}_{m\times n}$ 反映了等价类 $\boldsymbol{Y}_i$ 与 $\boldsymbol{X}_j$ 之间的所有包含关系，其中的

每个元素 z_{ik} 反映了 $\boldsymbol{Y}_i$ 和 $\boldsymbol{X}_j$ 之间的从属关系。

步骤 3 利用定理 3-6 对决策表的相容性进行判定，如相容，则转至步骤 4；否则，将其拆分为相容决策表。

步骤 4 按上述提供的求核算法，首先利用粒度格矩阵 $\boldsymbol{Z}_{m\times n}$ 求得决策表的核 $\text{core}_D(C)$，置 $\text{core}_D(C)$。

步骤 5 当 $\text{core}_D(C)\neq\Phi$ 时，令初始属性集 $P_1=\text{core}_D(C)$；否则，对 $\forall a\in C$，计算其和 D 之间的依赖度 $\gamma_{\{a\}}(D)$，令 $\gamma_{\{a_1\}}(D)=\max\{\gamma_{\{a\}}(D),a\in C\}$，初始属性集为 $P_1=\{a_1\}$。

步骤 6 计算决策分类 $U/D=\{\boldsymbol{X}_1,\boldsymbol{X}_2,\cdots,\boldsymbol{X}_i,\cdots,\boldsymbol{X}_n\}$。

步骤 7 令等价关系簇 $P=\{P_1\}$，$i=1$，$U'=U$，集合 $B=\Phi$，决策规则集 $\text{rule}=\Phi$。

步骤 8 求出 $U'/\text{IND}(P_i)=\{\boldsymbol{Y}_1^{(i)},\boldsymbol{Y}_2^{(i)},\cdots,\boldsymbol{Y}_j^{(i)},\cdots,\boldsymbol{Y}_m^{(i)}\}$。

步骤 9 令集合 $B'=\{\boldsymbol{Y}_j^{(i)}\in U'/\text{IND}(P_i)\big|\boldsymbol{Y}_j^{(i)}\subseteq\boldsymbol{X}_i$，其中，$\boldsymbol{X}_i\in U/D\}$。令 $\text{rule}'=\Phi$，对 $\forall\boldsymbol{Y}_j^{(i)}\in B'$，输出决策规则 $\text{des}_{P_i}(\boldsymbol{Y}_j^{(i)})\rightarrow\text{des}_D(\boldsymbol{X}_i)$ 到规则集 rule'，其中，$\boldsymbol{X}_i\in U/D$ 且 $\boldsymbol{Y}_j^{(i)}\subseteq\boldsymbol{X}_i$。$\text{rule}=\text{rule}\bigcup\text{rule}'$，$B=B\bigcup B'$。

步骤 10 若 $\bigcup\limits_{Y_j^{(i)}\in B'}\boldsymbol{Y}_j^{(i)}=U$，转至步骤 11；否则，$U'=U'-\bigcup\limits_{Y_j^{(i)}\in B'}\boldsymbol{Y}_j^{(i)}$，对 $\forall a\in C-P_i$，计算 a 关于 P_i 对 D 的重要性 w_a，令 $w_{a_2}=\max\{w_a,a\in C-P_i\}$，$P_{i+1}=P_i\bigcup\{a_2\}$，并将 P_{i+1} 归入 P 中成为其中的一个等价关系，$i=i+1$，转至步骤 8。

步骤 11 最后得到的 rule 即为决策规则集。

例 3-2 设决策信息系统 $S=(U,C\bigcup D,V,f)$，如表 3-3 所示。论域 $U=\{x_1,x_2,\cdots,x_{10}\}$，条件属性 $C=\{R_1,R_2,R_3,R_4,R_5\}$，决策属性 $D=\{d\}$，运用粒度格矩阵空间模型求决策规则集。

表 3-3 决策信息表（例 3-2）

论域	R_1	R_2	R_3	R_4	R_5	d
x_1	2	2	0	1	1	1
x_2	1	2	0	1	1	1
x_3	2	1	0	1	1	1
x_4	1	0	0	1	1	1
x_5	2	0	1	1	0	0
x_6	2	2	2	0	2	0
x_7	0	0	1	1	0	0
x_8	1	0	3	0	2	0
x_9	0	1	0	0	0	0
x_{10}	0	0	3	1	2	1

步骤 1 信息决策表粒化为粒度格矩阵空间模型。

由 C 导出的条件粒度矩阵可表示为

$$\boldsymbol{Y}_{10\times 10}=\left(\boldsymbol{Y}_1,\boldsymbol{Y}_2,\boldsymbol{Y}_3,\boldsymbol{Y}_4,\boldsymbol{Y}_5,\boldsymbol{Y}_6,\boldsymbol{Y}_7,\boldsymbol{Y}_8,\boldsymbol{Y}_9,\boldsymbol{Y}_{10}\right)^{\mathrm{T}}=\begin{bmatrix}1&0&0&0&0&0&0&0&0&0\\0&1&0&0&0&0&0&0&0&0\\0&0&1&0&0&0&0&0&0&0\\0&0&0&1&0&0&0&0&0&0\\0&0&0&0&1&0&0&0&0&0\\0&0&0&0&0&1&0&0&0&0\\0&0&0&0&0&0&1&0&0&0\\0&0&0&0&0&0&0&1&0&0\\0&0&0&0&0&0&0&0&1&0\\0&0&0&0&0&0&0&0&0&1\end{bmatrix}$$

由 D 导出的决策粒度矩阵可表示为

$$\boldsymbol{X}_{2\times 10}=(\boldsymbol{X}_1,\boldsymbol{X}_2)^{\mathrm{T}}=\begin{bmatrix}1&1&1&1&0&0&0&0&0&1\\0&0&0&0&1&1&1&1&1&0\end{bmatrix}$$

步骤 2　利用粒度格矩阵判定决策表是否是相容的，如算例 3-1，可知该决策表相容。

步骤 3　核的求取。

由步骤 2 可知，该决策表是相容的，运用求核算法进行求核计算。判断是否存在属性 $\{R_1\}\in \mathrm{core}_D(C)$。

因为 $\boldsymbol{Z}_{C-\{R_1\}}=\boldsymbol{Y}_{C-\{R_1\}}\cdot \boldsymbol{X}_{2\times 10}^{\mathrm{T}}=\begin{bmatrix}\boldsymbol{Z}_1\\\boldsymbol{Z}_2\\\boldsymbol{Z}_3\\\boldsymbol{Z}_4\\\boldsymbol{Z}_5\\\boldsymbol{Z}_6\\\boldsymbol{Z}_7\\\boldsymbol{Z}_8\end{bmatrix}=\begin{bmatrix}1&0\\1&0\\1&0\\0&1\\0&1\\0&1\\0&1\\1&0\end{bmatrix}$，$\mathrm{card}(\boldsymbol{Z}_i)=1(i=1,2,3,4,5,6,7,8)$，所以 $\{R_1\}\notin \mathrm{core}_D(C)$。同理，$\{R_2\},\{R_3\},\{R_4\},\{R_5\}\notin \mathrm{core}_D(C)$，所以 $\mathrm{core}_D(C)=\varPhi$。

步骤 4　评价属性的依赖度。

根据定义 3-2，计算得 $\gamma_{R_1}(D)=0$，$\gamma_{R_2}(D)=0$，$\gamma_{R_3}(D)=\dfrac{3}{10}$，$\gamma_{R_4}(D)=\dfrac{3}{10}$，$\gamma_{R_5}(D)=\dfrac{7}{10}$。

步骤 5　求取决策规则集。

因为属性 $\{R_5\}$ 对 D 的依赖度最大，所以初始属性集 $P_1=\{R_5\}$，等价关系簇 $P=\{P_1\}$，由 P_1 导出的粒度矩阵为

$$\boldsymbol{Y}_{3\times 10}^{(1)}=(\boldsymbol{Y}_1^{(1)},\boldsymbol{Y}_2^{(1)},\boldsymbol{Y}_3^{(1)})^{\mathrm{T}}=\begin{bmatrix}1&1&1&1&0&0&0&0&0&0\\0&0&0&0&1&0&1&0&1&0\\0&0&0&0&0&1&0&1&0&1\end{bmatrix}$$

则对应的粒度格矩阵为

$$\boldsymbol{Z}=\boldsymbol{Y}_{3\times10}^{(1)}\cdot\boldsymbol{X}_{2\times10}^{\mathrm{T}}=$$

$$\begin{bmatrix}1&1&1&1&0&0&0&0&0&0\\0&0&0&0&1&0&1&0&1&0\\0&0&0&0&0&1&0&1&0&1\end{bmatrix}\cdot\begin{bmatrix}1&1&1&1&0&0&0&0&0&1\\0&0&0&0&1&1&1&1&1&0\end{bmatrix}^{\mathrm{T}}=$$

$$\begin{bmatrix}1&0\\0&1\\1&1\end{bmatrix}$$

因为 $z_{11}=1$ 且 $z_{22}=1$，所以 $\boldsymbol{Y}_1^{(1)}\subseteq\boldsymbol{X}_1,\boldsymbol{Y}_2^{(1)}\subseteq\boldsymbol{X}_2$。

令 $B=B'=\{\boldsymbol{Y}_1^{(1)},\boldsymbol{Y}_3^{(1)}\}=\{\{1,2,3,4\},\{5,7,9\}\}$，则有如下决策规则：$(\{R_5\}\{1,2,3,4\})\to(\{d\},\{1,2,3,4,10\})$，$(\{R_5\}\{5,7,9\})\to(\{d\},\{5,6,7,8,9\})$，即 if $R_5=1$ then $d=1$，if $R_5=0$ then $d=0$。

步骤 6 重复步骤 5 求取决策规则集。

因为 $\bigcup\limits_{Y^{(1)}\in B}\boldsymbol{Y}^{(1)}=\{1,2,3,4,5,7,9\}\neq U$，论域变为 $U'=U-\bigcup\limits_{Y^{(1)}\in B}\boldsymbol{Y}^{(1)}=\{6,8,10\}$，所以计算其他的属性 R_1、R_2、R_3、R_4 关于 R_5 对 D 的重要性。由定义 3-3 计算，有 $w_{R_1}(d)=\gamma_{R_1\cup R_5}-\gamma_{R_5}=\dfrac{3}{10}$，$w_{R_2}(d)=\gamma_{R_2\cup R_5}-\gamma_{R_5}=\dfrac{1}{10}$，$w_{R_3}(d)=\gamma_{R_3\cup R_5}-\gamma_{R_5}=\dfrac{1}{10}$，$w_{R_4}(d)=\gamma_{R_4\cup R_5}-\gamma_{R_5}=\dfrac{3}{10}$。

由此看出，R_1 和 R_4 关于 R_5 对 D 的重要性最大且相等。不妨选取 R_1 进行计算，则有 $P_2=\{R_1,R_5\}$，等价关系簇 $P=\{P_1,P_2\}$，其中对新论域 $U'=\{6,8,10\}$ 上的等价关系 $\{P_2\}$ 导出的粒度矩阵为

$$\boldsymbol{Y}_{3\times10}^{(2)}=(\boldsymbol{Y}_1^{(2)},\boldsymbol{Y}_2^{(2)},\boldsymbol{Y}_3^{(2)})^{\mathrm{T}}=\begin{bmatrix}0&0&0&0&0&1&0&0&0&0\\0&0&0&0&0&0&0&1&0&0\\0&0&0&0&0&0&0&0&0&1\end{bmatrix}$$

对应的粒度格矩阵为

$$\boldsymbol{Z}'=\boldsymbol{Y}_{3\times10}^{(2)}\cdot\boldsymbol{X}_{3\times10}^{\mathrm{T}}=$$

$$\begin{bmatrix}0&0&0&0&0&1&0&0&0&0\\0&0&0&0&0&0&0&1&0&0\\0&0&0&0&0&0&0&0&0&1\end{bmatrix}\cdot\begin{bmatrix}1&1&1&1&0&0&0&0&0&1\\0&0&0&0&1&1&1&1&1&0\end{bmatrix}^{\mathrm{T}}=$$

$$\begin{bmatrix}0&1\\0&1\\1&0\end{bmatrix}$$

因为 $z_{12}=1,z_{22}=1,z_{31}=1$，所以 $\boldsymbol{Y}_1^{(2)}\subseteq\boldsymbol{X}_2,\boldsymbol{Y}_2^{(2)}\subseteq\boldsymbol{X}_2,\boldsymbol{Y}_3^{(2)}\subseteq\boldsymbol{X}_1$。

由此可判定 $\{6,8,10\}$ 用等价关系簇 $P=\{P_1,P_2\}$ 就可达到明确的分类，提取明确的规则，即有 $(\{R_1,R_5\}\{6\})\to(\{d\},\{5,6,7,8,9\})$，$(\{R_1,R_5\}\{8\})\to(\{d\},\{5,6,7,8,9\})$，$(\{R_1,R_5\}\{10\})\to(\{d\},\{1,2,3,4,10\})$。即 if $R_1=2\wedge R_5=2$ then $d=0$，if $R_1=1\wedge R_5=2$ then $d=0$，if $R_1=0\wedge R_5=2$ then $d=1$。

最终得到的规则集如表 3-4 所示。

表 3-4　基于粒度格矩阵空间模型的动态决策规则挖掘的规则集

规则	R_1	R_5	d
1	—	0	0
2	2	2	0
3	1	2	0
4	—	1	1
5	0	2	1

3.4　基于粒度格矩阵空间的不完备信息系统知识发现

3.3 节描述的是以完备信息系统为研究对象，以等价关系为基础，通过等价关系将论域划分为互不相交的等价类，知识约简以粒度格矩阵作为运算途径。同时，粒度格矩阵空间模型认为知识即分类能力，分类能力越强，知识越丰富。知识即表现为等价关系对论域划分的结果，划分越细，知识越精确，则粒度越小。

然而，在现实生活中，由于数据测量的误差、对数据理解或获取的限制等原因，使知识在获取时往往面临的是不完备信息系统，即可能存在部分对象的一些属性值未知的情况。因此，对数据缺损的信息系统的处理有必要成为新模型的研究内容之一。

目前采用的主要方法是通过数据补齐把不完备信息系统转化为完备的信息系统。无论采用什么方法，均是对原信息系统的一种人为猜测，很可能破坏原信息系统中所包含的知识。对于不完备信息系统的直接处理研究，目前仅仅是提出了一些属性约简算法，且这些算法均是依赖于某种特定的粗糙集扩充模型。因此，本节尝试运用粒度格矩阵空间模型对不完备信息系统进行知识发现。

3.4.1　不完备信息系统

目前，知识约简应用于不完备信息系统时，大都先通过处理使其完备化再进行约简，这样或多或少地改变了原系统的信息成分。因此，研究不完备信息系统的知识约简，对进一步验证粒度格矩阵空间模型向实用化方向发展有着重要的理论和实际意义。

通常，信息系统被认为是完备的，即属性值没有缺省并且是精确的。然而，不完备信息系统却是普遍存在的，现实生活中得到的信息几乎都不是完全的和精确的。在实际的信息系统 S 中，有的对象的部分属性是缺失的，而存在缺失属性值的信息系统是不完备的。

定义 3-4　信息系统 $S=(U,A,V,f)$，其中，$U=\{x_1,x_2,\cdots,x_l\}$ 为非空有限集，$A=\{a_1,a_2,\cdots,a_m\}$ 为属性集合，存在 $x_i\in U(i=1,2,\cdots,n)$，$a_j\in A(j=1,2,\cdots,m)$，使 $f(x_i,a_j)$ 不存在，即 $f(x_i,a_j)=\text{null}$。null 表示空值，在信息系统中用“*”表示，则称 S 为不完备信息系统。

经典粗糙集理论是将定义上近似、下近似概念的不可分辨关系当作一种等价关系，将不可分辨关系推广为更一般的关系，特别是相容关系。

等价关系是具有自反性、对称性和传递性的二元关系，而相容关系仅具有自反性和对称性。因此，等价关系是相容关系的特殊情况。相容关系的约束条件较等价关系弱，因此它具有更广泛的存在性。

定义 3-5 信息系统 $S=(U,A,V,f)$，其中，$U=\{x_1,x_2,\cdots,x_l\}$ 为非空有限集，表示全体对象的集合，即论域；A 为非空有限集，表示全体属性的集合。若 T 满足

① 自反性，即 $\forall x_i,x_j\in U$，x_iTx_j 成立。

② 对称性，即 $\forall x_i,x_j\in U$，若 x_iTx_j，则 x_jTx_i。

则称 U 上的二元关系 T 是相容的。

定义 3-6 设有不完备信息系统 $S=(U,A,V,f)$，属性 $a\in A$ 定义一个论域 U 上的相容关系 T_a

$$x_1T_ax_2 \Leftrightarrow (f(x_1,a)=f(x_2,a)\vee f(x_1,a)=*\vee f(x_2,a)=*),\ x_1,x_2\in U$$

即在非决策表中，如果论域中的对象 x_1 在属性 a 上的取值与论域中的对象 x_2 在属性 a 上的取值相等，或 x_2 在属性 a 上的取值未知或 x_1 在属性 a 上的取值未知，则 x_1 和 x_2 关于属性 a 相容。因此一个属性可以确定一个相容关系。

对属性集合 $P\subseteq A$，用 $U/T(P)$ 表示分类，即为由相容关系 $T(P)$ 决定的最大相容类集合。所谓最大相容类 $X\subseteq U$ 是指 X 中任意 2 个元素都具有相容关系 $T(P)$，而从 $U-X$ 中取一个元素到 X 中，则 X 中至少有 2 个元素不具有相容关系 $T(P)$。$U/T(P)$ 中的最大相容类一般不构成 U 的划分，但却构成 U 的覆盖。

3.4.2 不完备信息系统的粒化空间

基于属性值相等关系，我们在 3.2 节中提出了完备信息系统的粒化及基于粒度格矩阵空间模型的属性约简。在不完备信息系统中，如果一个对象的某个属性值为“*”，引入相容关系，即在该属性上，该对象与其他所有对象具有不可分辨关系。因此，在相容关系下，某个属性的属性值相等或为*的对象可以构成一个集合，该集合被称为一个相容粒。

定义 3-7 不完备信息系统 $S=(U,A,V,f)$，对 $x_i\in U$，其属性 a 有 $f(x_i,a)=v_a$。按照相容关系的定义，认为 $x_i=f^{-1}(a,v_a)$ 与 $x_j=f^{-1}(a,*)$ 具有相容关系，即 $x_iT_ax_j$。如此，凡在属性 a 具有相容关系的元素构成的集合，可以被称为不完备信息系统关于属性 a 的粒，也可以被称为关于属性 a 的相容粒，定义为

$$\mathrm{Grc}_a=\{x_i \mid f(x_i,a)=v_a\vee f(x_i,a)=*\} \tag{3.3}$$

若要使用粒度的思想对不完备信息系统进行直接处理，不仅要定义表达不完备信息系统中的一个相容粒，同时也要定义系统的粒集合，将不完备信息系统转化为相应的粒化空间。

定义 3-8 设不完备信息系统 $S=(U,A,V,f)$，对 $\forall a_i\in A$ 有粒集合 Grc_A 中的 Grc_{a_i}，对 A 则有 $\mathrm{Grc}_A=\bigcap\limits_{a_i\in A}\mathrm{Grc}_{a_i}$，则该粒集合 Grc_A 被称为不完备信息系统的粒化空间。

定义 3-9 不完备信息系统 $S=(U,A,V,f)$，若对属性子集 $P\subseteq A$，$\forall a_i\in P$，则关于属性子集 P 的相容粒为 $\bigcap\limits_{a_i\in P}\mathrm{Grc}_{a_i}$，可表示为 Grc_P。

当 $\forall x_i,x_j\in U$ 具有相容关系，即 $x_i,x_j\in \mathrm{Grc}_P$ 时，也可用 $T_P(x_i)$ 表示对象集 $\{x_j\in U \mid (x_i,x_j)\in T(P)\}$，$T_P(x_i)$ 是与 x_i 不可区分的对象的最大集合。$U/T(P)$ 表示分类，也表示一簇集合 $\{T_P(x_i) \mid x_i\in U\}$，因此 $U/T(P)$ 构成 U 的一个覆盖，即对于每一个 $x_i\in U$ 有 $T_P(x_i)\neq\Phi$，且 $\bigcup\limits_{x_i\in U}T_P(x_i)=U$。这里，称 $U/T(P)=\{T_P(x_1),T_P(x_2),\cdots,T_P(x_{|U|})\}$ 为 U 上的具有知

识 $T(P)$ 的粒，其中，每个相容类 $T_P(x_i)$ 对应相容粒 $\mathrm{Grc}_P(x_i)$。

若将每个相容粒 $\mathrm{Grc}_P(x_i)$ 用一向量表示，在该向量中，取值为 1 的元素具有相容不可分辨关系。由此，粒化空间 Grc_P 可用一簇向量表示，由此形成粒化空间的矩阵表示，可定义为相容矩阵。

定义 3-10　设 $T(P)$ 是论域 $U=\{x_1,x_2,\cdots,x_k,\cdots,x_l\}$ 上的相容关系，$T_P(x_i)$ 为具有知识 $T(P)$ 的相容粒 $\mathrm{Grc}_P(x_i)$，定义映射 $f:Z^+\to\{0,1\}^l$，则 $\mathrm{Grc}_P(x_i)$ 的二进制粒化表示为 $\mathrm{Grc}_P(x_i)=\{y_{i1},y_{i2},\cdots,y_{ik},\cdots,y_{il}\}$，其中，$y_{ik}=\begin{cases}1, & x_k\in \mathrm{Grc}_P(x_i)(1\leqslant k\leqslant l)\\ 0, & x_k\notin \mathrm{Grc}_P(x_i)(1\leqslant k\leqslant l)\end{cases}$。最大相容类 $U/T(P)=\{T_P(x_1),T_P(x_2),\cdots,T_P(x_{|U|})\}$，$T_P(x_i)\neq\Phi$，粒化表示为 $\mathrm{Grc}_P=\{\mathrm{Grc}_P(x_1),\ \mathrm{Grc}_P(x_2),\ \cdots,\mathrm{Grc}_P(x_{|U|}\}$。由此，运用二进制粒化方法，$\mathrm{Grc}_P$ 可表示为一簇向量，有

$$\boldsymbol{Y}_{\mathrm{Grc}_P}=\begin{bmatrix} y_{11} & \cdots & y_{1l}\\ \cdots & \cdots & \cdots\\ y_{|U|1} & \cdots & x_{|U|l}\end{bmatrix}=\begin{bmatrix} y_{11} & \cdots & y_{1l}\\ \cdots & \cdots & \cdots\\ y_{l1} & \cdots & y_{ll}\end{bmatrix} \tag{3.4}$$

$\boldsymbol{Y}_{\mathrm{Grc}_P}$ 被称为相容矩阵。

由定义 3-10 可知，在相容粒 $\mathrm{Grc}_P(x_i)$ 中，取值为 1 的元素具有不可分辨相容关系。

定义 3-11　不完备信息系统 $S=(U,C\cup D,V,f)$，按照决策值的不同，可将论域 $U=\{x_1,x_2,\cdots,x_k,\cdots,x_l\}$ 划分为等价类，表示为 $U/D=\{X_1,X_2,\cdots,X_j,\cdots,X_n\}$，其中，$X_j$ 表示具有相应决策值的决策粒，则决策粒度矩阵 $\boldsymbol{X}_{n\times l}$ 定义为

$$\boldsymbol{X}_{n\times l}=(x_{jk})_{n\times l} \tag{3.5}$$

其中，$x_{jk}=\begin{cases}1, & x_k\in X_j\\ 0, & x_k\notin X_j\end{cases}$，$k=1,2,\cdots,l$，$j=1,2,\cdots,n$。

定义 3-12　$S=(U,C\cup D,V,f)$ 是一个不完备信息系统，$U=\{x_1,x_2,\cdots,x_n\}$，由条件属性集 $P\subseteq C$ 导出相容矩阵 $\boldsymbol{Y}_{\mathrm{Grc}_P}$，由 D 导出决策粒度矩阵 $\boldsymbol{X}_{n\times l}$，定义粒度格矩阵为

$$\boldsymbol{Z}_P=\boldsymbol{Z}_{l\times n}=\boldsymbol{Y}_{\mathrm{Grc}_P}\cdot\boldsymbol{X}_{n\times l}^{\mathrm{T}}=(\boldsymbol{Z}_1,\cdots,\boldsymbol{Z}_i,\cdots,\boldsymbol{Z}_l)^{\mathrm{T}}=$$
$$\begin{bmatrix} y_{11} & \cdots & y_{1l}\\ \vdots & y_{ik} & \vdots\\ y_{l1} & \cdots & y_{ll}\end{bmatrix}\cdot\begin{bmatrix} x_{11} & \cdots & x_{1l}\\ \vdots & x_{jk} & \vdots\\ x_{n1} & \cdots & x_{nl}\end{bmatrix}^{\mathrm{T}}=\begin{bmatrix} z_{11} & \cdots & z_{1n}\\ \vdots & z_{ij} & \vdots\\ z_{l1} & \cdots & z_{ln}\end{bmatrix} \tag{3.6}$$

该粒度格矩阵直观地给出了任意一对象所有可能的决策粒。如果将 $\boldsymbol{Z}_{l\times n}$ 矩阵的每一行看作一个向量 $\boldsymbol{Z}_i$，那么向量 $\boldsymbol{Z}_i$ 的改变意味着论域中的某对象所属决策粒的变化。

由 $\boldsymbol{Z}_{l\times n}$ 矩阵可以方便地确定属性是否必要：如果去除某属性后得到的 $\boldsymbol{Z}_{l\times n}$ 矩阵没有发生变化，则该属性是不必要的；否则是必要的。同理，可以通过计算 $\boldsymbol{Z}_{l\times n}$ 矩阵来求不完备决策表的核。

定理 3-10　设 $T(P)$ 为论域 U 上的相容关系，$\boldsymbol{Y}_{\mathrm{Grc}_P}$ 为 $T(P)$ 的相容矩阵，则 $\boldsymbol{Y}_{\mathrm{Grc}_P}$ 具有以下性质。

① $\boldsymbol{Y}_{\mathrm{Grc}_P}$ 的对角线元素为 1，即 $y_{ii}=1(1\leqslant i\leqslant|U|)$。

② $\boldsymbol{Y}_{\mathrm{Grc}_P}$ 为对称矩阵，即 $y_{ik}=y_{ki}(1\leqslant i,j\leqslant|U|\}$。

证明 ①由于矩阵 $\boldsymbol{Y}_{\mathrm{Grc}_P}$ 的对角线元素为 $y_{ii}(1\leqslant i\leqslant|U|)$，那么在 $T(P)$ 关系下存在 $x_iT_Px_i$，即一定有 $x_i\in \mathrm{Grc}_P(x_i)$，因此 $y_{ii}=1$。

② 由于在 $T(P)$ 关系下，如果存在 $x_iT_Px_k$ 关系，那么 $x_kT_Px_i$ 也是存在的，即 $x_k\in \mathrm{Grc}_P(x_i)$，则一定有 $x_i\in \mathrm{Grc}_P(x_k)$，因此有 $y_{ik}=y_{ki}=1$。同理在 $T(P)$ 关系下，如果 $x_k\notin \mathrm{Grc}_P(x_i)$，那么 $x_i\notin \mathrm{Grc}_P(x_k)$，因此有 $y_{ik}=y_{ki}=0$。综上所述，$y_{ik}=y_{ki}$ 是成立的。

由此说明 $T(P)$具有以下性质。

① $T(P)$ 为相容关系，具有自反性和对称性，性质①和性质②分别对应了这 2 个性质。

② $T(P)$ 不具有传递性。

定义 3-13 设 $P,Q\subseteq A$，$T(P)$ 和 $T(Q)$ 分别是对应于不同的属性集 P、Q 的相容关系，其相应的相容矩阵为 $\boldsymbol{Y}_{\mathrm{Grc}_P}=(y_{ik}^{'})_{|U|\times|U|}$ 和 $\boldsymbol{Y}_{\mathrm{Grc}_Q}=(y_{ik}^{''})_{|U|\times|U|}$，则有 $\boldsymbol{Y}_{\mathrm{Grc}_P}\cap\boldsymbol{Y}_{\mathrm{Grc}_Q}=(y_{ik})_{|U|\times|U|}$，$y_{ik}=\min(y_{ik}^{'},y_{ik}^{''})$。

由定义 3-13 可以得到以下 4 个定理。

定理 3-11 对于不完备信息系统 $S=(U,A,V,f)$，$P,Q\subseteq A$，则 $\boldsymbol{Y}_{\mathrm{Grc}_P}\cap\boldsymbol{Y}_{\mathrm{Grc}_Q}=\boldsymbol{Y}_{\mathrm{Grc}_{(P\cup Q)}}$。

定理 3-12 对于不完备信息系统 $S=(U,A,V,f)$，$P,Q\subseteq A$，则 $\boldsymbol{Y}_{\mathrm{Grc}_{(P\cup Q)}}=\boldsymbol{Y}_{\mathrm{Grc}_{PQ}}\leqslant\boldsymbol{Y}_{\mathrm{Grc}_P},\boldsymbol{Y}_{\mathrm{Grc}_Q}$。

定理 3-13 对于不完备信息系统 $S=(U,A,V,f)$，$P,Q\subseteq A$，如果 $P\supseteq Q$，则 $\boldsymbol{Y}_{\mathrm{Grc}_P}\leqslant\boldsymbol{Y}_{\mathrm{Grc}_Q}$。

定理 3-14 对于不完备信息系统 $S=(U,A,V,f)$，$P,Q,R\subseteq A$，如果 $\boldsymbol{Y}_{\mathrm{Grc}_P}\leqslant\boldsymbol{Y}_{\mathrm{Grc}_Q}$，则 $\boldsymbol{Y}_{\mathrm{Grc}_{P\cup R}}\leqslant\boldsymbol{Y}_{\mathrm{Grc}_{Q\cup R}}$。

定理 3-15 不完备信息系统 $S=(U,A,V,f)$，$A=\{a_1,a_2,\cdots,a_m\}$，$\boldsymbol{Y}_{\mathrm{Grc}_{\{a_i\}}}$ 为属性 a_i 对应的相容矩阵，则属性集 A 的相容矩阵为 $\boldsymbol{Y}_{\mathrm{Grc}_A}=\bigcap_{i=1}^{m}\boldsymbol{Y}_{\mathrm{Grc}_{\{a_i\}}}$。

定义 3-14 不完备信息系统 $S=(U,A,V,f)$，$\varPhi\leqslant P\leqslant A$，当且仅当 $\boldsymbol{Y}_{\mathrm{Grc}_P}\leqslant\boldsymbol{Y}_{\mathrm{Grc}_{(P-C)}}$ 时，称 $c(c\in P)$ 为重要的。若 $\boldsymbol{Y}_{\mathrm{Grc}_P}=\boldsymbol{Y}_{\mathrm{Grc}_{(P-C)}}$，则称 $c(c\in P)$ 为不重要的。

定义 3-15 不完备信息系统 $S=(U,A,V,f)$，$\varPhi\leqslant P\leqslant A$，当且仅当

① $\boldsymbol{Y}_{\mathrm{Grc}_P}\leqslant\boldsymbol{Y}_{\mathrm{Grc}_A}$。

② $\forall c\in P$，$\boldsymbol{Y}_{\mathrm{Grc}_P}\leqslant\boldsymbol{Y}_{\mathrm{Grc}_{(P-c)}}$。

称 P 为 A 的一个约简。

3.4.3 基于粒度格矩阵空间的不完备信息系统属性约简

粒度格矩阵直观地给出了任意一对象邻域所有可能的决策粒。如果将粒度格矩阵的每一行看作一个向量，那么向量的改变意味着论域中的某对象所属决策粒的变化。

由粒度格矩阵可以方便地确定属性是否必要：如果去除某属性后得到的粒度格矩阵没有发生变化，则该属性是不必要的；否则是必要的。同理，可以通过计算粒度格矩阵来求不完备决策表的核。

定义 3-16 $S=(U,A,V,f)$ 是一个不完备信息系统，其中，$A=C\cup D$，属性 $b\in B\subset C$ 在 B 中是相对于决策属性 D 不必要的 $\Leftrightarrow \boldsymbol{Z}_B=\boldsymbol{Z}_{B\setminus\{b\}}$。

定义 3-17 $S=(U,A,V,f)$ 是一个不完备信息系统，其中，$A=C\cup D$，$c\in C$ 是核属性 $\Leftrightarrow \boldsymbol{Z}_C\neq\boldsymbol{Z}_{C-\{c\}}$。

定义 3-18　$S=(U,A,V,f)$ 是一个不完备信息系统，$\boldsymbol{Z}_E$ 和 $\boldsymbol{Z}_F$ 是 2 个粒度格矩阵，则 $\boldsymbol{Z}_E$ 和 $\boldsymbol{Z}_F$ 的距离定义为

$$d(\boldsymbol{Z}_E,\boldsymbol{Z}_F)=\sum_{i=1}^{l}\sum_{j=1}^{n}\left|z_{ij}^E-z_{ij}^F\right| \tag{3.7}$$

其中，$\left|z_{ij}^E-z_{ij}^F\right|=\begin{cases}0, & z_{ij}^E=z_{ij}^F\\ 1, & z_{ij}^E\neq z_{ij}^F\end{cases}$。

定义 3-19　$S=(U,A,V,f)$ 是一个不完备信息系统，其中，$A=C\cup D$，属性 $b\in B\subset C$ 在属性集 B 中的重要度定义为

$$\mathrm{Sig}_{B\setminus\{b\}}(b)=d(\boldsymbol{Z}_B,\boldsymbol{Z}_{B\setminus\{b\}})=\sum_{i=1}^{l}\sum_{j=1}^{n}(z_{ij}^{B\setminus\{b\}}-z_{ij}^B) \tag{3.8}$$

显然，若 $\mathrm{Sig}_{B\setminus\{b\}}=0$，则 b 在 B 中是不必要的；若 $\mathrm{Sig}_{B\setminus\{b\}}>0$，则 b 在 B 中是必要的。

下面，给出基于粒度格矩阵空间模型的不完备信息系统约简算法，算法描述如下。

输入　不完备信息系统 $S=(U,C\bigcup D,V,f)$

输出　信息系统的一个约简

步骤 1　将不完备信息系统 $S=(U,C\bigcup D,V,f)$ 转化为粒度格矩阵空间模型 $(\mathrm{GX},\mathrm{GA},\mathrm{GV},(\mathrm{GI},\mathrm{GE},\mathrm{GM}),t)$，其中，$U$ 转化为新模型的初始化粒集 GX；属性集 $\mathrm{GA}=C\bigcup D$，包括条件属性集和决策属性集；V 转化为属性值 GV；新模型中的 $((\mathrm{GI},\mathrm{GE},\mathrm{GM}),t)$ 也可表示为 $((\mathrm{GI},\mathrm{GE},\mathrm{GM}),R)$，矩阵 GM 中以相容矩阵 $\boldsymbol{Y}_{Grc}$ 反映了论域元素 x_i 与相容粒 Grc_P 的关系，同时，又通过决策粒度矩阵 $\boldsymbol{X}_{n\times l}$ 反映了 x_i 所属决策粒，粒度格矩阵 $\boldsymbol{Z}=\boldsymbol{Y}_{\mathrm{Grc}}\cdot\boldsymbol{X}_{n\times l}^{\mathrm{T}}$ 直观地给出了任一对象 x_i 邻域所有可能的决策粒。

步骤 2　不完备信息系统的粒化空间。对条件属性集 $P\subseteq C$，首先构造反映论域元素 x_i 与相容粒 Grc_P 关系的相容矩阵 $\boldsymbol{Y}_{\mathrm{Grc}_P}$，其次通过决策属性导出决策粒度矩阵 $\boldsymbol{X}_{n\times l}$，最后计算粒度格矩阵 $\boldsymbol{Z}=\boldsymbol{Y}_{\mathrm{Grc}_P}\cdot\boldsymbol{X}_{n\times l}^{\mathrm{T}}$，反映任一对象 x_i 邻域所有可能的决策粒。

步骤 3　令 $B=C$，对 C 中每个属性 c，重复如下操作。

① 计算属性集 $B\setminus\{c\}$ 的相容矩阵 $\boldsymbol{Y}_{\mathrm{Grc}\ B\setminus\{c\}}$。

② 计算属性集 $B\setminus\{c\}$ 的粒度格矩阵 $\boldsymbol{Z}_{B\setminus\{c\}}=\boldsymbol{Y}_{Grc\ B\setminus\{c\}}\cdot\boldsymbol{X}_{n\times l}^{\mathrm{T}}$。

③ 若 $\mathrm{Sig}_{B\setminus\{c\}}(c)=0$，则 $B=B\setminus\{c\}$；否则 B 不变。

步骤 4　输出 B 即为 $S=(U,C\bigcup D,V,f)$ 的一个属性约简。

接下来，分析该算法的时间复杂度。

设 $|C|=m,|U|=l,|U/D|=n$，步骤 1 计算决策粒度矩阵的时间复杂度是 $O(ln)$；步骤 2 中，$\boldsymbol{Y}_{\mathrm{Grc}}$ 共有 l^2 项，需比较 2 个对象在 m 个条件属性上的取值，故步骤 2 的时间复杂度是 $O(ml^2)$，求粒度格矩阵的时间复杂度为 $O(nl^2)$；步骤 3 中，①计算所有 $\boldsymbol{Y}_{\mathrm{Grc}\ B\setminus\{c\}}$ 的时间复杂度是 $O(ml^2)$，② 的时间复杂度是 $O(nl^2)$，③ 的时间复杂度是 $O(nl)$，在最坏情况下需循环 m 次，故算法的时间复杂度是 $O(nm^2l^2)$。

3.4.4　算例

例 3-3　设不完备信息系统 $S=(U,C\bigcup D,V,f)$，汽车决策表如表 3-5 所示。论域

$U=\{1,2,3,4,5,6\}$，条件属性 $C=\{\text{Price,Mileage,Size,Max-Speed}\}$，决策属性 D，运用算法求最小约简。

表 3-5　汽车决策表

U	Price	Mileage	Size	Max-Speed	D
1	High	High	Full	Low	Good
2	Low	—	Full	Low	Good
3	—	—	Compact	High	Poor
4	High	—	Full	High	Good
5	—	—	Full	High	Excel
6	Low	High	Full	—	Good

在此例中，$U=\{1,2,3,4,5,6\}$，$C=\{\text{Price,Mileage,Size,Max-speed}\}$ 是条件属性集，$D=\{d\}$ 是单一决策属性。

步骤 1　由相容关系定义每个对象的相容粒分别为 $\text{Grc}_{\{C\}}(1)=\{1\}$，$\text{Grc}_{\{C\}}(2)=\{2,6\}$，$\text{Grc}_{\{C\}}(3)=\{3\}$，$\text{Grc}_{\{C\}}(4)=\{4,5\}$，$\text{Grc}_{\{C\}}(5)=\{4,5,6\}$，$\text{Grc}_{\{C\}}(6)=\{2,5,6\}$。

对每个对象的相容粒进行二进制粒化，由此可得到在相容关系 $T(C)$ 下粒化空间对应的相容矩阵为

$$\boldsymbol{Y}_{\text{Grc}\,\{C\}}=\begin{bmatrix}1&0&0&0&0&0\\0&1&0&0&0&1\\0&0&1&0&0&0\\0&0&0&1&1&0\\0&0&0&1&1&1\\0&1&0&0&1&1\end{bmatrix}$$

由决策属性导致的分类为 $U/D=\{D_1,D_2,D_3\}=\{\{3\},\{1,2,4,6\},\{5\}\}$。

由此相应的决策粒度矩阵为

$$\boldsymbol{X}_{3\times6}=\begin{bmatrix}0&0&1&0&0&0\\1&1&0&1&0&1\\0&0&0&0&1&0\end{bmatrix}$$

步骤 2　计算粒度格矩阵 $\boldsymbol{Z}_C$ 为

$$\boldsymbol{Z}_C=\boldsymbol{Y}_{\text{Grc}\,\{C\}}\cdot\boldsymbol{X}_{3\times6}^{\text{T}}=\begin{bmatrix}1&0&0&0&0&0\\0&1&0&0&0&1\\0&0&1&0&0&0\\0&0&0&1&1&0\\0&0&0&1&1&1\\0&1&0&0&1&1\end{bmatrix}\cdot\begin{bmatrix}0&1&0\\0&1&0\\1&0&0\\0&1&0\\0&0&1\\0&1&0\end{bmatrix}=\begin{bmatrix}0&1&0\\0&1&0\\1&0&0\\0&1&1\\0&1&1\\0&1&1\end{bmatrix}$$

步骤 3　令 $B=C$，由步骤 2，同理可得

$$\boldsymbol{Z}_{B\backslash\{\text{Price}\}}=\boldsymbol{Z}_{\{\text{Mileage,Size,Max-Speed}\}}=\boldsymbol{Y}_{\text{Grc}\{B\backslash\text{Price}\}}\cdot\boldsymbol{X}_{3\times 6}^{\text{T}}=\begin{bmatrix}0&1&0\\0&1&0\\1&0&0\\0&1&1\\0&1&1\\0&1&1\end{bmatrix}$$

由此可得 $d(\boldsymbol{Z}_B,\boldsymbol{Z}_{B\backslash\{Price\}})=0$ 。更新 $B=\{\text{Mileage,Size,Max-Speed}\}$ ，有

$$\boldsymbol{Z}_{B\backslash\{\text{Mileage}\}}=\boldsymbol{Z}_{\{\text{Size,Max-Speed}\}}=\boldsymbol{Y}_{\text{Grc}\{B\backslash\text{Mileage}\}}\cdot\boldsymbol{X}_{3\times 6}^{\text{T}}=\begin{bmatrix}0&1&0\\0&1&0\\1&0&0\\0&1&1\\0&1&1\\0&1&1\end{bmatrix}$$

由此可得 $d(\boldsymbol{Z}_B,\boldsymbol{Z}_{B\backslash\{\text{Mileage}\}})=0$ 。此时，更新 $B=\{\text{Size,Max-Speed}\}$ ，有

$$\boldsymbol{Y}_{\text{Grc}\{\text{Max-Speed}\}}=\begin{bmatrix}1&1&0&0&0&1\\1&1&0&0&0&1\\0&0&1&1&1&1\\0&0&1&1&1&1\\0&0&1&1&1&1\\1&1&1&1&1&1\end{bmatrix}$$

$$\boldsymbol{Z}_{B\backslash\{\text{Size}\}}=\boldsymbol{Z}_{\{\text{Max-Speed}\}}=\boldsymbol{Y}_{\text{Grc}\{\text{Max-Speed}\}}\cdot\boldsymbol{X}_{3\times 6}^{\text{T}}=$$

$$\begin{bmatrix}1&1&0&0&0&1\\1&1&0&0&0&1\\0&0&1&1&1&1\\0&0&1&1&1&1\\0&0&1&1&1&1\\1&1&1&1&1&1\end{bmatrix}\cdot\begin{bmatrix}0&1&0\\0&1&0\\1&0&0\\0&1&0\\0&0&1\\0&1&0\end{bmatrix}=\begin{bmatrix}0&1&0\\0&1&0\\1&1&1\\1&1&1\\1&1&1\\1&1&1\end{bmatrix}$$

所以 $d(\boldsymbol{Z}_B,\boldsymbol{Z}_{B\backslash\{\text{Size}\}})>0$，所以 {Size} 是不可约简的。

同理有

$$\boldsymbol{Z}_{B\backslash\{\text{Max-Speed}\}}=\boldsymbol{Z}_{\{\text{Size}\}}=\boldsymbol{Y}_{\text{Grc}\{\text{Size}\}}\cdot\boldsymbol{X}_{3\times 6}^{\text{T}}=$$

$$\begin{bmatrix}1&1&0&1&1&1\\1&1&0&1&1&1\\0&0&1&0&0&0\\1&1&0&1&1&1\\1&1&0&1&1&1\\1&1&0&1&1&1\end{bmatrix}\cdot\begin{bmatrix}0&1&0\\0&1&0\\1&0&0\\0&1&0\\0&0&1\\0&1&0\end{bmatrix}=\begin{bmatrix}0&1&1\\0&1&1\\1&0&0\\0&1&1\\0&1&1\\0&1&1\end{bmatrix}$$

所以 $d(\boldsymbol{Z}_B,\boldsymbol{Z}_{B\backslash\{\text{Max-Speed}\}})>0$，所以 {Max-Speed} 是不可约简的。

步骤 4 $B=\{\text{Size,Max-Speed}\}$ 是该表给定的不完备决策表的约简。

根据上述算例可以看出，粒度格矩阵空间模型不仅能够进行完备信息系统的属性约简和决策，还同样适用于不完备信息系统。在该模型下，完备与不完备信息系统大部分的定义、定理、性质及算法在形式上是一致的，完备信息系统只是不完备信息系统的一个特例，因此，在不知道系统完备与否的情况下，可以在一个统一的模型下进行讨论。

3.5 小　结

本章以完备信息系统和不完备信息系统为对象，给出了基于粒度格矩阵空间的知识发现算法，并通过算例证明了它与其他经典算法之间的等效性。

基于粒度格矩阵空间的知识发现算法的优点和特点有以下 4 点。

① 通过本章可以看出，在该模型下，完备与不完备信息系统大部分的定义、定理、性质及算法在形式上是一致的，完备信息系统只是不完备信息系统的一个特例，因此，无论系统是否完备，可以在统一的新模型下进行讨论。

② 定义知识粒和相容粒，使原系统变换到相应的粒空间。在新的粒空间定义了二进制粒化的粒度矩阵，于是将知识发现过程转化为直观的二进制矩阵运算，提供了有别于传统方法的一种新的运算规则。该运算途径有利用对复杂的对象进行处理，如第 4 章的聚类问题和第 5 章的图像分割问题。

③ 基于新模型的知识发现算法是通过二进制粒的简单运算实现的，可以直接借助工具实现，而其他各种代数约简、概率约简、信息约简算法的计算相对烦琐，最终都可以统一到粒度格矩阵空间模型的计算上来。

④ 基于新模型的知识发现算法具有动态粒度特性。而基于经典粗糙集的代数约简一般都采用单一等价关系，使边界域不能够变化，不便于对它做进一步的分析研究。而采用具有偏序关系的等价关系来分析和解决问题，以不断变化的论域边界为研究对象，使对决策表进行规则挖掘具有了动态性。

本章提出的基于粒度格矩阵空间模型的知识发现算法探索了粒计算模型的实用性，并且为粒度聚类问题、图像分割问题及视频处理问题提供了算法和理论基础。

第 4 章　基于粒度格矩阵空间的动态聚类

4.1　引　言

在机器学习中，聚类是一个重要的研究课题，聚类是将物理或抽象对象的集合分组成为由类似的对象组成的多个类的过程，这些对象与同一个簇中的对象彼此相似，与其他簇中的对象相异。关于聚类分析有很多成功的方法，如划分聚类法、密度聚类法、层次聚类法、网格聚类法、模型聚类法等。任何一种聚类方法都是要发现样本点之间最本质的“抱团”性质，但传统聚类模型自身存在的不确定性，使算法结果同样存在不确定性，对于这些问题往往会得到截然不同的聚类结果，很难达到聚类分析试图反映样本点之间的本质关系。传统的聚类算法没有深入地考虑数据之间的差异与联系，在统一的、均匀的粒度下描述样本集，这会造成要么粒度“过细”，簇的数目过多，把原本应该聚为一类的数据对象分开，不能准确反映样本之间的联系；要么粒度“过粗”，簇的数目过少，把原本应该分开的数据聚为一类，不能准确反映样本之间的差别。

因此将动态粒度的概念引入聚类算法，当有些数据之间的“抱团”性质很明显时，用“较粗”的粒度就可以将它们正确聚类；而当有些数据之间的“抱团”性质并不明显时，在当前粒度下很难将它们正确聚类，需要在一个“更细”的粒度条件下来观察它们。

不管用哪种方法，决定聚类结果的主要因素有 2 个：一是相似度函数，二是相似度阈值。当相似度函数确定后，聚类的结果由相似度阈值决定。被划分类别的大小和多少直接与阈值有关。如果选取的聚类阈值足够大，那么所有的样本点都被归为一类；随着阈值的减小，类数越来越多，直到所有的样本点都自成一类。因此，粒度的动态变化特性不仅可以从相似度函数的角度来体现，也可以从阈值的角度来体现。

在本章中，鉴于基本的 FCM 算法对初始化较敏感，算法的效率较低，本文提出了基于粒度格矩阵空间的动态聚类算法。在指出统一粒度下传统聚类算法缺陷的基础上，阐明了将动态粒度引入聚类中的必要性，并对动态粒度的确定性和聚类的协调性进行了定义。新算法不仅能够结合统计量 F 给出最佳聚类数和最佳初始聚类中心，而且还考虑到数据集本身各属性之间的关联，通过基于粒度格矩阵的属性约简算法进一步明确了各属性的权值，重新定义了距离公式，在降低计算复杂度的情况下，尽量提高聚类的准确度。最后，对具有明显“抱团”性质的样本点，采用较“粗”粒度对其进行聚类，而对在当前粒度下很难正确聚类的样本点，采用更“细”的粒度来观察，进一步提高了聚类的准确性。

4.2 统一粒度下的聚类算法及分析

4.2.1 聚类算法

聚类的输入数据集是一组未标记的对象，即输入的对象还没有被进行过任何分类。聚类的目的是根据一定的规则，合理地进行分组或聚类，并用显式或隐式的方法描述不同的类。目前可用的聚类算法很多，算法的选择取决于数据的类型、聚类的目的和应用。如果聚类的分析被用作描述或探查工具，可以对同样的数据尝试多种算法，以发现数据可能揭示的结果。基本上，主要的聚类算法可以划分为如下几类。

（1）分层聚类法

分层聚类法是由不同层次的分割聚类组成，层次间的分割具有嵌套关系。分层聚类法对事实上的数据对象集合进行层次的分解，根据层次的分解如何形成，可以分为凝聚和分裂 2 种。凝聚的方法也称为自底向上的方法，一开始将每个对象作为单独的一个簇，然后相继地合并相近的对象或簇，直到所有的簇合并成一个，或者达到一个终止条件。分裂的方法也称为自顶向下的方法，它的操作与凝聚的方法相反。分层聚类法不必事先知道聚类的数目，基于模糊相似关系的模糊聚类就是采用的这种聚类法，如传递闭包法、最大树法、动态直接聚类法等。另外，典型的分层聚类法还包括 BIRCH、CURE 和 CHAMELEON 等。在这些方法中，基于模糊相似关系的聚类算法对输入数据的次序不敏感，能够发现任意形状的聚类，但往往计算量大，处理海量数据的聚类时效率较低；BIRCH 方法可以动态地对输入数据进行聚类，可以处理数据的噪声，但它一般只适用于聚类簇是球形的情况，而且对输入数据的次序也比较敏感；CURE 方法解决了偏好球形和相似大小的问题，在处理孤立点上也更加顽健，但该方法的缺陷在于：一旦一个合并或分裂被执行，就不能修正。

（2）分割聚类法

分割聚类法也称为划分方法，它一般是通过优化一个评价聚类效果的目标函数，把目标函数取得极值下的划分作为聚类的结果。这类方法首先把数据集分割成 k 个部分并创建一个初始划分，然后利用循环迭代的重新定位技术，通过将对象从一个划分移到另一个划分来改善划分质量，直到目标函数取得极值。一般来说，一个好的评价聚类效果的划分准则是：在同一个类的对象之间尽可能地接近或相关，而不同类中的对象之间尽可能地远离或不同。当然，还有许多其他划分质量的评判准则。典型的分割聚类法包括 K-Means、K-Mode、CLARANS 等[34]。分割聚类法的效率比较高，但聚类前要先知道聚类的数目，绝大多数分割方法是基于数据对象之间的距离进行聚类的，这样的方法只能发现球状的或凸形的聚类，而在发现任意形状的聚类上遇到了困难，并且初始划分的不同选择对聚类的效率有很大影响，往往可能得到不同的聚类结果。

分割聚类法大多为启发聚类方法，为了获得基于划分的聚类分析的全局最优结果就需要穷举所有可能的对象划分。这些启发聚类方法在分析小规模数据集以发现圆形或球状聚类时效果很好，但为了使划分算法能够处理大规模数据集或复杂数据结构，就需要对其进行扩展，如 K-Mode 就是从 K-Means 扩展而来以能对目录属性的数据进行聚类。为了使聚类结果更加符合实际，人们又将 K-Means 算法和模糊数学理论相结合，提出了模糊 C-均值算法（FCM）。然而，模糊 C-均值聚类算法也存在着许多不足之处，如易于陷入局部最小、对初始较敏感及不能处理噪声数据等问题，且寻优能力有待进一步提高。

（3）密度聚类法

密度聚类法是利用数据密度函数进行聚类的，它根据数据对象周围的密度不断地增长聚类。其主要思想是：只要临近区域的密度（对象或数据点的数目）超过某个阈值，就继续聚类。也就是说，对给定类中的每个数据点，在一个给定的区域内必须至少包含某个数目的点。这样的方法不仅可以用来过滤“噪声”孤立点数据，还可以发现任意形状的簇。典型的基于密度的聚类方法包括典型 DBSCAN 和 OPTICS 等[35]。该类方法最大的优点是对于任意形状的簇，可以用来过滤“噪声”孤立点数据。然而它的主要缺陷是对用户定义的参数非常敏感，不同的参数值可能对聚类的最终结果产生很大的影响，导致聚类结果的差别巨大，而且这些参数不好确定，常常带有很大的主观色彩，同时它也不具有很好的伸缩性，因而算法效率不是很高。

（4）网格聚类法

网格聚类法是把数据对象空间量化为有限数目的单元，形成一个网格结构，所有的聚类操作都在这个网格结构（即量化的空间）上进行。这种方法聚类的处理时间独立于数据对象的数目，只与量化空间中每一维的单元数目有关。典型的有 STING、CLIQUE、WaveCluster 等[36]方法。这类聚类方法有快速的处理速度，对于大型数据库中的高维数据的聚类非常有效，但网格的粒度与有关参数难以选择，这使聚类的质量和精确性往往受到影响。

（5）基于模型的方法

基于模型的方法为每个类假定一个模型，寻找数据对给定模型的最佳拟合。一个基于模型的算法可以通过构建反映对象空间分布的密度函数来定位聚类。基于模型的方法主要有两类：统计学方法和神经网络方法。

除了上述方法外，在各种文献中还存在着大量的聚类方法。例如，基于人工免疫的聚类方法[37-39]、模糊聚类方法、处理高维数据的聚类方法、处理动态数据的聚类方法以及将基本聚类方法与神经网络新技术相结合的聚类方法[40]等。所有的聚类方法都具有各自的特点，有些以方便简单、执行效率高见长（如 K-Means），有些对任意形状、大小的类别聚类能力强（如 CUBN），有些能很好地过滤噪声数据（如 DBSCAN）。但这些方法都有各自的局限性，如 K-Means 方法只能识别大小近似的球形类，CUBN、DBSCAN 的时间复杂度都为 $O(n^2)$。另外，很多聚类方法对输入参数十分敏感（如 FCM 算法），而且参数很难确定，这加重了用户的负担。

4.2.2　统一粒度聚类算法的缺陷

传统的聚类方法通常是在统一粒度下进行的，即对整个类别体系使用同一个阈值或同一相似度函数，试图在同一个粒度下描述所有的类别，这样无法同时达到准确性和归纳能力这 2 个目标。统一粒度下的聚类谱系如图 4-1 所示。

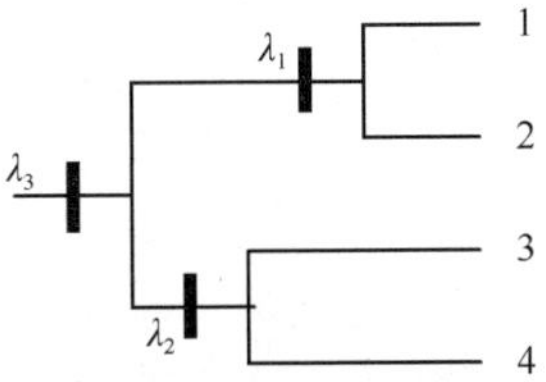

图 4-1　统一粒度下的聚类谱系图（4 个样本点）

从图 4.1 可以看出，如果选取的分类阈值足够大，即 $\lambda \geqslant \lambda_3$，那么所有的样本点都被归为一类；如果 $\lambda_2 < \lambda < \lambda_3$，那么所有的样本点被分为两类，样本点 $\{3,4\}$ 归为一类，样本点 $\{1,2\}$ 归为另一类。随着 λ 的不断减小，当 $\lambda < \lambda_1$ 时，所有的样本点自成一类，即有 $\{1\}$、$\{2\}$、$\{3\}$、$\{4\}$ 共 4 类。

再如图 4-2 所示，5 个样本由专家分为两类：$\{1,2,5\}$ 和 $\{3,4\}$，分别用圈和叉标记，图 4-2 的层次结构是对 5 个样本聚类的聚类谱系图描述。

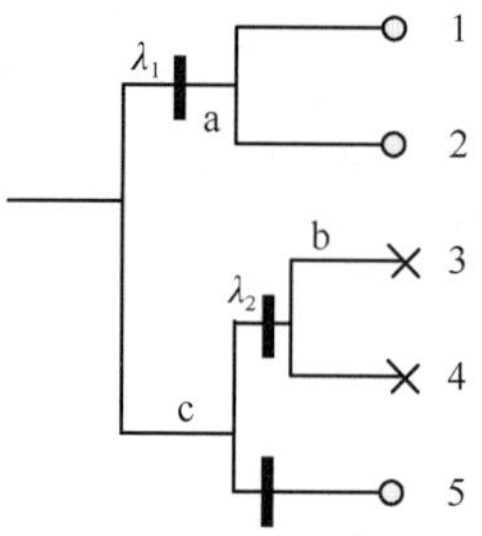

图 4-2　统一粒度下的聚类谱系图（5 个样本点）

试采用统一粒度，即一个阈值对样本进行分类时，从图 4.2 可以看出，若选阈值 λ_1，可将样本分为两类：子类 a 和子类 c，显然，这两类无法正确地描述先验知识，因为子类 c 中出现了先验知识中 2 个类别的样本；如果将阈值降低到 λ_2，每一个子类中含有先验知识中单一类别的样本，但却把原本符合条件的子类 a 细化了，使类别体系变得复杂，且归纳性能降低了。

如果使用动态粒度，就可以解决上述问题。首先，在较粗的粒度 λ_1 处将子类 a 与子类 c 区分开，得到符合先验知识的子类 a；然后，进一步降低粒度，在更细的粒度 λ_2 下对不符合先验知识的子类 c 进行分析，这时子类 c 被分为满足先验知识的子类 b 和样本 5 两类。

由此可以看出，若采用统一粒度，设想一个极端的情况，选择粒度最细的聚类结果，这时每个样本自成一个子类，用这些子类可以最清晰地刻画专家的先验知识。然而用这样的子类体系只是完成了对样本的罗列，而没有找到任何专家的分类规律。如果想要尽可能地归纳出专家的先验知识，就要在尽可能粗的粒度上分析先验知识，将问题简化。然而粒度过粗，会导致类别混杂，又无法精细地描述专家知识。因此，当前的目的是在一个适当的粒度层上描述聚类问题，使其既能准确地表示专家知识，又能最大限度地体现聚类本质。

而传统的系统聚类算法基本上都是在统一均匀的粒度下进行的，无法实现上述目标。即对整个类别体系使用同一个阈值或同一相似度函数，试图在同一个粒度下描述所有的类别，这样无法同时达到准确性和归纳能力这 2 个目标。然而，在动态粒度下进行聚类，就可以解决这个问题。

在统一粒度下的传统聚类算法主要有 3 个缺陷。

① 统一粒度下的聚类算法没有考虑到数据之间的差异与联系，在一个统一、均匀的粒度下描述样本集，这会造成要么粒度“过细”，导致簇的数目过多，把原本应该聚为一类的对象分开，不能准确反映样本之间的联系；要么粒度“过粗”，簇的数目过少，把原本应该分开的数据聚为一类，不能正确反映样本之间的差别。

② 传统的聚类算法由于采用统一粒度，因此其自身存在不确定性，使算法结果同样存

在不确定性。如处在几个簇边界区域的样本点，它可能属于一个簇，也可能属于另一个簇，若采用统一粒度、统一的相似度函数度量时，对于边界区域有可能出现误分类的情况。因此，为了提高分类精度，需要在更“细”的粒度下对其进行聚类。

③ 由上述分析可以看出，聚类操作相当于在样本点之间定义了一种等价关系，而属于同一类的任意 2 个样本点被看作是等价的。在传统的聚类方法中，如基于分割的聚类方法，它认为样本点的任何属性确定的等价关系，对于聚类的效果是同等重要的。而在实际的聚类操作中，每个等价关系对于区分数据点所属类别时的重要性是不一样的，所以在聚类的过程中必须充分考虑到属性之间重要性的差异。

4.3　粒度格矩阵空间下的聚类

4.3.1　聚类中的动态粒度分析

聚类操作实质上是在样本点之间定义一种等价关系。属于同一类的任意样本点被看作是等价的，认为它们具有相近性质，且在当前的隶属尺度下是没有区别的。定义了一个等价关系就相当于定义了样本点集合的一个划分，对应着聚类的一个结果。若与由大到小的一系列阈值相对应，就会形成由粗粒度到细粒度的一簇等价关系，采用较大阈值呈现样本点集比较“粗”的轮廓，得到“粗”类；采用较小阈值就能得到相对“细”的类，能较精细地刻画样本点之间的一些信息。而且，这一簇粗、细不等的等价关系之间形成一个偏序格结构，“细”等价关系继承了“粗”等价关系的部分性质。

可以看出，聚类操作与粒度格矩阵空间的结构很相似，粒度格矩阵空间结构是在一个等价关系上，将集合中具有等价关系的元素以 1 的形式体现在粒度矩阵的商粒向量中。而通过上面的讨论又可以知道，聚类操作实质上是样本点之间定义的一种等价关系，属于同一类的任意 2 个样本点被看作是等价的。因此，动态粒度下的聚类分析可以从粒度格矩阵空间模型的角度来进行分析和讨论。

本节使用第 2 章提出的模型 $(\mathrm{GX,GA,GV,(GI,GE,GM)},t)$ 来描述聚类问题，用另一种形式可表示为 $(\mathrm{GX,GA,GV,(GI,GE,GM)},R)$。其中，GX 表示聚类问题的粒集，初始化为样本点的集合，GA 表示样本点的属性集合，GV 表示样本点对应的属性值集合，即对 $\forall a \in \mathrm{GA}$，都有 $f(x,a) \in \mathrm{GV}$。而粒结构 (GI,GE,GM) 则以粒度矩阵的形式表示样本点与簇之间的关系。若给定一个等价关系 R，GI 表示在给定等价关系下聚为一类的样本点的簇特性，GE 则表示具有 GI 特性下簇所涵盖的具体样本点，GM 以粒度矩阵体现了样本点和簇之间的关系，以粒度格矩阵体现了向量与格关系的粒度矩阵之间的关系。在粒度矩阵的某一商粒向量中，取值为 1 的元素属于同一个簇，它们之间具有不可分辨关系。若从一个“较粗”的角度看，实际上是对粒度矩阵的粗化，把性质相似的样本点看作是等价的，把它们归入一类，这样就形成一个粒度较大的矩阵，从而把粒结构 (GI,GE,GM) 转化成新粒度层上的粒结构 $(\mathrm{GI',GE',GM'})$。

当给定一簇等价关系 $R_1,R_2,\cdots,R_n$ 且满足偏序关系 $R_0 > R_1 \cdots > R_n$ 时，由于每一个等价关系 R 都对应一个粒层，每个粒层上都有粒结构 (GI,GE,GM)，因此粒度空间可形式化为

$((\mathrm{GI},\mathrm{GE},\mathrm{GM}),R_{\leqslant})$，其中，$R_{\leqslant}$ 表示有偏序结构的等价关系簇。对任意 $R_i \subseteq R_{\leqslant}$，$R_i$ 对应一个以商粒向量表示的粒度矩阵，粒度格矩阵体现这些粒度矩阵的商粒之间具有格关系。由于不同 R_i 对应不同的粒层，其上有不同的粒度矩阵，因此粒度格矩阵也体现了粒层之间的覆盖关系。

若序列中 R_0 是最细的等价关系，R_n 是最粗的。显然，当 $R_1 < R_0$ 时，其对应粒层上的粒度矩阵分别为 $\boldsymbol{Y}_{R_0}=\{Y_1^{(1)},Y_2^{(1)},\cdots,Y_m^{(1)}\}$ 和 $\boldsymbol{Y}_{R_1}=\{Y_1^{(2)},Y_2^{(2)},\cdots,Y_n^{(2)}\}$，则由粒度格矩阵 $\boldsymbol{Z}=\boldsymbol{Y}_{R_0}\cdot\boldsymbol{Y}_{R_1}^{\mathrm{T}}$ 可以看出，$Y_i^{(1)}\subseteq Y_j^{(2)}(1\leqslant i\leqslant m,1\leqslant j\leqslant n)$。因此，$\boldsymbol{Y}_{R_0}$ 对应的粒度比 $\boldsymbol{Y}_{R_1}$ 的细。不同粒度下的粒度矩阵构成了粒度矩阵簇，它表示对论域的不同程度的综合与抽象。粗粒度的描述反映了综合或抽象程度高，细粒度的描述反映了综合或抽象程度低。运用粗粒度分析问题时往往比较简单，而细粒度则复杂。

在聚类过程中，可以根据样本点之间的联系在粒度空间中变换粒层，然后在不同粒层上对它们进行聚类。这样，不仅可以更加准确地找出数据对象之间的“抱团”性质，而且可以排除一些干扰因素，使解决问题变得更加容易。将动态粒度思想引入聚类分析，就是要针对不同数据对象的特点，引入不同的聚类相似性函数和阈值，选择合适粒层的粒对它们观察分析，以便更精确地对它们进行聚类。这也是聚类、粒度格矩阵空间中的粒层之间跳跃和相互转换的相通之处。

直观地看，经过聚类操作得到的序列和一棵 n 层的树是相对应的。设 T 是一棵 n 层的树，所有叶节点构成集合 X，那么每一层节点都对应着 X 的一个划分。而聚类得到的聚类谱系图恰好也是一棵 n 层树，因此必定存在一个等价关系序列与之对应，这就是聚类和粒度之所以相通的原因。

由上述的分析可以看出，聚类、粒及粒度格矩阵空间中的粒层都是对应的。

4.3.2 动态粒度的确定

当给定一个等价关系，就确定了一个粒层，也对应产生了一个粒度矩阵，其对应一个聚类结果。因此，等价关系的确定，对粒、粒层以及粒度矩阵的产生起到很重要的作用。

当粒度取得太细时，每个样本自成一类，不能挖掘样本中的知识；当粒度取得太粗时，问题的某些性质被模糊。因此，粒度的确定过程是一个不断分析比较的动态过程，选择合适的粒度是聚类的关键。在实际问题求解时，可按合并和分解法选择来调整粒度。

以上只是定性地讨论粒度分析，如果要实现自动、有效的聚类，寻求合适的粒度，就要通过合并和分解法来调整粒度[41]，提供等价划分的确定方式。

定义 4-1 设 R_1 和 R_2 是论域 U 上的 2 个等价关系，如果满足

① $R_1 < R$ 且 $R_2 < R$；

② 还存在 R'，使 $R_1 < R'$，$R_2 < R'$，且 $R < R'$。

则称 R 为 R_1 和 R_2 之积，记作 $R = R_1 \otimes R_2$。

由定义 4-1 可以看出，$R_1 \otimes R_2$ 是细分 R_1 和 R_2 最粗的划分，即 $R_1 \otimes R_2$ 是划分 R_1 和 R_2 最粗的上界。按照分解法得到等价关系 R，且满足 $R_1 < R$，$R_2 < R$，则 R 具有相对最小性。也就是说 R 使 R_1、R_2 的划分分解达到相容，并满足给定条件中粒度最粗的一个，即具有等价划分个数的最大性。

定义 4-2 设 R_2 和 R_2 是论域 U 上的 2 个等价关系，如果满足

① $R < R_1$ 且 $R < R_2$；

② 还存在 R'，使 $R' < R_1$，$R' < R_2$，且 $R' < R$。

则称 R 为 R_1 和 R_2 之和，记作 $R = R_1 \oplus R_2$。

由定义 4-2，$R_1 \oplus R_2$ 是细分 R_1 和 R_2 最细的划分，即 $R_1 \oplus R_2$ 是划分 R_1 和 R_2 最细的下界。按照合并法得到等价关系 R，且满足 $R < R_1$，$R < R_2$，则 R 具有相对最大性，是满足给定条件中粒度最细的一个，即具有等价划分个数的最小性。

对具体问题聚类时，首先要有一个初始的等价关系 R_0，$G(R_0)$ 作为初始粒度，对应初始粒度层。然后在此基础上得到相应的划分，即初步的聚类结果 π_0。最后在这个结果上进行分析。如满足需要，则粒度合适；否则，分 2 种情况考虑。

① 若 $G(R_0)$ 粒度偏粗，则取一偏细等价关系 R_0'，运用分解法得到 $R_1 = R_0 \otimes R_0'$。再在 $G(R_1)$ 上进行分析，得出结论 π_1。如果 $G(R_1)$ 还粗，可以重复进行上述过程，将粒度继续细化。

② 若 $G(R_0)$ 粒度偏细，则取一偏粗等价关系 R_0'，运用合并法得到 $R_1 = R_0 \oplus R_0'$。再在 $G(R_1)$ 上进行分析，得出结论 π_1。如果 $G(R_1)$ 还细，可以重复进行上述过程，将粒度继续粗化。

由此，可以得到等价关系簇 $P = \{R_n, R_{n-1}, \cdots, R_1\}$，其满足偏序关系 $R_n \leqslant R_{n-1} \leqslant \cdots \leqslant R_1$，进而可以得到相应的知识体系族 $U / R_i (i = 1, 2, \cdots, n)$ 和粒度矩阵簇。

该粒度的确定在针对大规模、高维的数据分类时，不需要事先知道聚类的数目，而是按照距离或相似度值小于粒度阈值进行合并，完全根据样本属性的性质以及实际需要确定聚类数目。该粒度的确定是在已知聚类结果上计算的，不需要对整个样本空间重新计算，在一定程度上缩短了聚类时间、提高了聚类速度。由于引入动态粒度的概念，选择不同粒度计算时，可以从不同角度直观地理解样本类内和类间的物理意义。

4.3.3　粒度格矩阵空间下的聚类协调性

1. 从粒度角度理解聚类协调性

本文提出的粒度格矩阵空间模型认为知识体现在分类上，对给定的知识库 $K = (U, R)$，其中，论域 $U = \{x_1, x_2, \cdots, x_k, \cdots, x_l\}$，将其转化为相应的粒度格矩阵空间模型。对 U 上的等价关系 R，有相应的粒度矩阵 $\boldsymbol{Y}_{m\times l}$ 及其商粒 $\{Y_1, Y_2, \cdots, Y_m\}$。每个 $Y_i (1 \leqslant i \leqslant m)$ 表示根据 R 对 U 中对象的划分，以 1 的形式表示对象属于一个等价类的不可分辨关系，是一个范畴。对 U 的任意一个子集 X，二进制粒化后为 $\boldsymbol{X}_{1\times l} = (x_{11}, x_{12}, \cdots, x_{1l})$，其中，$x_{1k} = \begin{cases} 1, & x_k \in X \\ 0, & x_k \notin X \end{cases}$，有粒度格矩阵 $\boldsymbol{Z}_{m\times 1} = \boldsymbol{Y}_{m\times l} \cdot \boldsymbol{X}_{1\times l}^{\mathrm{T}} = (Z_1, Z_2, \cdots, Z_i, \cdots, Z_m)^{\mathrm{T}}$，那么从粒度格矩阵的角度可以定义 X 的上近似和下近似，用现有的知识体系来近似描述集合 X，有

$$R\_(X) = \{\cup Y_i \mid i(Y_i \cap X_{1\times l} = Y_i)\} \tag{4.1}$$

$$R^{-}(X) = \{\cup Y_i \mid i(Y_i \cap X_{1\times l} \neq \varPhi)\} = \{\cup Y_i \mid i(z_{ij} = 1)\} \tag{4.2}$$

$$\text{Boundary}_R(X) = R^{-}(X) - R\_(X) \tag{4.3}$$

这 2 个集合为 X 的 R 下近似和 R 上近似，下近似表示 X 中可以完全使用现有知识表示的对象，上近似则表示所有和 X 有关的范畴。如果上近似和下近似不同，就说明集合 X 不能由现有的知识体系精确地反映，也就是说 X 是粗糙的。而上近似和下近似的差异，即边界 Boundary(X, R) 的大小能够定量地说明 X 在现有的知识体系 R 之下的粗糙度。

采用粒度格矩阵模型也可以很容易地表示聚类和先验知识之间的不协调性。从 4.2 节可以看出，聚类谱系图实际上是定义了一个粒度逐渐变细的等价关系序列，选择一个阈值实际上就是选定一个等价关系 R，进而确定了相应粒层上的粒度矩阵 $\boldsymbol{Y}_{m\times l}$。如果由先验知识规定的类 X 能够使用现有的知识体系精确表达，就表示聚类结果和先验知识是协调的。而如果上近似和下近似不相同，就说明聚类结果和先验知识是不协调的，这种不协调性的程度可以用 X 的 R 边界 $\text{Boundary}_R(X)$ 的大小来定量表示。对于由先验知识规定的类 X，如果在一个比较粗的粒度 $G(R)$ 决定的知识体系下，只能得到比较粗糙的表示，即 $\text{Boundary}_R(X)$ 比较大；而在一个比较细的粒度 $G(R)$ 决定的知识体系下，就能得到比较精细的表示，即 $\text{Boundary}_R(X)$ 比较小。假设选择粒度最细的等价关系 R，也就是每个对象自成一个等价类，那么在这种 R 决定的知识体系之下，类 X 能够得到最精细的表达，此时 $\text{Boundary}_R(X)=0$。换句话说，在这种粒度的表示下粗糙度为零。然而，粗糙度的降低是有代价的，因为采用如此细的粒度来表达 X 实际上只是对 X 中元素的简单枚举，并没有挖掘出构成类 X 元素的任何规律。

2. 粒度格矩阵空间下的聚类协调性

聚类操作实质上是在样本点之间定义一种等价关系。属于同一类的任意 2 个样本点在粒度矩阵的商粒向量中都以 1 的形式体现，它们被看作是等价的，也可以认为它们具有相似的性质，在当前的阈值尺度下是没有区别的。一个等价关系就定义了样本点集合的一个划分，它对应着聚类形成的粒度矩阵。由一簇粗细不等的等价关系形成了不同的聚类结果，由此也形成了可以体现具有偏序格结构的划分之间关系的粒度格矩阵。

从聚类的角度来看，先验知识中规定的某一类中的样本点，依照选定的特征空间和相似性测度，也应当聚成一类。然而，在大多数情况下，这仅仅是一种理想状态。通常领域专家认为应该归为一类的样本点，往往在特征空间中的距离特别远；而那些被认为分属于不同类的点，则距离非常近。也就是说，聚类结果和先验知识之间往往存在某种不协调性。下面，运用粒度格矩阵模型来描述聚类结果和样本对象之间的不协调性。

通常，人们希望在有限的代价下，使 $\text{Boundary}_R(X)=R^{-}(X)-R_{-}(X)$ 能够足够精确地描述先验知识，即进一步细化粒度，提高边界对象与先验知识之间的协调度。通过不断采取更加细化的等价关系，使边界知识表达尽可能的精细，直到满足实际需求。

由动态粒度框架下的聚类描述可知，聚类谱系图定义了一个粒度逐渐变细的等价关系序列，选择一组阈值实际上就是选定了一个等价关系簇 $P=\{R_1,R_2,\cdots,R_n\}$，其满足偏序关系 $R_n\leqslant R_{n-1}\leqslant\cdots\leqslant R_1$，进而可以得到知识体系簇 $U/R_i(i=1,2,\cdots,k)$ 以及相应的一簇粒结构 $((\text{GI},\text{GE},\text{GM}),R_{\leqslant})$。当先验知识规定的类 X 可由粒度 $G(R_1)$ 来表达，则计算 $R_{1-}(X)$ 和 $\text{Boundary}_{R_1}(X)$，若在当前的粒度下，$R_{1-}(X)$ 已经能够精细地表达集合 X，则不需要进一步的操作。然而当 X 不能由 $R_{1-}(X)$ 精确表达时，即出现 $\text{Boundary}_{R_1}(X)\neq 0$ 时。为了更加精确地描述先验知识，需要使粒度进一步细化，令其边界中的样本点作为新的研究对象，采取更加细化的粒度 $G(R_2)$，再计算 $R_{2-}(X)$ 和 $\text{Boundary}_{R_2}(X)$，依次类推，直至满足实际需求或达到目前知识体系所能表达的最大精细程度时为止。

由此可以看出，协调性取决于粒度粗细的选择。如果选择的粒度 $G(R)$ 越粗，则协调性就越低；如果选择的粒度 $G(R)$ 越细，则协调性就越高。

定义 4-3 给定论域 $U=\{x_1,\cdots,x_l\}$，对 $\forall X\subseteq U$ 二进制粒化为向量 $\boldsymbol{X}_{1\times l}$。给定一个具有偏序关系的等价关系簇 $P=\{R_1,R_2,\cdots,R_n\}$ 且满足 $R_n\leqslant R_{n-1}\leqslant\cdots\leqslant R_1$，将其转化为粒度格矩阵空

间模型 $((\mathrm{GI},\mathrm{GE},\mathrm{GM}),R_{\leqslant})$，其中，$R_i$ 对应的粒度矩阵为 $\boldsymbol{Y}_{m\times l}=(\boldsymbol{Y}_1,\boldsymbol{Y}_2,\cdots,\boldsymbol{Y}_i,\cdots,\boldsymbol{Y}_m)^{\mathrm{T}}$，其中，$\boldsymbol{Y}_i$ 为粒化后的商粒向量。则定义由 P 的等价关系簇所形成的聚类结果和 X 的协调度为

$$H(P,X)=\frac{|P_{-}(X)|}{|X|}=\frac{|\bigcup\{\boldsymbol{Y}_i|i(\boldsymbol{Y}_i\cap X_{1\times l}=\boldsymbol{Y}_i)\}|}{|X|} \tag{4.4}$$

其中，$|\cdot|$ 表示集合的基数。显然，$H(P,X)\in[0,1]$。当 $H(P,X)=0$ 时，表示聚类结果和先验知识最不协调；当 $H(P,X)=1$ 时，表示聚类结果和先验知识最协调。

采用动态粒度的方法，就是把先验知识 X 分解成一些处在不同粒层子类的并集 $X=X_1\cup X_2\cup\cdots\cup X_k$，表示第 k 次已经能够最为精确地表达先验类 X，每一个子集都采用不同的粒度和粒层上的粒度矩阵，是在相应粒度之下能够精细表达的最大子集。

运用第二章的定义 2-21 和定义 2-22 同样可拓展定义 4-3，来进行先验知识的粒簇与现有粒簇之间的聚类协调度定义，在此不再赘述。

4.4　基于粒度格矩阵空间的动态聚类算法

4.4.1　动态聚类的一般算法

设 π 是论域 U 的一个划分，P 是 U 上的等价关系簇，当运用等价关系簇足够精细地描述划分 π 时，首先使用一个较粗的粒度 $G(R_1)$ 对其进行划分，然后对划分后某个未能精确描述的子类用更细的粒度 $G(R_2)$ 进行划分，依次类推，直至划分 π 得到精确描述。

例 4-1　设样本集合 $U=\{x_1,x_2,x_3,x_4,x_5,x_6,x_7,x_8,x_9\}$

先验知识认为集合划分的粒簇为 $X=\{\{x_1,x_2,x_3,x_4\},\{x_5,x_6\},\{x_7,x_8,x_9\}\}$，则先验知识对应的粒度矩阵为 $\boldsymbol{X}_{3\times 9}=\begin{bmatrix}\boldsymbol{X}_1\\\boldsymbol{X}_2\\\boldsymbol{X}_3\end{bmatrix}=\begin{bmatrix}1&1&1&1&0&0&0&0&0\\0&0&0&0&1&1&0&0&0\\0&0&0&0&0&0&1&1&1\end{bmatrix}$。

① 当运用粒度 $G(R_1)$ 时，得到聚类结果为 $\{\{x_1,x_2,x_3,x_4\},\{x_5,x_6,x_7,x_8,x_9\}\}$，对应的粒度矩阵为 $\boldsymbol{Y}_{2\times 9}=\begin{bmatrix}\boldsymbol{Y}_1\\\boldsymbol{Y}_2\end{bmatrix}=\begin{bmatrix}1&1&1&1&0&0&0&0&0\\0&0&0&0&1&1&1&1&1\end{bmatrix}$。

则粒度格矩阵为

$$\boldsymbol{Z}=\boldsymbol{Y}_{2\times 9}\cdot\boldsymbol{X}_{3\times 9}{}^{\mathrm{T}}=\begin{bmatrix}1&1&1&1&0&0&0&0&0\\0&0&0&0&1&1&1&1&1\end{bmatrix}\cdot\begin{bmatrix}1&1&1&1&0&0&0&0&0\\0&0&0&0&1&1&0&0&0\\0&0&0&0&0&0&1&1&1\end{bmatrix}^{\mathrm{T}}=$$

$$\begin{bmatrix}1&0&0\\0&1&1\end{bmatrix}$$

可以看出，当 $i=1$ 时，有 $\sum_{j=1}^{3}z_{1j}=1$，表明 $\boldsymbol{Y}_1\subseteq\boldsymbol{X}_1$，因此 $\{x_1,x_2,x_3,x_4\}$ 聚类准确。当 $i=2$ 时，有 $\sum_{j=1}^{3}z_{2j}=2\neq 1$，表明 $\boldsymbol{Y}_2\subseteq\boldsymbol{X}_2,\boldsymbol{Y}_2\subseteq\boldsymbol{X}_3$，即现有的粒度 $G(R_1)$ 将集合 $\{x_5,x_6,x_7,x_8,x_9\}$ 聚为

一个粒簇，而在先验知识中是将其分为 2 个粒簇，因此$\{x_5,x_6,x_7,x_8,x_9\}$聚类不准确。

粒簇之间的聚类结果与先验知识的协调度为

$$H(R_1,X)=\frac{|R_{1-}(X)|}{|U|}=\frac{\left|\bigcup\{\boldsymbol{Y}_i|i(\sum_{j=1}^{3}z_{ij}=1)\}\right|}{|U|}=\frac{4}{9}<1$$

所以聚类结果和先验知识是不协调的。因此以 $\text{Boundary}_{R_1}(X)=R_1^-(X)-R_{1-}(X)=\{x_5,x_6,x_7,x_8,x_9\}$作为进一步描述的对象。

② 以没有正确聚类的集合$\{x_5,x_6,x_7,x_8,x_9\}$作为新的论域U'。取更细粒度$G(R_2)=\{\{x_1,x_2\},\{x_3,x_4\},\{x_5,x_6\},\{x_7,x_8,x_9\}\}$，以新论域$U'$粒化后的粒度矩阵为

$$\boldsymbol{Y}_{2\times5}^{'}=\begin{bmatrix}1&1&0&0&0\\0&0&1&1&1\end{bmatrix}$$

而先验知识中的粒簇$X'=\{\{x_5,x_6\},\{x_7,x_8,x_9\}\}$，用粒度矩阵表示为

$$\boldsymbol{X}_{2\times5}^{'}=\begin{bmatrix}1&1&0&0&0\\0&0&1&1&1\end{bmatrix}$$

则粒度格矩阵为

$$\boldsymbol{Z}'=\boldsymbol{Y}_{2\times5}^{'}\cdot(\boldsymbol{X}_{2\times5}^{'})^{\mathrm{T}}=\begin{bmatrix}1&1&0&0&0\\0&0&1&1&1\end{bmatrix}\cdot\begin{bmatrix}1&1&0&0&0\\0&0&1&1&1\end{bmatrix}^{\mathrm{T}}=\begin{bmatrix}1&0\\0&1\end{bmatrix}$$

聚类结果与先验知识的协调度为

$$H(R_2,X')=\frac{|R_{2-}(X')|}{|U'|}=\frac{\left|\bigcup\{\boldsymbol{Y}_i^{'}|i(\sum_{j=1}^{2}z_{ij}^{'}=1)\}\right|}{|U'|}=1$$

此时，聚类结果和先验知识是协调的。

由该例可以看出，通过将聚类结果和先验知识的协调度作为评价指标，来调整粒度的粗细，当粒度为等价关系簇$G(P)=\{R_1,R_2\}$时，聚类的效果最佳。

上述采用了动态粒度聚类法，用动态粒度聚类的一般算法描述其框架。

① 按照先验知识为样本加标志，即着色。

② 对样本进行系统聚类，得到聚类谱系图，初始化粒度$G(R_0)$并设初始阈值为最大阈值T。

③ 在阈值T处切分聚类谱系图，每个分支都构成一个子类C_i。

④ 采用更细化的粒度$G(R_1),G(R_2),\cdots,G(R_n)$，逐个考察每个分支：若$C_i$中每个叶子节点都是相同的颜色，即$H(R_i,X)=1$，说明该类中的样本点属于先验知识中的同一类别，则表示已能精确表达，输出该类样本组合及相应的粒度$G(R_i)$；否则，在分支C_i降低阈值，再细化粒度，转到步骤③。

4.4.2 基于粒度格矩阵空间的动态聚类算法

1. 模糊 C-均值聚类算法

传统的聚类分析是一种硬划分，它把每个待辨识的对象严格地划分到某个类中。硬划分方法的典型代表是硬 C-均值算法（HCM）。该方法与初始化的分类有关，初始分类不同，最

终的聚类结果也可能不同，因此该算法在优化目标函数的过程中，可能会落在局部最优点，并将其误当作全局最优。

在 HCM 算法中，分类具有非此即彼的性质，因此这种分类的类别界限是分明的。而实际上大多数对象并没有严格的属性，这种硬划分并不能真正反映对象和类的实际关系。因此，人们提出了对要处理的对象进行软划分，而模糊集理论则为这种软划分提供了有力的分析工具。因此 FCM 算法是基于模糊集理论对 HCM 算法的改进算法。

在 FCM 算法中，设样本集 $\{x_1,x_2,\cdots,x_l\}\subset R^S$，其中，$l$ 是数据集中元素的个数，c 是聚类中心数 $(1<c<n)$，$d_{ij}(x_j,v_i)=\|x_j-v_i\|$ 是样本 x_j 与聚类中心 v_i 之间的欧氏距离。μ_{ij} 是连续的，它可取 $[0,1]$ 之间的任何值，且 $\sum_{i=1}^{c}\mu_{ij}=1$，$\boldsymbol{U}_{c\times l}=[\mu_{ij}]_{c\times l}$ 是 $c\times l$ 的矩阵，$\boldsymbol{V}_{s\times c}=[v_1,v_2,\cdots,v_c]$ 是 $s\times c$ 的矩阵。目标函数定义为 $J(\boldsymbol{U},\boldsymbol{V})=\sum_{j=1}^{l}\sum_{i=1}^{c}(\mu_{ij})^m d^2(x_j,v_i)$，其中，$m$ 是用来决定聚类结果模糊度的权重指数。当 $m\to 1$ 时，该聚类变成了前面所述的硬划分；当 $m\to\infty$ 时，有 $\mu_{ij}\to\dfrac{1}{c}$。实际应用中，m 通常取 $[1.25,2.5]$。给定聚类数 c，迭代次数 I，终止条件 $\varepsilon>0$，取定 m，初始化聚类中心 $\boldsymbol{V}^{(0)}$，则 FCM 算法迭代聚类过程的具体计算步骤如下。

① 初始化。给定聚类数 $c(2\leqslant c\leqslant n)$ 和 m，设定迭代阈值 $\varepsilon>0$，初始化聚类中心 $\boldsymbol{V}^{(0)}$，设迭代次数 $I=0$。

② 计算隶属度矩阵 $\boldsymbol{U}^{(I)}$ 为

$$\mu_{ij}^{(I)}=\begin{cases}\left(\sum_{r=1}^{c}\left(\dfrac{d^2(x_j,v_i)}{d^2(x_j,v_r)}\right)^{\frac{1}{m-1}}\right)^{-1} & ,\ d_{ij}^2>0\\ 1 & ,\ d_{ij}^2=0\\ 0 & ,\ k\neq i,d_{kj}^2=0\end{cases}$$

③ 更新聚类中心阵 $\boldsymbol{V}^{(I+1)}$ 为

$$v_i^{(I+1)}=\frac{\sum_{j=1}^{l}(\mu_{ij}^{(I)})^m x_j}{\sum_{j=1}^{l}(\mu_{ij}^{(I)})^m},1\leqslant i\leqslant c$$

其中，$\mu_{ij}^{(I)}$ 为 I 次迭代后的隶属度矩阵元素，$v_i^{(I+1)}$ 为 $I+1$ 次迭代后的聚类中心。

④ 若 $\|\boldsymbol{V}^{(I+1)}-\boldsymbol{V}^{(I)}\|<\varepsilon$，则停止迭代。否则 $I=I+1$，转至步骤②。

FCM 算法的性能与数据有很大关系，因此存在一些缺陷。

① 该算法要求聚类数 c 为已知，即要求事先确定，这就要求对数据要有先验知识。在大量的数据面前，人们往往无法分辨数据的离散情况，更不要说可能划分的类数。故提供类数限制了数据的聚类，有可能得到错误的聚类，使聚类缺少合理性。

② 该算法本质上是一种局部搜索寻优技术，由于基于目标函数的聚类过程是寻找极值点的过程，而聚类目标函数存在大量的极值点，初始化不当可能导致算法收敛到局部极值点，而不能得到正确的聚类结果。它的迭代过程采用了一种所谓的爬山技术来寻找最优解，因此

该算法对初始化极为敏感，容易陷入局部极小值，而得不到全局最优解。在聚类数比较大的情况下，这一缺点尤为明显。解决局部最小问题一般有 2 种途径，一种是研究高效的算法，另一种是利用特征点在特征空间的分布信息来对算法进行合理的初始化。FCM 算法可以看作是从初始聚类中心到聚类的映射。当初值确定后，聚类结果就唯一确定了。因此，研究初始值的选取对结果有重要意义。

③ 该算法没有充分考虑处于簇的边界点，使聚类结果不稳定。对同样的数据样本，输入相同的参数，不同的聚类法往往会导致结果有很大的不同，这主要是因为有一部分数据处于不同簇的边界区域，很难准确划分。对于这部分数据，划分标准稍有不同，就会导致聚类结果完全不一样。

④ 该算法在选择传统的距离度量标准时，忽略了各属性对距离分量的影响，对聚类结果产生影响。因此，通过构造决策表，引入粒度格矩阵模型，对属性进行重要性判定，进一步确定其权值，使距离的衡量标准更为精确，提高聚类的精度和准确度。

综合考虑上述问题，本文采用多阶段聚类的思想，提出了混合聚类方法，尽量避免模糊 C-均值聚类算法收敛于局部极值，提高了算法的寻优能力。

2. 基于粒度格矩阵空间的动态聚类算法

本节将改进算法分 2 个阶段来执行，首先使用一种聚类方法来初始化标准聚类算法的初始中心和确定最佳聚类数，然后执行改进的 FCM 算法，形成有导向的快速迭代，得到较好的改进，提高算法的寻优能力。该算法被称为基于粒度格矩阵空间的动态聚类算法(DCGLM，Dynamic Clustering Algorithm Based on Granular Lattice Matrix Space)[42]。

首先，基于距离矩阵、结合 F 统计量的方法进行粒度层划分及确定，充分利用了 F 统计量动态聚类法的聚类准确性的优势，克服了 FCM 算法对初始值敏感的不足，有利于取得较好的聚类效果。

其次，以 FCM 算法为基础，引入粒度格矩阵空间概念对其进行改进。利用粒度格矩阵诠释的上近似和下近似概念描述样本点的确定性或可能性。如果一个样本足够靠近某个簇的质心，则认为它是属于这个簇的下近似集；如果一个样本处于不同簇的边界区域，则认为该样本属于这个簇的上近似集。将一个簇分为上近似和下近似两部分，可以表示这个数据对象确定属于这个簇或可能属于这个簇。

最后，针对集中在边界区域的难以分类的数据点，采用动态粒度的方法，用更加细化的粒度分析这部分数据，不仅不会严重加剧聚类的复杂度，还可以很好地提高聚类质量。

（1）动态聚类确定粒度层

① 初始粒化样本空间。设样本集合有 l 个样本点即 $X=\{x_1,x_2,\cdots,x_l\}\subset R^S$，初始化 l 个样本自成一个粒，得到最细粒度 $G(R_0)$。此时，等价关系 R 是指簇之间的链间距离，即样本分层聚类树的纵坐标。

② 在最细粒度层上，用距离公式计算所有粒簇之间的距离，并按大小排序。将距离最小的 2 个粒簇并为一簇，以此作为一个新簇，构建新的粒度层，从而使原粒层 $((\mathrm{GI},\mathrm{GE},\mathrm{GM}),R_0)$ 上的粒 $(\mathrm{GI},\mathrm{GE},\mathrm{GM})$ 转化成新粒层 $((\mathrm{GI}',\mathrm{GE}',\mathrm{GM}'),R_1)$ 上的粒 $(\mathrm{GI}',\mathrm{GE}',\mathrm{GM}')$。

③ 计算并簇后的新簇与其他粒簇的距离，再将距离最小的 2 个粒簇合并为一新簇，如此循环往复，直到将 l 个样本合并成一簇为止。

④ 计算簇（对应分层聚类树中的树叶簇）间的链间距离，并生成分层聚类树。

⑤ 选定分割类数范围，根据链接距离大小切割分层聚类树，形成不同的样本分割结果。

⑥ 设定评价指标为 F 统计量，则有

$$F=\frac{\sum_{i=1}^{c}\frac{n_i\|v_i-v_k\|}{(c-1)}}{\sum_{i=1}^{c}\sum_{j=1}^{n_i}\frac{\|x_j^{(i)}-v_i\|}{(l-c)}} \tag{4.5}$$

其中，$\|v_i-v_k\|=\sqrt{\sum_{k=1}^{c-1}(v_i-v_k)^2}$ 为 v_i 与 v_k 的距离，表示粒簇与粒簇之间的距离；$\|x_j^{(i)}-v_i\|$ 为第 i 类中样本 $x_j^{(i)}$ 与中心 v_i 的距离，表示粒簇内样本间的距离。因此，F 统计量的值越大，簇划分的效果越好。

⑦ 采用粒度分析法，对不同分割下的聚类结果用 F 进行分析。若粒度 $G(R)$ 偏小，则通过预置一个较大的粒度 R'，运用合并法 $R_1=R\oplus R'$，确定粒度 $G(R_1)$，再在粒度 $G(R_1)$ 上进行分析，运用 F 重新评价该粒度；若粒度 $G(R)$ 偏大，则可通过预置一个较小的粒度 R'，运用分解法 $R_1=R\otimes R'$，确定粒度 $G(R_1)$，再在粒度 $G(R_1)$ 上进行分析，直至 F 取得最大值。最大 F 统计量值对应最优分类结果，即获得了最佳聚类数和相应的聚类结果。

在后续 4.5 节的算例中，以 IRIS 的样本点为例，构造样本点的分层聚类树，通过调整粒度，得到不同的聚类结果。当 F 统计量达到最大时，可以较容易地得出分层聚类树切割出的最佳聚类树。

（2）基于粒度格矩阵空间的属性权值计算

由于每个属性对等价关系的确定和对粒度矩阵的影响是不同的，因此为了进一步明确属性对粒度的作用，需要构造决策表 $(U,C\bigcup D)$，评价每个属性的权值，重新定义距离公式。

① 对每个聚类中心点 v_i，找出足够多的离它最近的 m 个数据构成论域，于是论域有 $c\times m$ 个样本点，即 $U=\{x_{11},x_{12},\cdots,x_{1m},x_{21},x_{22},\cdots,x_{2m},\cdots,x_{c1},x_{c2},\cdots,x_{cm}\}$，为方便起见，在下面的论述中用 $x_j(j=1,2,\cdots,c\times m)$ 代表 U 中的任一样本点，样本属性 $\{a_1,a_2,\cdots,a_d\}$ 为条件属性 $C=\{a_1,a_2,\cdots,a_d\}$，决策属性为聚类形成的簇 $D=\{\mathrm{Cluster}_i\}(i=1,2,\cdots c)$，由此可形成决策信息表 $T=(U,C\bigcup D)$。

② 计算 $a_i\in C$ 的权重，重新定义距离公式 d_{ij}。

为了进一步明确属性对聚类效果的作用，需要通过第 3 章基于粒度矩阵的知识约简算法来评价属性 a_i 的权值。运用第 3 章的粒化方法，将决策信息表 $T=(U,C\cup D)$ 粒化为粒度矩阵 $\boldsymbol{X}=[x_{ij}]_{c,c\times m}=\begin{cases}0, & x_j\notin \mathrm{Cluster}_i\\ 1, & x_j\in \mathrm{Cluster}_i\end{cases}$，该矩阵体现了 U 中 $c\times m$ 个抽取的样本与所属簇类之间的关系。

当属性集为 $C-\{a_i\}$ 时，对决策信息表中的 $c\times m$ 个样本进行聚类，由于某一属性的缺失使聚类结果发生改变，样本 x_j 所属簇记为 $\mathrm{Cluster}_i'$，用粒度矩阵的形式描述为 $\boldsymbol{Y}=[y_{ij}]_{c,c\times m}=\begin{cases}0, & x_j\notin \mathrm{Cluster}_i'\\ 1, & x_j\in \mathrm{Cluster}_i'\end{cases}$。利用第 3 章的定义 3-2 的式(3.1)，计算聚类结果对某一属性 $\{a_i\}$ 的依赖性，由 $\boldsymbol{Z}=\boldsymbol{Y}\cdot\boldsymbol{X}^{\mathrm{T}}$ 可计算聚类结果对属性 a_i 依赖性，记为

$$k_{\{a_i\}} = \frac{\left|\text{pos}_{C-\{a_i\}}(D)\right|}{|U|} = \frac{1}{c \times m}\left(\sum_{i=1}^{c} z_{ij} \cdot \text{NR}(Y_i) \middle| \sum_{j=1}^{c\times m} z_{ij} = 1\right) \tag{4.6}$$

因此，属性 a_i 权重定义为

$$w_{\{a_i\}} = 1 - k_{\{a_i\}} \tag{4.7}$$

赋予了权重后，样本点距离某一粒簇中心的距离公式可定义为

$$d(x_j, v_i^{(I)}) = \sqrt{w_{\{a_1\}}\left|x_{j1} - v_{i1}^{(I)}\right|^2 + w_{\{a_2\}}\left|x_{j2} - v_{i2}^{(I)}\right|^2 + \cdots + w_{\{a_d\}}\left|x_{jd} - v_{id}^{(I)}\right|^2} \tag{4.8}$$

（3）基于粒度格矩阵空间的改进 FCM 算法

该算法首先利用基于类间距离的粒度选择方法，确定了一个最佳聚类数和初始化的聚类中心。下面，运用粒度格矩阵进一步确定临界样本点归属的确定性，使算法具有快速的导向性。

① 设定 m，阈值 $\varepsilon > 0$，由上述描述的动态聚类确定粒度层，可得到聚类数目 c 和相应 c 个中心点 $v_1^{(0)}, v_2^{(0)}, \cdots, v_c^{(0)}$，初始化样本点集合为粒度格矩阵空间模型 $(\text{GX}, \text{GA}, \text{GV}, (\text{GI}, \text{GE}, \text{GM}), t)$。其中，GX 表示论域，即样本点集合，GA 表示样本点的属性集合，即 $\text{GA} = \{a_1, a_2, \cdots, a_d\}$，GV 表示属性值，即对 $\forall a_i \in \text{GA}$，都有 $f(x, a_i) \in \text{GV}$。由于某些样本点之间存在等价关系，因此将它们之间的关系以粒度矩阵的形式体现。

② 利用式(4.8)，计算样本点的隶属度矩阵 $\boldsymbol{U}^{(I)}$ 为

$$\mu_{ij}^{(I)} = \begin{cases} \dfrac{1}{\sum\limits_{r=1}^{c}\left(\dfrac{d^2(x_j, v_i^{(I)})}{d^2(x_j, v_r^{(I)})}\right)^{\frac{1}{m-1}}}, & d_{ij}^2 > 0 \\ 1 & , d_{ij}^2 = 0 \\ 0 & , k \neq i, d_{kj}^2 = 0 \end{cases} \tag{4.9}$$

经过更新仍保持 $\sum\limits_{i=1}^{c} \mu_{ij}^{(I)} = 1$。

③ 更新聚类中心阵 $\boldsymbol{V} = [v_i^{(I+1)}]$，计算聚类中心为

$$v_i^{(I+1)} = \frac{\sum\limits_{j=1}^{l} (\mu_{ij}^{(I)})^m x_j}{\sum\limits_{j=1}^{l} (\mu_{ij}^{(I)})^m}, 1 \leqslant i \leqslant c \tag{4.10}$$

其中，$\mu_{ij}^{(I)}$ 为 I 次迭代后的隶属度矩阵元素，$v_i^{(I+1)}$ 为 $I+1$ 次迭代后的聚类中心。

④ 若 $\left\|V^{(I+1)} - V^{(I)}\right\| < \varepsilon$，则停止迭代。否则 $I = I + 1$，转至步骤②。

⑤ 上述迭代停止后，得到每个粒簇的中心点 $v_1^{(I+1)}, v_2^{(I+1)}, \cdots, v_c^{(I+1)}$，根据式(4.8)定义的距离公式，确定粒簇的边界点。对样本点 x_j 的划分方法如下。找出与 x_j 最近的一个心点 $v_i^{(I+1)}$，将它们的距离记为 $d(x_j, v_i^{(I+1)})$。如果有中心点 $v_k^{(I+1)}$，且 $d(x_j, v_i^{(I+1)}) - d(x_j, v_k^{(I+1)}) < \delta d(x, v_i^{(I+1)})$，则认为 x 既可属于 Cluster_i，也可属于 Cluster_k，即属于边界区域。参数 δ 用来确定边界区域的大小，δ 越小，则边界区域越小，不确定的数据对象就相对越少。当 $\delta = 0$ 时，就退化为传统的硬聚类，因此 δ 一般取值为 $[0,1]$。

⑥ 由于采用 $R=\{距离\}$ 的粗粒度无法区别边界区域样本的类别，易于造成和其他类元素的混淆，使聚类结果与先验知识无法协调起来。因此对于边界区域的元素，需要适当采用一些较小的粒度，进行更准确的划分。

显然，此时等价关系 R 过“粗”，对边界区域不能精确判断，容易导致错误划分。故对边界区域需要做进一步的处理，原有的等价关系 R 只能精确表达离中心点较近的那部分，而离中心点较远的那部分 P 则不能用 R 精确表达，需要产生一个比等价关系 R 更“细”的等价关系 $R'(R'<R)$ 来处理边界区域部分。令 $R'=\{距离,密度\}$，除了在传统的基于距离进行划分的基础上对数据点进行聚类外，对边界区域的数据点还要判断它们和周围粒簇的密度关系。

如果边界区域的样本点 x 同时处于粒簇 $\text{Cluster}_1,\text{Cluster}_2,\cdots,\text{Cluster}_m$ 的边界区域，根据密度公式 $\rho=\dfrac{\sum_{e\in E}d(e)}{|V|}$，求出这些簇的密度 $\rho_1,\rho_2,\cdots,\rho_m$，以及 x 到这些粒簇的距离 $d_1,d_2,\cdots,d_m$。找出 $\min\{|d_1-\rho_1|,|d_2-\rho_2|,\cdots,|d_m-\rho_m|\}$ 对应的那个簇 Cluster_i，将数据点 x 赋给该簇。经过上面的处理，边界区域的点在更“细”粒度条件下可以更加精确地找到所属的簇，大大提高了聚类的效果。

4.5 实验及分析

上述算法描述仅从理论上说明了新算法的性能，本节还将对算法做仿真实验，以验证该算法的可行性，从实验角度更进一步地说明该算法的聚类效果和聚类效率。

仿真实验测试以著名的 IRIS 数据集聚类结果来比较分析报告。IRIS 数据集是一组国际公认的标准测试数据集。IRIS 是一种植物，在每条 IRIS 数据记录中包含 IRIS 花的 4 种属性：萼片长度、萼片宽度、花瓣宽度、花瓣长度。IRIS 数据共有 3 个种类：setosa、veriscolor 及 virginic。第一个种类与其他两类完全分离，第二个种类与第三个种类之间有交叉。IRIS 数据集的 4 种属性分别用 a_1、a_2、a_3、a_4 表示。3 种不同的花分别有 50 组数据，这样共有 150 级数据或模式。在 IRIS 数据中，每个属性的值都分布在[0,1]之间，由于各 IRIS 数据之间非常接近，并且又有客观的分类，因此 IRIS 数据经常被用来检验聚类或分类的性能。主要步骤介绍如下。

以 IRIS 的样本点为例，构造样本点的分层聚类树，如图 4-3 所示。从图 4-3 可以看出，通过调整粒度，可以得到不同的聚类结果。当 F 统计量达到最大时，聚类数为 $c=3$，且得到初始化的聚类中心为 $v_1^{(0)}=(5.148\,4,3.435\,5,1.432\,3,0.380\,6)$，$v_2^{(0)}=(5.380\,6,2.245\,2,4.483\,9,1.680\,6)$，$v_3^{(0)}=(5.990\,3,2.783\,9,4.351\,6,1.374\,2)$。

对每个中心点 $v_i(i=1,2,3)$，各选取离它最近的 10 个样本点，用这些样本点和它们所在的簇构造决策表 $(U,C\cup D)$，并将其粒化为粒度矩阵 $\boldsymbol{X}=[x_{ij}]_{c,c\times m}$。对属性集 $C-\{a_i\}$ 构成的决策表，同样粒化为粒度矩阵 $\boldsymbol{Y}=[y_{ij}]_{c,c\times m}$。运用 $\boldsymbol{Z}=\boldsymbol{Y}\cdot\boldsymbol{X}^{\mathrm{T}}$ 计算粒度格矩阵，并由式(4.7)计算每个属性 $a_i\in C$ 的权值，得到各属性的权值为 $w_{a_1}=0.400\,0$，$w_{a_2}=0.400\,0$，$w_{a_3}=0.400\,0$，$w_{a_4}=0.600\,0$。根据式(4.8)重新定义距离公式，进行迭代聚类。最终，取 $\delta=0.3$，对边界区域像素点采用 $R=\{距离,密度\}$ 聚类，可得聚类结果如下。在图 4-4 所示的二维投影图中，分别用 x_1、x_2、x_3、x_4 表示数据集的 4 种属性。

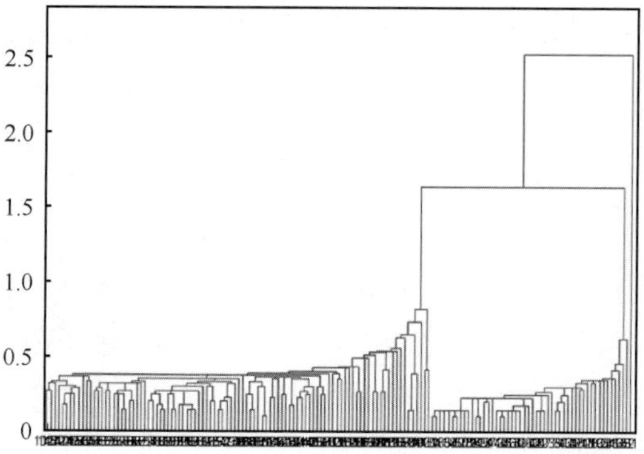

图 4-3　IRIS 粒度分层聚类树

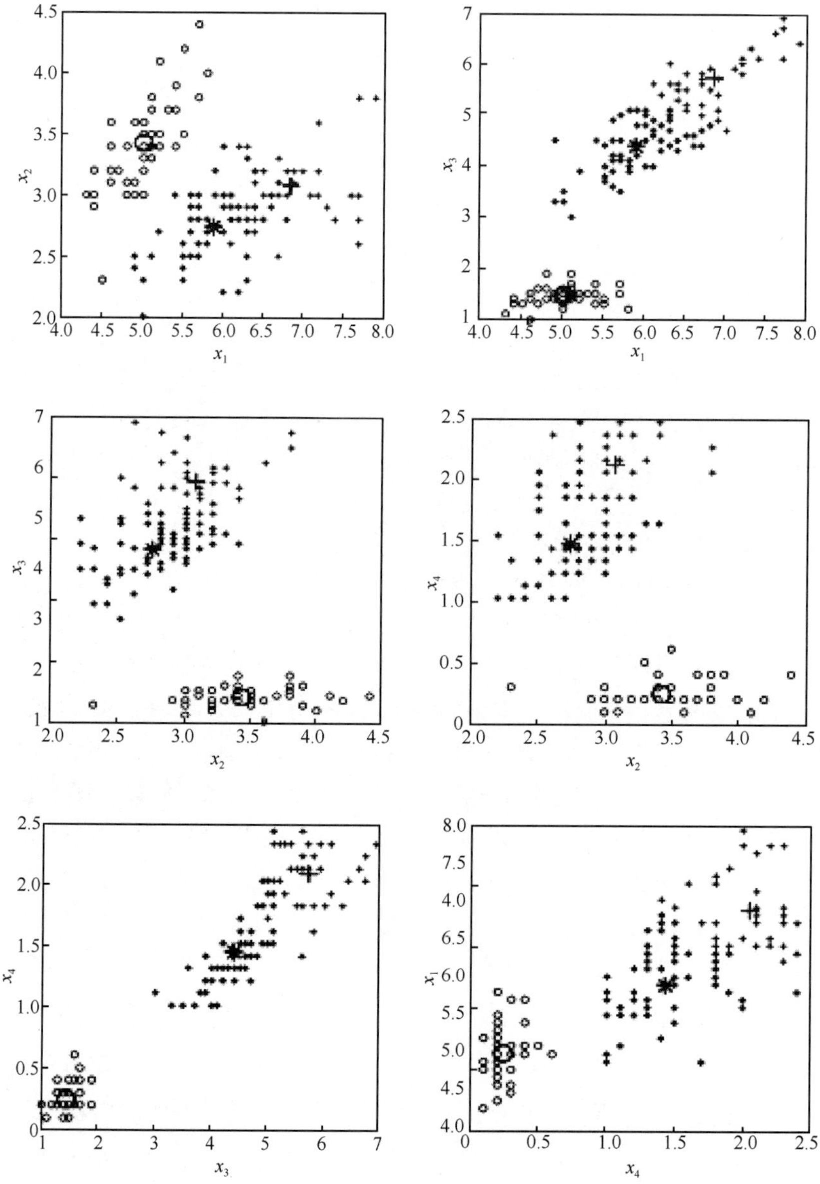

图 4-4　基于 DCGLM 算法 IRIS 二维投影图

为了进一步验证新算法的性能，本文还将该算法的聚类结果同 FCM 算法的聚类结果进行了比较，如表 4-1 所示。由表 4-1 第一组实验结果可以看出，对于传统 FCM 算法，当 IRIS 数据集被划分为 4 类时，分类结果与标准分类结果完全不符。当聚类中心数目选取不当时，得到的是局部最优解，不能正确反映分类结果。第二组实验是由程序随机产生的初始聚类中心，可以看出，其迭代次数较高，且影响聚类的结果。而采用新算法的聚类结果与 IRIS 数据集的标准分类结果非常接近，分类正确率有较明显的提高，且迭代次数明显减少。同时，采用 FCM 的聚类结果中很多样本点对 2 个聚类中心的隶属度相差无几，难以正确识别到底应该属于哪一类，而新算法聚类结果则相对比较清晰。

表 4-1　IRIS 聚类结果

算法	初始中心	迭代次数	分类个数	聚类中心	正确分类率
FCM	(5.2,3.6,1.5,0.4) (4.7,3.2,1.5,0.1) (5.0,3.8,1.5,0.3) (7.5,3.6,6.1,1.4)	31	4	(5.601 3,2.700 1,4.103,1.251 1) (5.001 3,3.411 7,1.470 1,0.248 1) (6.249 1,2.901 3,5.013 1,1.702 1) (7.006 3,2.998 3,5.911 3,2.014 8)	分类错误
	(5.1,3.5,1.4,0.24) (6.8,3.3,4.7,1.6) (5.1,3.3,1.7,0.5)	22	3	(5.012 3,3.398 1,1.409 1,0.251 1) (5.905 4,2.759 8,5.013 1,1.702 1) (5.891 3,2.998 3,4.247 6,1.403 2)	第一类：80% 第二类：86% 第三类：86%
DCGLM	(5.1,3.4,1.4,0.3) (5.3,2.2,4.4,1.6) (5.9,2.7,4.3,1.3)	13	3	(5.006 0,3.428 0,1.462 0,0.246 0) (5.883 6,2.741 0,4.388 5,1.434 4) (6.883 8,3.076 9,4.815 4,2.053 8)	第一类：100% 第二类：94% 第三类：92%

实验证明，本文提出的新算法可以为聚类提供更合理的初始化参数，并可以提高聚类的收敛速度和聚类效果。

4.6　小　结

本章利用前面所定义的粒度格矩阵空间模型以及相关的定理，并基于此模型的知识发现算法对聚类问题进行了分析和讨论，提出了基于粒度格矩阵空间模型的动态粒度聚类算法，并通过实验验证了该算法不但具有快速导向性，而且有更好的聚类效果。纵观本章，可以看出创新点有以下 3 个。

① 阐明了动态粒度与聚类的一致性，对具有明显“抱团”性质的样本点，采用“粗”粒度对其进行聚类，而对在当前粒度下很难正确聚类的样本点，采用更“细”的粒度来观察，进一步提高了聚类准确性。

② 通过粒度格矩阵，进一步明确了各属性的权值，重新定义了距离公式，使在降低计算复杂度的情况下，尽量提高聚类的准确度。

③ 利用多阶段思想，基于距离矩阵并结合 F 统计量的方法进行粒度层划分及确定，充分利用了 F 统计量动态直接聚类法的聚类准确性的优势，克服了 FCM 算法对初始值敏感的不足，因而算法取得了较好的效果。

第 5 章　基于粒度格矩阵空间的图像分割及显著性提取

5.1　引　言

多年来，对图像分割的研究一直是图像技术研究中的热点和焦点，人们对其的关注和投入不断提高。它不但是从图像处理到图像分析的关键步骤，而且是计算机视觉领域低层次视觉的主要问题。图像分割的结果是图像特征提取和识别等图像理解的基础，只有在图像被分割后，图像的分析才成为可能。图像分割在计算机视觉和图像识别的各种应用系统中占有相当重要的地位，它是研制和开发计算机视觉系统、字符识别和目标自动获取等图像识别和理解系统首要解决的问题。只要对图像目标进行提取、测量等都离不开图像分割。

虽然几乎从数字图像处理问世不久就开始了图像分割的研究，并吸引了很多研究人员为之付出巨大的努力，在不同的领域也取得了相当的进展与成就，但是人们至今还一直在努力发展新的、更有潜力的分割算法，以期实现更通用、更完美的分割结果，并且针对各种具体问题已经提出了许多不同的图像分割算法，对图像分割的效果也有很好的分析结论。由于图像分割问题的特殊性，再加上问题本身具有一定的难度和复杂性，到目前为止还不存在一个通用的方法，也不存在一个判断分割是否成功的客观标准，因此寻找一种能够普遍适用于各种复杂情况的准确率很高的分割算法，还有很大的探索空间。对图像分割的深入研究不仅可以不断完善对自身问题的解决，而且还必将推动模式识别、计算机视觉、人工智能等计算机学科分支的发展。

本章通过对图像分割理论和各种算法进行分析，得出图像分割问题与粒度格矩阵空间模型思想是一致的结论。因此运用该模型描述图像分割问题，建立统一的图像分割理论框架。

首先，本章指出运用传统模糊聚类方法进行图像分割时，存在灰度级难以确定、空间信息遗漏等缺陷。其次，详细描述粒度格矩阵空间模型下的图像分割算法，在论证了图像分割问题与粒度划分的一致性基础上，将图像转化为具有分层结构的知识体系，构造了多个单元粒度层，通过各单元粒度层分割的粒度合成取得最终的分割效果。最后，通过实验仿真与分析证明该算法的合理性与有效性，并且在处理边缘细化问题上，所提算法较传统的 FCM 算法有着明显优势。

5.2 粒计算在图像分割中的应用

5.2.1 图像分割算法及分析

多年来，人们对图像分割提出了不同的解释和表达，借助集合概念对图像分割给出如下较正式的定义。

令集合 D 代表整个图像区域，对 D 的分割可看作将 D 分成 n 个满足以下 5 个条件的非空子集（子区域）$D_1,D_2,\cdots,D_n$。

① $\bigcup_{i=1}^{n} D_i = D$。

② 对所有的 i 和 j，$i \neq j$，有 $D_i \cap D_j = \Phi$。

③ 对 $i=1,2,\cdots,n$，有 $P(D_i)=\text{TRUE}$。

④ 对 $i \neq j$，有 $P(D_i \cup D_j)=\text{FAULSE}$。

⑤ 对 $i=1,2,\cdots,n$，D_i 是连通的区域。

其中，条件①指出在对一幅图像的分割结果中，全部子区域的总和（并集）应能包括图像中所有像素（就是原图像），或者说分割应将图像中的每个像素都分进某个子区域中。条件②指出在分割结果中，各个子区域是互不重叠的，或者说在分割结果中一个像素不能同时属于 2 个区域。条件③指出在分割结果中，每个子区域都有独特的特性，或者说属于同一个区域中的像素应该具有某些相同特性。条件④指出在分割结果中，不同的子区域具有不同的特性，没有公共元素，或者说属于不同区域的像素应该具有一些不同的特性。条件⑤要求分割结果中同一个子区域内的像素应当是连通的，即同一个子区域内的任意 2 个像素在该子区域内互相连通，或者说分割得到的区域是一个连通组。

最后需要指出，在实际应用中，图像分割不仅要把一幅图像分成满足上面 5 个条件的各具特性的区域，还需要把其中感兴趣的目标区域提取出来。只有这样才算真正完成了图像分割的任务。

图像分割算法的研究多年来一直受到人们的高度重视，至今已提出上千种类型的分割算法，而且近年来每年都有相关研究成果发表。由于现有的分割算法非常多，因此将它们进行分类的方法也不少。例如，有把分割算法分成 3 类的，即阈值分割、边缘检测、区域提取，但事实上阈值分割的方法在本质上也是一种区域提取方法。

图像分割方法一般可分为 3 类：边缘检测法、区域的生长和分裂合并法、阈值分割法。

1. 边缘检测法

图像的边缘是图像最基本的特征之一。基于边缘的分割方法可以说是人们最早研究的方法，所谓边缘是指其周围像素灰度有阶跃变化的像素的集合。边缘广泛地存在于物体与背景之间、物体与物体之间，它是图像分割所依赖的重要特征，边缘检测方法试图通过检测不同区域间的边缘来解决图像分割问题。边缘检测技术可以按照处理的顺序分为串行边缘检测和并行边缘检测。在串行边缘检测技术中，一个像素点是否属于检测的边缘，取决于先前像素的验证结果；而在并行边缘检测技术中，一个像素点是否属于检测的边缘，取决于当前正在检测的像素点以及该像素点的一些相邻像素点，这样该模型可以同时用于检测图像中的所有像素点，因而被称为并行边缘检测技术。边缘检测常借助微分算子进行检测，通过将微分算子对应的模板与图像相卷积，可检测出灰度不连续（或突变）的边缘。常用的微分算子有梯度算子（如 Robert 算子、Prewitt 算子、Sobel 算子）、方向算子（如 Kirsch 算子）、拉普拉斯算子、马尔算子、综合正交算子、坎尼算子和沈俊算子等。

对于实际含有噪声的图像，仅用微分算子检测出的边缘点并不能组成封闭的边界而将目标从背景中分离出来，所以还需要利用检测到的边缘点组成目标的边界，如利用哈夫（Hough）变换，通过在参数空间的累加运算完成从图像空间（不连续）边缘点获取区域封闭边界的工作。近年来，边缘检测技术领域出现了一些新的方法，如边缘拟合、曲线拟合、基于反应－扩散方程、形变模型的方法等。

2. 区域的生长和分裂合并法

区域生长的基本思想是：将具有相似性质的像素集合起来构成区域。首先对每个要分割的区域找到一个种子像素作为生长的起点，然后将种子像素周围邻域中与种子像素具有相同或相似性质的像素合并到种子像素所在的区域。将这些新像素当作新的种子像素继续上述过程，直到再没有满足条件的像素可以包括进来为止，这样一个区域就生成了。所以区域生长是从单个种子像素开始，通过不断接纳新像素得到整个区域。

区域的分裂合并则是首先把图像分成任意大小互不重叠的区域，然后再合并或分裂这些区域，最后得到分割结果。

区域生长往往是与其他分割方法一起使用的，特别适用于分割小的结构，如分割医学图像中的肿瘤和伤疤。区域生长的缺点为：①需要人工交互以获得种子点，这样使用者必须在每个需要抽取出的区域中植入一个种子点；②区域生长方式对噪声较敏感，会导致抽取出的区域出现空洞；③往往会造成过度分割，即将图像分割成过多的区域。区域生长的优点是计算简单。区域生长和分裂合并的关键都是要选择一个合适的准则，其中最常用的是基于灰度统计特征的准则。人们往往将基于区域信息的方法与其他方法（主要是边缘检测法）结合起来研究区域与边界的信息。

3. 阈值分割法

在图像分割过程中，如果物体像素的灰度级与背景像素的灰度级有明显不同，阈值化就是一个非常有效的技术，它可以将物体从背景中较好地分割出来。实际上有许多情况都满足物体像素的灰度级与背景像素的灰度级有较明显的差异。此时，阈值化技术都可满足应用的需要。

大部分阈值化方法都是基于这样的假设：图像中目标和背景所占据的灰度区间是严格分开的。可是，由于光照不均或噪声干扰，这样的假设并不总是成立的。对于光照不均匀的情况，自适应阈值方法是一个很好的解决办法，常见的自适应阈值方法是，首先将图像划分成不同的部分，然后在每个部分中运用阈值法进行分割，最后将按部分分割的结果拼凑起来作为整幅图像的分割结果。对于后一种情况，则必须在门限化过程中使用像素点的空间位置信息，常用的利用像素点空间位置信息的方式是建立有关像素灰度值和邻域灰度平均值的二维直方图，然后根据二维直方图进行阈值分割。

常见的阈值法有基于灰度直方图的阈值法、迭代阈值法、自适应阈值法、最大类间方差阈值法(Ostu 法)等。

4. 其他分割方法

近年来，随着新理论和新工具的不断引入，出现了一些新的分割方法。前面介绍的只是几类较常用的方法及其改进，此外还有其他的分割方法，它们无法准确地划分到上面的某一类方法中，如基于数学形态学的方法、基于模式识别中聚类的方法等。

数学形态学在图像处理中的应用近年来日渐受到重视，许多系统采用形态学算子对图像进行预处理或后处理。形态学图像处理采用的是在图像中移动一个结构元素并进行卷积，结构元素可以具有任意大小。基本的形态学操作包括腐蚀和膨胀，基本运算的组合可产生较复杂的效果。比较有代表性的形态学图像分割方法是 Luc Vincent 等提出的分水岭分割算法。

聚类是模式识别领域中一种基本的分析方法。聚类是一种无监督的统计方法，因为没有训练样本集，聚类算法迭代地执行图像分类并提取各类的特征值。从某种意义上说，聚类是一种自我训练的分类。其中，K 均值法、模糊 C 均值法和分层聚类方法是常用的聚类算法。20 世纪 80 年代以来，聚类方法开始被用于核磁图像多参数特征空间的分类，如脑白质和灰质的分割。随着近 10 年医学影像数据保真度的提高，这类方法逐渐发展成熟起来。

5.2.2 粗糙集在图像处理中的主要应用

粗糙集理论与图像处理的结合，主要从以下 2 个方向来考虑：一个方向是把图像“知识化”，把图像抽象成一个“知识”系统（或称为信息系统）$S=(U,A,V,f)$，即把图像中的对象用一些特征（或属性）来表示，然后利用粗糙集理论中等价类、上近似、下近似和属性约简的思想来对图像进行处理，使图像的处理更加简单，顽健性强，然而可能会丢失图像中的空间信息；另一个方向是给粗糙集合加上一定的空间等信息，形成一个粗糙集模板，然后利用粗糙集模板对图像进行处理[43]。

粗糙集理论中分类的思想在图像处理中的应用较为广泛。首先通过对图像进行进一步“量化”，提取图像的特征属性，如灰度特征、纹理特征、突变特征、能量等来刻画图像，然后运用 Rough Set 分类的概念对“量化”后的图像进行聚类，从而识别图像中的不同对象或分割图像。

属性约简的思想也应用到了图像处理中。通过对图像进行“量化”，提取图像的特征属性，如灰度特征、纹理特征、突变特征、能量等来刻画图像，然后运用属性约简的方法对图像进行约简，寻找最能刻画图像的属性。但实际上这方面的研究并不多，因此这方面还有很多工作是可以进一步深入研究的。

由于图像信息本身的复杂性和较强的相关性，图像处理过程中的各个层次可能出现不完整和不精确的问题。将粗糙集理论应用于图像处理，在一些场合中具有比硬计算法（即精确、固定的算法）更好的效果。

5.2.3 模糊集在图像处理中的主要应用

图像处理的信宿是人，因此在对图像进行处理和识别的过程中，必须充分考虑图像自身的特点和人的视觉特性。图像的成像过程是一种多到一的映射过程，决定了图像本身存在许多不确定性和不精确性，即模糊性，而人的视觉对于图像从黑到白的灰度级的模糊性是较难区分的。这种不确定性和不精确性主要体现在图像灰度的不确定性、几何形状的不确定性和不确定性知识等。这种不确定性是经典的数学理论无法解决的，并且这种不确定性不是随机的，因而无法采用概率论。但是，人们发现模糊理论对于图像的这种不确定性有很好的描述能力，所以可以引入模糊理论作为有效描述图像特点和人的视觉特性的模型和方法[44]。近年来，一些学者致力于将模糊理论引入图像处理中，取得了很好的效果。

一些模糊理论的分支在图像处理中得到了成功的应用，典型的有模糊聚类算法、模糊神经网络、模糊推理系统、模糊度量及几种方法的综合应用。尤其是在图像增强、图像分割和边缘提取中的应用，所取得的效果要优于传统的图像处理方法。

自然图像的复杂多变性决定了许多像素对于其属于哪一个聚类的问题是不确定的，因而从模糊聚类的角度来考虑图像分割是比较合理的。模糊 C-均值聚类算法（FCM）是一种基于在图像特征空间中进行模糊聚类的图像分割算法，其实质是一种基于目标函数的非线性迭代最优方法，目标函数采用图像各像素与每个聚类中心之间的相似度测度。FCM 算法的任务就是通过迭代，选择合适的模糊隶属度和聚类中心，使目标函数达到最小，从而得到最佳的分割结果。该方法的优点是可以形成原始图像的细致的特征空间，不会像硬分割那样产生偏倚，并且对原始图像中的噪声敏感度较低。

5.2.4 商空间在图像处理中的主要应用

由于商空间理论是用商结构的形式化体系来描述空间关系的，而图像本身就是一个空间概念，因此，将商空间理论与图像处理问题相结合，是图像处理问题求解的有效途径。有研究者从商空间粒度理论角度分析图像分割概念，研究已有的图像分割方法，提出图像分割的商空间粒度原理。用商空间的三元组$(X,f,\Gamma)\Leftrightarrow([X],[f],[\Gamma])$来描述图像分割过程，阐述基于商空间粒度计算理论的图像分割原理及基于粒度分解、合成及其综合技术下的图像分割方法，并提出了基于粒度合成原理的复杂纹理图像的分割算法。通过分别提取多纹理图像中纹理区域的方向性及粗细度特征，形成图像的不同粒度，然后根据粒度合成原则，对所形成的粒度进行合成，从而实现对纹理图像的分割。有研究者将商空间粒度计算引入 SAR 图像的分类中，结合 SAR 图像特性，提出了一种基于粒度合成理论的 SAR 图像分类方法。该方法利用支持向量机，基于不同纹理特征获得 SAR 图像的不同分类结果，并由这些分类结果构成不同的商空间，再根据粒度合成理论将这些商空间组织起来得到 SAR 图像的最终分类结果。

5.2.5 粒计算在图像处理中的研究方向

总的来说，粒度计算在图像处理中的应用还是很有前景的，例如，用粗糙集的核心思想处理图像是值得研究的一个方向，但目前这方面的研究和文献并不多。进一步的研究方向主要有如下 3 点。

① 粗糙集理论的属性约简在图像处理中的进一步应用。这一块是目前研究得比较少，也不够深入的地方。通过属性约简，也许可以找出每幅图像最重要的属性特征。有了图像最重要的特征，可能在图像分割、分类、压缩上有较好的应用。但具体的应用效果，还需要进一步实验才能知道。

② 通过图像的先验信息，对粗糙集理论所产生的决策规则进行训练，得出较好的图像识别、分割、分类等决策规则。

③ 粗糙集、模糊集与商空间等在图像处理方法的结合，可作为处理图像的一个主要研究方向。

5.3　基于模糊 C-均值的图像分割算法

在图像处理的过程中，一方面，目标在投影成图像的过程中，由于各种因素的影响，造成目标物的像与干扰具有某种程度的相似性。另外，由于成像期间空间分辨率及各种光照条件的影响，使目标物的像的边界与背景之间像素灰度具有中间过渡的性质，造成目标物的边界具有模糊性，这种模糊性有时可以达到使目标像的某一部分与背景之间几乎融为一体的程度。另一方面，人的视觉对于图像从黑到白的灰度级是模糊而难以区分的。

因此，运用模糊理论描述这种不确定性有很好的效果，所以可以引入模糊集理论作为有效描述图像特点和人的视觉特性的模型和方法。近年来，一些学者致力于将模糊理论引入图像处理中，并取得了很好的效果。其中，模糊聚类分割方法是最先提出、也是最经典的一种图像模糊分割方法。

实际中应用的最为广泛的模糊聚类方法是模糊 C-均值算法（Fuzzy C-Means），简称 FCM，本文中的模糊聚类算法也特指模糊 C 均值算法。FCM 算法最先由 Dunn 提出，后经 Bezdek 改进。Bezdek 给出了 Fuzzy C-Means Clustering 的基于最小二乘法原理的迭代优化算法，并证明了它的收敛性，即该算法收敛于一个极值。FCM 算法采用迭代法优化目标函数来获得对数据集的模糊分类，算法具有很好的收敛性。

5.3.1　算法描述

FCM 算法是将图像中属性相一致的像素进行模糊聚类后对每类像素进行标定，从而实现图像分割。对图像矩阵 $\boldsymbol{F}_{M\times N}=[f(m,n)]_{M\times N}$，设 $l=M\times N$ 为像素点个数。把图像的像素点看成数据集的样本点，把像素点的特征（对于灰度图像，即为灰度）看成样本点的特征，则可将图像的分割问题转化为目标函数的优化问题 $\min J_m(U,V)=\sum_{i=1}^{c}\sum_{k=1}^{l}(\mu_{ik})^m(d_{ik})^2$。通过不断迭代的方法，计算每个像素点与簇类的隶属度矩阵 $\boldsymbol{U}^{(I)}$ 和聚类中心点矩阵 $\boldsymbol{V}^{(I+1)}$，直至 $\left\|\boldsymbol{V}^{(I+1)}-\boldsymbol{V}^{(I)}\right\|<\varepsilon$ 时，停止迭代。最终通过最大隶属度函数法去模糊，将目标从背景中分离出来。

运用模糊 C-均值聚类的方法进行图像分割的优点是避免了设定阈值的问题，并且能解决阈值化分割难以解决的多个分支的分割问题。FCM 适合于图像中存在不确定性和模糊性的特点，同时，FCM 算法是属于无监督的分类方法，聚类过程中不需要任何人工的干预，很适合于自动分割的应用领域。

然而标准 FCM 算法用于图像分割的主要缺点是没有利用图像的空间信息，从而导致它对噪声比较敏感。解决这种问题的一个比较显然的方法就是在实施 FCM 算法之前对图像进行平滑去噪。但是，一般的平滑滤子会造成重要图像细节的一定损失，更重要的是，目前还无法严格地控制平滑和获取的聚类结果间的平衡。

5.3.2　算法缺陷

利用 FCM 算法进行图像分割主要有以下难点和问题。

（1）图像聚类类别数 C 的确定

在聚类进行之前必须给定类的数目，否则聚类无法进行。在实际应用中，尤其是在自动化的系统中，这是不太现实的。均值聚类方法中最困难的是图像分割的类别数的确定。

（2）图像初始类中心、初始隶属度矩阵的确定

模糊聚类分割方法必须给出初始聚类中心、确定初始隶属度矩阵。根据数学分析理论，任何一个迭代并且最后收敛的序列，如果迭代的初始值比较接近于最后的收敛结果的话，收敛的速度会明显提高，迭代次数也会较大幅度地减小。同时，也因为初始值接近最后结果，其陷入其他局部最优的可能性减小。

另外，如果聚类迭代的初始值接近于某个局部极值的话，最终就很有可能陷入局部极值，从而得不到全局最优值。所以 FCM 算法对初始值相当敏感。在没有任何先验知识也没有任何辅助手段的情况下，系统可以采用随机选取类中心的办法。但那样就过于盲目，而且很容易陷入局部最优，迭代收敛速度可能很低，迭代的次数也可能会增加很多，这样也就会增加计算时间。所以初始参数的确定对于计算量的降低显得尤其重要。然而目前尚无有效的理论指导，如何选择合适的聚类初始值仍然是一个难题。

（3）图像空间信息的使用

模糊均值聚类方法分割的另一个问题是它只考虑到了灰度特征或彩色图像的颜色特征，忽略了图像中固有的、丰富的空间信息，从而导致它对噪声比较敏感，而且使分割出来的区域往往不连续，导致本属于同类的像素没有连在一起，不能形成有意义的子图。如何有效地利用空间信息，提高分割质量，同时又不至于大幅增加计算量是一个很有意义的研究课题。

由上述分析可以看出，当运用传统的基于 FCM 的聚类算法进行图像分割时，图像的模糊聚类分割算法实际上是一种基于像素分类的图像分割方法。它首先对图像的灰度级进行聚类，得到图像的聚类中心，然后根据每个像素点的灰度级，依照最大隶属度原则将各个像素点归于相应的类别中。但是上述分割算法存在本质上的缺陷，就是仅利用了图像的灰度信息来建立聚类准则函数，而没有考虑像素的空间信息，因而分割模型是不完整的。

而本章在同时考虑空间信息与灰度信息的基础上，提出了一种结合空间信息的动态聚类分割算法，比先进行空间滤波再进行图像灰度分割更具优越性。

5.4 基于粒度格矩阵空间的图像分割

5.4.1 图像分割方法中的粒度原理

从图像分割的各种具体算法分析可以看出，各种分割方法之间是有内在联系的，它们都是利用像素特征数值分类或聚类技术实现对图像像素的划分。一类是直接基于分割定义，利用简单数值分类方法实现对图像像素集合的划分，进而实现图像的分割，这类方法主要包括各种基于阈值门限的方法、统计直方图方法，以及基于区域结构关系，采用分类技术对图像进行区域分裂或合并实现分割的方法。另一类是针对复杂图像，先提取图像像素或区域的一致特征，并构造出一种等价关系，利用数值分类或聚类方法，进

而实现图像分割，主要包括基于熵阈值的聚类法、基于概率统计模型的统计法、基于像素空间规律的频谱法等。

上述提及的各种图像分割方法都是利用数值分类或聚类技术对所提取的像素或区域特征进行划分，进而实现对图像的分割。文献[45]阐述了分类与聚类中的粒度原理，认为分类是在不同粒度下进行的计算方法，聚类是在同一粒度下进行的计算方法。分类实际上是一个样本学习过程，对于给定的样本点，分类算法的目标就是发现每一类样本点的规律，然后把这种规律看作等价关系进行划分。聚类实质是在样本点之间定义一种等价关系，根据样本点具有的相近程度进行划分。与分类中的阈值相对应，聚类结果也会形成由粗到细的一簇等价关系，用数学描述就是形成了半序格结构，它在粒度计算理论中是一个重要的性质。因此图像分割的实质是根据聚类中的粒度原理，建立不同的等价关系，运用复杂度不同的数学工具实现图像分割。

5.4.2　粒度格矩阵空间下的图像分割

从对图像分割理论和各种算法的分析可以看出，图像分割问题与粒度格矩阵空间模型思想是一致的。因此用该模型描述图像分割问题，提出了基于粒度格矩阵空间的图像分割（ISGLMS，Image Segmentation based on Granular Lattice Matrix Space）算法，从粒计算角度来建立统一的图像分割理论框架。

（1）图像分割的粒度格矩阵空间描述[46]

用粒度格矩阵模型 $(\mathrm{GX},\mathrm{GA},\mathrm{GV},(\mathrm{GI},\mathrm{GE},\mathrm{GM}),t)$ 描述原始图像。其中，GX 表示在图像中全部像素形成的粒集，GA 表示论域中各像素的属性，如像素的灰度值、连通性、纹理的方向性、粗细度等，GV 表示属性值集合，即对 $\forall a\in\mathrm{GA}$，都有属性函数 $f(x,a)\in\mathrm{GV}$。根据 GA 可将全部像素分割成等价类 $\{D_1,D_2,\cdots,D_i,\cdots,D_n\}$，且每个等价类 D_i 可构成一个图像的子区域，在该模型中用一个知识子粒 $(\mathrm{GI}_i,\mathrm{GE}_i,\mathrm{GM}_i)$ 表示，那么所有知识子粒的并集 $(\mathrm{GI}_1,\mathrm{GE}_1,\mathrm{GM}_1)\cup(\mathrm{GI}_2,\mathrm{GE}_2,\mathrm{GM}_2)\cup\cdots\cup(\mathrm{GI}_n,\mathrm{GE}_n,\mathrm{GM}_n)$ 即为该图像。通过映射，将每个知识子粒转换为商粒向量，由此构造粒度矩阵，通过矩阵也体现了图像像素之间的关系。因此，标识图像的一个基本区域可用知识子粒 $(\mathrm{GI}_i,\mathrm{GE}_i,\mathrm{GM}_i)$ 来表征，而粒度矩阵则体现了论域中像素之间的结构关系。

用 $(\mathrm{GI},\mathrm{GE},\mathrm{GM})=\bigcup_{i=1}^{n}(\mathrm{GI}_i,\mathrm{GE}_i,\mathrm{GM}_i)$ 描述分割后的图像。其中，GI_i 表示图像子区域的内涵，即进行分割后，组成某一知识子粒的区域像素具有的一致属性，如灰度值、连通性、纹理的方向性、粗细度等。GE_i 表示具有一致性像素形成有明显特征的区域集合，如 $\mathrm{GE}_i=\{x_i \mid x_1,x_2,\cdots,x_l\in D_i\}$，$D_i$ 表示该子粒所表征的图像区域。GM_i 则以粒度矩阵中向量的形式表示了像素与划分区域之间的关系。当把整个图像作为粒，其中的全部像素作为论域时，对应的粒度为最细。图像被分割后，各特征区域作为粒时，对应的粒度变粗。所以图像分割就是粒度由细到粗的变化过程。

（2）等价关系构造方法

根据粒度计算理论，图像分割就是图像在粗粒空间与细粒空间相互转化的过程。通过构造等价关系 R，可形成粒由细到粗的变化，它与原论域的属性 GA、结构 GM 有密切关系。不妨定义等价关系的函数为 $R(\mathrm{GA},\mathrm{GM})$，它与论域的属性 GA 取值和论域内部的结构关系 GM 有关。$R(\mathrm{GA},\mathrm{GM})$ 的构造可按照分层法进行，当有多个约束条件时，按单个约束分别构造等价关系，逐层构造。等价关系的构造基于论域的属性特征或结构特征，常为像素的灰度值、像素空间规律、频谱特征等。在建立等价关系时，可结合图像的特性，使构造等价关系简单实用，便于划分。

（3）选择论域的划分方法

在选择了划分的等价关系的构造方法后，选择一种有效的分类或聚类方法，进行论域划分，从而实现对图像的分割。当分割图像比较简单时，如一般灰度图像，$R(\mathrm{GA},\mathrm{GM})$ 可取灰度直方图的峰值，采用分类方法实现对图像的分割；当分割图像很复杂时，如纹理图像，需要提取纹理的区域特征，采用聚类方法实现对图像的分割。

（4）基于粒度格矩阵空间模型的图像分层结构[47]

知识粒度是论域的一个典型划分，但是由于图像像素属性的多样性，常常会产生很多太细的知识粒度，这样的知识粒度太复杂以致不能识别数据的完整性。因此根据处理问题的不同要求，按照不同的分类精度构建知识粒度层。当精度要求较低时，常将其中相似的知识粒度聚在一起，给予系统较粗的描述；当精度要求较高时，则需要进一步细化知识粒，在较细的粒度层描述。由此构建了由细到粗不同精度级别的知识粒度层，形成信息金字塔，即利用嵌套的等价关系簇，构造出分层知识结构。

对图像建立粒度格矩阵空间模型 $(\mathrm{GX},\mathrm{GA},\mathrm{GV},(\mathrm{GI},\mathrm{GE},\mathrm{GM}),t)$ 时，给定的像素属性 GA 可将全部像素分割成等价类 $\{z_1,z_2,\cdots,z_n\}$，其中，每个等价类 z_i 标识图像的一个基本区域，可用 $(\mathrm{GI}_i,\mathrm{GE}_i,\mathrm{GM}_i)$ 来表征，所有子粒的并集 $\bigcup_{i=1}^{n}(\mathrm{GI}_i,\mathrm{GE}_i,\mathrm{GM}_i)$ 描述分割后的图像，其中，GM_i 以粒度矩阵中向量的形式体现了论域中像素之间以及像素与区域之间的结构关系。根据分割精度要求的不同，通过提取不同的 GA，进一步细化或粗化像素知识粒，形成不同的粒度层，用 $(\mathrm{GI}^{(i)},\mathrm{GE}^{(i)},\mathrm{GM}^{(i)})$ 表示第 i 个单元粒度层。不同的属性集 GA，如灰度值、连通性、纹理的方向性、粗细等，对应的分割结果形成不同的单元粒度层，并且可以形成区域像素之间的嵌套关系。

（5）图像知识粒度层的合成

① 设定图像的不同特征 GA，形成不同层次下的中间粒度空间，即单元粒度层。

② 在每个单元粒度层对图像进行分割。

③ 赋予每个单元粒度层以不同的权值，进行粒度的合成，形成最后的粒度空间，实现对图像的最后分割。

粒度模型下的图像分割理论，构建了具有不同分割精度的图像粒度层，可在细粒度层对图像进行精细分割，在粗粒度层对图像进行粗糙分割，使单层次和单粒度上表示的图像信息转化为多层次和多粒度上表示的部分属性信息，实现粒度层之间的转换和跳跃。由此可以看出，该模型使图像分割从单层次和单粒度上的描述转化为多层次和多粒度上的处理，实现了图像的动态分割。

5.4.3 单元粒度层的图像分割

很多图像因为光照不均会使目标具有缓变的边界，甚至出现亮度或色彩不一致的情况，而模糊方法则能够克服这些不确定性，并能得到可接受的分割结果。模糊聚类依旧是重要方法之一，然而传统的模糊聚类算法不考虑像素之间的空间分布，其分割大多是根据图像特征（如灰度）的统计特性，而事实上，某些像素是否属于同一目标，其不仅与亮度差异有关，还与像素的空间分布有关。传统的直方图阈值法、特征空间聚类等分割方法均不考虑像素间的有序性，忽略了像素间存在的空间关联，容易导致分割出来的目标不完整，以致影响识别性能。

本节利用粒度格矩阵空间模型，以第 4 章提出的具有动态粒度特性的聚类算法为基础，引入了空间关系约束，重新定义了像素之间以及像素与区域之间的空间关系，构造了像素与区域之间邻近关系的模糊隶属度矩阵，提出了单元粒度层上的适用于图像分割的聚类算法[48]。

由于传统的 FCM 聚类算法进行图像分割仅利用了灰度信息，而没有考虑像素的空间信息，因此分割模型是不完整的，造成传统算法只适用于分割噪声含量很低的图像。解决这个问题的一个比较常用的方法就是使用空间信息，而如何表示和利用空间信息又是一个难点。简单的做法就是对图像的每个像素计算它的邻域灰度均值，由灰度和邻域灰度均值组成一个图像的二维向量表示，最后使用这个二维向量来代替灰度作为 FCM 算法的样本点进行图像分割。

本节首先引入图像灰度和空间信息的二维向量表示，然后在此基础上提出基于空间信息和灰度信息特征加权的动态图像分割算法，最后介绍单元粒度层上基于空间信息和灰度信息的图像分割算法[49]。

（1）灰度图像转化为粒度格矩阵空间模型

设定聚类数目 c 和相应的 c 个中心点 $v_1,v_2,\cdots,v_c$，初始化图像为粒模型 $(\mathrm{GX},\mathrm{GA},\mathrm{GV},(\mathrm{GI},\mathrm{GE},\mathrm{GM}),t)$。其中，GX 表示图像所有像素点形成的粒集，对灰度图来说有 $\mathrm{GA}=\{a_f,a_g\}$，分别表示像素点的灰度特性和空间约束特性，GV 表示属性值，即对 $\forall a_i\in\mathrm{GA}$，都有 $f(x,a_i)\in\mathrm{GV}$。像素点集合可以聚为 c 类，根据改进的距离公式，把样本点集合划分为以 $v_1,v_2,\cdots,v_c$ 为中心的 c 类，那么每一类都可看作粒 $(\mathrm{GI},\mathrm{GE},\mathrm{GM})$ 中的一个知识子粒。

（2）基于空间关系约束的等价关系确定

设图像的尺寸为 $M\times N$，图像灰度变化范围为 0 到 $L-1$。如果用集合 β 表示这 L 个灰度值，则 $\beta=\{t_0|t_0\in[0,L-1]\}$。显然，图像中坐标的像素点的灰度 $f(m,n)$ 为集合中的某一值，即 $f(m,n)\in\beta$。定义坐标 (m,n) 的像素点的邻域平均灰度 $g(m,n)$ 为

$$g(m,n)=\frac{1}{s\times s}\sum_{i=\frac{-(s-1)}{2}}^{\frac{s-1}{2}}\sum_{j=\frac{-(s-1)}{2}}^{\frac{s-1}{2}}f(m+i,n+j) \tag{5.1}$$

其中，s 为像素点 $f(m,n)$ 的正方形邻域窗口的宽度，s 一般取奇数，本文中取 3。对于边界情况进行对称延拓。

对于 $g(m,n)$，有

$$g(m,n)=\frac{1}{s\times s}\sum_{i=\frac{-(s-1)}{2}}^{\frac{s-1}{2}}\sum_{j=\frac{-(s-1)}{2}}^{\frac{s-1}{2}}f(m+i,n+j)<\frac{1}{s\times s}\sum_{i=\frac{-(s-1)}{2}}^{\frac{s-1}{2}}\sum_{j=\frac{-(s-1)}{2}}^{\frac{s-1}{2}}L=L \tag{5.2}$$

又由于 $f(m,n)\geqslant 0$，结合式（5.2），所以有 $0\leqslant g(m,n)<L$。

因此邻域平均灰度 $g(m,n)$ 与图像 (m,n) 具有同样的灰度变化范围，即 $g(m,n)\in\beta$。

对于任意一幅图像 $f(m,n)$，可以用矩阵 $(\boldsymbol{F}(m,n))_{(M\times N)\times 2}=[f(m,n),g(m,n)]$ 表示，即

$$[\boldsymbol{F}(m,n)]_{(M\times N)\times 2}=[f(m,n),g(m,n)]=\begin{bmatrix} f(0,0) & g(0,0) \\ \vdots & \vdots \\ f(0,N-1) & g(0,N-1) \\ f(1,0) & g(1,0) \\ \vdots & \vdots \\ f(1,N-1) & g(1,N-1) \\ \vdots & \vdots \\ f(M-1,0) & g(M-1,0) \\ \vdots & \vdots \\ f(M-1,N-1) & g(M-1,N-1) \end{bmatrix} \tag{5.3}$$

（3）基于粒度格矩阵空间的属性权值计算

特征向量之间加权系数的选取。本节采用的聚类准则是加权距离公式，即

$$D^2(F)=(F-F^C)W(F-F^C)^{\mathrm{T}} \tag{5.4}$$

其中，$F=(f(m,n),g(m,n))$为确定的样本像素点，$F^C=(f^C(m^C,n^C),g^C(m^C,n^C))$为类中心，$W$为

$$W=\begin{bmatrix} w_f & 0 \\ 0 & w_g \end{bmatrix} \tag{5.5}$$

其中，$0\leqslant w_f,w_g\leqslant 1$，$w_f+w_g=1$。$\dfrac{w_f}{w_g}$越小，空间相关信息的比重越大，等效为空间相关长度越长。

权值w_f、w_g的确定。通过 4.4.2 节中提出的基于粒度格矩阵空间的属性权值计算像素点的 2 个属性$\{a_f,a_g\}$的权值w_f、w_g，在此不再赘述。对赋予了权重后的距离定义为

$$d(x_j,v_i)=\sqrt{w_f\left|f_i(m,n)-f_i^C\right|^2+w_g\left|g_i(m,n)-g_i^C\right|^2} \tag{5.6}$$

其中，$f_i(m,n)$为像素点x_i的灰度值，$g_i(m,n)$为像素点x_i邻域的平均灰度值，f_i^C为类中心v_i的灰度值，g_i^C为类中心v_i邻域的平均灰度值。

（4）基于粒度格矩阵空间的 FCM 聚类算法

运用式(5.6)提供的加权距离公式$d_{ij}^2=(d(x_j,v_i))^2$，计算像素点的模糊隶属度矩阵$\boldsymbol{U}^{(I)}$为

$$\mu_{ij}^{(I)}=\begin{cases} \left(\displaystyle\sum_{r=1}^{c}\left(\frac{d^2(x_j,v_i)}{d^2(x_j,v_r)}\right)^{\frac{1}{m-1}}\right)^{-1}, & d_{ij}^2>0 \\ 1, & d_{ij}^2=0 \\ 0, & k\neq i,d_{kj}^2=0 \end{cases} \tag{5.7}$$

经过更新仍保持$\sum_{i=1}^{c}\mu_{ij}^{(I)}=1$。

更新聚类中心矩阵$\boldsymbol{V}=[v_i^{(I+1)}]$，计算聚类中心为

$$v_i^{(I+1)} = \frac{\sum_{j=1}^{l} (\mu_{ij}^{(I)})^m x_j}{\sum_{j=1}^{l} (\mu_{ij}^{(I)})^m}, 1 \leqslant i \leqslant c \tag{5.8}$$

直至 $\left\| V^{(I+1)} - V^{(I)} \right\| < \varepsilon$，则停止迭代。否则 $I = I + 1$，重复上述步骤。

5.4.4　单元粒度层图像分割的合成

（1）单元粒度层的区域划分

首先，通过不断增加聚类数，形成中间粒度层，在每个中间粒度层采用 5.5.3 节描述的单元粒度层上的聚类算法对图像进行分割。中间粒度层分别用粒结构 $(\mathrm{GI}^{(0)}, \mathrm{GE}^{(0)}, \mathrm{GM}^{(0)}), \cdots, (\mathrm{GI}^{(i)}, \mathrm{GE}^{(i)}, \mathrm{GM}^{(i)}), \cdots, (\mathrm{GI}^{(m)}, \mathrm{GE}^{(m)}, \mathrm{GM}^{(m)})$ 表示。其中，$\mathrm{GM}^{(i)}$ 以粒度矩阵 $\boldsymbol{Y}^{(i)}$ 的形式体现了单元粒度层上各个基本区域 $D_k (k = 1, 2, \cdots)$ 对簇类 $C_j (j = 1, 2 \cdots)$ 的隶属度。由此可以看出，粒度矩阵与反映图像区域关系的信息表 $T = (U, A, V, f)$ 是对应的，其中，$U = \{D_1, D_2, \cdots, D_k \cdots\}$，不同的聚类数可作为信息表的条件属性 $a_i \in A (i = 1, 2, \cdots)$，而将各区域 D_k 对某一簇类 $C_j (j = 1, 2, \cdots)$ 的隶属度作为属性值，有 $u_j(D_k) = \begin{cases} 0, D_k \notin C_j \\ 1, D_k \in C_j \end{cases}$。

（2）单元粒度层的权值

信息表中的每个属性对分类的作用是不同的，因此赋予它们权值，以能够更好地衡量区域间的差异度。

给定聚类数，聚类结果由区域 D_k 确定属于某一簇类 C_j，因此对应一个粒度矩阵。若不断增加聚类数，则产生不同的聚类结果，因此对应一簇粒度矩阵，形成中间粒度层，用粒度矩阵表示为 $(\boldsymbol{Y}^{(0)}, \cdots, \boldsymbol{Y}^{(i)}, \cdots, \boldsymbol{Y}^{(m)})$。其中，粒度矩阵体现了聚类后区域 D_k 对簇类 $C_j (j = 1, 2, \cdots)$ 的所有属性，矩阵中的元素用属性值 $u_j(D_k)$ 表示。

对某个区域 D_k，衡量属性 a_i 对应的属性值 $u_j(D_k)$ 是必要性的充要条件为：若删除该属性值，其他属性 a_j 产生的聚类结果使不同区域 $D_k, D_z (k \neq z)$ 同属于一个簇类，即有 $u_j(D_k) = u_j(D_z)$，而无法正确识别两区域，那么属性值 $u_j(D_k)$ 无法省略；否则，其属性值 $u_j(D_k)$ 是可省略的。对应于属性值 $u_j(D_k)$ 的约简，用粒度矩阵 $\boldsymbol{Y}^{(i)}$ 中的 $*$ 表示相应元素约简，约简后的粒度矩阵用 $\boldsymbol{Y}^{(i)*}$ 表示。

同时，每个属性对分类的作用也不一样，因此为了衡量各个属性的重要性，定义权值。由于将聚类数作为属性，不同的聚类数产生的聚类结果构成了中间粒度层，因此，属性的权值也可称为粒度层的权值。由此，计算属性 a_i 的权值，即某个单元粒度层的权值定义为

$$w_i = 1 - \frac{\left| \boldsymbol{Y}^{(i)*} \right|}{\left| \boldsymbol{Y}^{(i)} \right|} \tag{5.9}$$

其中，$\left| \boldsymbol{Y}^{(i)} \right|$ 表示矩阵 $\boldsymbol{Y}^{(i)}$ 所含 1 的个数，$\left| \boldsymbol{Y}^{(i)*} \right|$ 表示元素约简后矩阵 $\boldsymbol{Y}^{(i)*}$ 所含 1 的个数。

（3）单元粒度层图像分割的合成

在单元粒度层上，由粒度矩阵 $\boldsymbol{Y}^{(i)}$ 以元素 0 或 1 的形式体现各区域所属类簇，不妨用

$D_k, D_z(k \neq z)$代表任意 2 个基本区域，在矩阵$\boldsymbol{Y}^{(i)}$中用商粒向量$\boldsymbol{Y}_k^{(i)}$和$\boldsymbol{Y}_z^{(i)}$表示。那么在该粒度层，两区域的差异度定义为

$$\lambda_{kz}^{(i)} = \begin{cases} 0, & \boldsymbol{Y}_k^{(i)} \neq \boldsymbol{Y}_z^{(i)} \\ 1, & \boldsymbol{Y}_k^{(i)} = \boldsymbol{Y}_z^{(i)} \end{cases} \tag{5.10}$$

设中间粒度层有 m 层，若将所有中间粒度层进行加权合成来区分两区域，则两区域的差异度定义为

$$d(D_k, D_z) = \sum_{i=1}^{m} w_i \lambda_{kz}^{(i)} \tag{5.11}$$

其中，w_i为第 i 粒度层的权值。

通过区域间差异度的定义，可构造一个差异度矩阵。

（4）基于差异度的相似域划分

设定一个差异度指数α，可以定义基于差异度的等价关系$\{R_i\}, i = 1,2,\cdots,n$，将所有基本区域划分为相似域$[z_i]_{R_i}$和非相似域$\overline{[z_i]}_{R_i}$，则有

$$U / R_i = \{[z_i]_{R_i}, \overline{[z_i]}_{R_i}\}, i = 1,2,\cdots,n \tag{5.12}$$

其中，$[z_i]_{R_i} = \{z_j \big| d(z_i, z_j) \leqslant a\}$，$[z_i]_{R_i} = \{z_j \big| d(z_i, z_j) > a\}$。

5.4.5 实验及分析

1. 实验 1

本节以 Matlab 7.0 为仿真工具，首先对 cameraman 图像进行实验，为了进一步突显新算法对图像边缘处理的效果，本节先对其进行阈值分割，再运用新算法对边缘进行细化处理。

（1）单元粒度层的区域划分

分别取聚类数 K=2、3、4 来构造 3 个中间粒度层，运用 5.5.3 节描述的单元粒度层的聚类算法对图像样本点进行聚类，形成反映图像区域关系的信息表$T = (U, A, V, f)$，其中，$U = \{D_1, D_2, D_3, D_4\}$。不同的聚类数 K=2、3、4 可作为信息表的条件属性a_1、a_2、a_3，而将各区域$D_k(k = 1,2,3,4)$对某一簇类$C_j(j = 1,2,\cdots)$的隶属度作为属性值，有$u_j(D_k) = \begin{cases} 0, D_k \notin C_j \\ 1, D_k \in C_j \end{cases}$，则该信息表可以用粒度矩阵的形式表示如下。

当$K = 2$时，对应粒度层$(\mathrm{GI}^{(0)}, \mathrm{GE}^{(0)}, \mathrm{GM}^{(0)})$，粒度矩阵$\boldsymbol{Y}^{(0)} = \begin{bmatrix} 1 & 0 \\ 1 & 0 \\ 0 & 1 \\ 0 & 1 \end{bmatrix}$。

当$K = 3$时，对应粒度层$(\mathrm{GI}^{(1)}, \mathrm{GE}^{(1)}, \mathrm{GM}^{(1)})$，粒度矩阵$\boldsymbol{Y}^{(1)} = \begin{bmatrix} 1 & 0 & 0 \\ 0 & 1 & 0 \\ 0 & 0 & 1 \\ 0 & 0 & 1 \end{bmatrix}$。

当 $K=4$ 时，对应粒度层 $(\mathrm{GI}^{(2)},\mathrm{GE}^{(2)},\mathrm{GM}^{(2)})$，粒度矩阵 $\boldsymbol{Y}^{(2)}=\begin{bmatrix}1&0&0&0\\0&1&0&0\\0&0&1&0\\0&0&0&1\end{bmatrix}$。

（2）单元粒度层的权值计算

针对对象区域 D_1、D_2、D_3、D_4，分别建立 3 个中间粒度层，分别为 $(\mathrm{GI}^{(0)},\mathrm{GE}^{(0)},\mathrm{GM}^{(0)})$，$(\mathrm{GI}^{(1)},\mathrm{GE}^{(1)},\mathrm{GM}^{(1)})$，$(\mathrm{GI}^{(2)},\mathrm{GE}^{(2)},\mathrm{GM}^{(2)})$。对第一层粒度层，有 $\{D_1,\ D_2\},\{D_3,\ D_4\}$；对第二层粒度层，有 $\{D_1\},\{D_2\},\{D_3,\ D_4\}$；对第三层粒度层，有 $\{D_1\},\{D_2\},\{D_3\},\{D_4\}$。由粒度层的构建可以看出，在第一层、第二层粒度层，无法区分区域 $\{D_3,D_4\}$，因此有必要建立第三层粒度层，即有 $\{D_3\}$，$\{D_4\}$。而对区域 $\{D_1\}$，$\{D_2\}$ 来说，若省略其中任意一个粒度层，两区域始终保持互异性。因此，运用属性值约简的判定条件，进行属性值约简。对应于属性值的约简，粒度矩阵 $\boldsymbol{Y}^{(i)}$ 中的 $*$ 表示相应元素的约简。因此，粒度矩阵转变为

$$\boldsymbol{Y}^{(0)*}=\begin{bmatrix}*&0\\ *&0\\0&*\\0&*\end{bmatrix},\quad \boldsymbol{Y}^{(1)*}=\begin{bmatrix}*&0&0\\0&*&0\\0&0&*\\0&0&*\end{bmatrix},\quad \boldsymbol{Y}^{(2)*}=\begin{bmatrix}*&0&0&0\\0&*&0&0\\0&0&1&0\\0&0&0&1\end{bmatrix}$$

则由式(5.9)可得，每个粒度层的权值分别为 $w_1=1.0$，$w_2=1.0$，$w_3=0.5$。

（3）单元粒度层图像分割的合成

在获得各粒度层的权值后，由式(5.10)和式(5.11)进行单元粒度层的加权合成，用以区分任意 2 个区域，得到差异度矩阵为

$$\boldsymbol{Z}=\begin{bmatrix}0&1.5&2.5&2.5\\1.5&0&2.5&2.5\\2.5&2.5&0&0.5\\2.5&2.5&0.5&0\end{bmatrix}$$

（4）基于差异度的相似域划分

设定一个差异度指数 $\alpha=0.8$，可以定义基于差异度的等价关系 $\{R_i\},i=1,2,\cdots,n$，将论域划分为相似域 $[z_i]_{R_i}$ 和非相似域 $\overline{[z_i]}_{R_i}$，则有

$U/R_1=\{\{D_1\},\{D_2,D_3,D_4\}\}$，$U/R_2=\{\{D_2\},\{D_1,D_3,D_4\}\}$

$U/R_3=\{\{D_3,D_4\},\{D_1,D_2\}\}$，$U/R_4=\{\{D_3,D_4\},\{D_1,D_2\}\}$

由上述可得划分为 $U/R=\{\{D_1\},\{D_2\},\{D_3,D_4\}\}$。

设定一个差异度指数 $\alpha=1.6$，可以定义基于差异度的等价关系 $\{R_i\},i=1,2,\cdots,n$，将论域划分为相似域 $[z_i]_{R_i}$ 和非相似域 $\overline{[z_i]}_{R_i}$，则有

$U/R_1=\{\{D_3,D_4\},\{D_1,D_2\}\}$，$U/R_2=\{\{D_3,D_4\},\{D_1,D_2\}\}$

$U/R_3=\{\{D_3,D_4\},\{D_1,D_2\}\}$，$U/R_4=\{\{D_3,D_4\},\{D_1,D_2\}\}$

由上述可得划分为 $U/R=\{\{D_1,D_2\},\{D_3,D_4\}\}$。

图 5-1(a)所示为阈值化后的测试图像。传统的 FCM 算法、ISGLMS 算法($\alpha=0.8$)、ISGLMS

算法($\alpha=1.6$)的分割结果分别如图 5-1(c)～图 5-1(e)所示。从图中可以看出，利用 ISGLMS 算法分割后的区域边缘效果比利用 FCM 算法分割后的相应边缘，要细化得多。同时，由于阈值α的存在，通过调整阈值为$\alpha=1.6$时，图像分割的边缘效果最佳。

(a)阈值化后的测试图像

(b)对图(a)平滑 30 次

(c)基于 FCM 的图像分割

(d)基于 ISGLMS 的图像分割且 $\alpha=0.8$

(e)基于 ISGLMS 的图像分割且 $\alpha=1.6$

图 5-1　基于 FCM 和 ISGLMS 的图像分割比较

2. 实验 2

为了进一步说明新算法的有效性，实验 2 对加噪声的图像进行分割。

（1）单元粒度层的区域划分

分别取聚类数$K=2$、3、4 构造 3 个中间粒度层，每个粒度层上的粒度矩阵为

$$\boldsymbol{Y}^{(0)}=\begin{bmatrix}1&0\\1&0\\1&0\\1&0\\0&1\\0&1\\0&1\end{bmatrix},\quad \boldsymbol{Y}^{(1)}=\begin{bmatrix}1&0&0\\1&0&0\\0&1&0\\0&1&0\\0&1&0\\0&0&1\\0&0&1\end{bmatrix},\quad \boldsymbol{Y}^{(2)}=\begin{bmatrix}1&0&0&0\\0&1&0&0\\0&1&0&0\\0&0&1&0\\0&0&1&0\\0&0&1&0\\0&0&0&1\end{bmatrix}$$

（2）单元粒度层的权值计算

针对对象区域D_1、D_2、D_3、D_4、D_5、D_6、D_7，运用属性值约简的判定条件，进行属性值约简。对应于属性值的约简，粒度矩阵$\boldsymbol{Y}^{(i)}$中的$*$表示相应元素的约简。因此，粒度矩阵转变为

$$\boldsymbol{Y}^{(0)}=\begin{bmatrix} * & 0 \\ * & 0 \\ * & 0 \\ 1 & 0 \\ 0 & 1 \\ 0 & * \\ 0 & * \end{bmatrix},\quad \boldsymbol{Y}^{(1)}=\begin{bmatrix} * & 0 & 0 \\ 1 & 0 & 0 \\ 0 & 1 & 0 \\ 0 & * & 0 \\ 0 & 1 & 0 \\ 0 & 0 & 1 \\ 0 & 0 & * \end{bmatrix},\quad \boldsymbol{Y}^{(2)}=\begin{bmatrix} 1 & 0 & 0 & 0 \\ 0 & 1 & 0 & 0 \\ 0 & 1 & 0 & 0 \\ 0 & 0 & 1 & 0 \\ 0 & 0 & * & 0 \\ 0 & 0 & 1 & 0 \\ 0 & 0 & 0 & 1 \end{bmatrix}$$

则由式(5.9)可得，每个粒度层的权值分别为 $w_1=0.7143$，$w_2=0.4286$，$w_3=0.1429$。

（3）单元粒度层图像分割的合成

在获得各粒度层的权值后，由式(5.10)和式(5.11)进行单元粒度层的加权合成，用以区分任意 2 个区域，得到差异度矩阵为

$$\boldsymbol{Z}=\begin{bmatrix} 0 & 0.1429 & 0.5714 & 0.5714 & 1.2857 & 1.2857 & 1.2857 \\ 0.1429 & 0 & 0.4286 & 0.5714 & 1.2857 & 1.2857 & 1.2857 \\ 0.5714 & 0.4286 & 0 & 0.1429 & 0.8571 & 1.2857 & 1.2857 \\ 0.5714 & 0.5714 & 0.1429 & 0 & 0.7143 & 1.1429 & 1.2857 \\ 1.2857 & 1.2857 & 0.8571 & 0.7143 & 0 & 0.4286 & 0.5714 \\ 1.2857 & 1.2857 & 1.2857 & 1.1429 & 0.4286 & 0 & 0.1429 \\ 1.2857 & 1.2857 & 1.2857 & 1.2857 & 0.5714 & 0.1429 & 0 \end{bmatrix}$$

（4）基于差异度的相似域划分

设定一个差异度指数 $\alpha=0.7$，可以定义基于差异度的等价关系 $\{R_i\},i=1,2,\cdots,n$，将论域划分为相似域 $[z_i]_{R_i}$ 和非相似域 $\overline{[z_i]}_{R_i}$，则有

$U/R_1=\{\{D_1,D_2,D_3,D_4\},\{D_5,D_6,D_7\}\}$

$U/R_2=\{\{D_1,D_2,D_3,D_4\},\{D_5,D_6,D_7\}\}$

$U/R_3=\{\{D_1,D_2,D_3,D_4\},\{D_5,D_6,D_7\}\}$

$U/R_4=\{\{D_1,D_2,D_3,D_4\},\{D_5,D_6,D_7\}\}$

$U/R_5=\{\{D_1,D_2,D_3,D_4\},\{D_5,D_6,D_7\}\}$

$U/R_6=\{\{D_1,D_2,D_3,D_4\},\{D_5,D_6,D_7\}\}$

$U/R_7=\{\{D_1,D_2,D_3,D_4\},\{D_5,D_6,D_7\}\}$

由上述可得划分为 $U/R=\{\{D_1,D_2,D_3,D_4\},\{D_5,D_6,D_7\}\}$。

设定一个差异度指数 $\alpha=1.0$，可以定义基于差异度的等价关系 $\{R_i\},i=1,2,\cdots,n$，将论域划分为相似域 $[z_i]_{R_i}$ 和非相似域 $\overline{[z_i]}_{R_i}$，则有

$U/R_1=\{\{D_1,D_2,D_3,D_4\},\{D_5,D_6,D_7\}\}$

$U/R_2=\{\{D_1,D_2,D_3,D_4\},\{D_5,D_6,D_7\}\}$

$U/R_3=\{\{D_1,D_2,D_3,D_4,D_5\},\{D_6,D_7\}\}$

$U/R_4=\{\{D_1,D_2,D_3,D_4,D_5\},\{D_6,D_7\}\}$

$U/R_5=\{\{D_1,D_2\},\{D_3,D_4,D_5,D_6,D_7\}\}$

$U/R_6=\{\{D_1,D_2,D_3,D_4\},\{D_5,D_6,D_7\}\}$

$U/R_7=\{\{D_1,D_2,D_3,D_4\},\{D_5,D_6,D_7\}\}$

由上述可得划分为$U/R=\{\{D_1,D_2\},\{D_3,D_4\},\{D_5\},\{D_6,D_7\}\}$。

图 5-2(a)所示为测试原图像。传统的 FCM 算法、ISGLMS 算法($\alpha=0.7$)、ISGLMS 算法($\alpha=1.0$)的分割结果分别如图 5-2(c)～图 5-2(e)所示。从图中可以看出，运用 ISGLMS 算法分割后的区域边缘效果较 FCM 算法分割后的相应边缘要细化得多。同时，由于 ISGLMS 算法考虑了邻域像素的作用，并且运用了灰度信息和邻域信息的权重，具有很好的滤除噪声的能力，分割结果显示了该算法有良好的抗噪性。

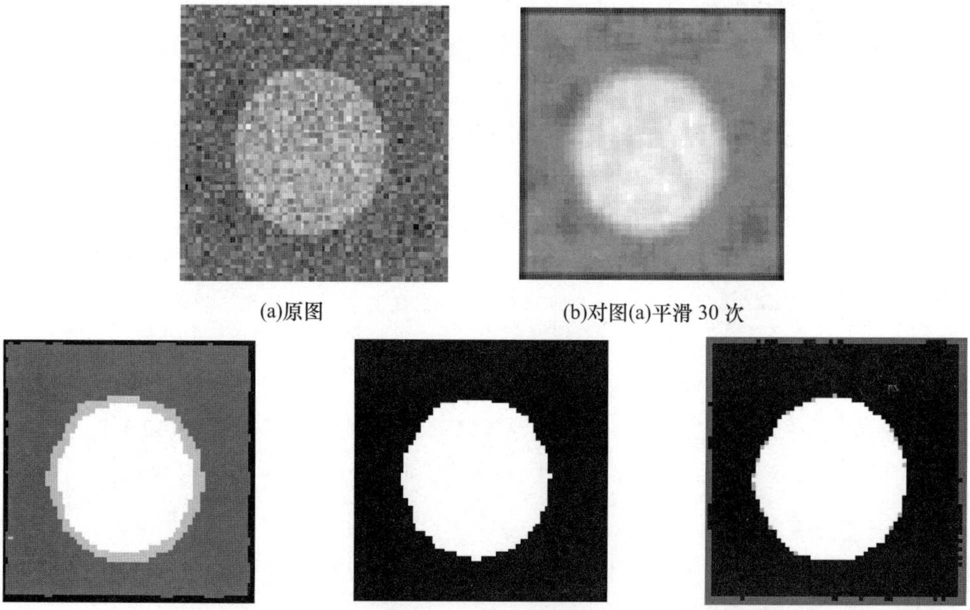

(a)原图　(b)对图(a)平滑 30 次

(c)基于 FCM 的图像分割　(d)基于 ISGLMS 的图像分割且 $\alpha=0.7$　(e)基于 ISGLMS 的图像分割且 $\alpha=1.0$

图 5-2　基于 FCM 和 ISGLMS 的图像分割比较

5.5　基于粒空间融合的多特征显著区域检测

视觉注意机制，又称视觉显著性，即按照人眼的注意模式，将图像分成人们感兴趣的显著前景和不包含重要信息的非显著背景。视觉注意机制可运用于诸多领域，如图像分割、目标识别等，且其检测效率高，可有效加速图像处理。

显著性检测主要分为自底向上的基于数据驱动的注意机制和自顶向下的基于知识驱动的注意机制。自底向上是指与周围具有较强对比度或与周围有明显不同的区域吸引自下而上的注意；而自顶向下往往需要一些先验知识，主观性强，通用性差。因此，目前的检测算法大多采用自底向上的注意机制。

采用高斯金字塔模型计算不同尺度上的图像视觉特征，得到的显著图分辨率差、信息丢失严重。GBVS 算法将马尔可夫链引入显著图生成过程，通过其平稳分布来计算图像的显著性，边缘信息同样没得到有效保留。利用 DoG 带通滤波实现了快速检测 IG 算法，算法简单，但是非显著背景抑制效果并不明显；若加入超像素分割，与相邻区域对比度大的区域，显著性更高，在此基础上进行图像分割，效果十分显著，但是检测到的显著目标边缘略显模糊；

若将最大熵随机游走机制加入显著性检测中，效果显著，但是丢失目标的边缘信息，更适合检测目标所在区域；若利用数据驱动的方法，选择近似的图像集，将相似图像上的多种显著性算法的结果进行整合，实验复杂，且显著图像略显模糊。

目前的检测算法，或多或少存在边缘信息丢失的问题，并且作为图像预处理阶段，视觉显著性检测应尽量做到快速、简单。粒计算是信息处理的新手段，它将问题进行不断的分解合成，从而获得最终的结果，降低了全局复杂度，有效加速了信息处理。因此，本节提出融合粒空间的多特征显著区域检测方法，通过颜色对比和图像空间-颜色特征融合，降低复杂度和计算量，尽可能保留显著目标边缘。

5.5.1　矩形粒特征提取

一般而言，局部特征是指图像进行区域分割之后提取的特征。但是，图像在经过分割之后，极易出现显著区域和非显著区域出现在同一分块的情况，如图 5-3(b)所示。此外，一旦二者同时出现在一个分块，在计算显著值之后，会赋予这一块中每个像素同一个显著值，从而显著像素点和非显著像素点混杂在一块，丢失显著区域和非显著区域之间的边界线，使最终得到的显著图边缘模糊，或出现分辨率不高的情况，如图 5-3(c)所示。

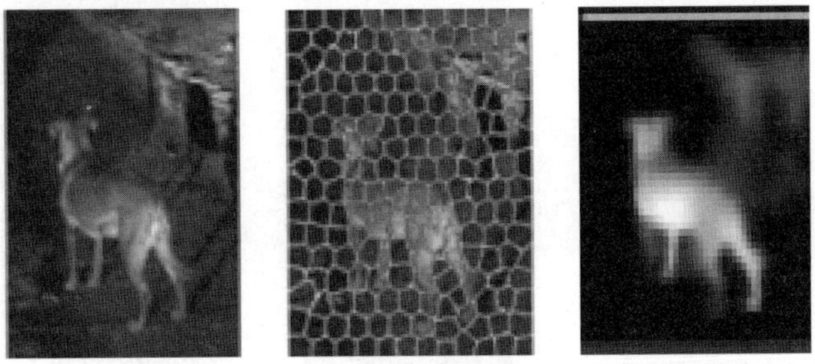

(a)原图　　(b)超像素分割图　　(c)显著图

图 5-3　基于区域分割的显著性提取

图像内容的各式各样，导致了颜色的千差万别。但是，显著目标与非显著目标的颜色差距十分明显。因此，为了获得完整、清晰的显著区域轮廓，所提方法将图像划分为可重叠、非均等的矩形粒，以任何像素点为核心，以八邻域构建其粒度空间，如图 5-4 所示。其中，阴影区域为粒中心，边缘部分为不完整的八邻域粒。

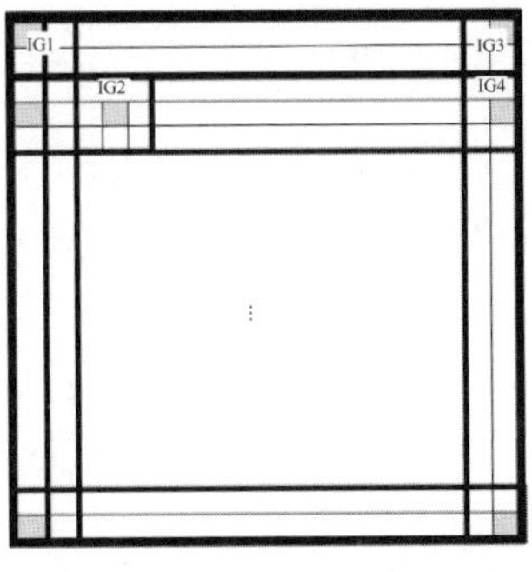

图 5-4　图像矩形粒分割

矩形粒可描述为一个八维向量，即

$$\mathbf{IG} = \{x,y,w,h,1,r,g,b\} \tag{5.13}$$

其中，(x,y)为矩形粒中心的坐标位置，(w,h)为粒空间大小，满足$2 \leqslant w,h \leqslant 3$，1 为尺度大小，$(r, g, b)$为中心粒的三通道颜色特征。

计算每个中心粒在该粒度空间内的最大对比值，以作为中心粒显著值，即

$$S_1(i)=\max_{j\in A}|C(i)-C(j)| \tag{5.14}$$

其中，$C(i)$为矩形粒中 i 的颜色值，包括中心粒的三通道 R、G、B，A 为中心粒 i 的八邻域所构成的粒空间，$C(j)$为矩形粒空间内除中心粒以外的子粒。

为消除不同图像在颜色上的差异，保持所有图像的相对一致性，对式(5.14)修改为

$$S_1(i) = \max_{j\in A}\left|\frac{C(i)-C(j)}{C(i)}\right| \tag{5.15}$$

在对每个矩形粒中心进行计算后，得到图像的矩形粒对比显著图（RG, Rectangle Granularity），如图 5-5 所示。经过矩形粒对比之后，可以清晰地看到每张图像中显著区域的轮廓，并且边缘线亮度明显高于其他部分，而显著目标也完美地保留了下来。由于非显著区域在颜色上的一致性，导致在与自身颜色作商之后，颜色接近于黑色，背景得到了明显的抑制。

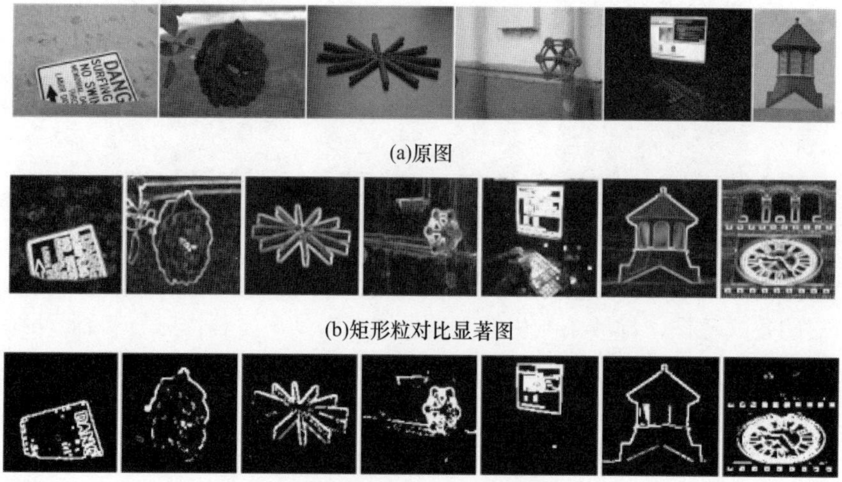

(a)原图

(b)矩形粒对比显著图

(c)二值化后的矩形粒对比显著图

图 5-5　矩形粒对比显著图

图 5-5(c)是经二值化处理之后的显著图，可以看出，整个显著区域得到较为准确的定位，且显著区域的显著像素点明显更加聚集。

经典显著性提取谱残差算法 SR 通过将图像进行 log 变化，提取变化前后的异常区域，得到最终的显著图，如图 5-6(b)所示。可以看出，经过 SR 算法提取的显著图，得到的更多的是显著目标边缘。而由图 5-6(c)可以看出，矩形粒对比显著图保留了较为完整的边缘信息。

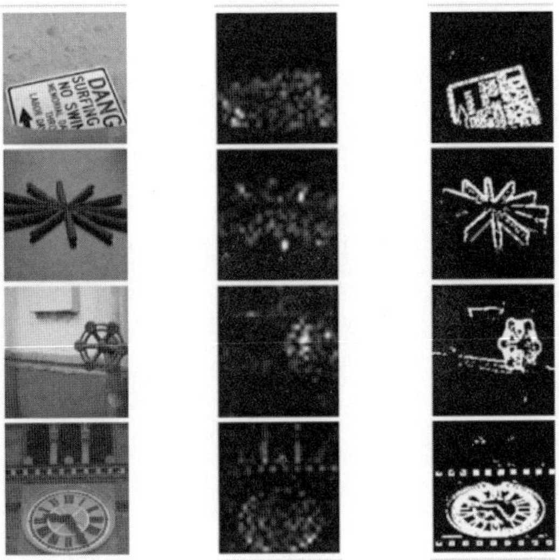

(a)原图　(b)SR 图　(c)RG 图

图 5-6　原图、SR 图和 RG 图对比

由图 5-7 可以清楚地看到，RG 的精确度-召回率曲线明显高于 SR，即本节矩形粒特征提取算法仅通过简单的矩形粒中心粒颜色对比，就可以得到有所改进的显著图。

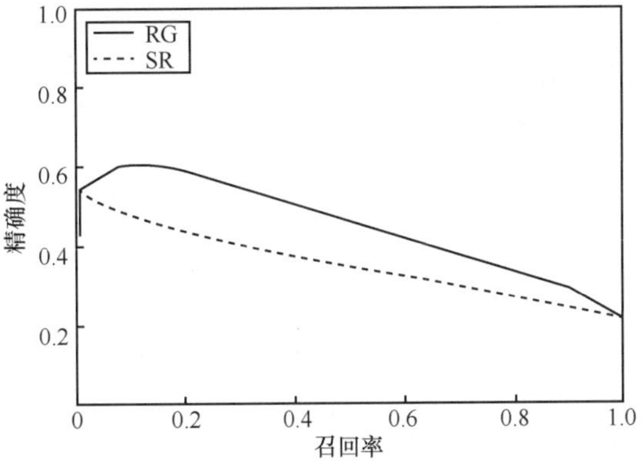

图 5-7　RG 和 SR 的精确度-召回率曲线

5.5.2　球形粒特征提取

矩形粒对比显著图提取到了准确的边缘信息，但经二值化之后，由于颜色的差异，丢失了一部分边缘信息，且显著目标并没有完全显现出来。因此，本节将提取球形粒对比特征，得到准确的显著目标内容。

定义球形粒（SG，Sphere Granularity）为以每个像素点为中心、半径为 0 的球，描述为一个七维向量，即

$$\mathbf{SG}=\{x,y,0,1,r,g,b\} \tag{5.16}$$

其中，(x,y)为球形粒中心位置，$(0,1)$为球形粒半径为 0、尺度为 1，(r,g,b)为中心粒的三通道颜色特征。

根据背景先验知识中最常用的边界先验，图像的边界一般是背景，即非显著区域。

通过大量实验可得，98%的边界区域像素是背景，且显著区域通常不会出现在图像的边界处。因此，本节基于边界先验，提出了球形粒颜色对比方法。

按照边界先验的内容，图像的四周边界一般是背景，并且背景是比较均匀且连续的，即在颜色上，边界处的背景颜色差异不大。而在空间上，背景一般是成片出现、与边界相连接的，显著区域一般会与背景在颜色上有很大的差异，并且靠近中心位置。因此，将非边界球形粒与边界球形粒进行对比，对比度大的球形粒被认为是显著区域。但是，对于同一背景和边界而言，如图 5-8(a)(1)所示四周的背景颜色比较一致，图 5-8(a)(4)所示整体出现 2 种颜色。因此，在裁剪图像的基础上，以原始图像的 4 个顶点作为边界背景颜色参考值，有效降低计算量和计算时间，如式(5.17)所示。

$$S_2(i)=\left|\frac{C(i)-C(k)}{C(i)}\right|,\ k=1,2,3,4 \tag{5.17}$$

其中，k 为图像 4 个顶点像素。

遍历整幅图像之后，得到球形粒对比显著图，如图 5-8 所示。由图 5-8(b)(2)可以看出，经过球形粒对比后，图像的纹理得以完整保留，显著区域也能准确找到，并且高亮显示。同时，对于背景颜色多样化的情况，也能得到有效的抑制，如图 5-8(b)(4)所示，同样是通过对本身作商，背景最大化地趋近于 0，有效避免后期对显著区域提取的干扰。

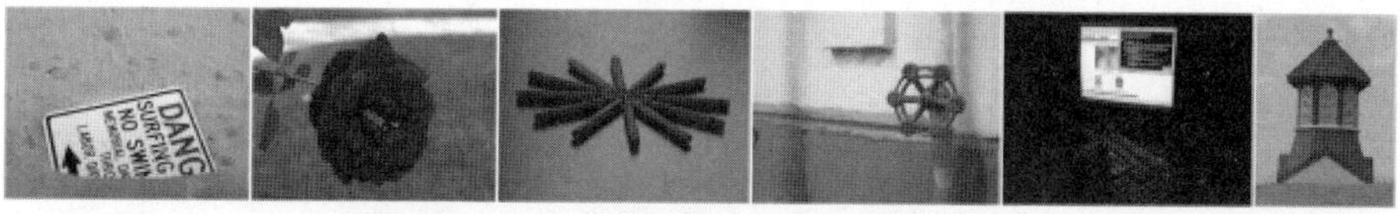
(1) (2) (3) (4) (5) (6)

(a)原图

(1) (2) (3) (4) (5) (6)

(b)球形粒对比显著图

图 5-8　球形粒对比显著图

5.5.3　粒融合

矩形粒显著图能有效得到显著目标的位置和边缘信息，而球形粒显著图则有着更为完整的纹理和内容信息，将显著目标更好地填充起来，使目标更加具体、充实。二者互为补充，又相互排斥。因此，本文以矩形粒对比显著图为基准，与球形粒相融合，检测图像的显著区域，方法如下。

步骤 1　将 2 个显著图分别二值化并填充。

步骤 2　根据区域连通性，找到显著图最大连通区域，按照距离和颜色的差距，由式(5.18)计算非最大联通区域的显著性，取最大连通区域的物理中心作为标准点，当显著值大于阈值 T 时，认为该点是显著区域点，得以保留。

$$D_G(i,j)=\begin{cases}\dfrac{1}{f_k d(i,j)+(1-f_k)c_G(i,j)}, & p_i\in \text{非最大连通区域}\\ \dfrac{1}{f_k d(i,j)+(1-f_k)c_G(i,j)}+\bar{G}, & p_i\in \text{最大连通区域}\end{cases} \tag{5.18}$$

其中，f_k 为欧氏距离 $d(i,j)$的权值，$c_G(i,j)$为颜色差，$\bar{G}$ 为颜色通道为 G 的颜色平均值。实验证明，仅获取通道 G 下的图像显著性的结果最好，且能有效降低复杂度。当 p_i 本身属于最大连通区域时，一般认为它属于显著区域，所以在计算显著值时，优先赋予它一个基础值，经大量实验证明，当基础值=$\bar{G}$，f_k=0.3 时，误判率最低。

步骤 3　以矩形粒对比显著图为基准，合并球形粒对比显著图中的显著区域。

若 p_i 为球形粒对比显著图中的显著点，但在矩形粒对比显著图中为非显著点，则当 p_i 在局部像素显著图八邻域内有显著点 p_j（p_j 最少有一个），计算 p_i 与 p_j 的距离，当距离满足式(5.19)时，设定该点为显著点。

$$\sqrt{(R(i)-R(j))^2+(R(i)-R(j))^2+(R(i)-R(j))^2}\leqslant\frac{5}{12}\overline{\mathrm{RGB}} \tag{5.19}$$

其中，$R(r_i)$、$G(r_i)$、$B(r_i)$分别为 r_i 像素点的三通道颜色值，$\overline{\mathrm{RGB}}$ 为该图的颜色均值。

图 5-9 所示为矩形对比显著连通图（RGC, Rectangle Granularity Connected Graph）、球形粒对比显著连通图 SGC 和最终显著图（RS，Rectangle and Sphere Connected Graph）。可以看到，矩形对比显著连通图有完整的边缘信息，球形粒对比显著连通图有充实的内容，经过融合之后，得到的显著区域同时具有边缘信息和内容。图 5-10 所示为显著区域检测流程。

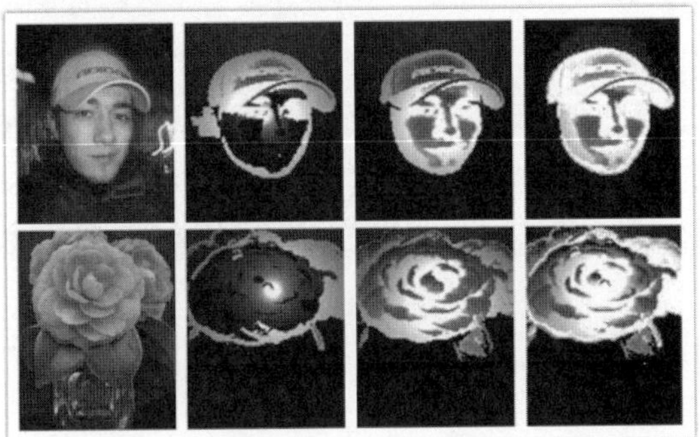

(a)原图　　(b)RGC　　(c)SGC　　(d)RS

图 5-9　粒融合流程

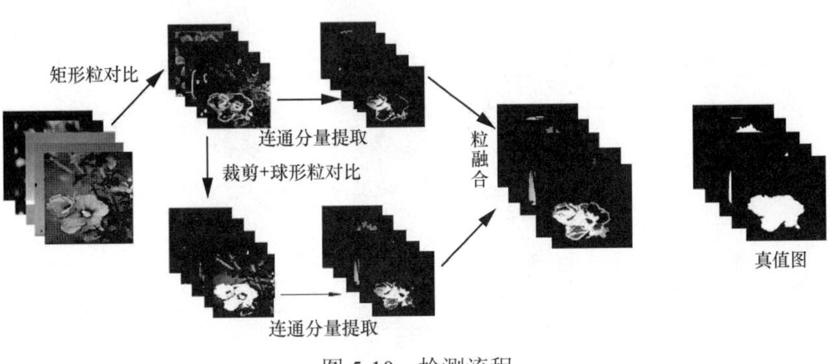

图 5-10　检测流程

5.5.4 实验及分析

本节采用最广泛的 MSRA1000 和 MSRA-B 数据集，每一幅彩色图像对应一个真值图作为检验标准。实验环境为 Windows10 系统，2.40 GHz 处理器。将本文提出的 RS 算法与最新检测算法 RC（Region Contrast）、CB（Context-based）在数据集 MSRA1000 上进行比较。评价标准为平均精确度、平均召回率、F-Measure 值。

$$P=\frac{正确检测的样本数}{正确检测的样本数+误判的样本数}\times 100\% \tag{5.20}$$

$$R=\frac{正确检测的样本数}{总的样本数}\times 100\% \tag{5.21}$$

$$F_\beta=\frac{(1+\beta^2)\times P\times R}{\beta^2\times P+R},\ \beta=0.3 \tag{5.22}$$

图 5-11 所示为本节算法 RS 在 MSRA1000 数据集上与其他 2 种算法的显著图对比。可以看到，RS 算法可以完美地保留显著区域的边缘信息，并且将显著区域均匀高亮显示，显著区域的内容尽可能地保留，杂质抑制较好，信息丢失较少。

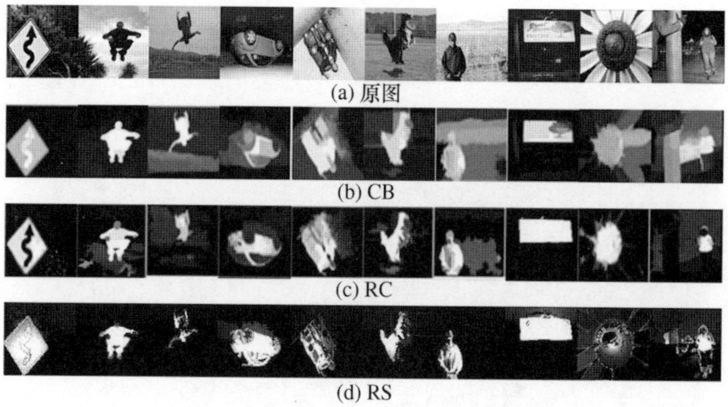

图 5-11　显著图对比

图 5-12 为 3 种算法在 MSRA1000 数据集上精确度、召回率和 F-Measure 值的对比柱状图。可以发现，本文算法在各项指标上均有所提高，比 RC 算法的精确度提高了 7.23%，召回率提高了 3.76%，F-Measure 提高了 6.12%。

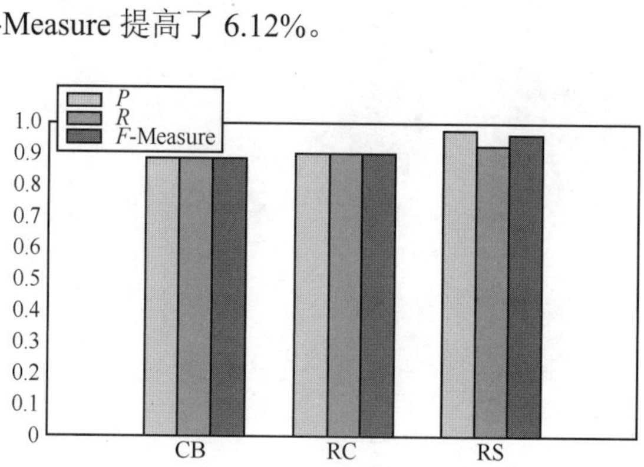

图 5-12　3 种算法在 MSRA1000 上的性能对比

图 5-13 所示为 3 种算法的精确度–召回率对比曲线。可以看出，本文算法总体效率高于其他 2 种算法。

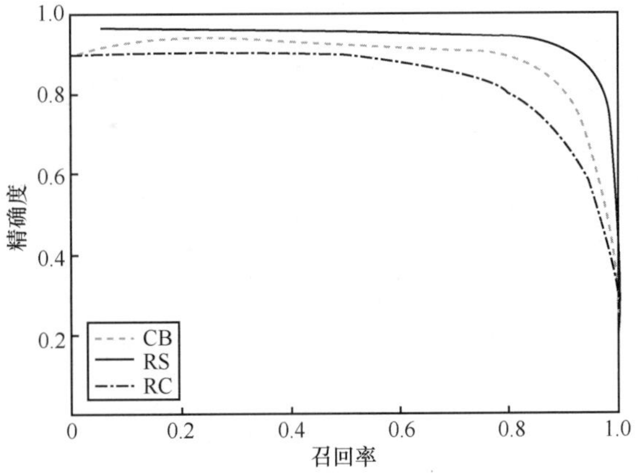

图 5-13　3 种算法在 MSRA1000 上的精确度–召回率对比曲线

图像数据的井喷式出现，决定了图像显著性检测的重要地位。本节算法先将图像分割为矩形粒，计算中心粒在八邻域粒空间的显著值，再将图像分割为以像素点为中心、半径为 0 的球形粒，计算每个球形粒与图像四顶点球形粒的对比值，基于颜色和空间距离融合 2 种粒，计算量小，用时短，准确率和查全率均高于现存算法。得到的矩形粒对比显著图能有效提取到显著区域轮廓边界，可直接用于显著区域的定位和识别；球形粒对比显著图保留了图像的纹理特征和内容特征，通过将显著图还原，十分适用于图像识别和图像检索领域，可有效缩短图像处理时间，降低处理复杂度，提高效率。

5.6　小　结

本章运用粒度格矩阵空间模型为图像分割问题建立了理论框架，并通过实验仿真与分析，证明该算法的合理性与有效性。最后在处理边缘细化问题上，新算法较传统的 FCM 算法有着明显优势。纵观本章，创新点如下。

① 鉴于传统模糊聚类的图像分割算法存在灰度级难以确定的问题，新算法特别将聚类数的变化作为构造图像粒度层的依据，以此形成分层知识结构，从而改变了只有在聚类数确定的情况下才能进行聚类的传统算法。

② 鉴于传统模糊聚类的图像分割算法存在空间信息遗漏的缺陷，新算法引入了图像空间信息，重新定义了像素点之间的距离公式，以此形成了单元粒度层上的动态聚类算法。

③ 通过计算各个单元粒度层的权值，并进行粒度合成达到图像分割的最终目的。

④ 提出融合粒空间的多特征显著区域检测方法，借鉴矩形粒对比显著图能有效得到显著目标的位置和边缘信息，而球形粒对比显著图有着更为完整的纹理和内容信息，能将显著目标更好地填充起来。二者互为补充，以矩形粒显著图为基准，与球形粒相融合来检测图像的显著区域，该方法计算量小、用时短，准确率和查全率均高于现存算法。

第 6 章　基于多粒特征融合的视频镜头边界检测

6.1　引　言

随着信息技术与互联网技术的不断创新，多媒体技术得到了迅猛发展，各种类型的信息在全球被广泛应用，而图像、视频等多种媒体信息也逐步成为信息处理领域中一种主要的信息媒体形式。如今，面对种类繁多、内容复杂多样的非结构化视频数据，如何能够像查询文字信息一样快速便捷地在浩瀚的视频信息中找到用户最需要最满意的视频片段，成为人们关注的关键性问题。

传统的信息检索是在对图像标注文本的基础上，对视频进行关键字匹配的查找过程。它采用人工的方法或借助计算机等辅助工具对视频图像添加一些文字描述或数字标签。在对视频进行检索时，通过查询关键字来寻找所需要的信息。这种方法存在的缺陷如下：（1）关键字需要人工来进行编写，往往带有很大的主观性和随意性，不同的人或同一个人在不同条件下可能会对同一个视频做出不同的注释，因此它不能客观准确地表述视频主要内容，从而影响检索的结果；（2）对海量的视频数据进行浏览并一一标注，成本较高且工作量巨大；（3）文本标注只能对视频的整体内容进行标注，而不能具体到视频的某个具体细节部分；（4）对于内容丰富多样的视频数据，仅用一些简单的文本注释很难对其进行准确全面的概括。所以，传统的基于文本的检索方法已经不能很好地满足如今视频检索的需要。

而基于内容的视频检索（CBVR，Content based Video Retrieval）技术主要通过有效分析视频中的场景、镜头、图像帧等来提取视频图像的颜色、纹理、形状、运动等特征，并应用特征的相似性匹配方法在视频数据中找到相似度最大、用户最满意的视频片段。它允许用户输入一张图片，然后根据图片内容来更客观、更准确、更充分地查找具有相同或相似内容的视频数据。从 20 世纪 90 年代后期开始，国际上就开始研究基于内容的视频检索技术，如今它已经成为国内外研究热点。目前，在基于内容的视频检索研究方面，国外学者和研究机构取得了一定的成果，其中，比较有代表性的系统如下所示。

（1）QBIC（Query by Image Content）系统，是 20 世纪 90 年代由 IBM 公司研发的最早商业化的基于内容的图像检索系统，它是第一个功能较为完备的视频检索系统，也是基于内容检索领域的一个典型代表，对视频数据库的发展产生了深远的影响。QBIC 系统有多种检索方式，如基于颜色特征、纹理特征等，可同时对静态图像和动态场景进行检索，它支持标准图像查询和草图查询，通过选取输入图像的颜色、纹理、运动等特征，进而检索出类似特征的图像。

（2）VideoQ 系统，是 1998 年由美国哥伦比亚大学研发的基于内容的视频数据库查询系统，该系统主要分为 3 个功能模块：查询功能模块、搜索引擎模块和数据库管理模块。它对基于主题导航和关键字等传统的检索方式进行了改进和扩展，以便用户能够通过多个对象的时空关系和丰富的视觉特征对视频进行检索。在 VideoQ 系统中，按照视频主题的不同，视频被划分为不同的类并保存到数据库中，以便用户对视频进行快速地浏览和定位。

（3）Visual Seek 系统，是由哥伦比亚大学开发的用于互联网的检索系统，人们使用它可以在 Web 网页上直接对图像或视频进行检索。它使用颜色集和小波变换来提取纹理特征，然后通过分析待检索图像中不同色块之间的空间关系来完成图像的相似性匹配。使用该系统时，只有具备较好的空间区别性的图像才会取得满意的结果。

在国内，该领域的研究起点较低，技术水平比较落后，应用于相关领域的系统还相对较少，同时也很难满足众多领域对视频处理技术的需求。这些问题，引起了国内研究人员的重视。目前，针对基于内容的视频检索技术的研究已经获得了实际的进展，具有代表性的如下所示。

（1）Ifind 系统，由微软亚洲研究院张宏江博士的团队研发，并且已获得了显著的成就。

（2）TV-FI（Tsinghua Video Find It）系统，是由清华大学研发的电视节目信息管理系统，具有视频数据入库、基于内容浏览、检索等多种功能，同时可以使用多种模式来访问视频信息，如基于示例的查询、基于关键字的查询、按用户自定义类别浏览等。

（3）New VideoCAR 系统，是由国防科技大学多媒体研发中心开发的新闻节目浏览检索系统。

虽然基于内容的视频检索技术已经获得了一定的研究成果并广泛应用于各个领域，但是还存在着一些待解决的问题。如在对视频进行镜头边界检测方面，基于自适应的单阈值镜头检测算法能够很好地检测突变镜头，但在渐变镜头检测过程中效果并不理想。若采用基于 HSV 颜色空间镜头检测算法来判断镜头的突变，同时采用基于帧间差值的检测算法来检测镜头的渐变，可以检测到突变镜头和渐变镜头，但整个过程只采用了一种特征，不能很好地表征视频内容。而基于帧差的镜头边界检测算法，采用颜色和纹理 2 种特征作为图像的综合特征来计算帧间差，这种方法原理简单易于实现，但对于视频内各镜头之间内容的描述不够具体，且不能排除闪光和物体运动造成的误检测。

总之，目前基于内容的视频检索技术依然存在以下缺陷。

（1）对大量复杂、非结构化的视频数据，需要解决的首要问题是视频结构化，也就是对视频数据如何合理、有效地组织，方便后期用户对其进行浏览和检索。

（2）在镜头边界检测方面，镜头分割是提取关键帧的基础，也是实现基于内容的视频检索的关键技术之一，检测算法的好坏将直接关系到后续关键帧提取和视频检索的效率和精度。目前，已有的镜头边界检测算法中，还存在着一些不足，影响检测的查准率和查全率。

6.2 基于内容的视频检索

6.2.1 基于内容的视频检索结构框架

视频是数字媒体中使用广泛且包含大量内容的一种资源，它是由图像、声音、文本等多种媒体形式组合而成的一种非结构化数据流。视频不但包括静态图像所蕴含的信息，而且还拥有丰富的动态信息。要想完成基于内容的视频检索，即从视频数据库中快速有效地检索到用户所需的视频内容，首先要对非结构化的视频序列进行结构化处理。视频结构化是一个从抽象模糊到具体详细的过程，通常采用一种自顶向下的多级结构模型来分层表示视频，如图 6-1 所示。其中，最顶层是视频层，由多个不同的场景组成；其次是场景层，由多个在内容上互相关联的镜头片段构成；第三层是镜头层，由多个连续的帧构成；最底层是图像层，它是视频的最小单元。

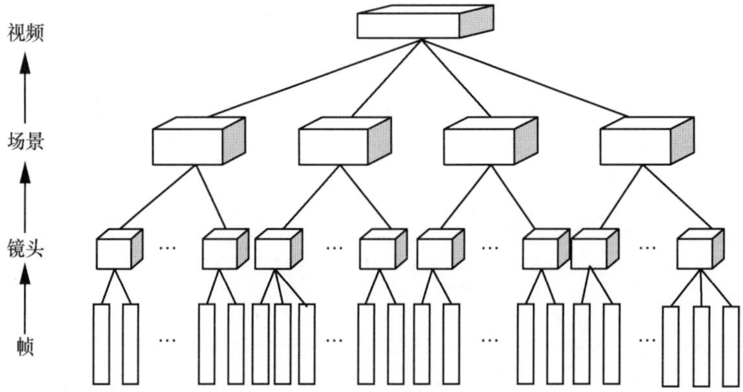

图 6-1 视频结构

视频作为一种使用二进制数据表示的多媒体信息，与传统的图像、音频、文本等数据不同，它包含的信息量更大、内容更丰富、结构更复杂，如表 6-1 所示。

表 6-1 视频数据、图像数据和文本数据的比较

比较内容	文本	图像	视频
信息含量	很少	一般	非常丰富
数据维度	静态一维数据	静态二维数据	动态三维数据
数据组织	非结构化	非结构化	结构化
数据容量	小	中等	非常大
数据关系	简单、易定义	复杂、不易定义	非常复杂、难定义

视频主要包含以下特点。

（1）数据量大。视频是由摄像机、扫描仪或图像采集设备等自动化手段而形成的，且用非格式化形式来表示。视频所包含的数据量通常比结构化数据大 7 个数量级，在不考虑压缩的情况下，数据量等于帧率 FPS（Frame per Second），即每秒播放的图像帧数量乘以每帧图像所含的数据量。如一幅图像大小为 1 MB，通常视频帧率为 30 帧/s，1 s 的视频所包含的数据量大约为 30 MB ，那么内存为 1 GB 的光盘也最多存放 30 s 左右的视频片段。

（2）内容有多种表现形式，对其很难进行精确描述。视频中含有各种各样的信息和内容，如音乐、声音等高层抽象的听觉特征和颜色、纹理、运动等底层感受的视觉特征，由于视频内容的表达形式多种多样，致使不同的人对于同一个视频会产生不同的理解。因此，与规则的字符型数据不同，视频数据不能准确客观地描述。

（3）结构复杂。相比较于图像数据及文本数据，视频数据具有空间特性和时间特性。空间特性是指图像帧有它自己的空间结构，时间特性是指视频可看作是一系列图像沿时间轴顺序分布而成的流结构。因此，视频可以看作是拥有 3 个维度的数据。

基于内容的视频检索设计框架如图 6-2 所示，主要分为以下几个模块。

（1）获取视频，将视频保存到数据库中；

（2）镜头边界检测，根据相邻图像帧之间的相关性将视频自动分割成一系列独立的镜头；

（3）关键帧提取，在镜头分割完成后，根据镜头内容情况选取相应数量的关键帧；

（4）特征提取，对关键帧提取用户感兴趣以及符合检索要求的特征存放到特征库中；

（5）特征匹配，对用户输入的查询图像提取同样的特征，并与特征库中存放的特征进行近似匹配，从而找到最相近的视频数据；

（6）输出检索结果，将相似度最大的视频片段返回给用户。

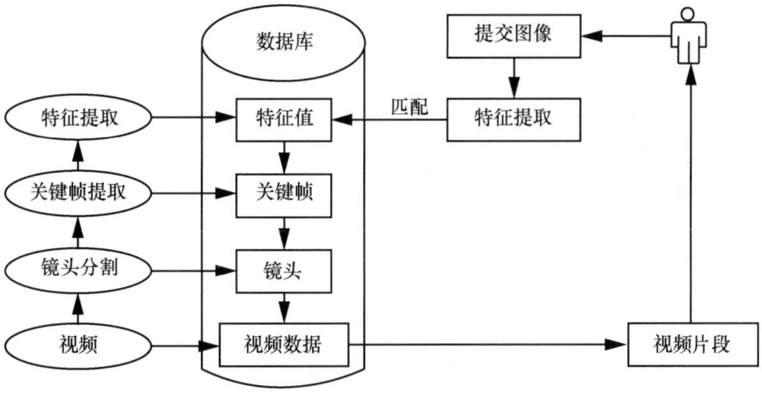

图 6-2　基于内容的视频检索结构框架

6.2.2　基于内容的视频检索关键技术

目前，基于内容的视频检索已成为视频检索领域的研究热点，它是一个比较综合、复杂的过程，决定其性能的关键技术主要包括视频镜头的边界检测、关键帧提取、特征提取、特征相似性匹配。对技术方案进行分析设计时，应尽量选取高效率的算法。

（1）镜头边界检测技术

在对视频进行检索的过程中，需要将非结构化的视频数据转换成结构化数据。那么，首要的工作就是对视频进行镜头边界检测，进而将视频分割成一个个独立的镜头，这是完成视频检索的关键一步。如果镜头检测不准确，将影响后续关键帧的提取等。因此，为了实现基于内容的视频检索，需要采用一个高效的镜头边界检测技术。

（2）关键帧提取技术

每个视频片段都包含有若干个图像帧，但这些帧中存在大量的冗余帧。因此，需要从大量图像帧中提取出较为关键的几帧来反映镜头主要内容。从存储方面看，只存储关键的几帧能够实现视频数据的压缩；从检索方面看，用关键帧来代表镜头内容，与传统使用的基于文本检索过程中用到的关键词类似，可以实现对视频的快速检索。

（3）特征提取技术

在基于内容的视频检索中，从图像帧中提取有用的特征，并使提取的特征能与视觉感受保持一致。特征提取是为检索系统建立索引，从而在大量的视频数据库中快速找到所需要的视频内容。因此，特征提取的准确与否将对视频检索的效率和精度产生一定的影响。在视频检索过程中，主要是对图像帧进行诸如颜色、纹理、形状等特征的提取。

（4）相似度匹配技术

在匹配过程中，原则上是选取与人眼视觉看上去一致的视频。但实际上，人们还考虑了其他方面的一致性，如出场的人物、发生的事件、人物事件发生的顺序等，既要考虑空间上的匹配，也要考虑时间上的匹配。因此，基于内容的视频检索在特征匹配时相对复杂。

6.3 特征提取与匹配

为了快速浏览、查询和检索视频，需要对视频序列组织并提取有效的特征信息，在提取图像特征并形成特征向量后，运用特征向量来表征相应的图像。对视频进行检索，关键就是要对图像的特征向量进行提取与匹配，通过比较它们之间的相似性进而判断 2 幅图像的相似度。因此，在图像特征提取与匹配过程中，选择一种合适的算法是后续镜头边界检测和关键帧提取的重要保证。

6.3.1 特征提取

对于视频而言，在特征分析时主要考虑两大方面：静态特征和动态特征。静态特征是指静态图像的原始特性或属性，主要表现为关键帧层次上的视觉特征，如颜色、纹理、形状等，通过对图像静态特征的分析，可以提取出某一图像区别于其他图像的特征。相比静态特征，动态特征有明显不同，它是视频的独有属性，具有动态特性，主要是一些镜头层次上的特征，包括摄像机的操作和主要目标的运动，它们反映了动态数据的时域变化。特征提取是对视频的静态特征属性或动态特征属性进行数值化处理，然后利用数据来表示特征属性。通常，数据是一些简单的值或一些复杂的矩阵或数组，这些数据能够用来识别视频，并为基于内容的视频分析和检索提供重要依据。特征提取贯穿于镜头分割与关键帧提取过程中，直接影响着镜头边界的判断和关键帧的提取，同时，它也是视频相似性度量的依据。

6.3.1.1 颜色特征

颜色是图像中最直观、最重要的特征，也是人类感知和区分不同物体的基本视觉性质。它具有全局特性，主要描述图像中一些对象的表面属性。相对其他几何特征而言，颜色特征的描述和提取比较简单，几乎不受图像平移、旋转、尺度、方向变化或图像变形的影响，检索的结果也相对稳定，有较强的顽健性。因此，颜色特征已经成为视频检索领域中最简单、最有效的视觉特征，并且在基于内容的视频检索中得到了广泛应用和重视。

颜色特征的表达往往依赖于它选择的空间模型，一个良好的颜色空间模型能够简化特征提取的过程。因此，要想有效利用颜色特征来对视频进行检索，就需要选取一个合适的颜色空间模型。

（1）颜色空间模型的选取

颜色空间模型本质上是用来描述坐标系统和子空间的，系统中使用单个的点来表示每一种颜色信息。颜色模型用途有很多，如 RGB 颜色空间在感知上与人眼的差异较大，通常被用来存储图像或打印图像等，它是一种面向设备的空间模型，而 HIS 颜色空间模型是面向视觉感知的模型。我们在对视频进行检索时应选取一些符合人类视觉感知特性的空间模型。首先介绍几种常见的颜色模型。

① RGB 颜色模型

RGB（红绿蓝）颜色模型是图像模式识别和视频处理中最常用的模型。现实生活中，人眼所看到的全部颜色都可以看作是红色、绿色和蓝色这 3 种基色调按照不同比例组合而成的。RGB 颜色模型中每个颜色通道的取值范围是 $0\sim2^8$，因此，在 RGB 颜色空间中一共可以组成 2^{24} 种颜色。对于 RGB 模型，可以使用一个彩色立方体来对它进行描述，如图 6-3 所示。

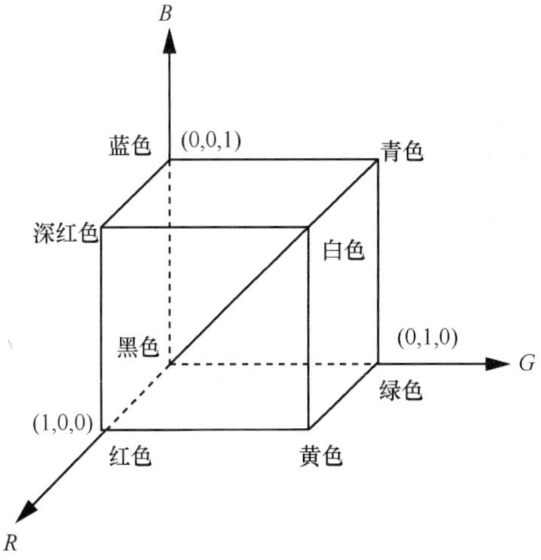

图 6-3　RGB 颜色空间模型

由于 RGB 模型中的所有颜色都是由三基色红 R、绿 G、蓝 B 组成的，所以可表示为式(6.1)。

$$A=\alpha A_1+\beta A_2+\gamma A_3 \tag{6.1}$$

其中，A 为混合后的颜色，A_1、A_2、A_3 分别为 R、G、B 这 3 种基色，α、β、γ 分别为 3 种基色的权重，它们最终决定了混合色的饱和度，而混合色的亮度与 3 种基色的亮度和相等。在对图像进行处理过程中，RGB 颜色模型直观明了，且容易获取到颜色信息，但是它表示的颜色不能与人们视觉感知上的空间模型相联系，并且模型中两点间距离与实际距离不符合线性关系，易导致颜色分离错误，这在一定程度上削弱了其在图像处理领域中的应用价值。

② YUV 颜色模型

在 YUV 颜色空间中，每个颜色有一个亮度信号 Y，2 个色差信号 U 和 V，色差信号是指由基色信号和亮度信号之差组成的信号。为满足黑白兼容性，同时充分利用人眼对亮度分辨力高、对色度分辨力低的视觉特性，在彩色电视系统中，通常采用 YUV 颜色模型来表示视频色彩。YUV 模型中使用了 RGB 模型的一些信息，但它从彩色图像中产生了一个黑白图像，然后对图像提取 3 种主要颜色并将其变成 2 种其他信号来进行颜色的描述，它们与 RGB 三基色的关系如式(6.2)所示。

$$\begin{bmatrix} Y \\ U \\ V \end{bmatrix} = \begin{bmatrix} 0.30 & 0.59 & 0.11 \\ 0.70 & -0.59 & -0.11 \\ -0.30 & -0.59 & 0.89 \end{bmatrix} = \begin{bmatrix} R \\ G \\ B \end{bmatrix} \tag{6.2}$$

③ HIS 颜色模型

HIS 模型由以下内容构成：H 为色调（Hue），是一个颜色属性，与光波长相关；I 为亮度或灰度（Intensity），正比于物体反射率；S 为饱和度（Saturation），与颜色中加入的白色量有关，加入白色越多，则饱和度越低。其中，色调 H 和饱和度 S 总称为色度。HIS 模型可以表示为一个圆锥形，如图 6-4 所示。

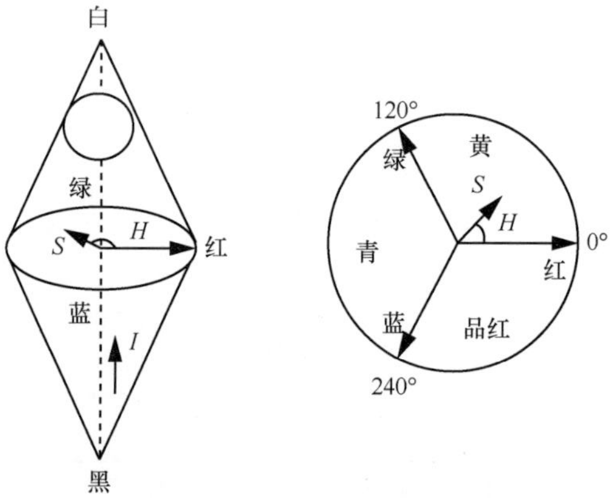

(a) 圆锥形空间模型　　(b) 色调角度坐标

图 6-4　HIS 颜色空间模型

④ HSV 颜色模型

HSV 模型是色调（Hue）、饱和度（Saturation）、亮度（Value）的综合，它是一个倒立的圆锥形，如图 6-5 所示，该模型是基于感知而建立的。其中，使用角度来度量色调 H，它的范围为 0°～360°，按照红色、绿色、蓝色的逆时针方向进行旋转；使用横截面圆周点与圆锥截面中心的距离来表示饱和度 S，它的范围为 0～1，颜色的纯度与饱和度值的大小有关，S 越大，则色彩越纯；使用圆锥顶点与横截面中心的距离来表示亮度 V，它的范围为 0～1。HSV 模型是在 HIS 模型的基础上稍加了改进，比起 HIS 模型，它更符合人眼对色彩的鉴别能力和视觉感知特性，并且能够更好地代表图像的位置信息，同时 H 分量对颜色的表达和分类能力更强。HSV 颜色模型可分为如下 2 个特点：图像的彩色信息与 V 分量无关，即色度与亮度分量分离；人类感知颜色的方式与 H、S 分量连接紧密。根据以上特点，HSV 模型能够更有效地分析视觉系统对色彩的感知特性。所以，本章运用 HSV 模型来进行颜色特征的描述。

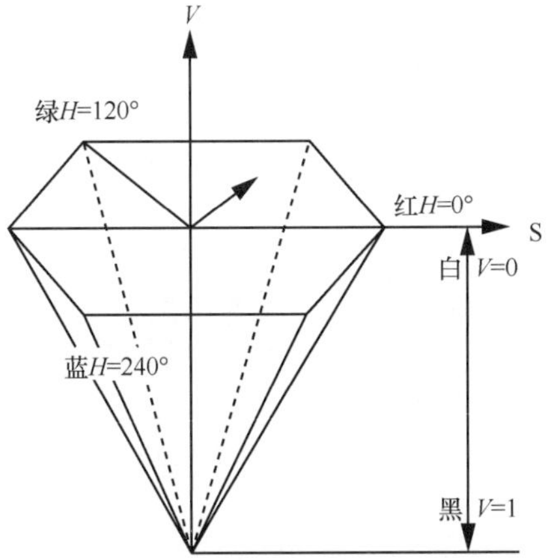

图 6-5　HSV 颜色模型

但是，现实生活中，人们肉眼看到的颜色都是由红、绿、蓝三基色组成的，因此，在特征提取前需要利用式(6.3)和式(6.4)将颜色空间中的各像素从 RGB 空间转换到 HSV 空间，图 6-6 表示一帧图像从 RGB 到 HSV 的转换过程。

当$\max(R,G,B)\neq\min(R,G,B)$时，设$\begin{cases}R'=\dfrac{V-R}{V-\min(R,G,B)}\\ G'=\dfrac{V-G}{V-\min(R,G,B)}\\ B'=\dfrac{V-B}{V-\min(R,G,B)}\end{cases}$，则

$$H'=\begin{cases}(5+B'), & R=\max(R,G,B)\cap G=\min(R,G,B)\\ (1-G'), & R=\max(R,G,B)\cap G\neq\min(R,G,B)\\ (1+R'), & G=\max(R,G,B)\cap B=\min(R,G,B)\\ (3-B'), & G=\max(R,G,B)\cap B\neq\min(R,G,B)\\ (3+G'), & G=\max(R,G,B)\cap R=\min(R,G,B)\\ 5-R', & \text{其他}\end{cases}$$

$$H=H'\times 60, V=\frac{\max(R,G,B)}{255}, S=\frac{V-\min(R,G,B)}{V} \tag{6.3}$$

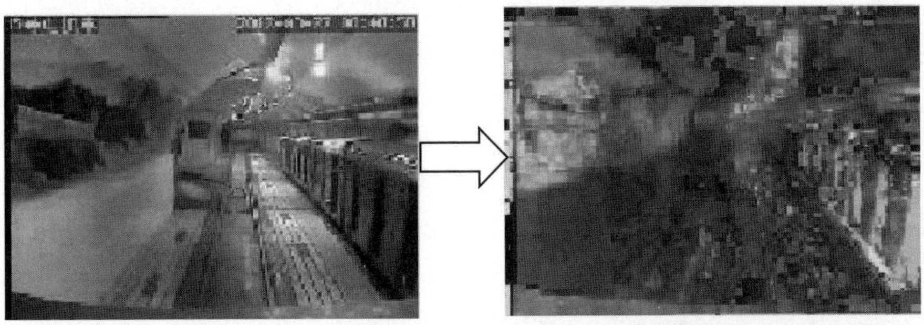

图 6-6　图像从 RGB 颜色空间到 HSV 颜色空间的转换

当 $\max(R,G,B)=\min(R,G,B)$ 时，即 $R=G=B$ 时，则

$$H=S=0, \quad V=\frac{R}{255} \tag{6.4}$$

（2）颜色空间的量化

从理论上，对于一幅彩色图像，如果按照它的原始颜色种类进行特征提取将产生最小的误差，但是随着图像颜色复杂性的增加，会导致提取特征值的计算量和存储特征向量的空间非线性膨胀。而实际上，人眼对色彩的分辨能力有限，根本无法辨别细致的颜色差别，消耗那么多的存储空间是没有必要的。基于此，可以把颜色空间划分为多个较小的颜色区间，每个颜色区间单独作为直方图的一个柄（bin），同时把差别不大的颜色划分到同一个区间，这个过程称为图像颜色的量化。在颜色矢量量化过程中，对 HSV 空间的 3 种分量选择合适的量化技术极其重要。一般地，量化级数越高，直方图对颜色分辨能力则越强，但是也会相应增加计算复杂度。因此，要根据实际应用需求来选择合适的量化方案。本文采用的量化方法如下所示。

①对于 $V \leqslant 0.2$ 的颜色，不论 H、S 为何值，都认为是黑色，量化到区间 0。

②对于 $S \leqslant 0.2$ 且 $V \geqslant 0.2$ 的颜色，由于在此对比度下色度影响较小，因此根据 V 的值划分为 3 个区间：深灰色(0.2，0.5]、浅灰色(0.5，0.8]、白色(0.8，1]。

对于其他颜色，采用 8:2:2 的量化级数进行量化，即把色调 H 分为 8 个量化区间，饱和度 S 和亮度 V 各分为 2 个量化区间。

$$H\begin{cases}0, & H \in (315,20] \\ 1, & H \in (20,40] \\ 2, & H \in (40,75] \\ 3, & H \in (70,155] \\ 4, & H \in (155,190] \\ 5, & H \in (190,270] \\ 6, & H \in (270,295] \\ 7, & H \in (295,315]\end{cases}, \quad S=\begin{cases}0, & S \in (0.2,,0.7] \\ 1, & S \in (0.7,1]\end{cases}, \quad V=\begin{cases}0, & V \in (0.2,,0.7] \\ 1, & V \in (0.7,1]\end{cases} \tag{6.5}$$

将以上 3 种颜色分量合并后可以得到以下一维特征向量。

$$\boldsymbol{P}=HQ_SQ_V+SQ_V+V \tag{6.6}$$

其中，Q_S 和 Q_V 分别为 S 分量和 V 分量的量化级数，取值都为 2，综合以上所有的量化区间（即 1+3+32=36 个区间），最终得到一个 36 柄的一维颜色直方图，用它来描述图像的颜色特征，如式（6.7）所示。这种量化方法符合人类的颜色感知，同时减少了计算量和存储空间。

$$M=4H+2S+V+4 \tag{6.7}$$

6.3.1.2 纹理特征

纹理是指图像中某一区域内形状较小、半周期或按规律排列的一些图案，它通常被用来度量局部区域中相邻像素间的关系。纹理特征是描述图像的一个底层局部结构化特征，能够清晰地反映图像的结构信息、灰度统计信息以及空间分布信息。它不受图像亮度或颜色变化的影响，具有旋转不变性，同时能较好地抵抗噪声。通常，纹理特征与图像频谱中的高频分量紧密相关，如自然界中木头、树叶等物体的纹理特征较为明显，而对于光滑的物体，如天

空、大地等，由于其主要包含低频分量，所以纹理特征不明显。纹理特征是由 Tamura 等提出的，它主要有粗糙度（Coarseness）、方向度（Directionality）、对比度（Contrast）、线性度（Linearity）、规则度（Regularity）、粗略度（Roughness）这 6 种属性。

本章在提取纹理特征来对图像的局部特性进行描述时，采用的是局部二值模式（LBP，Local Binary Pattern）特征描述算子。LBP 描述算子能够很好地衡量一个像素点和邻域内像素点的关系，它对颜色、亮度、声音等变化不敏感，具有旋转不变性、灰度不变性、抗噪能力强等优点。

LBP 特征向量的提取过程如下所示。

① 将待检测图像划分为16×16的小区域（cell）。

② 对于每一个 cell，在3×3小窗口内，设定窗口的中心像素值为阈值，并采用逆时针或顺时针的方式将它与周围 8 个像素点的灰度值进行比较。若中心值小于周围值，则用“1”来标记该位置的像素点，否则用“0”来标记。于是，一个 8 位的无符号二进制数在经过比较后就形成了，从而也获得了该窗口中心像素点的 LBP 值，它可以代表该区域的纹理信息，如图 6-7 所示。

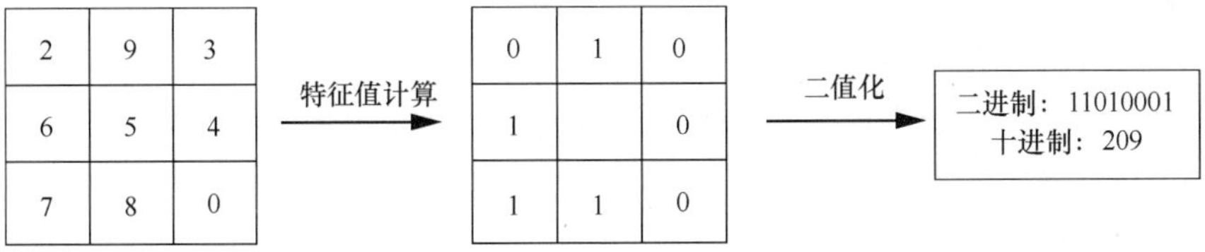

图 6-7　LBP 算子计算示例

③ 计算每个数字出现的频率，并对直方图进行归一化处理。

④ 将得到的每个 cell 的统计直方图连接成一个特征向量，从而得到图像的 LBP 纹理特征。

6.3.1.3　形状特征

形状特征是图像的中层特征，它用一条封闭的曲线将目标包围，是人类识别物体的有效信息。自然界中的物体很多都是通过形状来区分的，相同种类的物体可能颜色不同，但彼此间形状是相同或相似的。因此，可以将形状特征作为图像的一个重要视觉特征。形状特征较为稳定，它对图像颜色、光照等外部因素的变化不敏感，在使用形状特征进行检索时，主要有基于边界和基于区域这 2 种方法。

基于边界的方法利用物体的外部边界信息，通过边界长度、面积、傅里叶描述子、曲率等特征来表述物体的形状，它对非刚性物体的运动不敏感，适用于边界清晰且易提取的图像。基于区域的方法利用目标所覆盖的图像区域来描述物体的形状，它主要通过图像分割来提取感兴趣的物体，对于能够分割准确、颜色分布均匀的图像处理效果较好。

6.3.2　特征匹配

在提取出图像特征并形成特征向量后，就能使用这些特征向量来表征相对应的图像。特征匹配是对 2 幅图像中的特征向量进行相似度计算。在视频检索过程中，判断 2 幅图像是否相似就需要比较其特征向量是否相似，也就是把图像特征向量的比较看成是图像之间相似度的比较。因此，将合适的相似度匹配算法运用到图像特征选取中，是镜头分割与关键帧提取的前提和保障。计算图像相似度的方法有很多，比如：马氏距离、直方图相交距离、欧氏距离、二次式距离等。

（1）欧氏距离

欧氏距离(Euclidean Distance)又称欧几里得度量，用来计算 m 维空间中任意两点间的绝对距离。使用条件是图像特征向量的各维度重要程度没有差别，并且各个分量之间是正交无关的，如果满足以上条件，那么 2 个特征向量 $\boldsymbol{A}$ 和 $\boldsymbol{B}$ 之间的距离就可以用欧氏距离来表示。

$$D=\sqrt{\sum_{i=1}^{m}\left(\left|A_i-B_i\right|\right)^2} \tag{6.8}$$

（2）马氏距离

马氏距离是一种有效计算 2 个特征向量相似度的方法，它表示的是向量的协方差距离。如果特征向量的各分量之间具有一定的相关性或具有不同的权重，则可以采用马氏距离来计算它们之间的相似度，如式(6.9)所示。

$$D=\left(\boldsymbol{A}-\boldsymbol{B}\right)^{\mathrm{T}}\boldsymbol{C}^{-1}\left(\boldsymbol{A}-\boldsymbol{B}\right) \tag{6.9}$$

其中，$\boldsymbol{C}$ 表示特征向量的协方差矩阵。

若特征向量的各个分量不具有一定的相关性，那么马氏距离可简化为

$$D_S=\sum_{i=1}^{n}\frac{\left(A_i-B_i\right)^2}{C_i} \tag{6.10}$$

其中，C_i 表示每个分量的方差。

与欧氏距离相比，马氏距离考虑到了特征向量各分量间的联系，但是它同时也夸大了变化较小变量的作用。

（3）二次式距离

在基于颜色直方图的图像处理方面，由于考虑了不同颜色之间存在的相似度，二次式距离要比欧氏距离、马氏距离更为有效，其计算式如下所示。

$$D=\left(H_k-H_{k-1}\right)^{\mathrm{T}}\boldsymbol{A}\left(H_{k-1}-H_k\right) \tag{6.11}$$

其中，H_{k-1} 和 H_k 表示两帧图像的颜色直方图，$\boldsymbol{A}$ 为相似矩阵，$\boldsymbol{A}=\left[a_{ij}\right]$，$a_{ij}$ 表示直方图中下标为 i 和 j 的 2 个颜色区间的相似度。

（4）直方图相交距离

直方图相交法通过计算 2 个直方图在相同区间中共有的像素数量来判断图像之间的相似性，它是计算直方图距离的常用方法之一。直方图相交距离的计算方法如下所示。

$$D\left(f_k,f_{k+1}\right)=\frac{\sum_{i=0}^{L-1}\min\left[H_{f_k}(i),H_{f_{k+1}}(i)\right]}{\sum_{i=0}^{L-1}H_{f_k}(i)} \tag{6.12}$$

其中，L 表示直方图的灰度等级，H_{f_k} 和 $H_{f_{k+1}}$ 分别表示第 k 帧和第 $k+1$ 帧图像直方图在某灰度级出现的像素个数，$\min\left[H_{f_k}(i),H_{f_{k+1}}(i)\right]$ 表示 2 个直方图在某灰度级共有的像素个数，

$D(f_k, f_{k+1})$ 的取值范围为 $[0,1]$，它的值越接近 1，则说明两帧图像越相似。

6.4　镜头边界检测

基于内容的视频检索的结构化基础是对视频进行镜头边界检测，检测效果的好坏将直接影响后续关键帧提取以及视频检索的精度和效率。镜头边界检测首先要检测镜头的边界，其次根据一定的标准，将视频序列分割为若干个独立的镜头，并有效区分镜头内的运动变化。

6.4.1　镜头变换

镜头是视频的最小语义单元，也是基于内容的视频检索的基本物理单元，它指的是一个摄像机对某场景或某事物拍摄得到的一系列空间上和时间上连续的图像帧集合。由于镜头表示的是一个连续动作，所以在同一镜头中，各帧内容具有一定的相似性，但是在镜头发生转换的时候，视频帧内容通常会出现显著变化。

（1）镜头的变换类型

镜头的变换是指镜头之间发生的切换，形成镜头的原因有很多，可能在拍摄时摄像机开启、关闭或快速转换中形成，也可能在后期的视频编辑制作处理中形成。因此，镜头之间的变换主要有 2 种形式：突变（abrupt change）和渐变（gradual change）。

突变是视频中最常见的镜头转换方式，指镜头之间的突然变换，即一个镜头不采用任何编辑效果直接切换到下一个镜头，该过程在两帧之间完成，一帧为前一个镜头的尾帧，一帧为后一个镜头的首帧。该变换一般是由摄像机在拍摄过程中关闭镜头，然后又打开镜头拍摄另一个场景造成的。

渐变指的是镜头之间通过某种切换手段所进行的缓慢变化，主要在后期的视频编辑处理过程中形成。它通常在镜头的变换过程中采用一些编辑手段如淡入（fade in）、淡出（fade out）、叠化（dissolve）、扫换（wipe）等技术来缓慢变换到另一个镜头，变化过程可能在几帧或几十帧之间完成，中间没有明显的视觉跳跃。表 6-2 显示了镜头变换类型的比较。

表 6-2　镜头变换类型比较

镜头变换类型		特点
突变		前一个镜头的尾帧和下一个镜头的首帧直接相连
渐变	淡入	下一个镜头画面开始由暗变明逐渐增强，直到可以表示后一个镜头画面的内容
	淡出	前一镜头画面由明变暗逐渐减弱，最后完全消失，此时整个屏幕变为全黑
	叠化	2 个镜头图像的叠加，在这一过程中前一个镜头的图像内容逐渐消失，同时后一个镜头的图像内容逐渐增强
	扫换	后一个镜头前面的几帧逐渐取代前一个镜头后面的几帧，表现为在某一时刻上一镜头的画面逐渐被下一镜头的画面覆盖

通常，采用计算帧间差的方法来检测镜头的变化，若帧间差大于某一给定的阈值，那么认为该镜头发生了变换。在突变过程中，存在一帧的帧间距离远远大于其他帧；而在渐变过程中，则存在几帧或几十帧的帧间距离大于其他帧，如图 6-8 所示。

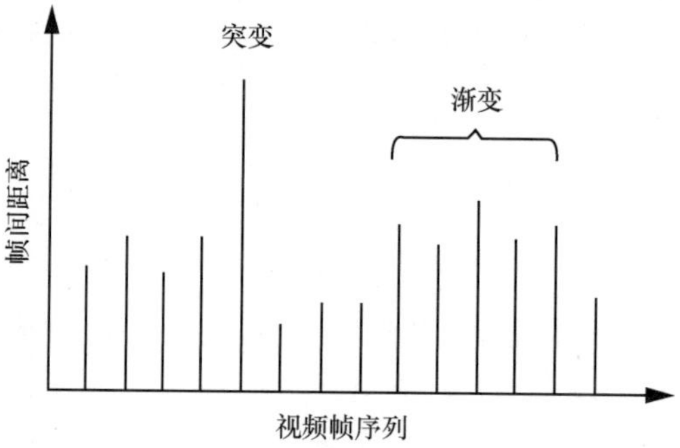

图 6-8　镜头变换示意

（2）镜头边界检测评价标准

视频检索在描述、综合查询、提取和匹配过程中，按照模式识别的原理，能够得到表 6-3 的 4 种情况。

表 6-3　检索系统性能的基本参数

检测结果	评价者的判断	
	有关联	无关联
检测到	A（正确检测）	B（错误检测）
未检测到	C（漏检）	D（正确拒绝）

为了衡量镜头边界检测算法的有效程度，通常借助于表 6-3 中的参数来定义查全率（Recall）和查准率（Precision）2 个标准对其进行评价。查全率指的是在一次镜头边界检测过程中，用户所检测到的正确镜头数和视频中实际总镜头数之比，如式(6.13)所示；查准率是指在检测过程中，用户所检测到的正确镜头数和此次检测到的所有镜头数（错误检测数与正确检测数之和）之比，如式(6.14)所示。

$$\text{查全率}(R)=\frac{\text{有关联的正确检测结果}}{\text{所有关联的结果}}=\frac{A}{A+C} \tag{6.13}$$

$$\text{查准率}(P)=\frac{\text{有关联的正确检测结果}}{\text{所有检测到的结果}}=\frac{A}{A+B} \tag{6.14}$$

同样地，也可以使用漏检率和错误率来衡量镜头边界检测算法，这 2 种评价标准是由查全率和查准率推导出来的。漏检率指的是在一次检测过程中，用户没有检测到的镜头数和视频序列中实际镜头数之比，如式(6.15)所示；误检率指的是在一次检测中，用户错误检测的镜头数与此次检测到的所有镜头数之比，如式(6.16)所示。

$$\text{漏检率}=\frac{C}{A+C}=1-R \tag{6.15}$$

$$\text{错误率}=\frac{B}{A+B}=1-P \tag{6.16}$$

6.4.2　镜头突变检测

（1）直方图法[50]

在镜头边界检测算法中，直方图法是目前被频繁使用的计算图像帧间差的一种方法。对于镜头内连续的图像帧，它们所具有的特征非常相似，然而在 2 种镜头进行切换时，一些特征会发生明显的变化，从而将该切换处视为一个镜头的边界。直方图法首先计算视频序列中相邻两帧间某个特征的直方图差，然后将其与预先设定好的阈值比较，若差值大于设定的阈值，则认为视频在该处发生了镜头的切换。以灰度直方图为例，通过相邻 2 种图像帧的灰度直方图来描述图像灰度分布的情况，灰度直方图帧差计算式如式(6.17)所示。

$$D\left(f_k,f_{k+1}\right)=\sum_{i=0}^{L-1}\left|H_{f_k}(i)-H_{f_{k+1}}(i)\right| \tag{6.17}$$

其中，$H_{f_k}(i)$ 和 $H_{f_{k+1}}(i)$ 分别为第 k 帧和第 $k+1$ 帧在直方图第 i 个颜色空间的像素数目，$D\left(f_k,f_{k+1}\right)$ 为直方图差。$D\left(f_k,f_{k+1}\right)$ 大于预定的阈值时，认为检测到了镜头的边界。同样，也可采用直方图相交法来衡量两帧图像的相似性，如式(6.18)所示。

$$D\left(f_k,f_{k+1}\right)=\frac{\sum_{i=0}^{L-1}\min\left[H_{f_k}(i),H_{f_{k+1}}(i)\right]}{\sum_{i=0}^{L-1}H_{f_k}(i)} \tag{6.18}$$

其中，i 表示直方图的灰度等级，$H_{f_k}(i)$ 和 $H_{f_{k+1}}(i)$ 分别表示第 k 帧和第 $k+1$ 帧图像在直方图第 i 灰度级出现的像素个数，$\min\left[H_{f_k}(i),H_{f_{k+1}}(i)\right]$ 表示 2 个直方图在某灰度等级共有的像素个数，$D\left(f_k,f_{k+1}\right)$ 的值越接近“1”说明两帧图像越相似，当 $D\left(f_k,f_{k+1}\right)$ 小于预先设定的阈值，则表示镜头在此处发生了突变。直方图法算法简单易于实现，且只考虑像素的分布情况，不考虑它们的位置信息，对物体/摄像机的运动有较好的抗干扰性，它能够很好地检测到突变镜头。但是由于它只考虑了整体信息，不能反映图像像素的空间分布情况，在计算相似度时，可能会导致 2 幅视觉上相差甚远的图像具有相同的直方图，因此容易造成漏检，此外，由于直方图对光照变化较为敏感，对于镜头内发生光照变化的图像帧容易出现误检。

（2）像素比较法（模板匹配法）[51]

首先通过计算连续两帧图像对应像素点的特征差值来作为帧间距离，然后利用此距离来判断是否有镜头发生突变。其中，最简单的一种方法是计算对应像素点的灰度差并求取两帧图像的绝对值之和，同时将该值与预先设定好的阈值进行比较。在位置 (x,y) 处灰度差计算式如式(6.19)所示，两帧图像的所有像素点的灰度绝对差之和如式(6.20)所示。

$$D\left(f_k,f_{k+1}\right)=\left|I_k(x,y)-I_{k+1}(x,y)\right| \tag{6.19}$$

$$Z\left(f_k,f_{k+1}\right)=\sum_{x=1}^{W}\sum_{y=1}^{H}\left|I_k(x,y)-I_{k+1}(x,y)\right| \tag{6.20}$$

其中，$I_k(x,y)$ 和 $I_{k+1}(x,y)$ 分别表示视频序列中第 k 帧和第 $k+1$ 帧在 (x,y) 处的灰度值，W、H 分别为图像的宽和高。在得到两帧图像的像素间绝对差值和 $Z\left(f_k,f_{k+1}\right)$ 后，将其与预先设定的阈值比较，如果大于阈值，就认为该帧处发生了镜头突变，否则认为该帧仍然是镜头内的一帧图像。

以上方法的原理较为简单，且易于实现，对内容变化小的视频具有良好的检测效果，但是由于它与像素的位置紧密相关，对物体/摄像机运动变化大或噪声影响大的视频比较敏感，通常幅度较小的运动都可能会导致较大的帧间差，因此这种方法易造成镜头的误检测。

（3）滑动窗口法

首先定义一个窗口大小为 $2R+1$，将待检测帧放置于窗口正中间，即距离窗口第一帧 $\frac{2R+1}{2}$ 处，然后根据式(6.21)计算相邻两帧之间的差值。

$$D=\sum_{t=-R}^{R}\left|f\left(x,y,t\right)-f\left(x,y,t+1\right)\right| \tag{6.21}$$

如果帧间差 D 满足以下条件，就认为在待检测帧处发生了镜头突变：

① D 是窗口中的最大值；

② 设窗口中的次大值为 D_2，且 $D>k\times D_2$（k 为正整数）。

在图 6-9 中，$-R$ 到 R 是帧间差为 D 的检测窗口，对于 k 值，一般取 2、3 就能达到很好的检测效果。假设 $k=3$，由图 6-9 可知，条件①满足，条件②也满足（注意：检测帧间差为 D_2 的窗口需向左移动，但比较时仍用帧间差为 D 的检测窗口），所以认为在帧间差为 D 的位置处检测到了镜头存在突变情况。

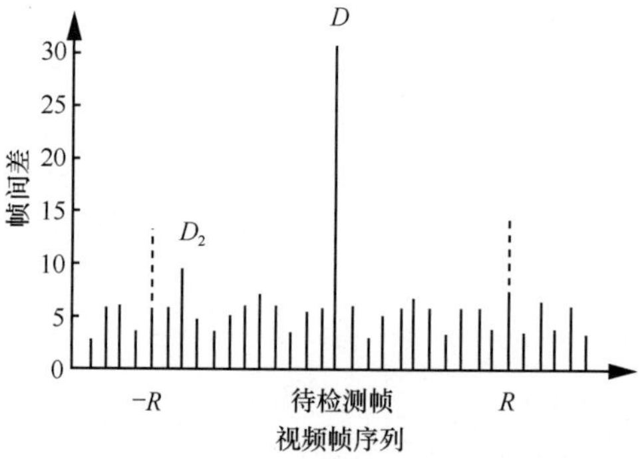

图 6-9　滑动窗口检测算法示意

采用滑动窗口方法进行镜头突变检测，可以有效地减少因全局阈值选取不合适而造成的漏检，但是由于其判别准则较为简单，有时会造成较大的漏检和误检。

（4）块匹配法

块匹配法的基本思想是把每帧图像分成 $n\times n$ 个小块，然后比较相邻帧对应块之间的差异，通过对所有差异值累加求和，并将累加和与预先设定的阈值进行比较，来检测镜头是否发生了变化。对图像分块后，由于不同的块含有的信息量不同，比如中间块包含主要信息较多，而边缘块所含信息相对较少。因此，可给每一块设置不同的权值，这样可以增加中间块信息的权重，从而使检测结果更准确。块匹配法利用了图像的局部特征，能够很好地抑制噪声和物体/摄像机运动的影响，从而增强其顽健性。

（5）基于边缘的方法[52]

该方法的基本思想是：当镜头发生变换时，新出现图像的边缘距旧边缘的位置较远，同样图像旧边缘消失的位置离新出现图像边缘的位置也较远。该方法的计算过程为：首先提取前后 2 个视频帧 I_i 和 I_{i+1} 的边缘图 E_i 和 E_{i+1}，两视频帧之间的差异为 $\mathrm{diff}=\max(d_{\mathrm{in}},d_{\mathrm{out}})$，其中，$d_{\mathrm{in}}$ 是进入像素（新出现的远离已有边缘的像素点）所占的比例，d_{out} 是退出像素（新消失的远离新边缘的像素点）所占的比例，且 $d_{\mathrm{in}}=\frac{p_1}{p_m}$，$p_1$ 为 E_{i+1} 中离 E_i 中最近边缘像素点的

距离大于 r 的边缘像素点的总数，p_m 为 E_{i+1} 中的边缘像素点总数；$d_{\text{out}}=\dfrac{p_2}{p_n}$，$p_2$ 为 E_i 中离 E_{i+1} 中最近边缘像素点的距离大于 r 的边缘像素点的总数，p_n 为 E_i 中的边缘像素点总数。如果 diff 大于预先设定的阈值，那么就认为镜头发生了切换。

上述所采用的镜头边界检测方法都是使用帧间差对镜头进行检测的，它们能够很好地检测到镜头的突变，但是对于镜头渐变的检测还存在一些困难，因为它们没有考虑渐变过程中各帧之间结构上的相关性。因此，需要采用有效的方法来分析镜头的渐变过程，从而准确高效地检测到渐变镜头。

6.4.3　镜头渐变检测

（1）双阈值比较法[53]

双阈值法是一种较为经典的镜头检测方法，需要设置 2 个阈值，分别为高阈值 T_H 和低阈值 T_L，通过计算相邻帧间差并与设定好的这 2 个阈值进行比较来检测镜头的变换。如果帧间差大于 T_H，则认为镜头发生了突变；如果帧间差小于 T_H，但大于 T_L，则认为检测到的可能是渐变镜头的起始帧，然后继续检测后面的各帧，若帧间差仍大于 T_L，那么将新的帧间差进行累加计算，直到相邻帧间差小于 T_L 为止。若此时累计的帧间差的和大于 T_H，则认为检测到了渐变镜头的结束帧；若此时累计的帧间差的和不超过 T_H，则认为所检测到的那些大于 T_L 的帧间差并不是镜头的渐变，而是由其他原因（如光照变化或物体/摄像机运动等）造成的。双阈值镜头检测过程如图 6-10 所示。

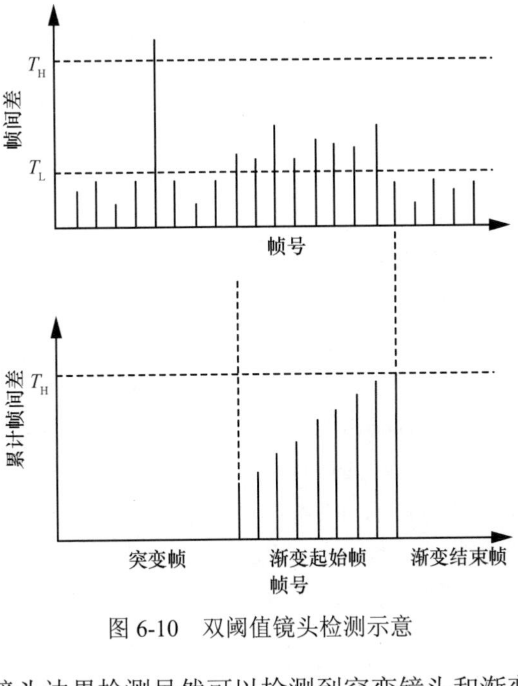

图 6-10　双阈值镜头检测示意

利用双阈值法进行镜头边界检测虽然可以检测到突变镜头和渐变镜头，但是它还存在一个主要的问题：渐变起始点难以确定。原因在于阈值 T_L 不容易确定，因为渐变过程中的帧间距离和非渐变过程中的帧间距离相差不是很大。

（2）基于模型的方法[54]

基于模型的方法是根据镜头渐变的类型来建立相应的数学模型，自顶向下地完成镜头的渐变检测，镜头边界检测的视频编辑渐变模型可表示为

$$f(x,y,t)=\alpha(t)m(x,y,t)+\beta(t)n(x,y,t) \tag{6.22}$$

其中，$m(x,y,t)$表示即将消失的镜头，$n(x,y,t)$表示即将出现的镜头，如果镜头内无运动或运动很小，则可分别记$m(x,y,t)\approx m(x,y)$，$n(x,y,t)\approx n(x,y)$。$\alpha(t)$和$\beta(t)$为时间的线性函数，假设渐变过程的持续时间是 0 ～T，那么对于慢转换而言，它们可表示为

$$\alpha(t)=\begin{cases}1, & t<0\\ 1-\dfrac{t}{T}, & 0\leqslant t\leqslant T\\ 0, & t>T\end{cases} \tag{6.23}$$

$$\beta(t)=1-\alpha(t) \tag{6.24}$$

对于淡出，则$n=0$；对于淡入，则$m=0$。在变化时，图像的全部像素都以线性规律来变换，则可以使用常量图（CI，Constant Image）来描述。

$$\mathrm{CI}=(x,y,t)=\frac{\dfrac{\partial}{\partial t}f(x,y,t)}{f(x,y,t)} \tag{6.25}$$

假设镜头为无运动的线性淡出，则可得到

$$\mathrm{CI}(x,y,t)=\frac{\dfrac{\partial\alpha(t)}{\partial t}m(x,y)+\alpha(t)\dfrac{\partial m(x,y)}{\partial t}}{\alpha(t)m(x,y)}=-\frac{1}{T}\alpha(t) \tag{6.26}$$

这样，在时间t内，就得到了所有像素的常量图，当对渐变镜头进行检测时，只需要检测模型的常量图即可。对于给定的模型，只要检测到常量图，就认为发生了渐变。基于模型的方法通过建立数学模型来对镜头进行渐变检测，当模型与所解决的问题匹配度较好时，可以通过该模型得到好的检测效果。但是，当模型的普适度不广泛时，则该模型仅可处理类似问题所涉及的渐变检测。对于不同编辑效果的镜头渐变情况，需要重构众多相应的模型，不能体现算法的重载复用。

（3）光流法

光流法的基本原理是：镜头发生渐变时没有光流，而镜头的运动应该适合某种特定的光流类型。这种方法能够取得较好的检测结果，但是其计算过程相当复杂，当镜头间的颜色直方图很接近或当光照变化较大时，则会导致检测失败。

（4）基于聚类/模糊聚类的方法

基于聚类/模糊聚类的镜头边界检测方法首先需要对视频进行模糊聚类处理，然后得到各个帧对于无镜头变化 NSC、可能镜头变化 SSC、明显镜头变化 SC 3 个类别的隶属度，再依次分析 SC 的 2 个相邻成员 SC (i)和 SC (i+1)中的n个 SSC 成员 SSC (j),SSC (j+1),···, SSC ($j+n-1$)，通过式(6.27)来进一步判断 SSC 中的各个帧是属于明显镜头变化还是属于无镜头变化。

$$H\_\mathrm{SSC}(k)\geqslant \mathrm{param}\times[0.5(H\_\mathrm{SC}(i)+H\_\mathrm{SC}(i+1))] \tag{6.27}$$

其中，$H_\mathrm{SSC}(k)$为 SSC (k)的直方图差值，即帧间差；$H_\mathrm{SC}(i)$和$H_\mathrm{SC}(i+1)$ 分别为 SC (i)和 SC (i+1)的帧间差。由于在 2 个连续的帧间不会发生镜头的变化，因此 SSC 中的一些视频

帧即使满足此式，也不能够判别为镜头变化。

采用聚类方法对镜头进行边界检测时，不仅可以检测到突变镜头，而且可以检测到渐变镜头，它避免了阈值法中阈值设定的问题，并且克服了阈值对输入的视频内容变化敏感等缺点，有效提高了检测算法的可靠性。但是如果想获得较为理想的聚类结果，有些聚类方法通常需要用户事先给出聚类簇的个数，并且需要使用人工调节参数来优化分类准确率，这在一定程度上影响了镜头检测的准确度。

6.5　基于多粒度特征融合的双阈值镜头检测算法

对于早期的镜头边界检测算法，图像像素匹配法原理简单，但是对相机或物体的运动以及噪声较为敏感，只适合检测内容变化小的视频。颜色直方图比较法只考虑像素的分布情况而不考虑位置信息，虽然对运动的物体或摄像机有较好的抗干扰性，但是它不能反映图像的局部细节信息，可能会导致 2 幅完全不同的图像具有相同的直方图；滑动窗口法可以有效地减少因全局阈值选取不合适而造成的漏检，但是由于其判断准则较为简单，容易导致漏检和误检。双阈值法使用 2 种不同的阈值与帧间差进行比较来判断镜头的变换类型，该方法可以检测出镜头的突变和渐变，但是渐变镜头的起始帧难确定，影响检测的效果。

综上所述，镜头边界检测主要涉及三方面因素。

（1）若只提取单一特征，则不能全面地表述视频图像主要内容，容易造成漏检和错检。

（2）若采用单阈值对镜头进行边界检测，只能检测出突变的镜头，不能很好地检测渐变镜头。

（3）如果对阈值进行人为设定，则存在一定的随意性、主观性和不通用性。

这些问题都将影响镜头边界检测的查全率和查准率。因此，本章在综合考虑以上因素的基础上，结合已有算法的优缺点，提出了一种基于多粒度特征融合的自适应双阈值镜头边界检测算法。通常，镜头边界检测采用直方图相似性或相邻帧灰度差的方法，而本章则分别构造 2 种粒度空间特征，即选取分块的 HSV 颜色直方图和 LBP 纹理直方图作为视频帧的主要特征，不仅描述了视频图像的全局内容，且充分利用了图像的局部细节信息。其次，通过粒度空间融合，即将 2 种特征进行融合，计算帧间差，运用自适应设定的阈值更好地区别突变镜头和渐变镜头。多特征融合的自适应双阈值镜头边界检测方法的功能框架如图 6-11 所示。

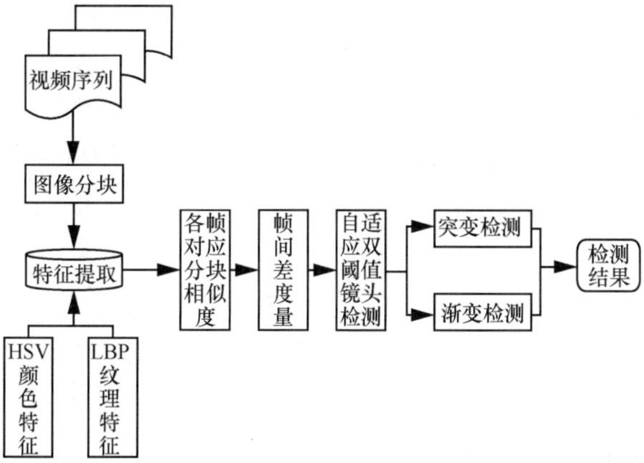

图 6-11　多特征融合的自适应双阈值镜头检测框架

6.5.1 算法描述

算法步骤描述如下。

（1）对视频图像进行粒度块划分

通常，图像的主要内容占据着图像的大部分区域，且集中于图像的中间位置。要描述一幅图像的主要内容，最为重要的是抽取其主要区域信息。因此，本章采用了黄金分块策略，将图像按比例 3:5:3 分割成 9 个粒度块，并根据每个粒度块的重要性，设置不同的权值系数 w_{mn}，如图 6-12 所示。

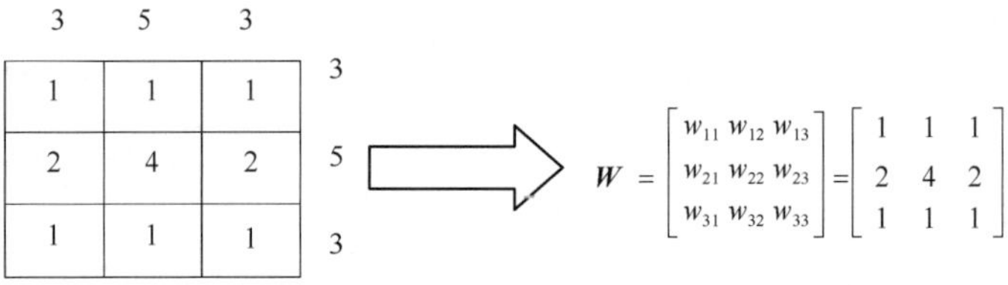

图 6-12　视频图像的粒度分割及粒度加权矩阵

（2）构建 HSV 特征空间和 LBP 特征空间

针对视频帧，构建 HSV 粒度特征空间和 LBP 粒度特征空间，并根据 6.3.1 节中的 HSV 颜色特征提取法及 LBP 纹理特征提取法，针对单帧图像的粒度块划分，分别提取其 HSV 特征向量 $\boldsymbol{M}$ 和 LBP 特征向量 $\boldsymbol{N}$。

（3）特征向量的归一化

由于 HSV 特征向量和 LBP 特征向量的取值范围可能不同，因此需要采用高斯归一化方法分别对各特征向量进行归一化操作，如式(6.28)所示。

$$\boldsymbol{U}_i = \frac{\boldsymbol{u}_i - m}{\sigma}$$

$$\begin{cases} m = \dfrac{1}{n}\displaystyle\sum_{i=1}^{n} \boldsymbol{u}_i \\ \sigma^2 = \dfrac{1}{n}\displaystyle\sum_{i=1}^{n} \left(m - \boldsymbol{u}_i\right)^2 \end{cases} \tag{6.28}$$

其中，$\boldsymbol{U}_i$ 为归一化后的特征向量，$\boldsymbol{u}_i$ 为初始特征向量，m 为初始特征向量的均值，n 为特征向量个数，σ 为初始特征向量的标准差，σ^2 为方差。

（4）粒度特征的融合

按照式(6.29)，将归一化后的特征向量，以一定的权重比例融合，得到该粒度块的特征直方图。

$$h = w_1 \times \boldsymbol{M} + w_2 \times \boldsymbol{N} \tag{6.29}$$

其中，h 表示该粒度块的特征直方图，w_1、w_2 为 2 个粒度特征的权重，分别代表 HSV 颜色特征和 LBP 纹理特征在相似度中的重要程度，且满足 $w_1 + w_2 = 1$，w_1, $w_2 \in [0,1]$，此时设置 $w_1 = w_2 = 0.5$。

相邻两帧中对应粒度块的相似度计算，由式(6.30)可得

$$s(i,i+1,m,n)=\sum_{i=0}^{L-1}\frac{\left[h(m,n,i)-h(m,n,i+1)\right]^2}{h(m,n,i)} \tag{6.30}$$

其中，$h(m,n,i)$ 表示第 i 帧图像中第 m 行第 n 列的特征直方图，L 表示图像的灰度级。

（5）统一粒度空间下的粒度特征的融合

根据各粒度块的权值系数 W_{mn}，加权计算各块的特征向量，使其连接成一个复合特征向量作为整个图像的特征，并利用式(6.31)计算相邻两帧图像之间的相似度。

$$S(i,i+1)=\sum_{m=1}^{3}\sum_{n=1}^{3}w_{mn}s(i,i+1,m,n) \tag{6.31}$$

（6）设高阈值系数为 $\lambda_{\rm H}$，低阈值系数为 $\lambda_{\rm L}$，初始窗口为 F，二次检测窗口为 f，帧间差函数为 $\text{Diff}(i,j)$，平均帧间差 $\overline{S}=\frac{1}{F}\sum_{i=1}^{F-1}S_i$，高阈值为 $K_{\rm H}=\lambda_{\rm H}\overline{S}$，低阈值为 $K_{\rm L}=\lambda_{\rm L}\overline{S}$，对相邻帧间差 S_i 作如下判断。

① 若 $S_i \geqslant K_{\rm H}$，则第 i+1 帧处可能发生突变（可能是真正的镜头切变也有可能是闪光灯造成的），因此需进一步检测。从第 i+2 帧开始，取长度为 f 的小窗口，$\overline{S}' \geqslant K_{\rm H}$，则第 i+1 帧处确实发生了突变；否则没有发生突变。检测过程如图 6-13 所示。

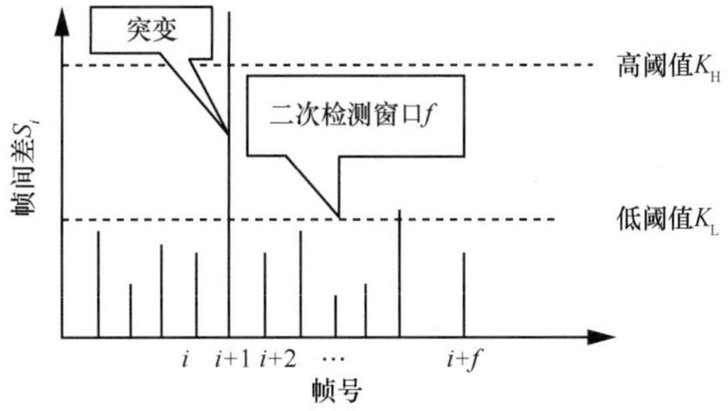

图 6-13　镜头突变检测

② 若 $K_{\rm L} < S_i \leqslant K_{\rm H}$，假设第 i+1 帧处发生渐变，记下当前帧的位置，并开始计算累加帧间差 Diff_Sum，直到出现 $S_j < K_{\rm L}$（$j > i+1$）为止，此时判断累计帧间差 Diff_Sum。若 Diff_Sum < $K_{\rm H}$，则判定第 i+1 处没有出现镜头渐变，取消标记并将 Diff_Sum 清零；相反，若 Diff_Sum ≥ $K_{\rm H}$，则判定第 i+1 处可能发生了渐变（可能是真正的渐变，也有可能是镜头运动造成的），因此需进一步检测，记起始帧 i+1=begin，渐变结束帧为 end，从 end+1 开始，取长度为 f 的小窗口，计算窗口内每一帧与第 i 帧的帧间差并求平均值 $\overline{S}'=\frac{1}{f}\sum_{j=\text{end}+1}^{\text{end}+f}\text{Diff}(i,j)$，若 $\overline{S}' \geqslant K_{\rm H}$，说明第 i+1 帧处确实发生了渐变，否则没有发生渐变，并令 Diff_Sum =0，检测过程如图 6-14 所示。

（7）当镜头发生变换时，需重新设定 $\overline{S}=\frac{1}{F}\sum_{j=1}^{F-1}S_{i+j}$；若没有发生变化，定义当前起始帧为 begin，并设定 $F=\max(F,i-\text{begin}+1)$，$\overline{S}=\frac{1}{F}\sum_{i=\text{begin}}^{\text{begin}+F-1}S_i$，然后依据 $\overline{S}$ 设定相应的阈值，

判断下一个相邻帧间差，直到所有帧处理完成。

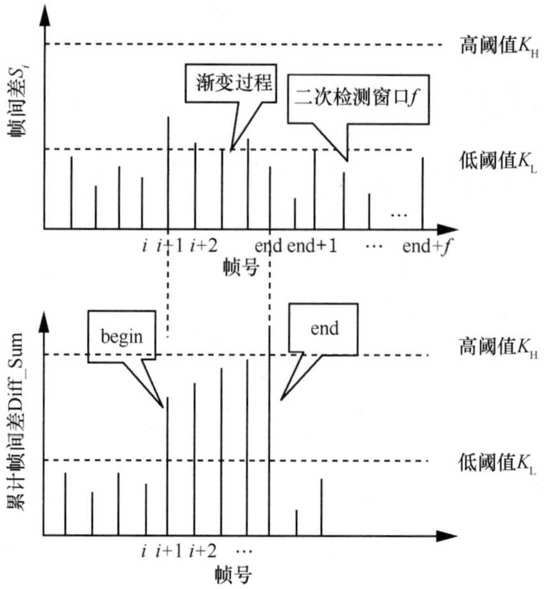

图 6-14 镜头渐变检测

6.5.2 实验与分析

实验过程中使用 Opencv 和 Visual Studio 2013 来编程实现镜头的边界检测，并选取足球比赛、新闻、动画片、电影四类 AVI 格式的非压缩域视频片段进行了大量实验。同时，本实验将本章提出的镜头边界检测算法与基于支持向量机的镜头边界检测算法[55]进行了对比，突变检测及渐变检测结果分别如表 6-4～表 6-7 所示。

表 6-4 基于支持向量机的突变镜头检测结果

视频类型	实际镜头突变总数	正确检测数	漏检数	错检数	查全率	查准率
足球比赛	42	39	3	4	92.86%	90.70%
新闻	51	47	4	5	92.16%	90.38%
动画片	77	71	6	7	92.21%	91.03%
电影	74	68	6	6	91.89%	91.89%

表 6-5 本章算法的突变镜头检测结果

视频类型	实际镜头突变总数	正确检测数	漏检数	错检数	查全率	查准率
足球比赛	42	39	3	3	92.86%	92.86%
新闻	51	48	3	4	94.12%	92.31%
动画片	77	72	5	5	93.51%	93.51%
电影	74	69	5	4	93.24%	94.52%

表 6-6　基于支持向量机的渐变镜头检测结果

视频类型	实际镜头渐变总数	正确检测数	漏检数	错检数	查全率	查准率
足球比赛	18	15	3	3	83.33%	83.33%
新闻	22	19	3	4	86.36%	82.61%
动画片	31	27	4	5	87.10%	84.38%
电影	29	24	5	5	82.76%	82.76%

表 6-7　本章算法的渐变检测结果

视频类型	实际镜头突变总数	正确检测数	漏检数	错检数	查全率	查准率
足球比赛	18	15	3	2	83.33%	88.24%
新闻	22	19	3	3	86.36%	86.36%
动画片	31	28	3	3	90.32%	90.32%
电影	29	25	4	3	86.21%	89.29%

在表 6-4 和表 6-6 中，采用基于支持向量机的镜头边界检测算法对足球比赛、新闻、动画片、电影进行检测时漏检数和错检数比较多，导致查全率和查准率相对低，并且使用该算法查全率大于查准率，这是由于视频中物体运动和闪光产生的误检测导致的。从表 6-5 和表 6-7 可以看出，使用本章方法在镜头边界检测过程中，错检数低于漏检数，使得查准率高于了查全率，表明该方法能够很好地区分物体运动及闪光，降低了错误检测率。因此，与基于支持向量机的镜头边界检测算法相比而言，本文提出的基于多特征融合的自适应双阈值镜头检测算法能有效降低错检数和漏检数，从而提高算法的检测效率。

6.6　小　结

镜头分割是视频检索的重要组成部分，镜头边界检测算法的效率直接影响视频检索的精确度。本章在分析了已有算法优缺点的基础上，提出了一种基于多粒度特征融合的自适应双阈值镜头检测算法，该方法使用 HSV 颜色粒度特征和 LBP 纹理粒度特征来突出表述视频帧的主要内容，同时采用了自适应阈值选取方式，避免了人工设定存在的误差。实验分析表明，与现有的基于支持向量机镜头边界检测算法相比，本章提出的算法能够同时检测出切变镜头和渐变镜头，并且有效地消除了闪光引起的镜头突变误检测以及摄像机/镜头内物体运动引起的渐变误检测，在一定程度上提高了镜头边界检测的查全率与查准率。

第 7 章　基于粒度熵的关键帧提取

7.1　引　言

在视频检索的关键技术中，除了镜头分割技术之外，另一个尤为重要的关键技术就是关键帧的提取。提取出准确有效的关键帧，可以帮助提高视频存储的空间利用率，方便创建视频索引，大幅度提高视频检索的效率。同时，从镜头中选取一个或几个主要的图像帧来作为视频检索的摘要，从而达到对镜头内容压缩的效果，减少视频数据的处理量与视频检索的复杂度。关键帧提取技术的实质是通过分析视频内容的变化，选取其中变化最大的几帧来代表视频整体内容信息。关键帧首先要具有代表性，其次还要足够精简，在既能保证表达视频主要事件的同时又要减少计算量，尽量提高存储空间占用率。因此，提取关键帧需要注意 2 个问题：（1）使用什么特征能够充分表达视频的内容信息；（2）使用什么度量标准判断视频内容的变化程度。本章针对这 2 个问题，在介绍常用关键帧提取算法基础上，提出了 2 种关键帧提取算法，分别是基于粒度熵的关键帧提取算法和基于 NCIE 的关键帧多级提取算法。

7.2　常见的关键帧提取算法

关键帧是指视频序列中最能准确反映并体现一个镜头乃至整个视频具体内容的图像帧。在基于内容的视频检索过程中，对视频序列进行镜头边界检测，得到一系列独立的镜头后，在各镜头中选取适量的关键帧建立视频索引，它是将视频转换为图像的关键环节。因此，关键帧的精确提取，是保证视频的索引、检索和浏览的重要前提。

对关键帧提取时，既要保证“宁愿错选，不能少选”，也要尽可能过滤掉镜头中的重复帧或冗余帧。在对镜头提取关键帧时，通常选取的关键帧应具有较好的代表性，即能够真实反映视频镜头的主题或部分内容。同时，所提取的关键帧个数需与镜头内容的变化保持一致，即针对内容变化较大的镜头，提取关键帧的数量应较多。通常，关键帧的颜色特征、纹理特征等底层属性，可以作为视频检索的摘要和数据库索引的数据源，从而避免对每个视频画面的重复提取。

（1）基于镜头边界的方法

早期，Nagasaka[56]对关键帧进行提取时采用的是选取固定帧的方法，即把视频分割成一系列镜头后，选择各个镜头片段的起始帧或结束帧作为镜头的关键帧。该方法基于同一个镜头内相邻图像帧之间特征差异不大，通常，镜头内的其他帧都是第一帧在时间上和逻辑上的延伸。因此，在一个镜头内简单地选取第一帧或最后一帧就可以较为全面地表达出整个镜头的主要内容。

该方法计算简单易于实现，适用于场景单一、视频内容变化不大或基本不变的镜头，但是由于它对一个镜头只提取一个关键帧，因此很难准确全面地反映镜头的主要内容。对于内容比较丰富多样的视频镜头，该方法没有很好地考虑镜头内容的复杂性和镜头时间的长短，即使是内容不同或长短不一的镜头，它所提取的关键帧数量和位置都是一定的，这样是非常不合理的。我们应该采用恰当的方法，根据镜头内容的复杂程度选取相应数量的可以反映镜头内容的帧来作为整个镜头的关键帧。

在基于镜头边界的方法中，直方图平均法和帧平均法是较为经典的 2 种方法。直方图平均法是对镜头内包含的各个帧进行直方图统计并求平均值，然后选取和平均值最近的一帧作为该镜头的关键帧；帧平均法是首先计算镜头内所有帧某一位置像素值的平均值，然后将镜头内各帧在该位置处的像素值和平均值进行比较，最后选取等于或最相近的一帧作为该镜头的关键帧。使用这 2 种方法进行关键帧提取，得到的关键帧均具有平均代表意义。

（2）基于内容分析的方法

根据帧间的变化情况选取相应数量的关键帧，首先选取镜头的首帧作为关键帧；其次，依次计算后续图像帧与该关键帧的差值，如果差值大于预先设定的某一阈值，那么再选择一个关键帧，然后以此帧为新的关键帧，继续重复上述的操作，直到镜头分析完为止[57]。具体算法如下。

① 利用 Euclidean 距离法计算两帧图像 I_i 和 I_j 之间的差异距离，如式(7.1)所示。

$$D(I_i, I_j) = \sqrt{\sum_k \left|H_{ik} - H_{jk}\right|^2} \tag{7.1}$$

其中，H_{ik} 和 H_{jk} 为相邻两帧的像素统计直方图，H_{ik} 为第 i 帧图像中第 k 个灰度区间内所有像素点数目的统计值，H_{jk} 为第 j 帧图像中第 k 个灰度区间内所有像素点数目的统计值。

② 计算各帧之间的距离均值，将其作为阈值 T。

③ 将帧间距离与阈值 T 进行比较，如果距离大于 T，那么选取大于 T 值的两帧作为关键帧，如果再次出现帧间距离大于 T 值的情况，则只将后一个帧作为关键帧即可。以此类推，按这样的原则来提取关键帧，就可以得到镜头的全部关键帧。该方法中在对阈值进行选取时，主要是依据各镜头内帧间距离的均值变化来动态确定的。

基于内容分析的方法可以利用视频图像的一些底层特征（如图像的颜色、形状、纹理等视觉特征），根据视频内容的变化程度衡量图像的相似度，动态、自适应地选取关键帧，选取的关键帧包含了镜头的主要信息内容。然而相较于基于镜头分割的关键帧提取算法，基于内容分析的方法计算量较大，且对于内容变化较大的视频会选择过多的关键帧，造成冗余。

（3）基于运动分析的方法

基于运动分析的方法考虑到镜头内的运动信息，依据关键帧一般都是视频中静止的数据，Wolf[58]通过光流分析来计算镜头中的运动量，当镜头中某一位置运动量局部最小时提取关键帧。为了强调视频中某一位置或某一运动的重要性，摄像机在拍摄过程中会在这个位置或这个动作上进行短暂的停留。这种方法首先使用 Horn Schunck 算法来计算光流，然后对每个像素光流分量的模作和，最后将其作为第 k 帧图像的运动量 $M(k)$，如式(7.2)所示。

$$M(k) = \sum_i \sum_j \left|O_x(i,j,k)\right| + \left|O_y(i,j,k)\right| \tag{7.2}$$

其中，$O_x(i,j,k)$ 是第 k 帧图像内像素(i,j)光流的 X 分量，$O_y(i,j,k)$ 是第 k 帧图像内像素(i,j)光流的 Y 分量。

在寻找 $M(k)$的局部最小值时，从 k=0 开始，对运动量曲线 $M(k)$进行扫描，确定 2 个局部最大值 m_1 和 m_2（m_1 和 m_2 至少相差 q%，q 是根据经验来决定的)，选取 m_1和 m_2之间 $M(k)$ 的局部最小值处的帧作为镜头的关键帧。此时，将 m_2 作为 m_1，继续查找下一个 m_2。基于运动分析提取关键帧的方法依据视频镜头的结构提取出一定数量的关键帧，且从背景中把运动对象取出，再去计算运动对象所处位置的光流，获得的关键帧更为准确。但该方法依然存在如下缺陷。

① 算法主要依赖于局部信息，导致顽健性不好；

② 当分析运动对象时需要大量的计算，而且在这个过程中选取出的局部最小值未必准确；

③ 由于 q 的不确定性，提取出的关键帧也有所不同，可能较多也可能较少。

（4）基于聚类的方法

上面介绍的关键帧提取方法都是在镜头边界检测的基础上，将视频中的镜头分割出来后，针对每个镜头选取关键帧，这些方法忽略了不同的镜头里面可能包含相同的场景，容易导致最终的关键帧集合可能包含多帧相似的关键帧，存在比较大的冗余。为了解决这个问题，人们利用聚类算法思想对视频序列图像帧进行聚类，完成聚类后再从每个类中提取关键帧。采用聚类技术来提取关键帧，首先通过聚类把镜头内的所有图像帧划分到 M 个簇中，然后选取离簇中心最近的帧作为关键帧。基于聚类的关键帧提取方法不需要对视频镜头进行分割，充分考虑了镜头间的相关性，将相似的图像帧放在同一个类中，再从每个类中选择最恰当合适的关键帧，选出的关键帧能代表视频的主要信息内容。然而，由于将图像帧按照某一相似度分到不同的类中，使选择的关键帧没有保留时间上的先后顺序，无法通过关键帧了解视频的动态信息。此外，在相似度度量时选取的阈值也影响着视频关键帧的选取质量，可能会导致冗余或漏选。

（5）缩域的方法

Calic 和 Izquierdole 对 MPEG 视频序列首先提取宏块类型信息，获得特征向量，再运用高斯滤波抑制噪声，并采用离散轮廓改良法简化特征曲线（降低曲线复杂度、消除圆顶点等)，曲线的局部最小处即可提取关键帧。基于压缩域使用模糊粗糙集提取关键帧的方法，则是 MPEG 视频序列由若干个图像组（GOP）组成的，其中，P 帧最能反映 GOP 的运动。对于每一个 P 帧，通过提取运动向量定义其特征属性，并按运动活跃强度、宏块类型和运动空间分布等属性，建立决策表，运用模糊粗糙集理论获得决策规则，从而提取镜头的关键帧。基于压缩域的方法具有运行速度快、提取的关键帧不重叠等优势，但是现有的理论还不够成熟，实用性不强。

7.3 基于粒度熵的关键帧提取算法

针对当前算法普遍存在检索速度慢、时间复杂度高的缺点，本章提出了一种基于 CUDA 模型的粒信息熵的关键帧提取算法[59]，利用帧粒互信息熵提取图像帧特征[60]，并运用 SUSAN 算子完成帧粒特征的边缘匹配，结合 CPU+GPU 并行编码的方式加速计算过程，从而缩短提取关键帧所用的时间开销。

定义 7-1　对视频片段的图像帧序列集合，将视频帧划分为 mn 个子粒，相邻视频帧之间的粒度熵定义为

$$I_{X,Y}=\sum_{q=1}^{mn}\sum_{i=0}^{L-1}\sum_{j=0}^{L-1}P_{X,Y}(i,j)\log\frac{P_{X,Y}(i,j)}{P_X(i)P_Y(j)} \tag{7.3}$$

其中，L 为图像的灰度级，q 为划分的粒子数，$P_X(i)$ 和 $P_Y(j)$ 分别代表 X 帧和 Y 帧图像灰度的概率分布，$P_{X,Y}(i,j)$ 表示 X 帧和 Y 帧的联合概率分布，可通过计算归一化联合直方图获得。

定义 7-2　对于彩色图像，视频片段的图像帧序列集合，将视频帧划分为 mn 个子粒，相邻视频帧之间的粒度熵定义为

$$I_{X,Y}=I_{X,Y}^{R}+I_{X,Y}^{G}+I_{X,Y}^{B} \tag{7.4}$$

以相邻视频的各子粒互信息熵组成熵粒序列，使用熵粒序列代表视频帧序列。

7.3.1　基于粒度熵的特征提取

依次读入分割后的视频片段 S_1、S_2、…、S_N，CPU 负责整个过程的调度，并且将当前帧和参考帧读入主机端的内存；然后将当前帧和参考帧复制到内存，并绑定到纹理内存。由于各个像素点的计算是相互独立的，可以使用 GPU 并行运算进行加速。设定 GPU 线程块的大小为 16×16，每个线程计算一个像素，一个线程块可以同时计算一个宏块中的 4 个 8×8 块的互信息值，并得到 16×16、16×8、8×16 块的互信息值。计算得到每个片段中相邻两帧的互信息值表示为 $I_N=\{I_{1,2},I_{2,3},\cdots,I_{k,k-1}\}$。

根据计算出的互信息值，按照设定的阈值消除初始相似度较高的帧。计算每个视频片段中相邻两帧的互信息量，互信息量越大，表示两帧越相似；反之，则越不相似。互信息量的大小成为对视频片段中内容相似性度量的主要依据。通过从三通道（RGB）采集的互信息量统计求和可以更准确地衡量 2 幅图像之间的相似性。因此，本章分别计算了 RGB 三通道的互信息值，用 ${I_{X,Y}}^R$、${I_{X,Y}}^G$、${I_{X,Y}}^B$ 分别代表 X 帧和 Y 帧之间的三通道的互信息值，分别为

$$I_{X,Y}^{R}=\sum_{i=0}^{L-1}\sum_{j=0}^{L-1}P_{X,Y}^{R}(i,j)\log\frac{P_{X,Y}^{R}(i,j)}{P_X^R(i)P_Y^R(j)}$$

$$I_{X,Y}^{G}=\sum_{i=0}^{L-1}\sum_{j=0}^{L-1}P_{X,Y}^{G}(i,j)\log\frac{P_{X,Y}^{G}(i,j)}{P_X^G(i)P_Y^G(j)}$$

$$I_{X,Y}^{B}=\sum_{i=0}^{L-1}\sum_{j=0}^{L-1}P_{X,Y}^{B}(i,j)\log\frac{P_{X,Y}^{B}(i,j)}{P_X^B(i)P_Y^B(j)}$$

将三通道计算出的互信息值分别复制主机端的内存，而两帧图像的互信息熵则由式(7.4)表示。视频的读取和帧间互信息熵的计算均在 CPU 的调度下分解为一系列的矩阵运算进行。

计算每个视频片段中相邻两帧互信息量的标准差，得到所有视频片段 S_1、S_2、…、S_N 相邻帧的标准差集合，计算式为

$$\sigma=\sqrt{\frac{1}{N}\sum_{i=1}^{N}(I_i-\mu)^2} \tag{7.5}$$

其中，I_i 为片段中提取的相邻帧的互信息量，μ 为片段内的互信息量的均值，N 为片段内的互信息量的个数。当片段的标准差小于λ时，则该片段被划分为静态帧粒集，此时只需提取该片段的第一帧作为关键帧。其他片段自然地被归为包含了复杂内容的动态帧粒集。通过实验得出，λ=1.25 时效果最好。

对于动态帧粒集，由于片段内容具有一定的复杂性，通常要提取多帧作为视频粒集的关键帧。通常，关键帧的选取只在关键类中进行，所以动态帧粒集中规定帧数还要与选定的动态关键帧阈值T 做比较，T 值的计算式为

$$T = \frac{N_{\rm L}}{2w} \tag{7.6}$$

其中，$N_{\rm L}$ 为片段包含的帧数，w 为片段被划分成子片段数目。

由此，可以提取出片段中预备的关键帧，假设提取出的预备关键帧集合为 $F = \{f_1, f_2, \cdots, f_i, \cdots, f_t\}$，$t$ 为预备关键帧的个数。该视频序列集合代表了视频的主要内容框架，体现了视频中发生的主要事件。但是，经以上步骤提取出的关键帧冗余度较高，还需要用 SUSAN 算子协同过滤冗余帧，进一步减少一些在内容上没有明显变化的冗余帧。

7.3.2 基于 SUSAN 算子的帧粒边缘匹配

SUSAN 算子采用圆形模板得到各向同性的响应，不仅可以检测图像中目标的边界点，而且能较顽健地检测目标的角点（局部曲率较大的点）。与其他测算子相比，其性能不受模板尺寸的影响，且计算简便，能更加准确地检测到模糊或平滑的图像边缘。

设模板函数为 $N(x, y)$，将其依次放在图像中每个点的位置，在每个位置，将模板内每个像素的灰度值与核的灰度值进行比较，如式(7.7)所示。

$$C(x_0, y_0; x, y) = \begin{cases} 1, \left| f(x_0, y_0) - f(x, y) \right| \leqslant T \\ 0, \left| f(x_0, y_0) - f(x, y) \right| > T \end{cases} \tag{7.7}$$

其中，(x_0, y_0) 是核在图像中的位置坐标，(x, y) 是模板 $N(x, y)$ 中其他位置坐标，$f(x_0, y_0)$ 和 $f(x, y)$ 分别是在 (x_0, y_0) 和 (x, y) 处像素的灰度，T 是一个灰度的阈值(设 $T = 72$)。

对模板中每个像素进行上述比较，由此可得到一个输出的游程和，如式(7.8)所示。

$$S(x_0, y_0) = \sum_{(x,y)\in N(x,y)} C(x_0, y_0; x, y) \tag{7.8}$$

应用 SUSAN 算子时，需要将游程和 S 与一个固定的几何阈值 G 进行比较以做出判断。该阈值设为 $\frac{3S_{\max}}{4}$，其中，$S_{\max}$ 是 S 所能取得的最大值。由此，可由式(7.9)求得图像边缘值 $R(x, y)$。

$$R(x, y) = \begin{cases} G - S(x, y), S(x, y) < G \\ 0, \text{其他} \end{cases} \tag{7.9}$$

运用 SUSAN 算子检测到候选关键帧边缘后，将原图像按照子粒进行边缘匹配，进一步判别相邻帧的边缘是否匹配，以此来消除冗余帧。边缘匹配率的计算式如式(7.10)所示。

$$D(F_i, F_{i+1}) = \sum_{q=1}^{mn} D_q(f_i, f_{i+1}) = \sum_{q=1}^{mn} \frac{S_q}{n_q} \tag{7.10}$$

其中，$D(f_i, f_{i+1})$ 是相邻视频帧 f_i 和 f_{i+1} 相似度量值，即匹配程度。$D_q(f_i, f_{i+1})$ 的值越大，对

应子粒 q_i 和 q_{i+1} 匹配度越高；$S_q=\sum_{i}^{m}\sum_{j}^{n}R_q(i,j)$，$m$ 和 n 分别为各子粒的规格，$R_q(i,j)$ 表示相邻视频帧对应子粒 q_i 和 q_{i+1} 在 (i,j) 位置处的像素值是否相同，有 $R_q(i,j)=\begin{cases}0, & P_{f_k}(i,j)\neq P_{f_{k+1}}\\ 1, & P_{f_k}(i,j)=P_{f_{k+1}}\end{cases}$，且 $P_{f_k}(i,j)$ 和 $P_{f_{k+1}}(i,j)$ 分别表示相邻视频帧 f_k 和 f_{k+1} 在对应子粒 q_i 和 q_{i+1} 的 (i,j) 处的像素值；$n_q=\max(n_{f_i},n_{f_{i+1}})$，$n_{f_i}$ 和 $n_{f_{i+1}}$ 分别为相邻视频帧对应子粒 q_i、q_{i+1} 边缘的像素个数。

通过上述步骤，得到的每帧图像都包括多个高维互信量特征描述符，如果对所有特征点进行比对将耗费大量的时间。因此，本节将依旧按照帧图像的粒划分结构，计算相邻帧的边缘匹配率，从而大幅提高图像边缘匹配的速度。设利用粒度熵特征提取出的预备关键帧序列为 $F=\{f_1,f_2,\cdots,f_i,\cdots,f_t\}$（$t$ 为预备关键帧的个数）。

步骤 1　按上述得到的预备关键帧图像分割为 mn 个子粒，GPU 分别分配单独的线程，运用 SUSAN 算子提取出各个子粒边缘，计算得到对应的边缘矩阵。

步骤 2　设 $j=2$，GPU 分配 mn 个单独的线程，利用式(7.10)计算当前帧 f_i 和前一帧 f_{i-1} 的 mn 个子粒区域内的边缘匹配率 $D_q(f_{i-1},f_i)(q=1,2,\cdots,mn)$，并把 mn 个边缘匹配率传给 CPU，并计算其平均匹配率 $\overline{D_q(f_{i-1},f_i)}$，如果 $\overline{D_q(f_{i-1},f_i)}\geqslant 50\%$，则将当前帧 f_i 标记为冗余帧。

步骤 3　$j=j+1$，如果 $j>k$，转到步骤 2，否则转到步骤 4，继续处理剩余的帧。当 GPU 分配的单线程处理完当前任务时，发送指令给 CPU，并且将其保存到缓存区，返回继续处理下一帧数据。

步骤 4　为了减少 I/O 操作，CPU 每次将检测到的冗余帧只进行标记，而不逐一删除，当全部任务执行完毕后，CPU 把全部标记的视频帧从预备关键帧序列中排除，就得到了最终的关键帧序列。

关键帧提取算法的流程，如图 7-1 所示。

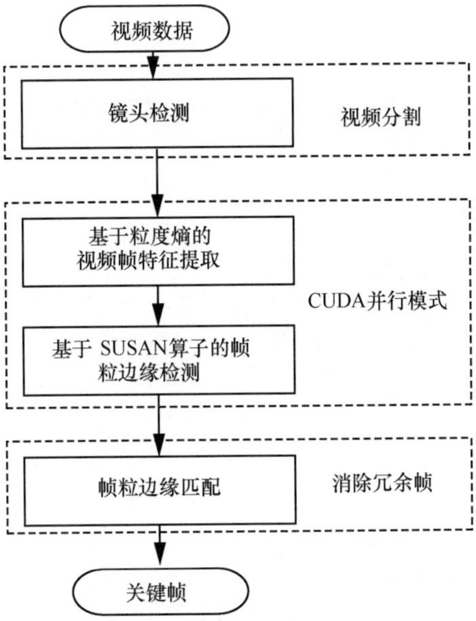

图 7-1　关键帧提取算法流程

7.3.3 实验与分析

本节的实验是基于 Visual Studio 2013 进行开发的，并结合 OpenCV2.4.9 的开源库。首先，对输入的视频进行镜头的边界检测，用基于预处理的信息熵关键帧提取算法，区分突变帧和渐变片段，构成以镜头为单位的结构；其次，在动态镜头内设计 CPU+GPU 并行模型，运用基于粒度熵的特征提取及 SUSAN 测度的关键帧提取算法，有效缩短关键帧提取时间，优化关键帧提取效率。

为了验证所提算法的有效性，本节选取了 6 种具有不同特征的典型视频流，包括新闻节目、体育节目、故事片、动画片等，视频数据集源于开源视频数据库及部分网络公开的视频测试数据，所有的视频都采用 AVI 格式，视频序列的长度从 2 000～6 000 帧不等，如表 7-1 所示。在相同的实验条件下，分别采用本节方法和文献[61]、文献[62]方法对测试数据的检测时间和相关参数进行了对比。

表 7-1　实验测试视频数据

视频类型	视频总帧数	镜头划分视频片段
News-V_1(V_1)	2 586	56
Sports-V_2(V_2)	3 427	64
Story-V_3(V_3)	4 528	53
Animation-V_4(V_4)	5 833	43
TRECVID D_1(D_1)	6 722	78
TRECVID D_2(D_2)	5 964	82

（1）检索关键帧数量比较

针对表 7-1 中的 6 种实验视频数据，通过比较本节算法、文献[61]算法和文献[62]算法提取出的关键帧数量，从而分析不同算法在提取关键帧时节省的存储容量和减少的实验数据量，如表 7-2 所示。

表 7-2　不同算法提取关键帧的数量

视频类型	视频总帧数	提取关键帧数量/帧		
		文献[61]算法	文献[62]算法	本节算法
V_1	2 586	35	47	22
V_2	3 427	40	56	32
V_3	4 528	58	68	45
V_4	5 833	67	86	48
V_5	4 227	51	64	40
V_6	5 964	70	90	48

从实验结果看出，利用文献[62]提取出的关键帧数量最多。本节算法提取出的关键帧数量相比文献[61]算法提取出的关键帧数量平均减少约 26.79%；相比文献[62]算法提取出的关键帧数量平均减少约 42.82%。因此，本节提出的关键帧算法相比文献中的 2 种算法，可以大幅减少关键帧提取的数量，从而达到节省存储空间并且降低视频数据量的目的。

（2）检索时间对比

为了检验不同关键帧提取算法在 CPU 与 CUDA 上实现的性能比较，本节在特征提取过程中分别对 CPU 和 CUDA 的处理时间及加速比进行了比较，如表 7-3 所示。

表 7-3　特征提取过程中 CPU 与 CUDA 上的性能比较

视频种类	特征点的个数/帧	CPU 平均用时/(帧·ms^{-1})	CUDA 平均用时/(帧·ms^{-1})	CPU/CUDA 的加速比
V_1	512	132.136 0	1.642 2	80.462 8
V_2	1 024	310.455 0	2.285 6	135.830 9
V_3	1 024	299.894 1	2.094 7	143.165 0
V_4	1 024	329.564 0	2.354 1	139.995 8
V_5	512	129.133 0	1.514 8	85.247 6
V_6	512	142.413 2	1.798 4	79.188 8

由表 7-3 得知，当初始特征点的个数相同且视频种类一致时，基于 CUDA 的并行算法比基于 CPU 的串行算法实现速度平均提高了 2 个数量级。例如在新闻类视频中，视频帧的初始特征点的个数为 512 时，CPU/CUDA 的加速比达到 80.462 8 倍。随着图像像素的提高和初始特征点的增加，基于 CPU 的算法提取视频帧的时间显著增加，但是基于 CUDA 的并行算法用时增量较小，加速比明显提高。例如，在体育类视频中，每一帧的特征点的个数是新闻类特征点个数的 2 倍，虽然两者的时间开销均有所增长，但由于 CUDA 的应用使加速比依然得到提高。因此基于 CUDA 的并行算法适合于像素要求高、视频质量好的关键帧提取过程。

（3）关键帧检索时间对比

为了检验本文算法在提取关键帧时间性能的优越性，实验中分别使用文献[61]和文献[62]中的 2 种算法与本节算法提取关键帧所用时间比较，如图 7-2 所示。

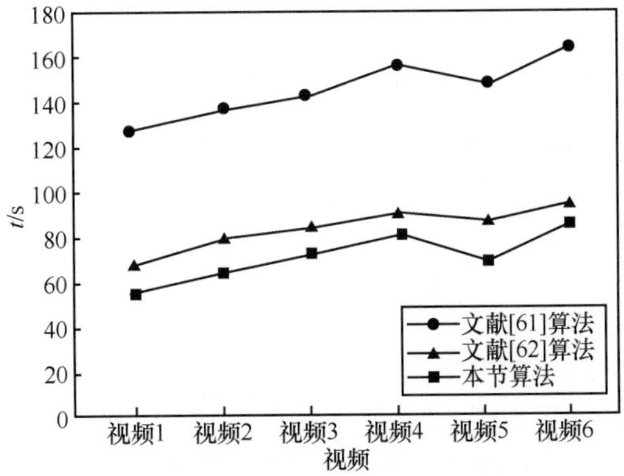

图 7-2　提取关键帧时间对比

从图 7-2 中可看出，采用基于 CUDA 并行模型的关键帧提取方法比文献[61]所用 CPU 串行方法，检测时间平均缩短了约 50%。主要原因是本节算法和文献[62]算法都是基于并行计算的模型，在图像特征提取以及消除冗余的全过程使用 CPU+GPU 并行调度编程方式，极大地提升了数据处理的速度。在基于 CUDA 并行计算的基础上，本节算法相比文献[62]算法，提取关键帧的检测时间平均可以减少了 15.87%。其主要原因是本节算法使用互信息熵作为提取关键帧的特征值，比文献[62]中利用前景和运动对象的局部最大值作为特征值提取关键帧，减少了每帧特征计算和特征对比过程的计算量，从而缩短关键帧检测时间。

（4）检索参数效果对比

从图 7-2 中可以得出，利用本节算法提取关键帧速度最快，时间效率最高。但是得到的关键帧是否可靠、有效，还需要用关键帧提取领域中的查全率和查准率 2 个重要标准来衡量。

为了更好地显示不同算法的检测效果，表 7-4 列出了不同算法的检测结果。在该表中包含了不同算法的关键帧数量、正确检测帧数、漏检帧数、误检帧数以及冗余帧数等对比参数。

表 7-4　不同算法的检测结果

视频类型	参考关键帧数量	算法	正确检测帧数	漏检帧数	误检帧数	冗余帧数	查全率	查准率
新闻	23	文献[61]算法	20	3	2	13	86.97%	90.91%
		文献[62]算法	21	2	2	24	91.30%	91.67%
		本节算法	21	2	1	0	91.30%	95.45%
体育	34	文献[61]算法	30	4	3	7	88.24%	90.91%
		文献[62]算法	31	3	2	23	91.17%	93.94%
		本节算法	31	3	1	0	91.43%	91.43%
故事	45	文献[61]算法	40	5	3	15	88.89%	93.02%
		文献[62]算法	41	4	2	25	91.11%	95.34%
		本节算法	42	3	3	0	93.33%	93.33%
动画	48	文献[61]算法	43	5	5	19	89.58%	89.58%
		文献[62]算法	45	3	2	39	93.75%	95.74%
		本节算法	44	4	3	1	91.67%	93.62%
演讲	39	文献[61]算法	35	4	4	12	89.74%	89.74%
		文献[62]算法	37	2	3	24	94.87%	92.50%
		本节算法	36	3	3	1	92.31%	92.31%
会议	45	文献[61]算法	40	5	4	26	88.89%	90.91%
		文献[62]算法	42	3	2	46	93.33%	95.45%
		本节算法	41	4	3	4	91.11%	93.18%

从表 7-4 可以看出，本节算法查全率平均可以达到 91.86%，查准率平均可达到 93.22%。与文献[61]中的算法相比，本节算法的查全率和查准率都有显著提高。与文献[62]所用算法相比，本节算法在查准率和查全率两方面损失控制在 1%左右。主要原因是本节算法在特征提取方面，为降低计算量，提高运算速率，使用互信息熵特征值作为衡量标准，忽略不同环境下背景和运动对象的复杂性，但损失的精准度在一定的置信范围内。

当今社会中，视频数量呈指数级上升，且随着硬件技术的发展，视频的清晰度越来越高，进一步使视频数据规模增加。所以，如何从海量的视频数据中快速、高效地检索到对人类有用的视频数据和图像信息，已经成为视频检索领域的关键。因此，本节提出的算法，在保证一定的精度和准度的前提下，以提升算法的运行效率为目的，缩短提取关键帧所用的时间，对视频检索领域具有一定的应用价值。

（5）关键帧提取分析与评价

本节选取斯坦福大学公开数据集 OlympicSports 的一段时长大约 3 min 的体育视频部分关键帧提取过程，用来分析和评价实验结果。该段视频描述的主要内容是：一名篮球运动员在训练馆演示投篮的动作，在他讲解的过程中，通过慢镜头不断地回放他在比赛时的一些投篮、出手的动作，来展示篮球运动中的合作、跑位、投篮等过程，最后通过他投篮的动作来结束该段视频。图 7-3 为三组关键帧提取过程的主要处理流程。首先利用粒度熵提取图像特征，将提取出的预备关键帧先处理为灰度图像；然后用 SUSAN 算子检测关键帧图像中物体和人物的外形轮廓；最后利用 SUSAN 算子检测出的边缘信息，计算关键帧的边缘轨迹，从而消除冗余帧。

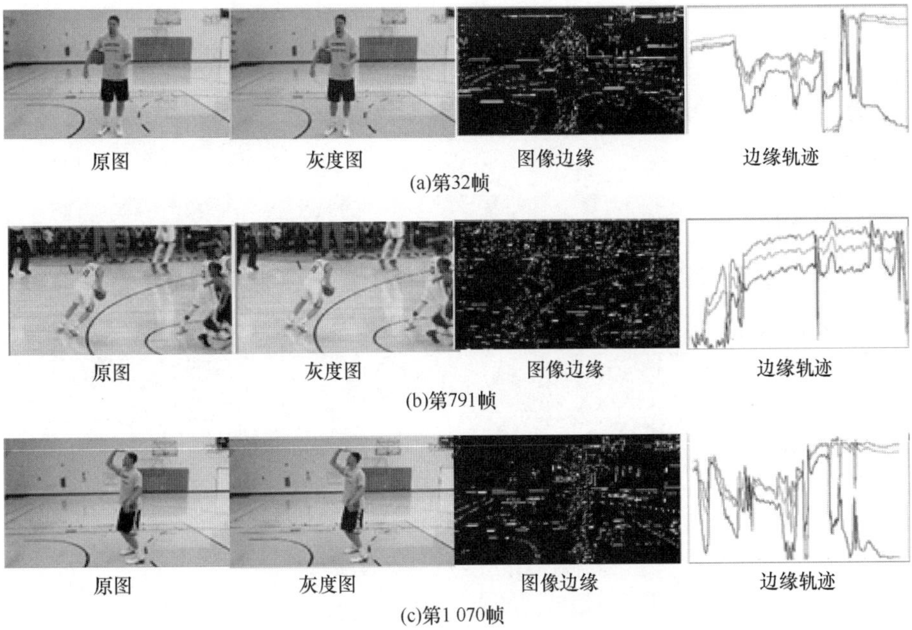

图 7-3　部分关键帧提取过程

从图 7-3 中可以看出，用 SUSAN 算子能够准确地提取到图像和人物的外形轮廓，从而提高关键帧提取过程的查准率。因为不同的关键帧边缘轨迹差异很大，所以用图像边缘轨迹的匹配率来消除冗余帧。如果边缘轨迹的相似度超过 50%，则认为当前两帧冗余过高，可以标记删除对比帧；反之，则认为当前两帧差异较大，不存在冗余，从而达到消除冗余帧的目的。本节选取斯坦福大学公开数据集 OlympicSports 的 3 种不同运动场景实验视频数据的关键帧提取结果来说明本节算法的有效性，图 7-4 反映了这 3 种实验视频数据的部分关键帧提取结果。

从图 7-2 和表 7-4 可以看出，基于 CUDA 的互信息熵和 SUSAN 测度的关键帧提取算法在保证较高查全率和查准率的基础上，提取关键帧所用的时间相比当前基于 CPU 串行的关键帧提取算法缩短了 2～3 倍，极大地提高了算法的时间效率。从图 7-4 可以看出，应用本节算法提取到的关键帧集合不仅能够反映出视频的全部内容，而且关键帧之间的冗余现象很小。

(a)视频场景 1 的关键帧提取结果

(b)视频场景 2 的关键帧提取结果

(c)视频场景 3 的关键帧提取结果

图 7-4　本节算法提取出的部分关键帧

7.4　基于 DCT 与 NCIE 的关键帧多级提取算法

在视频帧的特征提取方面，目前大多数方法都是基于像素域进行的特征提取，此类方法可以充分表达图像内容信息，但计算量会随着特征增多而加大。为了有效表示图像内容并且减少计算量，本节提出了基于 DCT 与 NCIE 的关键帧多级提取算法[63]。该算法选用 DCT 技术，利用相应的 DCT 系数来代替视频帧的底层特征，完成对视频帧特征的提取；同时为了缩短计算时间，提高算法效率，在实验中将镜头分成静态镜头和动态镜头，分别进行关键帧提取；在对帧间差异性进行度量时，本节采用了非线性相关信息熵 NCIE 作为度量方法，将多帧作为一个整体进行相关性度量，避免在常用度量方法中相邻帧之间相关性不稳定的现象，从而提高了关键帧提取的准确性。具体算法流程如图 7-5 所示。

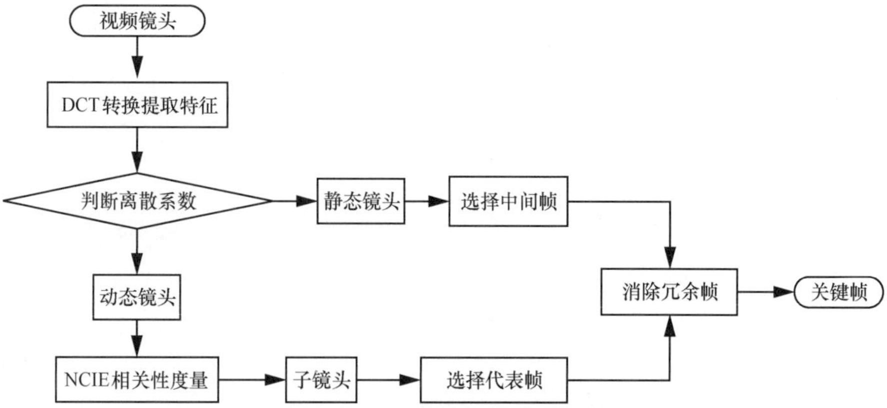

图 7-5　关键帧提取算法流程

7.4.1　基于 DCT 的快速特征提取

视频检索过程中，在镜头分割好以后，需要从镜头中提取代表镜头有效内容的关键帧。首先需要选取合适的特征来表征视频帧，最常用的就是基于像素域的底层特征，如颜色、纹理和形状等。基于像素的特征，虽然可以充分描述图像的内容，但计算过程中需要对图像以像素为单位进行全局扫描并依次计算，这样的计算量是非常大的。

在图像压缩领域，为了减少存储空间，人们会利用傅里叶变换或小波变换将图像转换到频率域，再进行进一步计算。这是因为在频率域，不同的频率信息代表着图像的不同结构。人们可以根据不同需求，从中选择不同频率信息作为图像的特征，相比基于像素的方法来说，此类方法能够大大降低计算量。因此本节选择将图像从像素域转换到频率域，再选择合适的频率参数作为图像的特征。

本节采用余弦离散变换（DCT）算法对图像进行频率域的转换，完成特征提取。DCT 是与傅里叶变换相关的一种算法，它的特点是具有很强的“能量集中”性，可以将图像的绝大多数能量都集中在低频部分，如图 7-6 所示。其中，图 7-6(a)出自公共数据集 The Open Video Project。

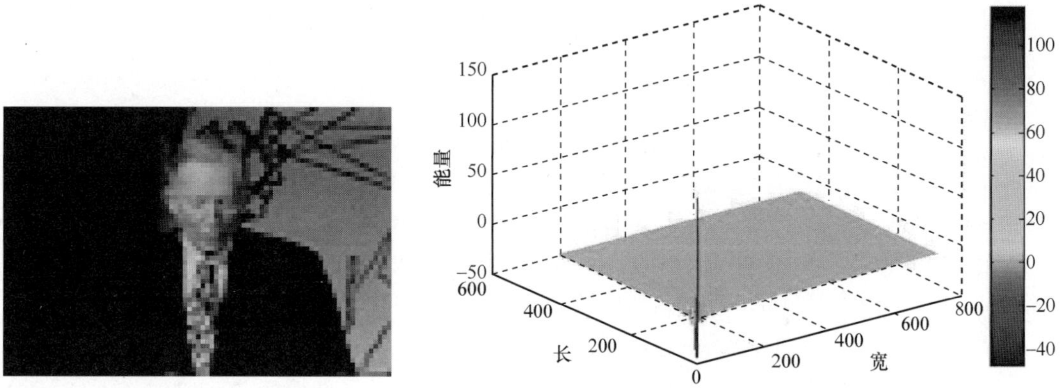

(a) 原图　　(b) 余弦离散变换结果

图 7-6　DCT 转换的能量分布

（1）预处理

在将视频帧从像素域转换到频率域的过程中，为了符合人们对颜色相似性的主观判断，本节首先将视频帧从 RGB 颜色模型转换到 HSV 颜色模型，转换式如式(7.11)～式(7.13)所示。

$$H=\begin{cases}\arccos\dfrac{(R-G)+(R-B)}{2\sqrt{(R-G)^2+(R-B)(G-B)}}, B\leqslant G\\ 2\pi-\arccos\dfrac{(R-G)+(R-B)}{2\sqrt{(R-G)^2+(R-B)(G-B)}}, B>G\end{cases} \tag{7.11}$$

$$S=\frac{\max(R,G,B)-\min(R,G,B)}{\max(R,G,B)} \tag{7.12}$$

$$V=\frac{\max(R,G,B)}{255} \tag{7.13}$$

选定颜色空间之后，还需对视频帧进行简单的预处理，将视频帧规范化。由于 DCT 算法是基于 8 像素×8 像素大小的图像块进行的，因此本节先利用双三次插值算法对视频帧进行缩放，将视频帧规范化为 128 像素×128 像素大小，确保能够在不同分辨率的视频中提取出相同长度的特征系数，方便后续的对比计算。然后对规范化后的视频帧进行高斯低通滤波处理，降低噪声对特征提取所带来的影响，提升特征提取的稳健性和准确性。

（2）特征提取

将视频帧预处理之后，就可以利用 DCT 算法对视频帧提取相关特征，具体步骤如下。

假设 $S=\{f_1,f_2,\cdots,f_n\}$ 表示镜头，其中，f_i 表示其镜头的第 i 帧图像。首先将每个视频帧 f_i 分成 256 块，可表示为 $f_i=\{b_{i1},b_{i2},\cdots,b_{i256}\}$，其中，每个图像块的大小为 8×8，然后对每个图像块 b_{ik} 进行 DCT 转换，其转换式如式(7.14)和式(7.15)所示。

$$C_i(u,v)=a(u)a(v)\cdot \sum_{i=1}^{n}\sum_{j=1}^{n}b_{ik}(l,j)\cos\left[\frac{(2l+1)u\pi}{2n}\right]\cos\left[\frac{(2j+1)v\pi}{2n}\right],(u,v=1,2,\cdots,n) \tag{7.14}$$

其中，$b_{ik}(l,j)$ 为第 i 帧图像的第 k 块，$a(u)$ 定义为

$$a(u)=\begin{cases}\sqrt{\dfrac{1}{n}}, u=1\\ \sqrt{\dfrac{2}{n}}, u=2,3,\cdots,n\end{cases} \tag{7.15}$$

在式(7.14)中，$C_i(0,0)$ 为 DCT 的直流系数 DC，集中了图像的绝大部分能量，其余为交流系数 AC，反映图像的边缘细节情况，同时 AC 系数还可以细分为低频、中频和高频，具体分布情况如图 7-7 所示。

由于 DCT 系数的特殊分布情况，有利用价值的系数大多集中在图 7-7 的左上角，从左上到右下角，DCT 系数值依次降低，因此在完成对视频中每个图像块的 DCT 转换后，需要对转换后的 DCT 系数矩阵进行 Z 字形扫描，其扫描示意如图 7-8 所示。这样的扫描方式可以有效避免提取到的系数含有较多偏零值，从而避免忽略其他比较重要的系数值。

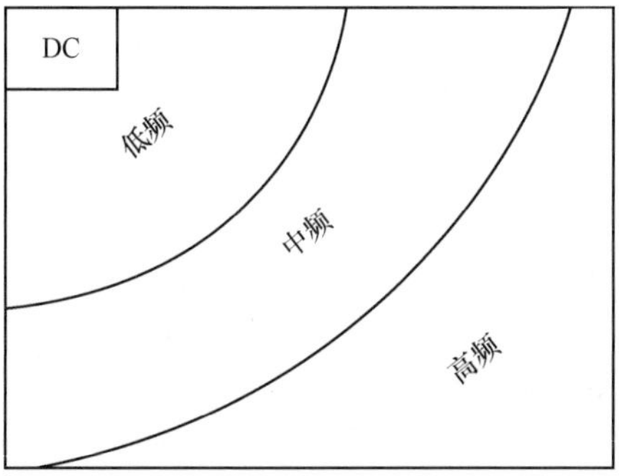

图 7-7　DCT 系数分布情况

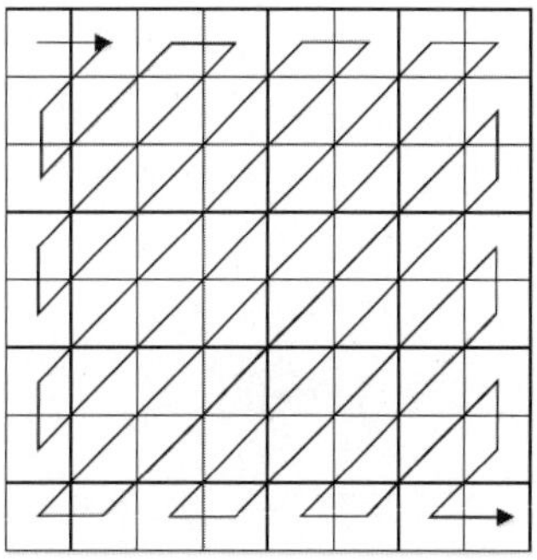

图 7-8　DCT 系数矩阵 Z 字形扫描示意

由于 DCT 系数能量主要分布在 DC 部分和 AC 的低频区域，本节需要提取 DCT 部分有价值的系数来表示整幅图像，提取的系数要既能够保持图像质量又能够减少计算量。经过多次实验发现，选取 DC+9AC 前 10 个系数可以在提高计算速度的同时又能一定程度保证计算的准确性，实验结果如图 7-9 所示。

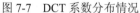

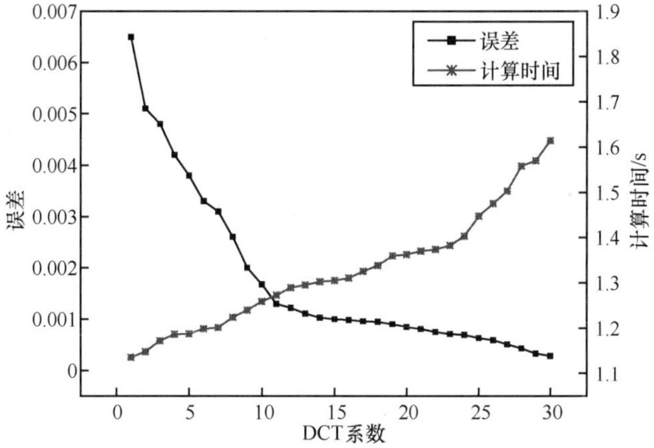

图 7-9　图像质量和计算时间在不同 DCT 系数下的变化趋势

经多次实验，本节选择 DCT 转换后的前 10 个系数作为视频帧特征系数，为了方便后续计算，对选取的 10 个系数进行加权求和，作为每块的特征点 B_i，计算方法如式(7.16)所示。

$$B_i = \omega_1 b_{(i,1)} + \omega_2 b_{(i,2)} + \ldots + \omega_{10} b_{(i,10)}, \omega_j = \frac{b_{(i,j)}}{\sum b_{(i,j)}}, j = 1,2,\cdots,10 \tag{7.16}$$

经过上述过程即可完成对视频帧特征 $F_i = \{B_1, B_2, \cdots, B_{256}\}$ 的提取。

7.4.2　基于 NCIE 度量的视频关键帧提取

提取特征之后，就可以利用视频帧特征进行帧间相似性度量，选出镜头中变化比较大的几帧来作为关键帧。由于镜头的内容复杂度不一，为了避免不必要的重复计算，节省计算时间，在分析视频帧相似性之前需要对镜头进行一次粗分类。

（1）镜头粗分类

本节根据内容复杂度将镜头分成内容丰富镜头和内容单一镜头。内容丰富镜头是由一连串连续变化的帧组成的，即动态镜头，如目标的动作变化或摄像头的移动，需要提取几帧作为代表内容的关键帧；而内容单一镜头就是画面变化较小，没有太多信息的静态镜头，如人物对话类型，此类镜头不需要再进行帧间差异的分析，只需提取一帧即可表示整个镜头内容。本节通过计算镜头的离散系数来对这 2 种镜头进行区分，离散系数主要用于比较不同水平的变量数列的离散程度，本节可利用该方法衡量不同镜头之间的内容变化程度。

为了表示视频帧的内容相关信息并方便计算离散系数，首先需要计算视频帧的信息熵，计算方法如式(7.17)所示。

$$H(x)=E\left[\log\left(2,\frac{1}{p(x_i)}\right)\right],(i=1,2,\cdots,n) \tag{7.17}$$

其中，$p(x_i)$ 表示第 i 帧的特征出现的概率，E 表示该帧的信息熵。

然后计算镜头的离散系数，用来衡量镜头的内容变化程度，计算式为

$$\mathrm{CV}=\frac{\sigma}{\mu} \tag{7.18}$$

其中，σ 表示该镜头内视频帧的信息熵 $H(x)$ 的标准差，μ 表示该镜头内视频帧的信息熵 $H(x)$ 的平均值。如果离散系数大于阈值 ς，则表示该镜头内容丰富，将其归为动态镜头；否则归为静态镜头。通过多次实验得出阈值 ς=0.04，可以将绝大多数镜头进行有效地初步分类。

（2）基于 NCIE 度量的子镜头分类

在视频镜头分类后，对于动态镜头，需要进一步细分其内容，将相似内容的视频帧分成一个子镜头，再从子镜头中选取关键帧，这样既可以尽量避免冗余帧，也可以最大程度地表达镜头的内容。为了避免相邻帧相似性度量的不稳定性，从而更加精确细分出镜头的内容变化，本节选用非线性相关信息熵 NCIE 作为动态镜头视频帧间相关性的度量方法。

该方法由 Wang[64]首次提出，是在非线性相关系数 NCC 上的进一步改进。非线性相关系数在统计学中通常是用来作为度量 2 种样本之间的普遍关系的标准。基本思想是假设有 2 个离散样本 X 和 Y，大小都为 N，将样本的可取状态设为 b。将 2 个样本里元素从小到大依次排序，然后使其元素均分到 b 个状态中，使每个状态中至少含有一个元素对 (x_i,y_j)，从而形成了一个 ij 的二维状态网格。NCC 的定义式为 $\mathrm{NCC}(X,Y)=2+\sum_{i=1}^{b}\sum_{j=1}^{b}p_{ij}\log_b p_{ij}$，其中 $p_{ij}=\frac{n_{ij}}{N}$，是样本 X 和 Y 的联合概率，n_{ij} 是二维状态网格中对应的元素对个数。该函数与信息熵的不同之处在于，它可以将 2 个样本间的相关性程度在一个闭区间[0,1]中表示出来，1 表示相关性最强，0 表示相关性最弱；另外，变换样本的位置也不会影响非线性相关系数的值；同时该函数最重要的性质是对 2 个样本间的普遍关系非常敏感，这也是优于相关系数和互信息的关键一点。

然而，NCC 的输入参数是 2 个变量，其本质与欧氏距离等其他匹配度量方法一样，都是用来衡量 2 个变量之间关系的函数方法。由于镜头内的视频帧在内容上存在一定程度的相似性，通过对相邻帧两两进行比较，得出的相似性的变化幅度并不十分明显，容易使关键帧过度提取，导致最终效果不是很理想。因此本节在镜头内视频帧的相关性度量上选择非线性相关信息熵 NCIE 来度量。

NCIE 度量算法是将多个变量作为一个整体进行相关性计算，描述的是一个整体中各个变量之间的相互关系和特征重叠的程度，与传统的针对两两变量进行相似性度量的方法相比，此方法可以计算多个变量之间整体的相关程度，更加适用于关键帧提取方法，具体步骤描述如下。

假设 K 为待比较的视频帧数，其中每 2 个视频帧之间的相关性程度就可以用 NCC 来描述，对于 K 个待比较的视频帧，其非线性相关矩阵可以写为

$$\boldsymbol{R}^N = \{\mathrm{NCC}_{ij}\}_{1\leqslant i\leqslant K,1\leqslant j\leqslant K} \tag{7.19}$$

其中，NCC_{ij} 表示第 i 帧图像和第 j 帧图像之间的非线性相关系数。可以看出，待比较的 K 个视频帧之间的普遍相关性蕴含在非线性相关系数矩阵 $\boldsymbol{R}^N$ 中。非线性联合熵 $H_{\boldsymbol{R}^N}$ 定义为

$$H_{\boldsymbol{R}^N} = -\sum_{i=1}^{K}\frac{\lambda_i^{\boldsymbol{R}^N}}{K}\log_K\frac{\lambda_i^{\boldsymbol{R}^N}}{K} \tag{7.20}$$

其中，$\lambda_i^{\boldsymbol{R}^N}(i=1,2,\cdots,K)$ 是非线性相关矩阵的特征值。因此，多个视频帧间非线性相关定量度量的非线性相关信息熵 $\mathrm{NCIE}_{\boldsymbol{R}^N}$ 可定义为

$$\mathrm{NCIE}_{\boldsymbol{R}^N} = 1 - H_{\boldsymbol{R}^N} = 1 + \sum_{i=1}^{K}\frac{\lambda_i^{\boldsymbol{R}^N}}{K}\log_K\frac{\lambda_i^{\boldsymbol{R}^N}}{K} \tag{7.21}$$

由于相关性程度会受加入帧数量的影响，加入的帧越多相关性越稳定，而少数几帧的相关性浮动会比较大，容易造成算法的判断误差，因此本节通过加入滑动窗口对参与帧的数量进行了约束。如图 7-10 所示，在实验中随机选择 5 种不同视频中的某一镜头，通过将视频帧依次加入滑动窗口中，计算其 NCIE 值，观察变化趋势，横坐标表示视频帧数，纵坐标表示每加入一帧其 NCIE 的差值变化。经过多次实验发现，参与帧数大于 5 帧时，其 NCIE 值变化相对稳定，因此设滑动窗口的大小为 5。

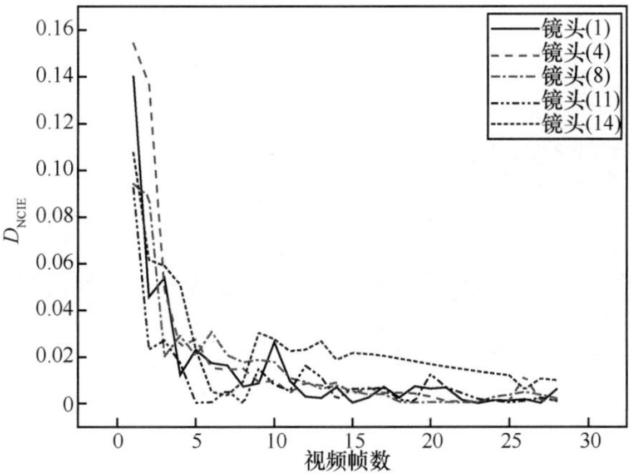

图 7-10 滑动窗口中加入的帧数对 NCIE 值的影响趋势

首先计算窗口内 5 帧的 NCIE 的值，记为 R_1，然后加入下一帧再次计算其 NCIE 值，记为 R_2，通过观察 R_1 和 R_2 的差值 D_1 来判断加入新的一帧后其 NCIE 值的变化程度。如果 D_i 为正并且大于阈值 ξ，则表示加入新的一帧 F_{i+1} 降低了原视频帧集 $\{F_1,F_2,\cdots,F_i\}$ 整体的相关性，

该帧内容与原视频帧集的整体内容不连续，因此将之前的帧集称为一个子镜头，记为 $\mathrm{sub\_shot}=\{F_1,F_2,\cdots,F_i\}$，而 F_{i+1} 则作为滑动窗口新的开始帧继续进行计算。通过多次实验得出阈值 ξ 为 0.003，最终将镜头分割成若干个子镜头，每个子镜头里都是相似内容的视频帧。所处理视频选取公共数据集 The Open Video Project，分割结果如图 7-11 所示，图 7-11 中的视频帧是选取电影片段的一节镜头，横坐标为该镜头的视频帧数，纵坐标表示 D_i，经过上述度量方法对镜头进一步分割，分割出 3 种子镜头 $\mathrm{sub\_shot}_1$、$\mathrm{sub\_shot}_2$、$\mathrm{sub\_shot}_3$。

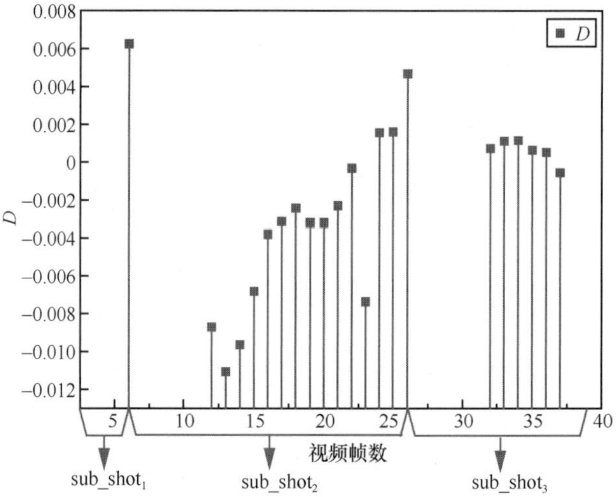

图 7-11　基于 NCIE 度量的子镜头分割结果

（3）提取关键帧

在将动态镜头继续细分成若干子镜头后，本节需要对动态镜头和静态镜头分别提取关键帧。其中，动态镜头的关键帧提取的基本思路是从已分割好的子镜头中选取最接近该镜头平均信息熵的一帧作为关键帧。所处理视频选自公共数据集 The Open Video Project 中 Senses And Sensitivity.mpg。如图 7-12 所示，在图 7-12 的子镜头中分别选择第 3 帧、第 16 帧和第 34 帧作为该镜头的关键帧。

(a)第 3 帧　　(b)第 16 帧　　(c)第 34 帧

图 7-12　动态镜头中提取的关键帧

对于静态镜头，由于内容单一，变化较小，因此选取中间一帧作为关键帧。所处理视频选自公共数据集 The Open Video Project 中 Computer Animation of Loma Prieta Aftershocks.mpg，如图 7-13 所示。最后，对提取出的关键帧通过比较其相似性从而删除一定量的冗余帧，就可得到最终的关键帧。

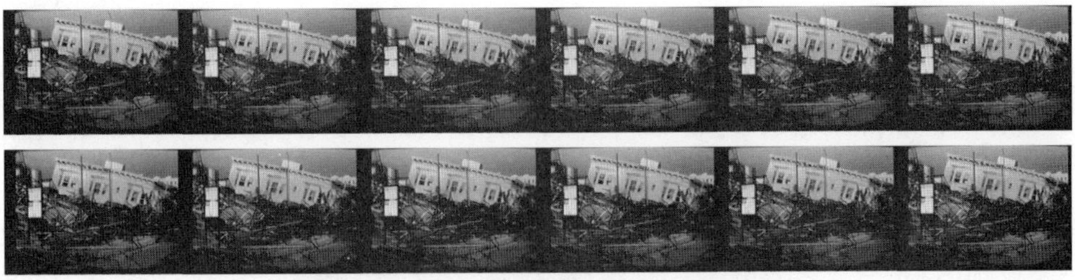

(a)静态镜头

(b)第 7 帧

图 7-13　静态镜头中提取的关键帧

7.4.3　实验与分析

（1）数据集和评价标准

本节选用了公共数据集 The Open Video Project 里的 10 段视频作为实验数据，为了更加客观地评价本文方法的有效性，同时还选取了 YouTube 视频网站中的 16 种类型视频作为本文实验补充数据，具体描述如表 7-5 所示。

表 7-5　实验数据的描述

数据源	视频序号	时间/s	帧数	分辨率	频率/(s^{-1})
The Open Video Project	1	60	179 7	352×240	30
The Open Video Project	2	60.5	181 3	320×240	30
The Open Video Project	3	60	179 8	320×240	30
The Open Video Project	4	75.9	227 6	320×240	30
The Open Video Project	5	60	179 6	320×240	30
The Open Video Project	6	60	179 8	320×240	30
The Open Video Project	7	60	179 7	320×240	30
The Open Video Project	8	79.2	236 8	320×240	30
The Open Video Project	9	85	254 7	320×240	30
The Open Video Project	10	81.9	243 9	320×240	30
YouTube	11	64.9	155 7	1280×720	24
YouTube	12	60	150 0	720×404	25
YouTube	13	60	149 9	720×404	25
YouTube	14	69	206 7	1280×720	30
YouTube	15	60	143 9	640×360	24
YouTube	16	60	149 9	524×360	25

为了更加准确地对算法性能进行评价，本节选用了 2 种客观评价和 2 种主观评价共同衡量实验的有效性。其中，2 种客观评价分别是保真度和匹配度。保真度是指从视频中提取出的关键帧与该视频的相似程度，保真度越高，提取的关键帧越能更好地表示视频内容。

假设一个镜头 S 包含 n 帧，通过关键帧提取方法从中提取出 m 帧关键帧，记为 $K=\{f_{k_1},f_{k_2},\cdots,f_{k_m}\}$，将第一帧关键帧与镜头 S 的每一帧图像进行比较，选比较值的最小值作为该关键帧的参考值，以此类推，直到最后一帧关键帧比较结束。具体计算式为

$$d_m(K,F_l)=\min\{d(f_{k_i},F_l)\},(i=1,2,\cdots,m;l=1,2,\cdots,n) \tag{7.22}$$

保真度（Fidelity）定义为 $d_s(S,K)=\max\{d_m(F_l,K)\}$，从 m 帧关键帧的参考值中选出最大值作为该次关键帧提取方法的保真度，其中，d 为 NCIE 值。

匹配度（MD，Matching Degree）是将提取出的关键帧和标准关键帧进行比较，由匹配成功的数和匹配失败的数来表示，分别记为 n_{matched} 和 $n_{\text{no-matched}}$，匹配度的衡量标准表示如下

$$\text{MD}_A=\frac{n_{\text{matched}}}{M}$$

$$\text{MD}_E=\frac{n_{\text{no-matched}}}{M} \tag{7.23}$$

其中，M 表示关键帧提取的总数。

2 种主观评价分别是代表程度和冗余程度，代表程度是指关键帧是否能够充分代表镜头的内容，冗余程度就是指提取的关键帧是否有重复内容。通过实验做一个关于关键帧效果的评分，邀请了 10 位视频研究人员分别对 16 段视频用不同的方法提取的关键帧做了主观评价，最高分为 5，最低分为 1，根据提取效果进行不同程度的打分，最后取 10 位专家评分的平均值作为视频的主观分值。

（2）特征提取方法实验对比

为了证明本节选择 DCT 转换系数提取特征可以减少计算量，提高算法的计算速度，在实验中选用文献[65-68]中提取特征的方法与本节提出的算法进行对比分析，结果如图 7-14 所示。

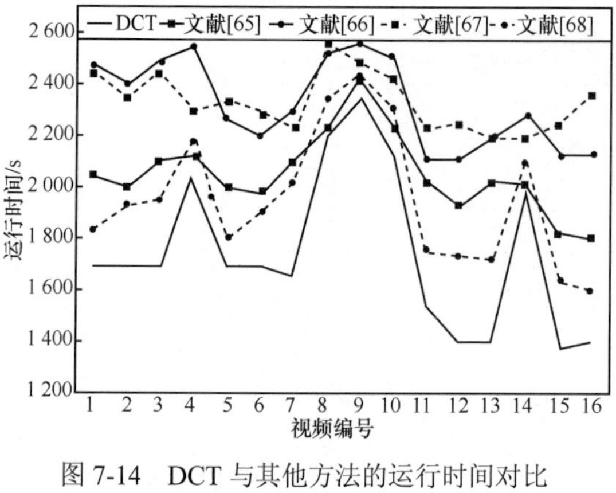

图 7-14　DCT 与其他方法的运行时间对比

图 7-14 的横坐标代表数据集的视频编号，纵坐标代表 5 种算法运行的时间。从图 7-14 中可以看出，利用 DCT 方法提取特征之后进行关键帧提取计算远比选用其他文献的计算所消耗的时间要少很多，其中，文献[65]选用的是颜色直方图表示特征，对一些视频处理时间

和本节方法相近，而对有些视频则处理时间较长，原因在于有的视频图像的颜色分布较为复杂，例如电影、新闻等，通过颜色直方图进行计算会比较耗时。文献[66]的分块方法和文献[67]的多特征结合方法都是对特征进行了加强，以保证对图像的充分描述，这样正如图 7-14 中所表现的一样，会大大增加整体算法的运行时间。文献[68]利用轮廓波对图像的边缘特征进行表示，可以很好地表现图像的细节，同时该方法也是基于频率域进行的特征提取，因此，仅需要少量参数值就可以将图像表示出来，在图 7-14 中也可以看出，该方法的运行时间与本节方法最接近。最终通过上述分析可以得出，利用 DCT 转换提取特征来表示图像内容，能够大大减少算法的运算量，节省了计算的时间。

（3）相关性度量方法实验对比

为了证明本节选用的 NCIE 度量算法在视频关键帧提取上的准确性，在公共数据集 The Open Video Project 的实验中将本节的 NCIE 度量方法与基于互信息[69]的度量方法进行了对比分析，实验结果如图 7-15～图 7-17 所示，实验数据选取自公共数据集 The Open Video Project。

(a)参考关键帧

(b)基于互信息的度量方法

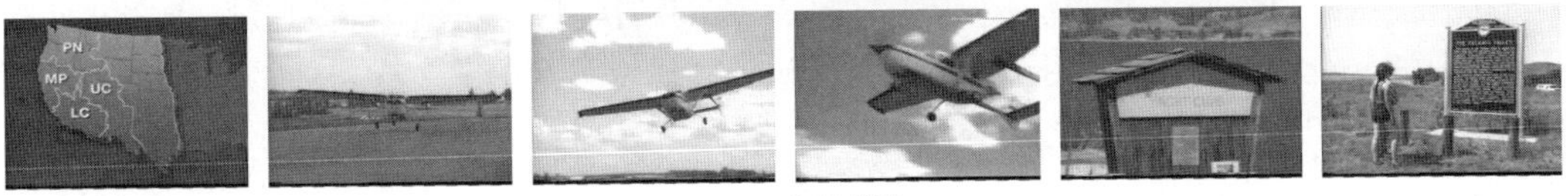

(c)NCIE 度量算法

图 7-15　镜头 1 的实验对比结果

(a)参考关键帧

(b)基于互信息的度量方法

(c)NCIE 度量方法

图 7-16　镜头 2 的实验对比结果

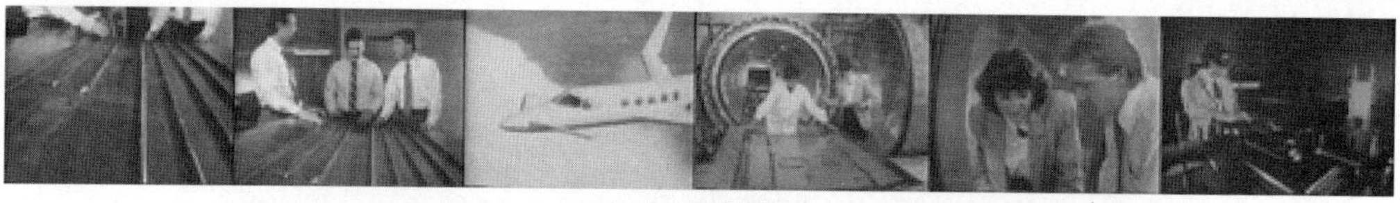

(a)参考关键帧

(b)基于互信息的度量方法

(c)NCIE 度量方法

图 7-17　镜头 3 的实验对比结果

图 7-15～图 7-17 是对 3 个镜头的关键帧提取的对比结果，其中参考关键帧是通过视频研究人员投票选出的，可以代表人们对这几个镜头内容上的直观认知。从图 7-15 中可以看出，本节的 NCIE 度量方法相较互信息方法，提取的关键帧更加全面丰富，从而可以更充分代表视频内容。与参考关键帧相比，在个别帧上存在误差，但在整体的内容情节理解上，仍然可以与参考关键帧保持一致。

（4）关键帧多级提取方法实验对比

为了较精确地证明本节方法在视频关键帧提取上的优势，实验中选用了基于聚类（BC, Based on Clustering）的关键帧提取方法[70]和基于底层特征（LLF, Low-Level Features）的关键帧提取方法[67]与本节方法进行了对比，结果如表 7-6 和图 7-18 所示。

表 7-6　本节方法与其他方法的关键帧提取结果对比

视频序号	本节方法			BC			LLF		
	保真度	MD_A	MD_E	保真度	MD_A	MD_E	保真度	MD_A	MD_E
1	6.253 1	0.8	0.2	5.231 2	0.76	0.24	5.786 4	0.675	0.325
2	8.178 1	0.833	0.167	7.687 6	0.654	0.346	7.867 8	0.644	0.356
3	4.195 2	0.919	0.081	3.322 2	0.85	0.15	3.436 6	0.867	0.133
4	8.727 7	1	0	8.213 3	1	0	8.765 7	0.8	0.2
5	8.837 5	1	0	8.223 1	1	0	8.756 4	0.9	0.1
6	8.430 4	0.8	0.2	8.231 2	0.76	0.24	8.557 5	0.756	0.244
7	8.134 6	0.773	0.227	6.898 9	0.71	0.29	6.564 5	0.7	0.3
8	6.190 8	0.8	0.2	5.213 2	0.654	0.346	5.765 2	0.75	0.25
9	4.958 5	0.7	0.3	4.832 2	0.556	0.444	4.768 6	0.645	0.355
10	7.067 5	0.783	0.217	6.232 1	0.654	0.346	6.132 1	0.756	0.244

通过表 7-6 的数据可以看出，由于本节方法提取的关键帧可以充分代表视频主要内容，因此该方法的保真度比方法 BC 和 LLF 均有提高。基于底层特征（LLF）采用的是隔帧比较法，提取的关键帧虽然可以表示视频内容，但冗余度比较大，因此保真度和匹配度都低于本

节方法。聚类（BC）方法在提取关键帧的整体效果上与本节方法接近，但由于聚类方法需要设置聚类中心数，也就是需要提前设定好关键帧的数目，因此会存在一定的漏检，在匹配度上会低于本节方法。综上可以得出，本节方法在保真度和匹配度上优于基于聚类的方法和基于底层特征的隔帧比较法。

在主观评价方面，从图 7-18 可以看出，本节方法的整体主观分值优于其他 2 种方法。聚类（BC）方法由于需要预先设定关键帧数目，提取出的关键帧有限，有时不能很好代表视频内容。基于底层特征（LLF）方法虽然对视频内容的代表性足够高，但由于提取的冗余帧过多，整体的主观分值并不是很高。经实验证明，本节方法在关键帧提取上更贴近用户的视觉感受，能够准确表示镜头内容，大大降低了关键帧的冗余量。

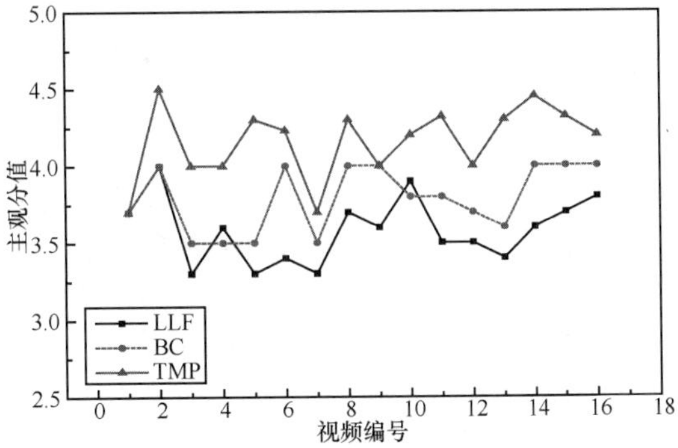

图 7-18　本节方法与其他方法关于关键帧提取算法的主观评价对比

7.5　小　结

关键帧提取需要在既能保证表达视频的主要事件的同时，又要减少计算量，尽量提高存储空间占用率。因此，提取关键帧时，不仅需要设计视频特征充分表达视频的内容信息，而且还需设计一定的度量标准去判断视频内容的变化程度。因此，本章在介绍常用关键帧提取算法的基础上，提出了 2 种关键帧提取算法，分别是基于粒度熵的关键帧提取算法和基于 NCIE 的关键帧多级提取算法。

（1）提出基于 CUDA 并行处理模型的关键帧提取算法上，解决了传统的基于 CPU 串行算法在提取海量视频数据时，处理速度过慢等问题，极大地提高了算法的时间效率。此外，相比基于前景和运动特征并行处理的关键帧提取算法，本章提出的基于粒互信息熵的图像特征提取算法，及运用 SUSAN 算子完成粒边缘特征匹配的方法，简化计算过程，提升算法的实现效率，降低存储空间，对大规模视频数据的检索具有一定的应用价值。

（2）提出基于 DCT 与 NCIE 的关键帧多级提取方法。该方法首先将视频帧从像素域转换到频率域，采用 DCT 算法对视频帧提取相关系数作为图像特征；然后对镜头类型进行区分，分为动态镜头和静态镜头 2 种，针对静态镜头提取中间一帧作为关键帧，针对动态镜头，采用非线性相关信息熵 NCIE 的度量方法对镜头帧进行相似性度量，细分成若干子镜头，从子镜头中选择最接近平均信息熵的一帧作为关键帧。在实验中，分别针对 DCT 提取特征方法和 NCIE 度量方法与其他相关方法进行了对比分析，同时与基于聚类和基于底层特征的 2 种关键帧提取方法进行了实验比较，从而证明了本节算法在关键帧提取方面的有效性。

第 8 章　基于粗糙粒的人脸检测

8.1　引　言

人脸是区分不同个体最直观的特征集合，是人类交换信息和表达情感最直接的媒介，同时也是视觉系统的感兴趣区域。人脸的研究涉及人工智能、图像处理、心理学、计算机视觉、模式识别和计算机图形图像学等多个学科。计算机系统“定位”并分析特定对象的面部特征，能够获得其肤色、性别等个体属性信息；进一步“定位”并分析人脸表情，还可获得人类情绪状态和心理特性等信息。人脸信息内容丰富，如何从中迅速获取感兴趣的信息，如茫茫人海中，如何瞬间检测到人的生物特性（如人脸），并将其识别为个人信息（如姓名、性别等）；视频电话会议中为了提高会议质量，如何快速检测会议人员面部信息并通过互联网发送；如何从监控视频中准确检测和统计出人流量。识别人类身份的方法大致可归纳为三类：特定物品（如身份证、护照等），特殊密钥（如账户密码和暗号等），生物个体特殊属性（如人脸、DNA、指纹、音色和虹膜等）。相对于前两类方法，个体属性识别具有可靠性能高、不易仿造和不易丢失的优点。所有生物属性采集过程中，人脸属性具有方便快捷、方式友好和非侵犯性等优势。

人脸检测是在给定的待检测图像中，运用检测方法搜寻并指出人脸所在区域和人脸尺寸大小。人脸检测技术不光局限于静态图像，视频、监控设备等多媒体的流行需要人脸检测技术能够很好地检测动态人脸。视频是由帧构成的，视频人脸检测的思路是从视频中提取帧再使用预设定算法进行检测。因此，想要使视频人脸检测具有很好的性能，做好图像人脸检测是基础。研究者将大量学习算法运用于人脸检测，如 Adaboost 算法、支持向量机方法和人工神经网络方法等。

8.2　传统人脸检测算法及分析

人脸检测是通过某种方法标记并表示一幅图像中的人脸区域，也是综合判断人脸模式特征的一个过程，其核心是利用基于学习或知识的方法对人脸建模，然后计算建立模型和给定图像每个部分的相似程度，用来判断可能存在的人脸位置。

一个成功的人脸检测方法大体归纳为两部分，如图 8-1 所示，首先确定人脸位置；然后通过特征提取并与待检测子窗口进行匹配识别，输出检测结果。

图 8-1　人脸检测流程

由人脸检测流程可明显看出，在待检测图像中定位人脸是至关重要的，定位的精确与否与后面的提取特征和定位结果输出环节有直接联系。在对检测算法做评价时，主要有以下 4 种衡量指标。(1) 准确率，即输出画面内被正确搜寻到的人脸数量和输入画面中所有人脸总数的比值。检测算法对人脸的搜寻能力越强，其准确率越高。(2) 误报率，即输出结果中那些被错误认为是人脸区域的数量和输入画面中总的非人脸搜索窗口的数量之比。高性能检测算法应具备较低的误报率。(3) 检测耗时。人脸检测的应用环境如面部追踪、实时监控、面部识别等都需要实时处理。当准确率和误报率达到人们预期情况时，检测耗时越短算法性能越好。(4) 顽健性。当人脸处于不同环境、不同曝光和不同姿态等条件时，检测算法依然可保持高准确率、低误报率和低耗时等特性，则说明该检测算法的顽健性好。

人脸检测的相关技术基础来源于人工智能和计算机视觉等学科。目前，经典的人脸检测算法可归纳为以下两大类：(1) 基于知识的方法(Knowledge-based Method)；(2) 基于学习的方法（Learning-based Method）。本章将对每种类型的检测技术给出简要说明。

8.2.1　基于知识的方法

基于知识的检测方法是指先将面部特征输入知识库作为规则，再对人脸进行检测。基于知识的检测方法在定位人脸时的依据是一些知识规则，这些规则是由面部器官的相对位置组成的先验知识库。基于知识的检测方法包括基于特征、基于肤色和基于模板的检测。

(1) 基于特征的检测方法

两眼关于鼻梁对称、鼻子位于人脸的中心和人脸形状近似椭圆等一些面部几何特征都可作为先验知识用于面部检测。因此，这些检测规则可由面部器官之间的位置来描述，这种检测技术很难将人们的先验知识通过明确的参数定义出来。由于人脸差异的原因，如果设定的规则太多或太详细，输入检测图像中的人脸会因为没能通过所有准则而被漏检；如果设定的准则太少或太笼统，则输入检测图像中的很多非人脸区域会被错认为是人脸，这样会造成很高的误报率。因此，这种方法不具有较强的顽健性，即不能很好地检测不同条件下的人脸，因为不同条件下的人脸存在的准则很多，枚举所有准则是不可能的。

文献[71]在分析众多人脸图像后，利用与人脸对应的灰度、边缘特征建立规则集合，这种方法简单明了可在短时间内准确检测人脸。文献[72]采用 PCA 和 LDA 算法进行基于知识的面部搜寻，使用人脸简化模型扩充原有的知识规则。文献[73]为了达到更好的面部检测效果，在正面待检测图像中根据人眼之间的对称性和距离规则，先由眼睛区域粗略确定人脸位置，在划分的人脸区域内比对其他面部特征进行精确人脸定位。

(2) 基于肤色的检测方法

使用肤色信息检测面部区域是一种根据肤色的分布特征对近似肤色区域做分割后缩小分割面积，精确确定人脸的方法。肤色在所有面部特征中占主导位置，肤色检测与基于面部几何信息的检测方法不同，不会受到面部细节变化带来的干扰，不受人脸旋转角度、表情变化等因素的影响，常用于存在旋转的面部检测中。同时，由于人的肤色并不完全相同，选择适当的肤色空间对检测结果有较大影响。这种方法对简单背景下的面部检测有很好的效果，但当背景接近肤色时其准确性会急速下降。文献[74]在检测面部曝光较强的彩色图像时，先通过色彩补偿减少光照，然后使用肤色预测人脸区域，最后使用 Adaboost 算法精确搜寻人脸，其检测正确率和面部分割精确性都高于一般的肤色检测。

（3）基于模板匹配的检测方法

基于模板匹配的检测方法通过训练样本集中的图像得到人脸模板，然后与待检测图像做比对，符合模板特征的则为人脸。其优点在于模板容易通过学习得到，模板匹配待检测图像区域时速度快；其缺点在于当待检测图像包含多人脸和复杂背景时，检测效果不理想。面部检测中使用的经典模板类型包括以下部分。① 面部检测研究早期出现的固定尺寸大小的模板法，因其实现过程简单很快流行了起来。固定模板不能检测多表情、多姿态和多角度等情况下的人脸，后期逐渐被淘汰。② 为了改善固定模板的不灵活性，研究者设计出了子模板匹配方法。这种方法需要先确定待检测图像中的人脸位置，然后使用面部器官模板（子模板）与已检测出的人脸区域做比较，最后输出检测结果。③可变模板的出现大大提高检测的灵活性，其特点是利用参数和能量函数作为模板构成要素，若能量函数在待检测图像中的数值不大于给定阈值，则认为检测区域为人脸。可变模板因需要计算能量函数，其检测时间高于固定模板和子模板。④随着人脸研究的深入，后期有研究者提出了面部轮廓检测法，即人脸轮廓用一条光滑、闭合且无间断的曲线进行拟合，这种方法需提前给定初始能量函数，然后在待检测图像中求得最小解，所求得的最小化解即为图像中的人脸轮廓。早期的很多研究者为了使检测技术简单有效、容易使用且检测速度快，选用了基于知识的检测方法。随着面部检测技术的不断发展，简单模式下的面部识别已经不能满足人们对准确率的要求，同时人脸的某些特征知识很难作为可计算规则放入规则库，这些缺陷很大程度上限制了基于知识的检测技术的应用范围，因此很多学者在对基于知识的检测方法做改进时都结合了其他的检测方法。

8.2.2 基于学习的方法

基于学习的人脸检测方法是利用算法训练大量的人脸、非人脸图像，学习完成后得到分类器，然后用分类器检测图像中的人脸。在此还需要注意，学习算法的学习过程是有监督的学习，基于学习的检测方法性能由学习算法的学习能力、训练图像对检测图像中人脸的表达能力综合决定。基于学习的方法在复杂环境下检测面部区域效果良好，而基于知识的检测方法不具备这个特点，所以，近十几年内基于学习的人脸检测方法成为热门研究内容。图 8-2 为基于学习的人脸检测方法流程，可总结为 2 个版块：学习部分和检测部分。学习部分的主要工作是运用给定的学习算法处理训练集，从而得到分类器。检测部分的主要工作是扫描待检测子窗口，同时使用分类器做出判断，最后标记出现的人脸位置。

当前，一些基于学习的面部检测算法可归纳为以下几类：支持向量机（SVM，Support Vector Machine）方法、人工神经网络（ANN，Artificial Neural Network）方法、贝叶斯（Bayes）方法、Adaboost 方法。

（1）支持向量机方法

支持向量机（SVM）算法是模式识别中常用的方法，其理论基础建立在统计学之上。分类和回归是 SVM 方法擅长解决的领域问题，人脸检测也可看作一个关于人脸和非人脸的分类问题。其基本思想是：利用非线性变换把目标空间向量放置于高维度空间，然后在新的高维度空间内产生最优化分类平面来增大不同类别样本的类间距离。SVM 方法的优点在于有很好的精度和适用性，缺点是算法实现过程复杂且计算量大。文献[75]最先将 SVM 方法应用到机器视觉领域，通过将问题分解为子问题后求解得到最优化解，结合 SVM 方法运用于面部检测。

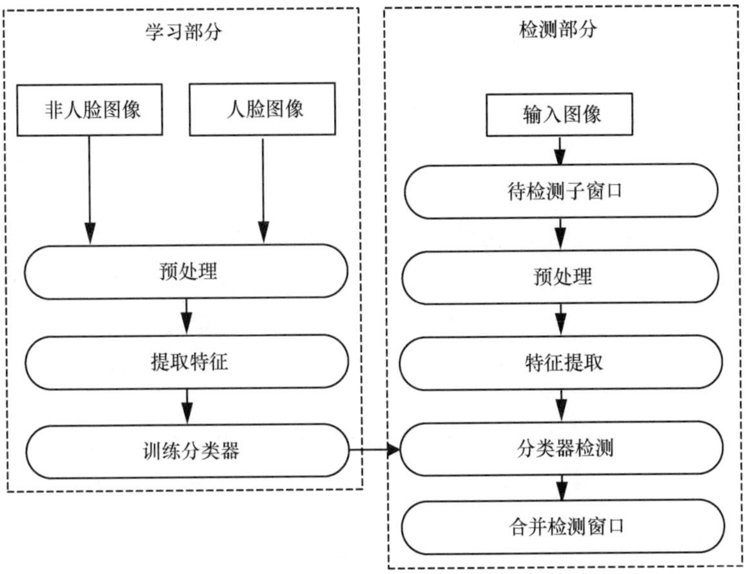

图 8-2　基于学习的人脸检测

（2）神经网络方法

神经网络是机器学习和人工智能等学科的重点智能算法。使用神经网络（ANN）方法进行人脸检测时，首先需要使用 ANN 方法学习样本集，使用学习结果对给定图像做检测并标记出现过的人脸。

（3）贝叶斯方法

贝叶斯（Bayes）人脸检测方法的思想是：人脸先验概率通过训练人脸库得到，然后求解图像的 Bayes 后验概率，并与选定概率值做比较查看图像中是否包含人脸。一般地，可设定待检测图像为 R，位于 R 中的包含人脸区间为 F，不包含人脸的区间为 $-F$，则其后验概率为 $p(R/F)$，使用 $p(R/F)$ 与阈值比较便可得到检测区域内有无人脸。

（4）Adaboost 方法

与之前讨论过的算法相比较，Adaboost 人脸检测算法在准确率和运行时间方面皆有很大提升。Adaboost 算法在达到预期准确率的同时，也将检测时间控制在适当的范围。该方法使用积分图计算完成特征矩形到特征值的转换，接着级联弱分类器用于人脸检测。

Adaboost 算法因使用积分图计算方法和级联分类器判断方式，其运算效率显著高于其他检测方法。介于这些优点，近年来，有关 Adaboost 人脸检测算法的研究热度持续增加。该方法不光在人脸检测中取得了理想的结果，在车牌识别和行人追踪等领域也取得了很好的研究成果，本章就 Adaboost 人脸检测算法做深入研究。

8.3　Adaboost 人脸检测算法

Adaboost 算法针对同一样本集合学习得到多个存在差异的弱分类器，最终叠加构成分类效果“更强”的分类器用来检测人脸。本章将对 Adaboost 算法的训练、检测原理及一些相关知识进行深入学习。

8.3.1 Adaboost 算法原理

数据挖掘和人工智能学科的研究重点涵盖了分类器的训练及选择方式，流行的分类模型有 Bayes、逻辑回归、神经网络、SVM 和 Adaboost 等算法。1996 年，Freund 和 Schapire 提出了 Adaboost 算法，是对 Boosting 学习算法的一大升级。为了提高学习方法的分类准确性，只要找到足够数量的准确率>50%的分类标准进行叠加即可，当叠加分类的数量趋于无穷时其分类正确率将接近 100%。现实中寻找强分类器难度大且耗时长，Adaboost 算法通过级联多个弱分类器形成强分类器，训练过程中每个弱分类器错误判断的样本将交给其他弱分类器纠正，其他弱分类器相当于为之前训练得到的弱分类器做了补充，Adaboost 算法是一种通过寻求合作来提升分类准确率的方法。

Adaboost 算法是一种监督式迭代学习算法，其主旨是使用有差别的特征学习大量样本后获取不同的学习结果（分类器），再将这些不同的学习结果做组合，提升成为一个强分类器。Adaboost 算法在分类器学习阶段通过更新权重加强学习结果，用学习好的分类器判断给定图像中的子窗口，被错误分类的样本将分配更多权值，权值逐步集中到错分样本上以便引起后续分类器的注意。重复更新权重，当学习得到的分类器在学习样本集合上的分类性低于随机猜测概率时停止训练。Adaboost 提升分类标准的目的是从一个特征池中挑选那些最有利于判断正确率的特征，学习得到的一些弱分类器有效组合成为强分类器。Adaboost 算法主要优点总结如下。

（1）算法学习过程、训练速度和收敛速度都比较快，训练错误率上界会随着训练次数增加而下降，能较快地完成人脸检测。

（2）弱分类器的正确分类能力不低于 50% 即可，提取条件简单且迅速。

（3）算法中除了指定训练次数，其余参数不用特意设定。

（4）算法权重更新策略较合理，少量训练次数内算法不会出现权重分配不均衡的现象。

（5）为了达到更好的效果，可结合其他方法优化弱分类器的构造过程，例如决策树、GA 和 SVM 等。正是由于这种特性，许多研究者用 Adaboost 算法做了多种改进，促使其流行程度越来越高。

（6）算法可移植性高，可用来训练多种类型的数据样本，如文本、图像和视频数据，在多类目标的分类问题中也可以应用 Adaboost 算法。

剑桥大学的 Viola 和 Jones 在 Adaboost 算法的基础上，将 Haar-like 特征和积分图方法应用于人脸检测算法，近几年，该算法被大量使用，成为了一种典型的人脸检测特征。Adaboost 算法先用一个较小的特征集合组成有效的分类器，该集合中的特征选取也是识别过程中的重要步骤，为了达到较高识别率，最初的小集合所包含的应该是区分感兴趣区域与非感兴趣区域最直接的一类特征。

Adaboost 人脸检测算法可概括为以下几个步骤。

首先，在训练的人脸图像上覆盖黑白矩形图（Haar 矩形），再将黑白矩形内各自的像素点做和求差，实现特征的形值变化。

然后，运用 Adaboost 算法做筛选，挑出一批最接近人脸、最能够代表人脸的矩形用作后续的人脸检测。

最后，把学习好的一组弱分类器做级联组成强分类器，这样可以更高效、更准确地检测人脸。

接下来，本章将深入讨论 Adaboost 人脸检测算法具体实现步骤中的几部分：Haar 特征、特征形到值计算方法、如何确定分类标准（分类器）。本章还将在 OpenCV 平台实现算法并用于图像库、网络图像检测，用以查看算法实验结果。

8.3.1.1　Haar 特征

人脸检测技术可通过很多方法实现，Adaboost 算法是选用一些预先设置好的矩形图像（Haar 特征）表示输入图像的特点。Haar 特征可用来表征图像局部区域内的灰度变化特性，因此人脸部的一些特征用 Haar 特征进行简单表示和描述。计算机内部可通过像素值这个桥梁完成 Haar 矩形特征从形状到数值的变化，即将 Haar 矩形特征内黑色矩形包含的图像部分与白色矩形包含的图像部分像素灰度值之和做减法。表 8-1 列举了三类 5 种基本 Haar 特征图像：二矩形特征的特征值由对应形状转换得到的，累加该矩形中黑、白区域覆盖下的所有像素值将其做差，其他类 Haar 特征计算方法类似。

表 8-1　Haar 特征

二矩形	三矩形	四矩形
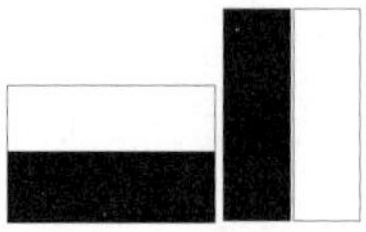	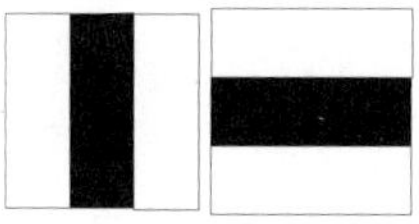	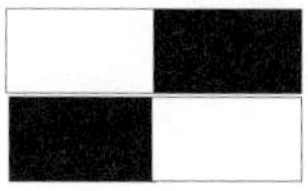

二矩形特征可用来表示给定图像的边缘特征，三矩形特征表示的是线性特征，四矩形特征表示的是特定方向上的特征。对于一幅包含人脸的图像来说，图像中的人脸区域和背景区域在人眼看来最直观的差别是颜色的不同，计算机在模仿人眼找出这种差别时可依据人脸和背景区域灰度值存在较大差异这一先验知识，因此将 Haar 矩形覆盖到人脸上，选择黑白区域内像素和之差存在很大差异的矩形特征。例如，给定图像中人眼部分和眼睛下面皮肤部分的像素值之和就存在很大差异；人眼部分和位于人眼中间的鼻梁部分的像素值之和也存在很大差异，所以这些特征矩形可以辨识人脸。

图 8-3 列举了用二矩形和三矩形特征代表人脸的一些明显特征属性，并用这两类 Haar 特征标记面部的示意。图 8-3(a)为 25 像素×25 像素的人脸图像，图 8-3(b)中的矩形特征可表示人眼部分的灰度比脸部低，图 8-3(c)表示鼻梁两侧的人眼位置比鼻梁部分的灰度低。同样，对于其他人脸部位特征也可以用其他类型的 Haar 矩形特征标记。特征检测方法可最大程度将人脸的状态和特点表示出来，且该方法比基于像素的方法运算速度快。

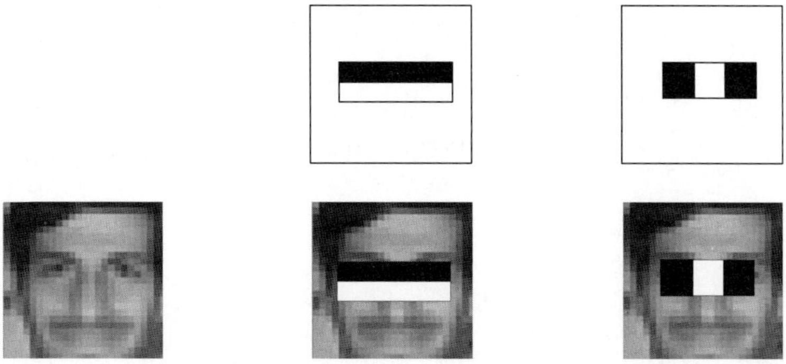

(a)25×25 像素的人脸图像　(b)人眼部分的灰度比脸部低　(c)鼻梁两侧的人眼位置比鼻梁部分的灰度低

图 8-3　Haar 特征标记人脸

8.3.1.2 矩形特征

每个待检测区域包含的特征数量直接关系到算法训练的时效性。Adaboost算法在训练时，会把每个特征放到待检测图像的子窗口中求解其对应的特征值。选定 Haar 矩形后，待检测图像的子窗口面积大小直接确定了 Haar 矩形数量。特征模板可以缩小和放大，并覆盖在待检测图像子窗口的每个位置。每种不同形状的矩形都对应一个特征，训练弱分类器的必要条件是找出这些矩形。

图 8-4 为子窗口 X 像素×X 像素的待检测区域，平面直角坐标系中如果要找到一个矩形，只需要找出这个矩形的任意一条对角线上的 2 个顶点 $N(x_2,y_2)$ 和 $M(x_1,y_1)$ 即可。

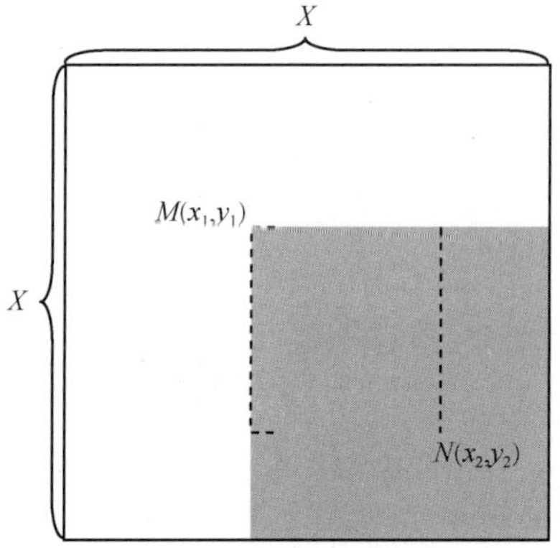

图 8-4 子窗口

训练中使用的特征矩形具有 (p,q) 属性，即矩形的 x 轴边长 $|x_2-x_1|$ 可被 p 整除（x 轴边长可分成 p 份），在 y 轴的边长 $|y_2-y_1|$ 可被 q 整除（y 轴边长可分成 q 份）。由此可知特征矩形的最小面积为 $p\times q$ 或 $q\times p$，最大面积为 $\left\lfloor\frac{X}{p}\right\rfloor p\times\left\lfloor\frac{X}{q}\right\rfloor q$ 或 $\left\lfloor\frac{X}{q}\right\rfloor q\times\left\lfloor\frac{X}{p}\right\rfloor p$，$\lfloor\ \rfloor$ 为整除取下界运算。所以确定特征矩形时可这样进行选择：矩形的左上角顶点 $M(x_1,y_1): x_1\in\{1,2,\cdots,X-p,X-p+1\}, y_1\in\{1,2,\cdots,X-1,X-q+1\}$，点 $M(x_1,y_1)$ 确定后右下角顶点 $N(x_2,y_2)$ 只能在图 8-2 中的灰色阴影部分进行选择，因此有

$$x_2\in A=\{x_1+p-1,x_1+2p-1,\cdots,x_1+(\alpha-1)p-1,x_1+\alpha p-1\}\text{ 且 }\alpha=\left\lfloor\frac{X-x_1+1}{p}\right\rfloor \tag{8.1}$$

$$y_2\in B=\{y_1+q-1,y_1+2q-1,\cdots,y_1+(\beta-1)q-1,y_1+\beta q-1\}\text{ 且 }\beta=\left\lfloor\frac{X-y_1+1}{q}\right\rfloor \tag{8.2}$$

其中，$|A|=p,|B|=q$。由以上约束条件可以看出，特征矩形在确定了一个顶点后，另一个顶点也就随之确定。在 X 像素×X 像素的待检测区域中，具有 (p,q) 属性的矩形总数计算如下

$$W_{(p,q)}^{X}=\sum_{x_1=1}^{X-p+1}\sum_{y_1=1}^{X-q+1}\alpha\beta=$$

$$\sum_{x_1=1}^{X-p+1}\sum_{y_1=1}^{X-q+1}\left\lfloor\frac{X-x_1+1}{p}\right\rfloor\left\lfloor\frac{X-y_1+1}{q}\right\rfloor=$$

$$\sum_{x_1=1}^{X-p+1}\left\lfloor\frac{X-y_1+1}{q}\right\rfloor\sum_{y_1=1}^{X-q+1}\left\lfloor\frac{X-y_1+1}{q}\right\rfloor=$$

$$\left(\left\lfloor\frac{X}{p}\right\rfloor+\left\lfloor\frac{X-1}{p}\right\rfloor+\cdots,\left\lfloor\frac{p+1}{p}\right\rfloor+1\right)\left(\left\lfloor\frac{X}{q}\right\rfloor+\left\lfloor\frac{X-1}{q}\right\rfloor+\cdots,\left\lfloor\frac{q+1}{q}\right\rfloor+1\right) \tag{8.3}$$

(p,q) 条件是特征矩形的约束条件，表 8-2 给出了不同矩形特征对应的 (p,q) 条件。在 X 像素×X 像素的待检测窗口中，所有满足表 8-2 中给出的 (p,q) 条件的矩形的总数就是该窗口中包含的特征矩形总数 W^X，$W^X=W_{(1,2)}^X+W_{(2,1)}^X+W_{(1,3)}^X+W_{(3,1)}^X+W_{(2,2)}^X$。由于 a、b、c、d、e 模板存在旋转后相同的情况（旋转特性），特征矩形总数 W^X 又可简写为 $W^X=2\times W_{(1,2)}^X+2\times W_{(1,3)}^X+W_{(2,2)}^X$。

表 8-2　矩形特征及其(p,q)条件

特征模板	a	b	c	d	e
特征矩形	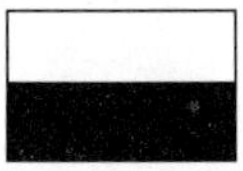				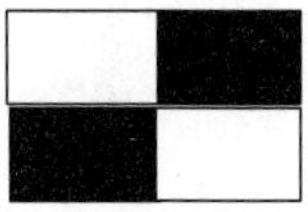
(p,q) 条件	(1,2)	(2,1)	(1,3)	(3,1)	(2,2)

假设待检测窗口为一副 24 像素×24 像素的图像，则表 8-2 中 a 特征矩形的数量为

$$\begin{aligned}W_{(1,2)}^{24}&=\left(\left\lfloor\frac{24}{1}\right\rfloor+\left\lfloor\frac{23}{1}\right\rfloor+\cdots+\left\lfloor\frac{2}{1}\right\rfloor+1\right)\times\left(\left\lfloor\frac{24}{2}\right\rfloor+\left\lfloor\frac{23}{2}\right\rfloor+\cdots+\left\lfloor\frac{3}{2}\right\rfloor+1\right)=\\&(24+23+\cdots+2+1)\times(12+11+11+\cdots+2+1+1)=\\&300\times144=\\&43\,200\end{aligned} \tag{8.4}$$

b 特征矩形的数量为

$$\begin{aligned}W_{(2,1)}^{24}&=\left(\left\lfloor\frac{24}{2}\right\rfloor+\left\lfloor\frac{23}{2}\right\rfloor+\cdots+\left\lfloor\frac{3}{2}\right\rfloor+1\right)\times\left(\left\lfloor\frac{24}{1}\right\rfloor+\left\lfloor\frac{23}{1}\right\rfloor+\cdots+\left\lfloor\frac{2}{1}\right\rfloor+1\right)=\\&(12+11+11+\cdots+2+1+1)\times(24+23+\cdots+2+1)=\\&144\times300=\\&43\,200\end{aligned} \tag{8.5}$$

c 特征矩形的数量为

$$\begin{aligned}W_{(1,3)}^{24}&=\left(\left\lfloor\frac{24}{1}\right\rfloor+\left\lfloor\frac{23}{1}\right\rfloor+\cdots+\left\lfloor\frac{2}{1}\right\rfloor+1\right)\times\left(\left\lfloor\frac{24}{3}\right\rfloor+\left\lfloor\frac{23}{3}\right\rfloor+\cdots+\left\lfloor\frac{4}{3}\right\rfloor+1\right)=\\&(24+23+\cdots+2+1)\times(8+7+7+\cdots+1+1+1)=\\&300\times92=\\&27\,600\end{aligned} \tag{8.6}$$

d 特征矩形的数量为

$$W_{(3,1)}^{24}=\left(\left\lfloor\frac{24}{3}\right\rfloor+\left\lfloor\frac{23}{3}\right\rfloor+\cdots+\left\lfloor\frac{4}{3}\right\rfloor+1\right)\times\left(\left\lfloor\frac{24}{1}\right\rfloor+\left\lfloor\frac{23}{1}\right\rfloor+\cdots+\left\lfloor\frac{2}{1}\right\rfloor+1\right)=$$
$$(8+7+7+\cdots+1+1+1)\times(24+23+\cdots+2+1)=$$
$$92\times300=$$
$$27\,600 \tag{8.7}$$

e 特征矩形的数量为

$$W_{(2,2)}^{24}=\left(\left\lfloor\frac{24}{2}\right\rfloor+\left\lfloor\frac{23}{2}\right\rfloor+\cdots+\left\lfloor\frac{3}{2}\right\rfloor+1\right)\times\left(\left\lfloor\frac{24}{2}\right\rfloor+\left\lfloor\frac{23}{2}\right\rfloor+\cdots+\left\lfloor\frac{3}{2}\right\rfloor+1\right)=$$
$$(12+11+11+\cdots+2+1+1)\times(12+11+11+\cdots+2+1+1)=$$
$$144\times144=$$
$$20\,736 \tag{8.8}$$

所以，$W^{24}=W_{(1,2)}^{24}+W_{(2,1)}^{24}+W_{(1,3)}^{24}+W_{(3,1)}^{24}+W_{(2,2)}^{24}=162\,336$。由以上计算可以看出，在一幅24 像素×24 像素的图像中，矩形特征数量已超过16 万。表 8-3 直观列举了几种常用的不同尺寸窗口中包含的 Haar 矩形特征总量，随着窗口边长的不断扩大，特征总量呈现出近似指数增长趋势。特征数量如此庞大，势必会给后续的特征值计算过程带来困难，甚至影响算法的时效性。

表 8-3 窗口尺寸和其包含的特征总量

窗口尺寸	特征总量
16 像素×16 像素	32 384
20 像素×20 像素	78 460
24 像素×24 像素	162 336
30 像素×30 像素	394 725
36 像素×36 像素	816 264

8.3.1.3 积分图

上节重点关注了待检测窗口中特征矩形的定义及其数量计算方法，主要围绕特征的形来展开，数量庞大的特征在作为人脸特征时还需完成从形到值的转化，接下来，将讨论特征值的求解过程。计算 Haar 特征值运用到积分图像的计算原理，如图 8-5 所示，M 点的积分图为点 $M(x,y)$ 左上方区域内所有点的像素和（如图 8-5 中灰色区域）。这里需要注意的是，计算机屏幕的坐标轴方向，即屏幕内所有点的横纵坐标都为正数。

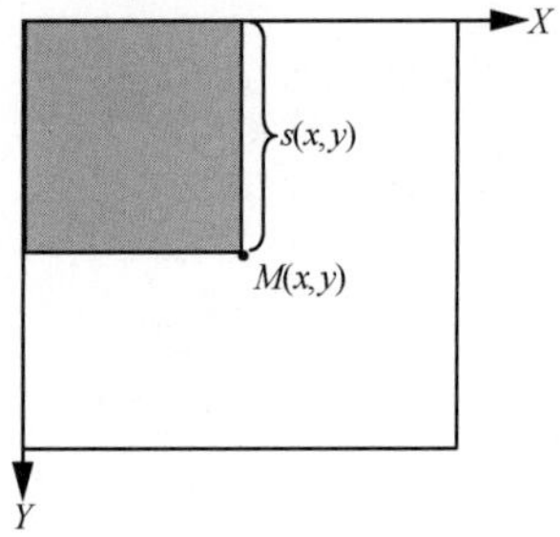

图 8-5 积分图

若存在图像 g，点 $M(x,y)$ 位于其内部，其积分图取值为

$$g(x,y)=\sum_{x'\leqslant x,y'\leqslant y} i(x',y') \tag{8.9}$$

$i(x,y)$ 为给定图像中点 (x,y) 的像素值，若给定彩色图像，$i(x,y)$ 取其颜色值，若给定灰度图像，$i(x,y)$ 取其灰度值。如图 8-5 所示，$s(x,y)$ 表示点 $M(x,y)$ 的 y 轴负方向上所有点的像素和，因此有

$$s(x,y)=s(x,y-1)+i(x,y) \tag{8.10}$$

$$g(x,y)=g(x-1,y)+s(x,y) \tag{8.11}$$

通过式(8.9)～式(8.11)，某个区域的积分图可根据该区域右下角端点进行计算。如图 8-6 所示，$f(A)$、$f(B)$、$f(C)$、$f(D)$、$f(E)$、$f(F)$ 分别表示区域 A、B、C、D、E、F 区域的积分图值，对应于每个区域的右下角端点为 a、b、c、d、e、f。所以有

$$\begin{aligned}F\ &=(A+B+C+D+E+F)-(A+B+C)-(A+B+D+E)+2(A+B)=\\ &g(f)-g(c)-g(e)+2g(b)\end{aligned} \tag{8.12}$$

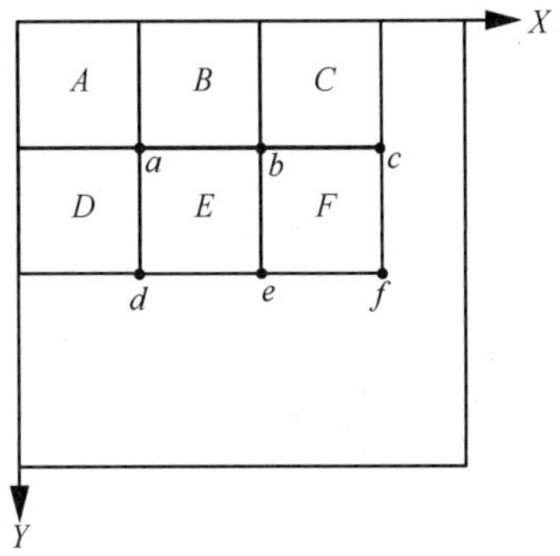

图 8-6　积分图计算

待检测窗口中的 Haar 特征值大小只和 Haar 特征矩形在顶点计算得到的积分图数值有必然联系，而与其顶点在平面内所处的坐标没有关系。计算特征矩形的特征值时，在求得不同特征矩形的特征值后做简单加减运算即可得到。积分图计算是特征形到特征值的一种简单、快速转化方法，正因为有了这种简便的计算方法，大大提高了特征计算速度，同时也提高了人脸检测的速度。

8.3.1.4　分类器

给定训练图像 x 后，根据该图像的尺寸大小可计算得到图像内部包含的特征矩形数量，每个特征 f 根据上节讨论到的方法可求得相应的特征值。接下来，每个特征需通过训练成为一个弱分类器 $h(x,f,p,\theta)$，如式(8.13)所示，θ 为阈值，p 取值为 1 或−1，用来控制不等号方向，特征值与阈值满足条件时，$h(x,f,p,\theta)$ 取值为 1，否则为 0。为了使 $h(x,f,p,\theta)$ 对测试图像达到最佳的检测性能，训练分类器的目的就是找到矩形特征的阈值如式(8.13)所示。

$$h(x,f,p,\theta)=\begin{cases}1, & pf(x)<p\theta\\ 0, & \text{其他}\end{cases} \tag{8.13}$$

得到弱分类器的步骤可分为以下几步。如图 8-7 所示，首先计算每个特征 f 在给定训练集中的值。然后，将特征值按照由大到小（或由小到大）的顺序排列，统计样本集中全部人

脸、非人脸样本权重 T^+ 和 T^-，选定某一样本特征值作为阈值，统计该样本前全部人脸、非人脸权重 S^+ 和 S^-。最后，最终阈值介于上一步选定样本的特征值和选定样本之前的一个样本特征值，分类器的分类误差为

$$\text{error}=\min(S^+ + (T^- - S^-), S^- + (T^+ - S^+)) \tag{8.14}$$

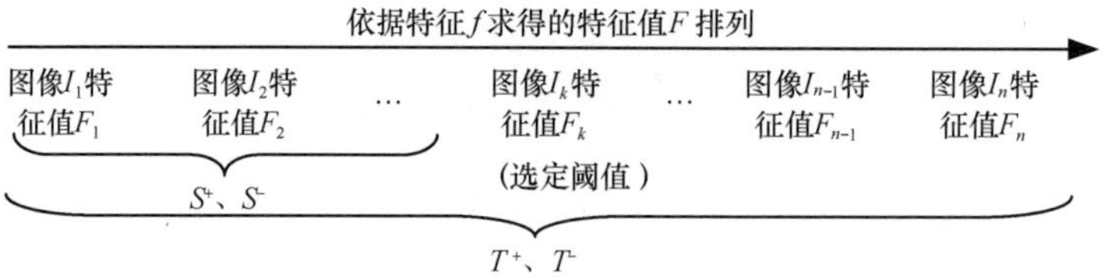

图 8-7　分类器阈值

训练样本需归一化到大小为 20 像素×20 像素的图像，这样可统一所有样本图像尺寸并保证每一个特征都会出现在训练窗口中。由图 8-7 还可以看出，在选定阈值 F_k 和 F_{k-1} 之间确定最终阈值时，得到的分类器把所有样本分为 2 个部分，即得到的最终阈值将 F_k 左边的部分都归为人脸图像（或非人脸图像），将 F_k 右边的部分都归为非人脸图像（或人脸图像）。

因此，把特征值表从前到后扫描一次就能够得到分类性能最好（误差最小）的弱分类器。图 8-8 为 Adaboost 算法的训练过程，根据设定的参数 T，运行结束后将得到相应个数的弱分类器。

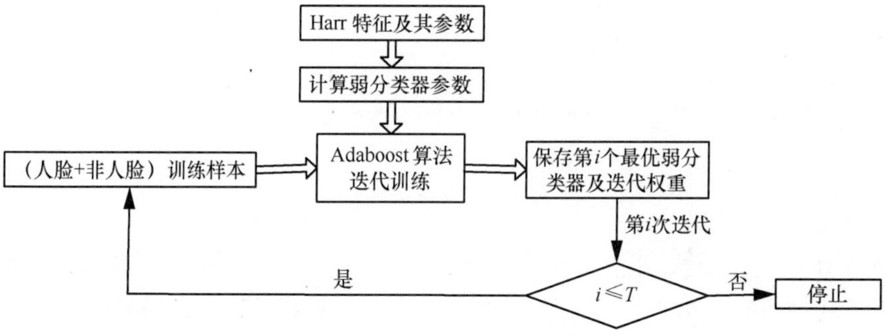

图 8-8　Adaboost 算法训练过程

Adaboost 算法训练过程如下所示。

（1）训练集 X 中共有 m 个样本，样本用 y 标注，若为人脸 $y=1$，否则 $y=0$。即 $(x_1,y_1),\cdots,(x_m,y_m), x_i\in X, y_i\in Y=\{0,1\}$。

（2）初始化所有样本权重：$w_0(i)=\dfrac{1}{m}(i=1,2,\cdots,m)$。

（3）挑选 T 个弱分类器需迭代 T 次，迭代次数 $t=1,\cdots,T$。

第 t 次循环中，第 j 个弱分类器的误差和 $e_j=\sum\limits_{i=1}^{m} w_i(j)\,|\,h_j(x_i)-y_i\,|$；

选择 e_j 值最小的弱分类器 $h_t(x)$；

计算弱分类器权重 $\alpha_t=\ln\dfrac{1}{\beta_t}, \beta_t=\dfrac{e_t}{1-e_t}$；

更新权重，$w_{t+1}(i)=w_t(i)\beta_t^{1-\theta_i}$，若样本 i 正确分类 $\theta_i=0$，否则 $\theta_i=1$；

权重归一，$w_{t+1}(i)=\dfrac{w_{t+1}(i)}{\sum_{i=1}^{m} w_{t+1}(i)}$，$t=t+1$。

（4）级联弱分类器形成强分类器 $h(x)=\begin{cases}1, & \sum_{t=1}^{T}\alpha_t h_t(x)\geqslant \frac{1}{2}\sum_{t=1}^{T}\alpha_t \\ 0, & 其他\end{cases}$

其中，$\alpha_t=\ln\dfrac{1}{\beta_t}=\ln\dfrac{1-e_t}{e_t}=-\ln e_t$。

使用强分类器在输入画面中搜寻面部区域时，就是让所有弱分类器对搜索区域做表决，再对表决结果按照其错误率进行加权求和后与平均表决结果比较。平均表决结果就是在所有弱分类器表决“接收（即检测区域是人脸）”或“拒绝（即检测区域为非人脸）”的概率大小一样时，求其平均概率 $\frac{1}{2}\left(\sum_{t=1}^{T}\alpha_t\times 1+\sum_{t=1}^{T}\alpha_t\times 0\right)=\frac{1}{2}\sum_{t=1}^{T}\alpha_t$。构成强分类器的弱分类器数量越少，搜索人脸区域的速度会越快，但误检率也会随之增加；相反，弱分类器数量越多，搜索人脸区域的精确度越高，但检测时间会随之增加。

这里还需要注意，有关人脸检测领域研究者发表的论文中提到的级联指的是强分类器的级联。如图 8-9 所示，级联结构一般包括约 8 个强分类器，每个强分类器又由 10～20 个（可以自行选择）弱分类器组合而成。从 MIT 人脸数据库图像中选取图片进行实验如图 8-10 所示，级联分类器内部排在前面的强分类器由一些最能够代表人脸特征的少量弱分类器组成，这样可快速过滤掉大部分非面部区域且加快搜寻速度。排在后面的强分类器构造越来越复杂，对检测子窗口要求越来越严格，用来判断较难识别的区域。

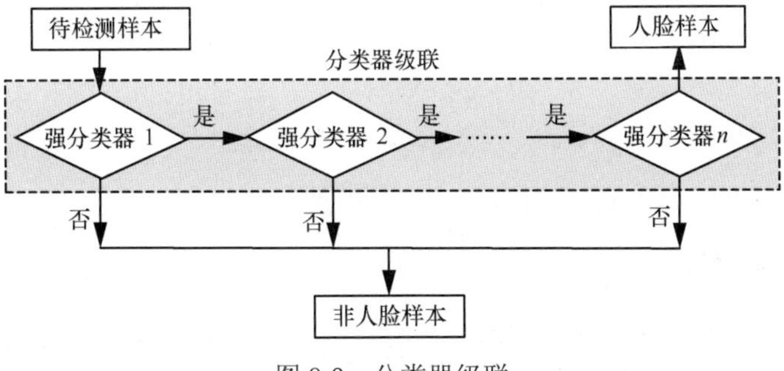

图 8-9　分类器级联

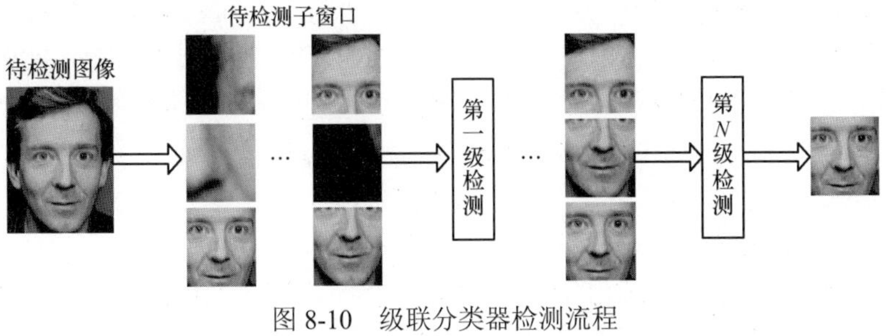

图 8-10　级联分类器检测流程

8.3.1.5 图像检测

Adaboost 算法对检测图像进行人脸检测时，待检测图像尺寸大小不能统一确定，很多时候会比训练样本尺寸（20 像素×20 像素）大得多。图 8-11 为 Adaboost 算法检测人脸的流程，可通过连续缩小给定图像使分类器在不同尺寸的缩放图像内移动搜索人脸区域，最后汇总所有的搜索区域。

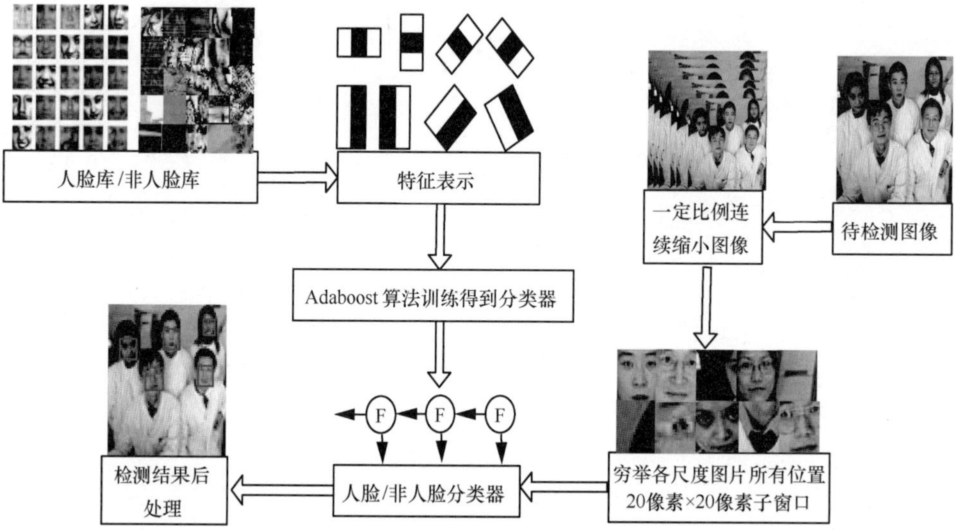

图 8-11 Adaboost 人脸检测算法流程

前文在积分图一节中讨论过 Haar 特征与检测窗口尺寸无关，因此可以在检测初期将设定好的检测窗口按照一定的规律（如每次向左移动一个像素，移动至图像边缘再向下移动一个像素）遍历整幅图像，标记处可能存在的面部区域。然后，按一定比例放大检测窗口，再对给定图像做遍历。不断放大检测窗口的尺寸用来在图像中搜索人脸，当检测窗口尺寸大于给定图像一半时停止检测。在遍历完一次待检测图像后，合并重叠的已标记人脸区域便可确定最终的人脸位置。这里采用遍历算法，在不同配置的计算机中进行一次图像遍历所需要的时间为几十到一百毫秒。

8.3.2 实验及分析

OpenCV 中已经写入了 Adaboost 算法常用的一些类，如 FeatureEvaluator 类用来计算特征矩形的特征值，其包含的方法有特征类型获取（getFeatureType）、读入（read）、复制（clone）等；CascadeClassifer 用来构成级联分类器；OpenCV 自带的 haarcascade _frontalface_alt2.xml 文件用来加载分类器。本节在下面的实验中使用 OpenCV 自带的分类器，实验环境如下：Windows XP 操作系统，VS2010+OpenCV2.4.4 平台，CPU 为 Pentium(R) Dual T2370 @1.73 GHz，内存 3 GB。实验包含了来源于 CMU 人脸库和网络的 150 幅待检测图像样本，这些待检测图像有彩色图像、灰度图像，不同图像的分辨率不同且其中所包含人脸数目也不同，实验从检测率、误报率等方面得出数据并加以分析。

表 8-4 为 Adaboost 算法检测 CMU 时的检测结果，待检测灰度图像尺寸大小为 62 像素×62 像素，人脸库中共有 597 个人脸，正确检测出 529 个人脸，检测正确率为 88.6%；误报 18 个，误报率为 3.9%；漏检人脸 68 个，漏检率为 11.4%。为了丰富实验，本节从公共人脸数据集

FDDB 中选取不同背景、包含不同人脸数目的图像作为待检测图像，部分实验数据如表 8-5 所示。

表 8-4 人脸库检测结果

人脸总数/个	正确检测/个	漏检/个	误报/个	正确率	漏检率	误报率
597	529	68	18	88.6%	11.4%	3.9%

表 8-5 实验数据

图像	尺寸	正确检测数/个	错误检测数/个	漏检数/个
1	251 像素×211 像素	1	0	0
2	240 像素×183 像素	2	0	0
3	240 像素×204 像素	5	0	0
4	240 像素×210 像素	3	0	2
5	452 像素×224 像素	6	0	0
6	485 像素×299 像素	13	0	0
7	669 像素×399 像素	11	0	0
8	500 像素×312 像素	11	1	0
9	850 像素×387 像素	27	1	2

由表 8-5 可以看出 Adaboost 人脸检测算法具有一定的有效性，但不能避免漏检和误检情况的发生。

8.3.3 基于 Adaboost 人脸检测算法的缺陷

准确定位面部区域是视频人脸检测、实时人脸检测、自动识别身份和人脸追踪等多个实际应用的基础。检测的准确率受多方面外界因素影响，导致研究者创新出来的检测算法只在特定的几类条件下可以满足人们的需求。目前，基于 Adaboost 算法的人脸检测技术依然存在某些方面的缺陷，有待进一步修正。

（1）训练过度

Adaboost 算法训练分类器时，若训练集样本类别单一并且数量较少，会出现训练过度的问题。训练过度是指训练得到的分类器对训练样本发生了严重依赖，分类器对其他人脸“不敏感”，不适用于检测训练集以外的人脸。

（2）Haar-like 特征数量较大

一幅 24 像素×24 像素的图像中包含的基本矩形特征数量为 162 336 个。若有 1 000 幅训练图像，每个弱分类器都需计算 $1\,000 \times 162\,336$ 次特征值；若每个弱分类器平均训练时间为 T，得到 500 个弱分类器的总时长（Sum_time）为 $500T$，取 $T = 30\text{ s}$，则 Sum_time=4.5 h。实际中长达几个小时的训练过程不能满足人们的需要，且 T 和训练样本数量正相关，增加训练图像的同时，训练时长会呈现倍数增加的趋势。

（3）难分类样本出现权重分配失衡的问题

Adaboost 算法训练开始后，每次循环都需要计算目前得到的分类器误差，误差值为分类错误样本权重和。迭代过程中，错分样本的权值在更新后将增大，被正确分类的样本权值归一化后将减小。若训练图像中存在难分类样本，随着算法的迭代难分类样本权重将不断增大。十几次循环过后，权重分布将发生扭曲，正确分类的样本在接下来的迭代过程因权值越来越小而不被分类器重视。最严重的情况是训练出来的分类器由于样本权重分配严重不均衡导致其分类误差大于 0.5 时，算法将被迫停止训练。

（4）待检测目标自身的复杂性

人脸存在多种表情，且不同姿势下录入同一对象的照片可能存在某些姿势检测不出来的情况，人在低头、昂头、扭头、佩戴眼镜或脸部有遮盖物时面部信息抓取不充分也会出现漏检的现象。同时，当采集到的人脸图像小于 30 像素×30 像素时，只使用 Adaboost 算法进行检测时漏检率较高。当非人脸区域存在近似人脸的特征时，也会为检测增加难度，这种情况下虽然检测率没有变化但误报率会迅速增加。

（5）检测算法自身的性能

做检测的分类器是否可以很好地对复杂情况下包含待检测目标的子窗口有效分类直接关系检测的最终性能，所以解决待检测目标自身多样性、复杂性和不确定性带来的问题并有效提高人脸检测技术，可从两方面入手，即提高分类器性能和降低待检测目标“难度”。因此，在检测算法前后合理加入前端检测和后端检测可提高检测性能。

（6）测试集的不确定性

验证人脸检测算法性能常用的测试集是人脸库中除去用于训练集后剩余的样本，到目前为止，没有专门用于验证检测算法性能的标准常态图像集。测试集除了使用已有的静态图像集，还可人为加入视频和实时监控画面作为实验对象，包含多样性元素的测试集有助于更准确地观察检测算法的性能。

8.4 Adaboost 算法多阶段优化

8.4.1 训练样本扩充

从算法的角度看，参与训练的样本个数越多分类器性能越好。但目前流行的人脸库图像尺寸大小相同且变化单一，多种因素致使训练样本数量仍然比较有限。为解决训练样本变化单一、个数少而出现的训练过度问题，本节将对图像库中的图像做处理后再加入训练集。这样不仅可以增加训练样本的数量，还可以满足人脸样本对于人脸角度、人脸图像像素的多样性要求，增加训练样本多样性才能使训练出来的分类器有较高的实用性。

本节将对人脸和非人脸图像采用不同的处理方式，人脸图像的处理方法有：增加噪声、镜像处理和旋转。常态下人脸旋转角度应介于 $0^\circ \sim 15^\circ$ 之间。图 8-12(a)为原始图像，选取自 MIT 人脸数据集；图 8-12(b)为对图 8-12(a)椒盐噪声处理后的图像；图 8-12(c)为对图 8-12(a)做镜像得到的面部扩充样本；图 8-12(d)为向右旋转 8°后的人脸样本图像。非人脸和人脸样本的处理方法基本类似，但非人脸样本的旋转角度将增加至 90°，以扩大与人脸图像的区别。

图 8-13 为非人脸样本扩充示例，分别扩充了加入噪声后的非人脸样本、镜像非人脸样本、旋转 90° 后的非人脸样本。

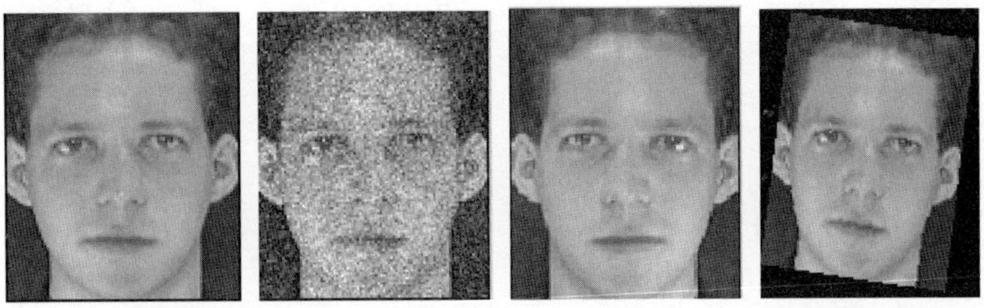

(a)原始图像　(b)加入噪声　(c)镜像　(d)向右旋转 8°

图 8-12　人脸样本扩充

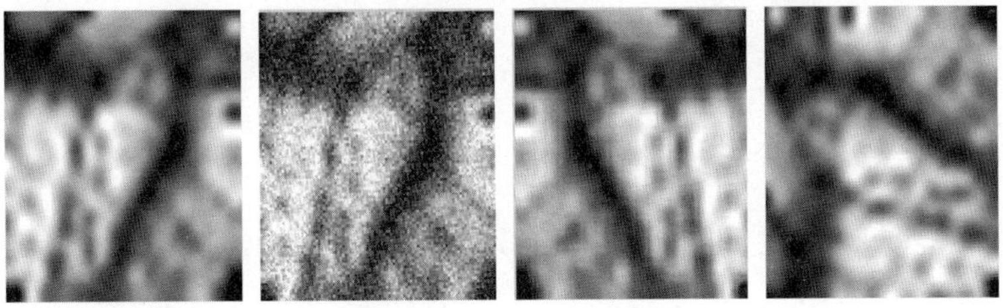

(a)原始图像　(b)加入噪声　(c)镜像　(d)向右旋转 90°

图 8-13　非人脸样本扩充

8.4.2　特征数量缩减

训练过程中数量庞大的 Haar-like 特征计算量大，训练时间长。由算法角度来看，训练样本和特征种类数量越多，训练得到的分类器性能越好，但训练时间也随之增加。在保证分类器精确度没有大幅度下降的情况下，可有效减少 Haar 特征数量来加快算法的训练速度。

以表 8-2 中的 a 特征为例，其 (p,q) 条件为 $(1,2)$，即 a 特征作为特征窗口使用时，窗口尺寸的最小值为 1 像素×2 像素，若训练样本图像大小为 24 像素×24 像素，则特征窗口尺寸的最大值为 24 像素×24 像素。训练过程中特征窗口扩大的增量如果按照一个像素来计算，按照下面的伪代码计算特征数量，将会得到训练图像中包含的 a 特征为 69 828 。

计算特征数量伪代码为

```
begin:
    for(sum=0, x=1; x<=24-min_x;x++)
        for(y=1; y<=24-min_y;y++)
            for(m=x+min_x;m<=24;m+= add_x)
                for(n=y+min_y;n<=24;n+= add_y)
                    sum++;
end;
```

上述伪代码中，sum 是计数器，用来存放特征总数量；min_x 是 Haar 特征矩形所满足的 (p,q) 条件中的取值 p，即最小特征窗口在水平方向的长度；min_y 是 Haar 特征矩形所满足的 (p,q) 条件中的取值 q，即最小特征窗口在垂直方向的长度；add_x 是特征窗口在水平方向上的扩大增量；add_y 是特征窗口在垂直方向上的扩大增量。如果特征窗口左上角顶点坐标为(x,y)，那么通过特征窗口的不断收缩，可在训练样本图像右下方区域内寻找到特征窗口的右下角顶点(m,n)。如果a特征矩形的(p,q)条件为2×4，$add\_x=add\_y=2$，则在一副训练样本图像中将会存在14 520个a特征。同理，其他几类基本特征数量的计算方式和a特征数量计算方法类似。

减小sum有3种基本方法。第一种是增大特征窗口的(p,q)条件，即增大min_x、min_y的取值；第二种方法是增大特征窗口在水平和竖直方向的窗口扩大增量，即增大add_x、add_y的取值。为了更直观地看出特征数量的变化，表8-6给出了在不同参数情况下a特征的总量及四类特征总量。

表8-6　a特征总量

add_x, add_y	1×1	1×2	2×2	1×1	1×2	2×2
(p,q)	1×2	1×2	1×2	2×4	2×4	2×4
sum	69 828	36 432	19 008	53 130	27 830	14 520
四类特征总数	247 512	108 148	148 525	168 019	76 783	35 392

通过表8-6可看出，上述2种方法对于减少Haar-like特征都起到了显著作用，特别当(add_x, add_y)2个变量值增大时，特征总量明显下降。但是特征窗口扩大增量达到2个像素点时，会丢失很多有效的Haar特征。

第三种方法根据人脸的大部分特征集中在面部中央位置的先验知识，对训练图像边界的非感兴趣区域做“剪裁”，即根据先验知识人为缩小人脸训练图像区域，这样既可以避免前2种方法造成的主要特征丢失，又可以确保Haar特征总量下降。

图8-14(a)为24像素×24像素的原始图像，选取自MIT人脸数据集一般的训练情况中特征矩形横纵坐标在图像左上角顶点坐标取值范围是$[1,24]$，在图8-14(b)中矩形特征左上角顶点横纵坐标取值范围是$[3,22]$。结合上述方法，计算特征数量的伪代码书写形式如下所示。

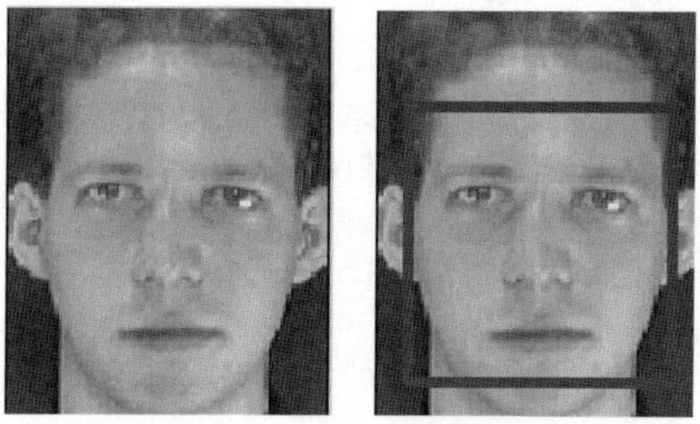

(a)原始图像　　(b)特征存在区域

图8-14　训练区域

```
begin:
    for(sum=0,x=x_new; x<=22-min_x; x++)
        for(y=y_new; y<=22-min_y; y++)
            for(m=x+min_x; m<=22; m+= add_x)
                for(n=y+min_y; n<=22; n+= add_y)
                    sum+=sum;
    end;
```

x_new、y_new 是图 8-14(b)中矩形特征左上角顶点横纵坐标。通过上述方法，就可以将特征提取区域固定在点 (x_new, y_new)、$(x\_new, 22)$、$(x\_new, 22)$ 和 $(22, 22)$ 为顶点的矩形区域内。通过使用这种方法，表 3-2 中 a、b、c、d 类 Haar 特征数量分别为 12 312、12 312、6 840 和 5 184，所有特征总量为 36 648 。

8.4.3　样本权重限制

若训练集中含有难分类样本，Adaboost 算法训练得到每一个弱分类器的同时将逐渐加大难分类样本权值。如果难分类样本数量很大，在前面几轮弱分类器训练结束后这些样本权重的增加幅度会较大，则可能出现一些情况，例如难分类图像后续迭代过程中权重逐次递增，必将导致错分这些图像的弱分类器自身权值变小，不利于对其他训练目标的正确判断。同时一些被多次正确分类的样本由于权重的不断降低，将导致不被分类器重视。样本权重失衡最严重的后果是在某次训练过程发生分类器加权误差超过 0.5，算法的训练过程被迫停止。

经典 Adaboost 算法训练难分类样本时，随着训练次数的不断增加会出现严重的样本权重分配不均衡。针对这一情况许多研究者做了必要的改进工作。文献[76]在每一轮的样本权重更新中加入了前几轮训练的分类错误率，很大程度上限制了错分样本权重过大的现象，实验验证了该方法的有效性。文献[77]设定最大样本权重阈值，用来限制样本权重分配过量。更新权重是 Adaboost 算法的优点之一，使算法重点学习不易分类的训练样本；训练过程中一旦发生较少的样本占有较多权重的情况，将会导致分类器学习过程对部分训练样本不够重视，算法性能降低，甚至给训练算法带来灾难性的破坏。

经典 Adaboost 算法在对人脸库图像做训练时，分类器误差来源于以下 2 个部分：已知的正样本（即人脸样本）被判断为负样本，则说明用来检测的矩形特征在该训练样本上不能明显表示其特征，这样被错误分类的情况称为漏检，作为正误差；已知的负样本（非人脸样本）被判断为正样本，则说明该训练样本满足通过目前用来检测的矩形特征的阈值，这种类型的错误分类情况称为误报，作为负误差。运用经典 Adaboost 训练 MIT 图像库时，正负样本误差比如图 8-15 所示。弱分类器数量（训练次数）不断增加的同时，正负误差比曲线呈现上升趋势，这说明在训练过程中正误差与负误差之间的差距越来越大，被分类为非人脸的人脸样本越来越多。负误差值背离正误差值幅度的不断增大，也说明随着训练次数的不断增加，权重不断向着误报样本集中。这样的情况会造成权重分配出现严重不均衡，权重分配扭曲对分类器精度会有很大的影响。

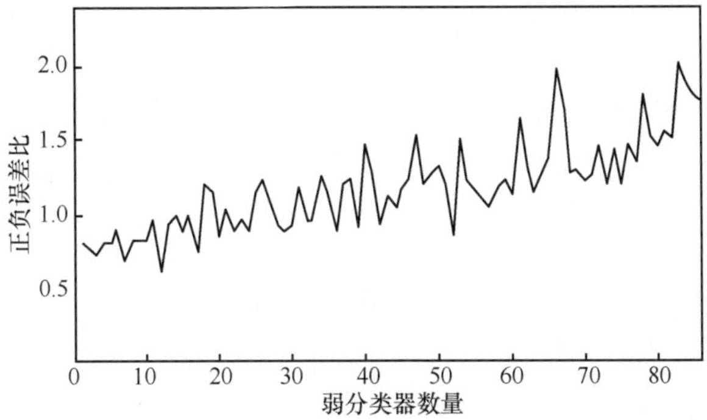

图 8-15　权重图

针对难分类样本权值更新时出现权重过配的问题，本节在 Adaboost 算法训练过程将依据正负样本分类误差比之间的大小关系更新样本权重[78]。若每轮训练完成后，产生的正误差是 e^+，负误差是 e^-。

第 j 次迭代后（即得到第 j 个弱分类器）可得到

$$e_j^+ = \sum_{i=1}^{m} w_i(h_j(x_i) \neq y_i, y_i = 1) \tag{8.15}$$

$$e_j^- = \sum_{i=1}^{m} w_i(h_j(x_i) \neq y_i, y_i = 0) \tag{8.16}$$

$$e_j = e_j^+ + e_j^- = \sum_{i=1}^{m} w_i(h_j(x_i) \neq y_i, y_i = 1) + \sum_{i=1}^{m} w_i(h_j(x_i) \neq y_i, y_i = 0) = \sum_{i=1}^{m} w_i(h_j(x_i) \neq y_i) \tag{8.17}$$

每轮训练结束后，执行以下步骤。

（1）按照上面提到的计算方法，得到 e_j^+、e_j^-，统计本次训练中分类错误正样本数目 m^+ 以及分类错误负样本数目 m^-。

（2）计算平均正误差 $\overline{e^+} = \dfrac{e^+}{m^+}$，平均负误差 $\overline{e^-} = \dfrac{e^-}{m^-}$。 (8.18)

（3）计算正负误差比值 $k = \dfrac{\overline{e^+}}{\overline{e^-}} = \dfrac{\dfrac{e^+}{m^+}}{\dfrac{e^-}{m^-}} = \dfrac{e^+ m^-}{e^- m^+}$。 (8.19)

（4）为 k 取 2 个阈值：$\zeta_1 \in [0.5,1)$，$\zeta_2 \in (1,1.5]$。$k > \zeta_2$ 时说明权重多集中于分类错误的正样本，$k < \zeta_1$ 时说明权重分配偏向于分类错误的负样本，$\zeta_1 \leqslant k \leqslant \zeta_2$ 时表明训练误差没有发生严重的权值分配不均衡现象。Adaboost 算法在变更样本权重时其规则为 $w_{j+1}(i) = w_j(i)\beta_j^{1-\theta_i}$，其中，样本 i 被准确分类，则 $\theta_i = 0$，否则 $\theta_i = 1$。在训练过程中为了避免较严重的权值分配不均现象，样本权重将按照以下规则进行重新分配。

$\mathrm{sum\_}r_j$ 为到目前为止训练好的 j 个弱分类器组合在一起的检测正确率，*num* 为当前样本在前 j 次训练过程中被分类错误的次数。

$$w_{j+1}(i) = \begin{cases} w_j(i)(\beta_j^{1-\theta_i})^{1-\mathrm{sum\_}r_j}, & \mathrm{num} = 0 \\ w_j(i)(\beta_j^{1-\theta_i})^{\frac{1-\mathrm{sum\_}r_j}{\mathrm{num}}}, & \mathrm{num} \neq 0 \end{cases} \tag{8.20}$$

由于 β 取值范围是 0～1，且 $1-\mathrm{sum\_}r_j < 1$，所以 $\beta_j^{1-\theta_i} \leqslant (\beta_j^{1-\theta_i})^{1-\mathrm{sum\_}r_j}$，这样得到的错误样本权值与上一轮训练结束的权值相比，权重增加值大幅度减小，有效控制了权重分配过度不均衡。新的权重更新中加入了 $\mathrm{sum\_}r_j$，使算法更加关注前几轮训练出来的分类器检测错误率。更重要的是，当人为选取训练样本时，训练库中的人脸样本、非人脸样本很难在任何情况下数量都相等，通过控制 ζ_1、ζ_2 取值范围，可使算法有目的地偏向对人脸样本或非人脸样本的关注程度。在实际应用当中，当训练集中的人脸和非人脸样本数量存在差异时候，可有针对性地训练样本。

8.4.4　自判断机制

实际的检测应用中给定的输入图像大多包含人体半身、全身像或复杂背景，实际检测中对识别起作用的感兴趣子窗口与非感兴趣子窗口的比值较低，而人脸库中的人脸图像占整幅图像面积的 90%以上。检测中出现的误报是分类器将非目标区域误认为目标区域的现象，有效排除非感兴趣区域可抑制误报情况的发生。经典 Adaboost 算法计算所有待检测子窗口特征后再用训练好的分类器做判断，子窗口没有类别区分，检测结果完全由分类器决定。若分类器检测前不对待检测子窗口做任何处理，将会给检测过程带来较大的计算量，且检测结果存在高误报率。基于此问题，本节提出了自判断机制，可有效减少检测子窗口的特征计算量并降低检测时的误报率。

传统 Haar 特征进行检测时仅用到二值化图像像素点亮度信息（Haar 特征）。运用一个凸字形的模板对人脸做初步定位，再用训练好的分类器检测之前的定位区域，这样可进一步排除非目标区域从而降低误报。人脸模型运用到的是人体“形”的特点，自判断机制运用到的是图像“值”的特点。自判断机制由图像边缘信息检测和分类器组成，边缘信息检测可减少非感兴趣子窗口数量，加快分类器检测速度，边缘信息阈值将在 Adaboost 算法训练过程中得到。

（1）图像边缘

图像的边缘，是局部亮度变化最显著的区域，也是连续图像的方向导数在边缘方向上取得局部最大值点的集合。常用的一阶边缘检测算子有 Roberts、Prewitt、Sobel 和 Canny 等。Roberts 算子对边缘定位准确，但对噪声敏感；Prewitt 算子没有加权处理像素位置的影响，对噪声有抑制作用不够强；Sobel 算子的检测边缘粗糙且精度不高；Canny 算子是 Gaussian 函数的一阶导数，是一种最优边缘检测方法。因此，本文将使用 Canny 算子得到给定图像对应的边缘能量。通过改变 Canny 算子的检测阈值，可获取不同阈值下的处理图像。阈值越高，通过阈值选择的边缘点越少，得到的边缘图像越简单明了。图 8-16 为 Canny 算子设定不同阈值时的人脸处理图像，图 8-16(a)为原图像（MIT 人脸数据库图片），8-16(b)为阈值取 0 时的边缘检测图像，8-16(c)为阈值取 50 时的边缘检测图像，8-16(d)为阈值取 100 时的边缘检测图像。

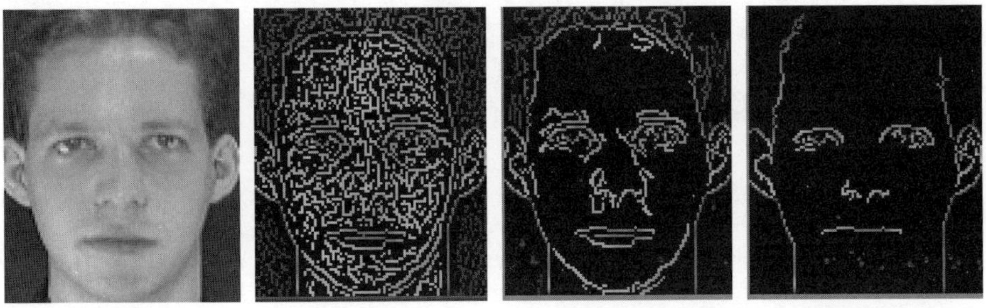

(a) 原图像　　(b)阈值为 0　　(c)阈值为 50　　(d)阈值为 100

图 8-16　不同阈值下的人脸边缘图像

图 8-17 是为 MIT 非人脸库随机抽取的 4 副图像与其对应的边缘图像，取 Canny 算子阈值为 50。人脸存在表情、五官等特征，致使面部存在丰富的边缘图像信息，图像边缘信息（子窗口中灰度图像的边缘像素累加值）较大。与之相反，图像其他部分（如图像背景、身体轮

廓边缘等）的边缘图像信息较少。利用“边缘信息”这个特性，可作为检测窗口内部预先判断是否存在人脸的标准，也可将其看作一个“分类器”用来做初始判断，其目的是排除大量非感兴趣区域。

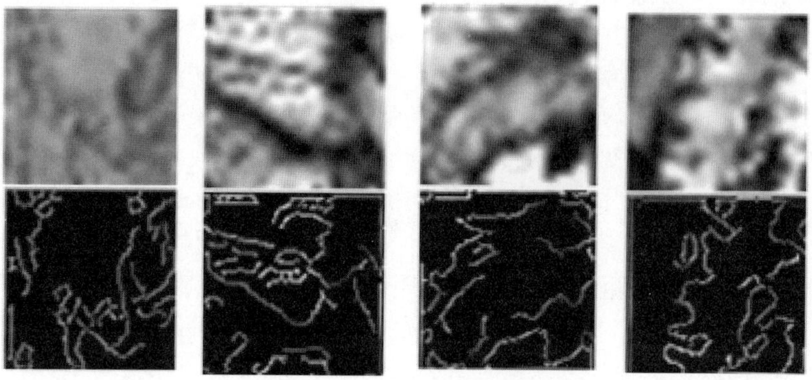

图 8-17　非人脸边缘图像

（2）边缘能量

分类器对子窗口分类之前，先使用边缘信息对子窗口做“过滤”，最大限度排除非感兴趣子窗口。给定图像 $\mathrm{Img}(x,y)$，其对应的 Canny 边缘检测图像为 $\mathrm{Canny}(x,y)$。

如图 8-18 所示，$\mathrm{Integ}(x,y)$ 为边缘积分图像，$\mathrm{rect}(x,y,x_1,y_1)$ 为当前搜索子窗口。$i(x,y)$ 为点 $A(x,y)$ 的像素值，点 A 竖直方向上方所有点的像素值累加和为 $S(x,y)$，点 A 水平方向左侧的所有点的像素值累加和为 $\mathrm{ii}(x,y)$，子窗口内像素点数量为 n，且该子窗口边缘能量信息为 E，其计算方法如下所示。

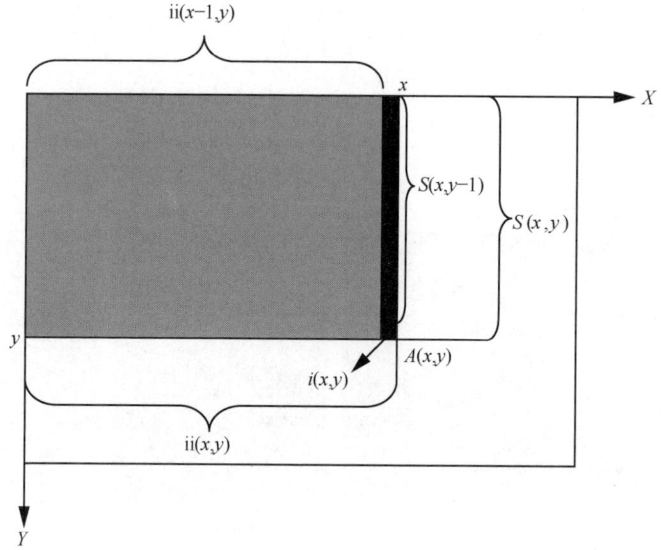

图 8-18　边缘能量计算

$$S(x,y)=S(x,y-1)+i(x,y) \tag{8.21}$$

$$\mathrm{ii}(x,y)=\mathrm{ii}(x-1,y)+i(x,y) \tag{8.22}$$

$$\text{Integ}(x,y)=\text{Integ}(x,y-1)+\text{ii}(x,y) \tag{8.23}$$

$$\text{Integ}(x,y)=\text{Integ}(x-1,y)+S(x,y) \tag{8.24}$$

$$nE=\text{Integ}(x_1,y_1)-\text{Integ}(x_1,y)-\text{Integ}(x,y_1)+\text{Integ}(x,y) \tag{8.25}$$

对于给定图像，待检测子窗口的 E 值小于阈值 $K(0<K<255)$，说明该子窗口的边缘能量不足以触发“检测器”，该区域不包含人脸。反之，E 大于阈值 K，表示子窗口有足够的边缘信息，可将其送入分类器开始人脸检测。还需注意，K 的取值将在 Adaboost 算法训练过程得到。

图 8-19 是自判断机制流程，在使用分类器检测之前，通过边缘信息可初步过滤多数非感兴趣子窗口，提高检测准确度。同时，由于对多数非感兴趣子窗口的排除，也可减少后续分类器的误报。

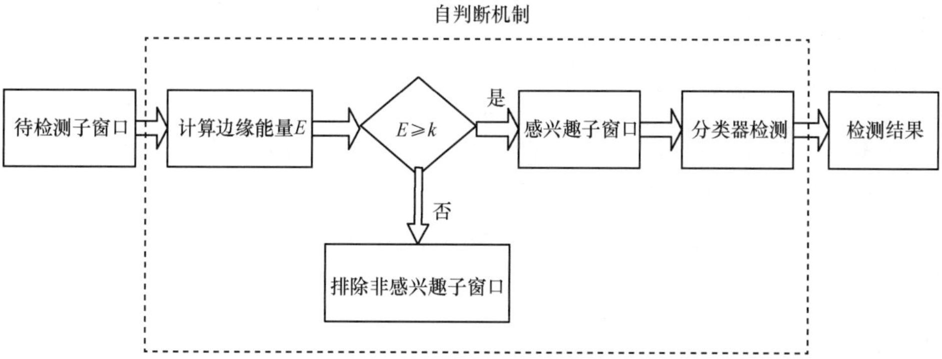

图 8-19　自判断机制流程

8.4.5　实验及分析

前文对 Adaboost 人脸检测算法训练过程中的数据、特征数量缩减、训练过程样本权重分配以及通过训练得到的边缘能量阈值作用于自判断机制方法做了详细讨论，接下来，将其组合分别用来对图像、视频做人脸检测。本章称改进训练过程的 Adaboost 人脸检测算法为 A－Adaboost(Adaptive Adaboost) 算法。对其实现方法步骤总结如下所示。

步骤 1　训练样本扩张。使用图像处理技术对样本库中的图像做加噪、镜像、小角度旋转，并将产生的图像与样本库中的图像一起作为新的训练样本集。

步骤 2　训练过程的特征数量缩减。基于训练图像库中人脸分布的特性，对待检测窗口做剪裁，相对原检测窗口新的检测窗口上下左右分别缩小 2～3 个像素。

步骤 3　样本权值分配限制。被错分样本的权值会在接下来的训练中增大，通过结合前几轮训练过程中分类器分类错误率和本轮的正负错误率比值并设定训练的正常比值范围，对超出给定范围的正负错误率比值使用新的权重分配方式。

步骤 4　检测窗口的自判断机制。训练过程中计算人脸图像的边缘能量，并求得均值作为后期检测过程中自判断机制的首次筛选阈值。

（1）权重修正实验

训练样本选自 MIT 人脸库和 MIT 非人脸库，分别选取 2 000 个大小为 20 像素×20 像素的样本。取人脸、非人脸图像各 1 000 幅，并添加对应图像的镜像图像、旋转图像、加噪图像作为训练集，剩余的图像用来做检测。图 8-20 为算法训练过程使用的部分数据，图 8-20(a)为人脸库中的部分人脸样本，图 8-20(b)为非人脸库中部分非人脸样本。

(a)人脸

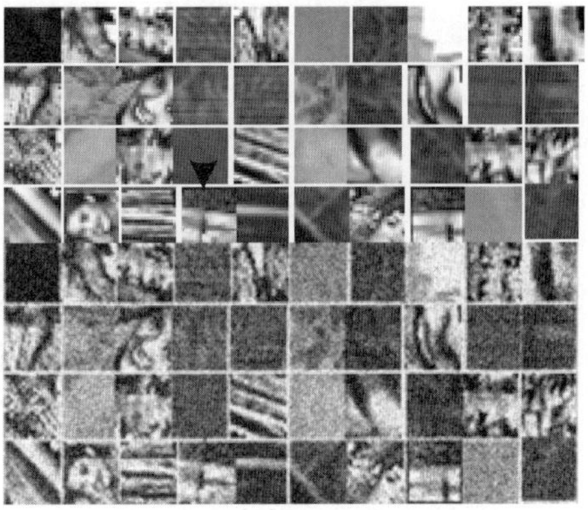

(b) 非人脸

图 8-20 部分训练数据

训练过程中，取 $\zeta_1 = 0.5$，$\zeta_2 = 1.5$。图 8-21 是算法实现过程中添加了权重限制条件后得到的权重修正图。新的权重限制条件确保了训练过程中不会出现样本权重分配过大的现象，保证了算法训练过程的准确性。第 47 次训练结束后，本节提出的权重约束条件有效降低了超过阈值的错分样本权重，避免出现大量权重集中到少数难分类样本上的情况。经典Adaboost 算法权重更新 86 次后便结束了训练，本节的权重更新方法使训练次数增加了近十次。

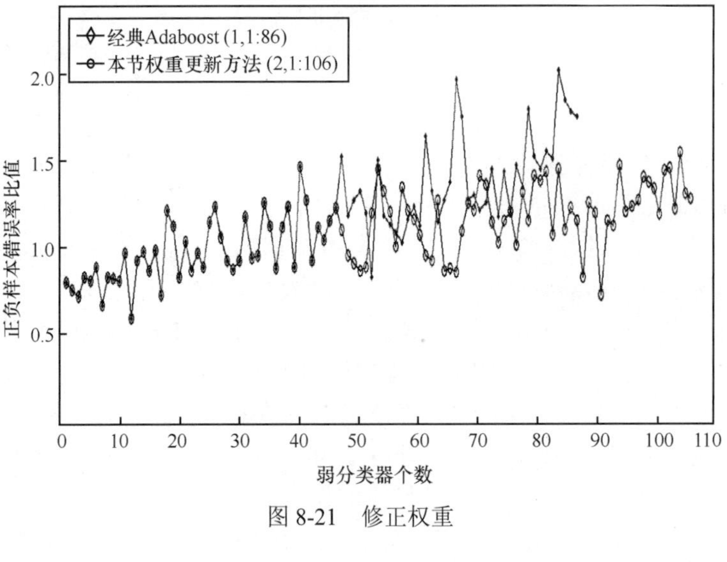

图 8-21 修正权重

使用 MIT 人脸库、MIT 非人脸库剩余的各1 000 幅图像样本作为测试集合。表 8-7 为使用传统算法、文献[76]方法、文献[77]方法和本节给出的权值限定方法的检测结果，本节提出的权值改进方法相比较传统 Adaboost 算法具有更好的学习性能。不设定循环次数，当训练分类器错误率超过 50%算法将停止训练。Adaboost 算法可训练 86 个弱分类器，文献[76]提出的方法可训练 103 个弱分类器，文献[77]提出的方法可训练 61 个弱分类器，本节设定正负误差比方法的阈值约束条件可在相同的循环次数中得到 106 个弱分类器。同时由于样本权重的变化，使弱分类器的检测能力发生变化，本节算法有效降低误报的同时相比较传统 Adaboost 算法的检测率提升了近 5%。

表 8-7　测试结果

训练算法	弱分类器数目/个	检测率	误报/个
本节算法	106	88.6%	1
Adaboost 算法	86	83.8%	4
文献[76]	103	91.4%	2
文献[77]	61	82.1%	0

（2）基于自判断机制的 Adaboost 算法实验

训练集由 500 张取自 MIT 人脸库大小为 20 像素×20 像素的图像和 500 张 20 像素×20 像素的非人脸图片组成。而后由改进的 Adaboost 算法进行训练，Canny 算子阈值为 50，得到人脸图像的边缘能量阈值 $K = 22.3$。选取 MIT、CMU 人脸库中 60 张人脸正面图像、20 张多人脸图像和 20 张非人脸图像组成测试集。为了进一步验证算法性能，实验中又加入了 20 幅包含复杂背景的图像，主要为一些近似人脸的图像。训练中循环次数 T 为 50，实验将基于自判断机制的 Adaboost 人脸检测算法与传统 Adaboost 算法实验结果进行比较。

仿真实验结果如表 8-8 所示。在对加入 20 幅包含复杂背景图像的测试图像集检测时，尽管 2 种算法的误检率都增高，但是自判断机制 Adaboost 检测算法的误检率为 15.2%，其性能还是比 Adaboost 算法要好。这说明加入自判断机制的 Adaboost 人脸检测算法对于待检测图像中的人脸误检有一定的抑制作用，其误报缩减性能要优于经典 Adaboost 算法。

表 8-8　误报率结果

检测算法	测试图像集误检率	
	MIT+CMU 人脸库	含复杂背景图像的 MIT+CMU 人脸库
Adaboost 算法	9.3%	18.1%
自判断机制 Adaboost 算法	7.9%	15.2%

（3）A-Adaboost 算法实验

为了有利于实验的进行和算法效果的比对，许多大学的实验室自行设计了人脸库。其建立的意义在于为人脸检测算法的研究、应用系统的研发和实验数据对比带来了统一化标准。人脸库通过采集不同的面部表情、曝光程度和姿势下的人脸图像而成。实验中常常从人脸库中选取一定数量的图像做训练集，分类器训练完成后再将剩余的人脸图像作为测试库使用。为了更全面地检测训练结果，也可人为添加一些图像作为检测对象使用。目前较流行的人脸库有 ORL 人脸库、MIT 人脸库、YEAL 人脸库等，如表 8-9 列举了一些常见的人脸库，并对人脸库的基本构造进行了简单介绍。

表 8-9 人脸库

人脸库	包含内容
HRL	10 位志愿者多种（每人多达 70 种）光照变化下 193 像素×254 像素的图像
KFDB	不同姿势、面部曝光程度和表情变化的 1 000 位韩国志愿者 640 像素×480 像素的图像
AR	118 人每人 26 幅 768 像素×576 像素的面部图像
CAS-PEAL	不同姿态、表情、面部遮挡、面部曝光程度等变化的 595 位男性志愿者和 445 位女性的 99 594 幅 360 像素×480 像素彩色图像
PERET	14 052 幅 1 199 位志愿者的大小为 256 像素×384 像素的灰度图像，拥有表情变化 2 种、身体姿态变化 15 种、面部光照变化 2 种和 2 种不同拍摄时刻
MIT	16 位志愿者的 433 幅 120 像素×128 像素的灰度图像，拥有 3 种不同面部曝光条件和 3 种面部旋转角度等变化
ORL	40 位志愿者每人 10 幅共 400 幅 92 像素×122 像素的图像
PIE	不同表情、面部曝光程度和姿态的 68 位志愿者 41 368 幅 640 像素×486 像素的图像
UMIST	20 位志愿者 664 幅 220 像素×220 像素的灰度图像
YELE	15 位志愿者共 165 幅 100 像素×100 像素的灰度图像
YELE-B	10 位志愿者的 5 740 幅 640 像素×480 像素的灰度图像

为进一步检测改进后的算法性能，本章截取了 CK+人脸视频数据库中的一个片段用于实验，视频保存后缀为 .AVI。实验使用 cvGrabFram 来提取视频帧。视频图像大小为 512 像素×288 像素，部分检测效果如图 8-22 所示，图 8-22 正确检测当前视频中有偏转角度的人脸，其中，实验结果也包括了当前图像检测到的人脸区域以及检测耗时，每一帧图像检测时间大约为 270 ms。当然，视频检测人脸时间会随着视频画面尺寸的增加而增加。

带有偏转角度的视频人脸检测

图 8-22 视频人脸检测

本章的人脸检测实验还包含实时人脸检测，通过 cvCaptureFromCAM( ) 函数调用摄像头，并用 cvGrabFrame( ) 抓取图像用来检测。图 8-23 为调用实时人脸检测效果。图 8-23(a)为正面人脸检测，图 8-23(b)为曝光不足时的人脸检测，图 8-23(c)为脸部存在遮挡时的检测情况，图 8-23(d)为存在倾斜角度时的人脸检测情况。摄像头抓取到的图像大小为 340 像素×240 像素，检测图像所用的时间在图像的右下方显示。由实验结果可看出，实时人脸检测的平均耗时约 500 ms。因此 A-Adaboost 算法在人脸检测时对人脸的曝光程度、人脸姿势和人脸存在遮盖物等情况时都具有一定的适应性。

部分实验检测数据如表 8-10 所示，表中包含了截取自 CK+人脸数据集的片段 1、片段 2 以及实时人脸检测中的视频时长、图像尺寸、平均检测时长、检测率、误报以及漏检的数据内容。

Adaboost 算法训练分类器时，没有对训练样本、特征数量、难分类样本权重更新原则及检测过程如何大幅度降低误报做出硬性规定。为此，本节针对上述缺陷提出了 A-Adaboost 训练方法，首先对训练样本做处理后加入训练集丰富样本，然后根据样本集中人脸分布不在图像边缘这一先验知识“剪裁”人脸训练图像，之后为样本权值分配加入约束条件用来应对样本权重分配失衡的情况，最后在训练过程中求得平均人脸边缘能量，检测开始时使用边缘能量排除非感兴趣区域，之后再使用 Adaboost 算法检测人脸。A-Adaboost 训练方法与经典 Adaboost 算法相比较，训练过程中的特征数量有所减少，训练中的难分类样本权重分配得到了均衡化，丰富训练样本也使训练得到的分类器性能有所提升同时避免了训练过度现象的发生，自判断机制中的边缘能量筛选条件可很好地排除非感兴趣区域同时抑制了误报的发生。

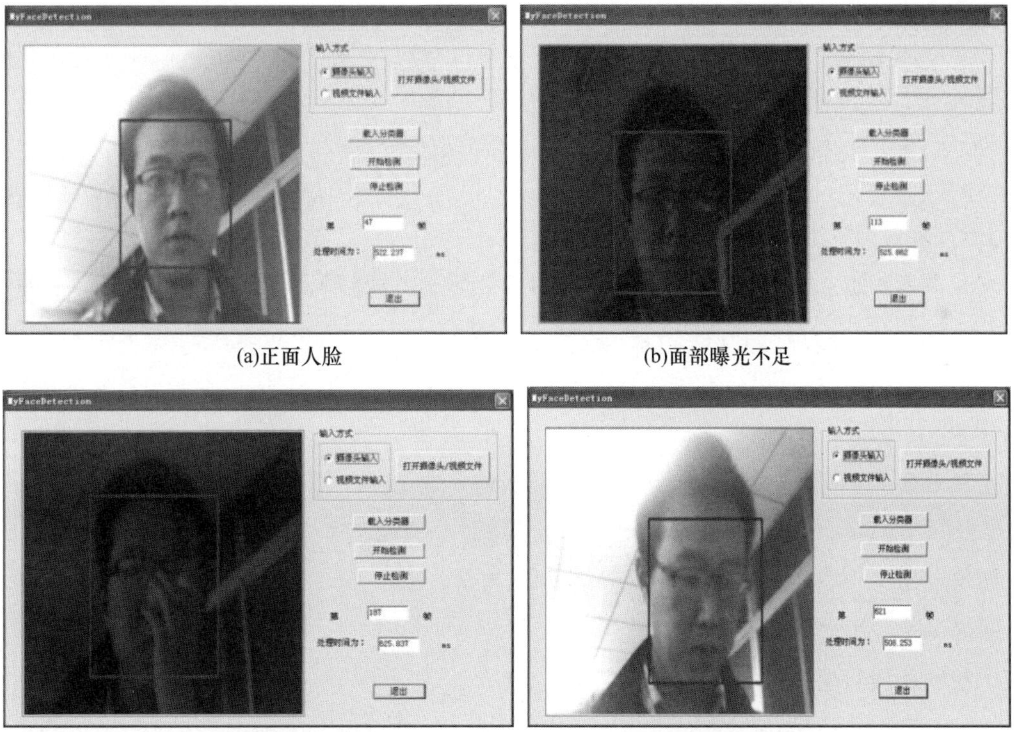

(a)正面人脸　　(b)面部曝光不足

(c)存在遮盖物的人脸　　(d)面部有倾斜角度

图 8-23　实时人脸检测

表 8-10　部分检测数据

检测对象	检测对象时长/s	图像尺寸	平均每幅图像检测时长/ms	检测率	误报/个	漏检/个
片段 1	10	512 像素×288 像素	273	96.6%	0	5
片段 2	9	512 像素×288 像素	276	93.1%	9	0
摄像头	11	340 像素×240 像素	527	95.4%	2	3

8.5 基于粗糙粒的 Adaboost 人脸检测算法

当拍摄工具和被拍摄人之间距离较远时，图像中的感兴趣区域（人脸区域）模糊、噪声大并且分辨率低，检测人脸时准确率低误报较高。检测远距图像中的人脸对象有时还需要手动操作，耗费的时间与工作量较大。因此，需进一步研究如何在远距离抓取图像的情况下准确检测人脸，这也是日常应用中亟待解决的一个难题。

8.5.1 粗糙粒定义

在第 2 章中，定义了粒度空间模型 $(\mathrm{GX},\mathrm{GA},\mathrm{GV},(\mathrm{GI},\mathrm{GE},\mathrm{GM}),R)$，其中，GX 为所研究的粒集合，GA 表示粒的所有属性构成的集合，GV 表示粒的属性值集合，GI 为由粒度矩阵体现的粒的内涵，GE 为粒度矩阵体现的粒的外延，GM 是以粒度矩阵的形式执行内涵外延算子和外延内涵算子的功能，即实现内涵和外延之间的相互转换，R 表示在等价关系下呈现出来的粒的状态特征，也可简记为 $((\mathrm{GI},\mathrm{GE},\mathrm{GM}),R)$。以此定义为基础，构造适用于特征提取的粗糙粒度空间。

定义 8-1 一个粗糙粒度空间 RG 拓延粒度空间模型 $((\mathrm{GI},\mathrm{GE},\mathrm{GM}),R)$，即

$$\mathrm{RG}=(\mathrm{GI},\mathrm{GE},\mathrm{EG},E(G))$$

其中，GI 为粗糙粒的内涵，GE 为粗糙粒的外延，而 EG 为粗糙粒内涵与外延算子之间的关系，$E(G)$ 以粒熵构造分层结构的等价关系。

定义 8-2 对任意粗糙粒 RG，其内涵与外延算子之间的关系由图像粒边缘定义，即

$$\mathrm{EG}=(\overline{\mathrm{GI}}-\underline{\mathrm{GI}},\overline{\mathrm{GE}}-\underline{\mathrm{GE}})$$

对任意一个图像粒，其边缘由这个粒的内涵上、下近似之差和外延上、下近似之差来近似描述。

定义 8-3 对任意一个粗糙粒 RG，其可以划分为 n 层的空间粒度层，用 GL 来表示，即

$$\mathrm{GL}=\{\mathrm{GL}_1,\cdots,\mathrm{GL}_i,\cdots,\mathrm{GL}_n\}$$

而每一层又可以由 m 个子粒组成，即 $\mathrm{GL}_i=\{G_{i_1},G_{i_2},\cdots,G_{i_m}\}$。

定义 8-4 以粒度熵构建等价关系，对任意一个子粒 G，若其包含对象 $\{O_1,\cdots,O_j,\cdots,O_n\}$，则该子粒的相应粒层熵为

$$E(G_{i_k})=-\sum_{j=1}^{n}p_{O_j}\ln p_{O_i}$$

其中，第 i 层的子粒 G_{i_k} 可由其粒层熵 $E(G_{i_k})$ 来描述。

定义 8-5 对于 2 个相同类型的粗糙粒，合并之后的粒层熵可定义为

$$E(G_{i_k}\oplus G_{i_S})=\frac{|\mathrm{EG}(G_{i_k})|}{|\mathrm{EG}(G_{i_k})+\mathrm{EG}(G_{i_S})|}E(G_{i_k})+\frac{|\mathrm{EG}(G_{i_S})|}{|\mathrm{EG}(G_{i_k})+\mathrm{EG}(G_{i_S})|}E(G_{i_S})$$

定义 8-6 若 2 个粗糙粒 $\mathrm{RG}_1=(\mathrm{GI}_1,\mathrm{GE}_1,\mathrm{EG}_1,E(G)_1)$ 和 $\mathrm{RG}_2=(\mathrm{GI}_2,\mathrm{GE}_2,\mathrm{EG}_2,E(G)_2)$ 存

在相同邻域或具有相同特征，则合并产生新的粗糙粒为

$$\mathrm{RG}_1 \oplus \mathrm{RG}_2 = (\mathrm{GI}_1 = \mathrm{GI}_2, \mathrm{GE}_1 \cup \mathrm{GE}_2, (\mathrm{EG}_1 \cup \mathrm{EG}_2 - \mathrm{EG}_1 \cap \mathrm{EG}_2), E(G_{i_k} \oplus G_{i_S}))$$

其中，$\oplus$ 为合并运算符。

设一幅图像 P，将其分割为 m 个区域 $\{R_1,\cdots,R_i,\cdots,R_m\}$，每个区域包含对象为 $\{O_1,\cdots,O_j,\cdots,O_n\}$，$O_{O_{xy}} = (x,y,R,G,B)$ 是图像中的一个像素，其中，x、y 是 x 坐标值和 y 坐标值，R、G、B 是这个像素的 RGB 颜色值，则子粒集合 O 代表一个图像，且

$$\boldsymbol{O} = \begin{bmatrix} O_{O_{11}} & O_{O_{12}} & \cdots & O_{O_{1m}} \\ O_{O_{21}} & O_{O_{21}} & \cdots & O_{O_{2m}} \\ \vdots & \vdots & \ddots & \vdots \\ O_{O_{n1}} & O_{O_{n1}} & \cdots & O_{O_{nm}} \end{bmatrix}$$

则第 i 区域 R_i 的外延上、下近似分别为

$$\overline{\mathrm{GE}}_{R_i} = \bigcup\{\mathrm{GE}_{O_j} \mid O_j \in R_i \wedge \mathrm{GE}_{O_j} \cap \mathrm{GE}_{R_i} \neq \varnothing\}$$

$$\underline{\mathrm{GE}}_{R_i} = \bigcup\{\mathrm{GE}_{O_j} \mid O_j \in R_i \wedge \mathrm{GE}_{O_j} \subseteq \mathrm{GE}_{R_i}\}$$

内涵的求取与具体任务、背景及上下文有关。由此可得，图像粒边缘的外延为

$$\mathrm{EG}_{R_i} = \{\overline{\mathrm{GE}}_{R_i} - \underline{\mathrm{GE}}_{R_i}\}$$

在所分割区域的基础上，对粒的边缘进行提取。

2 个区域边缘的相似度为

$$\mathrm{SIM}_{\mathrm{EG}}(R_i,R_j) = \frac{|\mathrm{EG}_{R_1} \cap \mathrm{EG}_{R_2}|}{|\mathrm{EG}_{R_1} \cup \mathrm{EG}_{R_2}|}$$

2 个区域所包含信息分散程序的相似度为

$$\mathrm{SIM}_{E(G)}(R_i,R_j) = \left(\frac{E(G_{R_i})}{\mathrm{lb}|\mathrm{GL}|} - \frac{E(G_{R_j})}{\mathrm{lb}|\mathrm{GL}|}\right)^2$$

2 个区域的相似度为

$$\mathrm{SIM}(\mathrm{RG}_{R_i},\mathrm{RG}_{R_j}) = \mu_1 \mathrm{SIM}_{\mathrm{EG}}(R_i,R_j) + \mu_2(1 - \mathrm{SIM}_{E(G)}(R_i,R_j))$$

其中，$\mu_1 + \mu_2 = 1$，$\mu_1, \mu_2 \in [0,1]$。

8.5.2　基于粗糙粒的肤色过滤

对于远距离获取的图像，尤其当面部尺寸小于 30 像素×30 像素时，Adaboost 算法检测性能急速下降，误报大幅度增加，此时只运用 Adaboost 算法进行人脸检测不够准确，所以很多学者将肤色信息应用到人脸检测中。面部肤色信息在整个色度空间中只占很小的一部分，聚类特点强且容易提取，将面部肤色信息应用到人脸检测当中，实现过程简单并且计算时间短。

不同光照、背景及人种之间的差异导致的肤色差异主要体现在亮度成分上。本节基于 YC_bC_r 颜色空间并没有完全消除亮度成分的影响，其中，Y 分量还存在一定程度的亮度相关

性。因此，考虑在二维空间中进行肤色建模，从而消除亮度相关性对模型准确性的影响[79]。基于粗糙粒空间的肤色过滤步骤如下。

（1）随机提取待检测区域的皮肤像素样本，并将每个像素点从 RGB 颜色空间映射到 YC_bC_r 颜色空间，形成以 C_b、C_r 值标识的初始粒 $O_{O_{xy}}=(x,y,C_r,C_b)$。

（2）肤色在 $C_r\ C_b$ 空间用高斯分布来描述，根据式(8.26)，计算每个初始粒与分布中心 U 的距离，得到每个粒与肤色的相似度。

$$P(\boldsymbol{O}_{xy})=\exp[-0.5(\boldsymbol{O}_{xy}-\boldsymbol{U})^{\mathrm{T}}\boldsymbol{S}^{-1}(\boldsymbol{O}_{xy}-\boldsymbol{U})] \tag{8.26}$$

其中，$\boldsymbol{x}=(C_r,C_b)^{\mathrm{T}}$，$\boldsymbol{U}=E(\boldsymbol{O}_{xy})$，$\boldsymbol{S}=E[(\boldsymbol{O}_{xy}-\boldsymbol{U})(\boldsymbol{O}_{xy}-\boldsymbol{U})^{\mathrm{T}}]$，$E(\boldsymbol{O}_{xy})$ 表示粒 $O_{\boldsymbol{O}_{xy}}$ 的均值。结合直方图统计，实验中参数取值如下

$$\boldsymbol{U}=[97.436\,1\quad 156.559\,9]^{\mathrm{T}},\quad \boldsymbol{S}=\begin{bmatrix}160.130\,1 & 12.143\,0\\ 12.143\,0 & 299.457\,4\end{bmatrix}$$

（3）遍历各粒相似度，搜索出相似度最大值，根据式(8.27)，将各粒相似度转化为[0,255]。

$$p(\boldsymbol{O}_{xy})=\frac{p(\boldsymbol{O}_{xy})}{\max}\times 255 \tag{8.27}$$

（4）肤色在 $C_r\ C_b$ 空间中可以用椭圆分布来描述，运用式(8.28)和式(8.29)来匹配椭圆分布 2 个色度分量的距离。

$$\frac{(x-\mathrm{ec}_x)^2}{a^2}+\frac{(x-\mathrm{ec}_y)^2}{b^2}=1 \tag{8.28}$$

$$\begin{bmatrix}x\\ y\end{bmatrix}=\begin{bmatrix}\cos\theta & \sin\theta\\ -\sin\theta & \cos\theta\end{bmatrix}\begin{bmatrix}C_b-c_x\\ C_r-c_y\end{bmatrix} \tag{8.29}$$

其中，ec_x、ec_y 表示 C_r、C_b 分量的统计均值。实验中参数取值如下

$c_x=114.38$，$c_y=160.02$，$\theta=2.53$

$\mathrm{ec}_x=1.60$，$\mathrm{ec}_y=2.41$

$a=25.39$，$b=14.03$

（5）若 2 个粒 O_1 和 O_2 存在 $|p(O_1)-p(O_2)|\leqslant\varepsilon$，则将 2 个具有近似特征的粒进行合并，产生新的粗糙粒，合并规则如定义 8-6 所示，由此确定新粒所覆盖的像素及其边缘。

（6）如此，可由像素形成的初始粒，成长为 3×3、9×9、…、$\mathrm{GL}_i=\left\{O_{O_{xy}}\middle| x=3^{i-1}a+\dfrac{3^{i-1}+1}{2},\ y=3^{i-1}b+\dfrac{3^{i-1}+1}{2}\right\}$（$a$ 和 b 为 0 或者任意正整数，i 为当前粒层数且 $i>1$）的粗糙粒构成的粒层，直至将所有肤色区域覆盖，生成最大粗糙粒。

按照粒相似度计算并设定阈值，完成粗糙粒的生长，并形成各粗糙粒层。图 8-24 为肤色过滤实验，其中，图 8-24(a)为原图像，选取自公共人脸数据集 FDDB；图 8-24(b)为粗糙粒生长的区域；图 8-24(c)为肤色过滤后得到的肤色区域。

(a) 原始图像　　(b) 粗糙粒生长的区域　　(c) 肤色区域

图 8-24　肤色过滤实验

8.5.3　基于粗糙粒的边缘蒙版

数据的协方差距离可用马氏距离（Mahalanobis distance）来表示。同时，马氏距离也是一种有效计算 2 个未知粗糙粒相似度的方法。将马氏距离运用于肤色检测，可得到检测区域相对于皮肤的马氏距离图。设粗糙粒生长后白色区域像素点坐标 $\boldsymbol{X}_j=[x_j, y_j]^{\mathrm{T}}$， x_j 和 y_j 为像素点 j 在 x 轴和 y 轴方向上的位置。$\boldsymbol{m}_x$ 为粗糙粒生长后白色区域像素点的均值向量，马氏距离 $\varDelta$ 介于 $\boldsymbol{X}_j$ 与 $\boldsymbol{m}_x$ 之间，其定义如下

$$\varDelta=(\boldsymbol{X}_j-\boldsymbol{m}_x)^t\,\boldsymbol{\varSigma}_{xx}^{-1}(\boldsymbol{X}_j-\boldsymbol{m}_x) \tag{8.30}$$

其中，$\boldsymbol{\varSigma}_{xx}$ 为粗糙粒生长后白色区域像素点集合的协方差矩阵，$\varDelta$ 服从卡方分布(χ_2^2)。因此，可在卡方分布函数（CDF）90%的置信区间内确定一个椭圆，即这个椭圆内包含 90%检测出来的皮肤像素点。λ_1 和 λ_2（$\lambda_1>\lambda_2>0$）同为协方差矩阵的特征值，在粗糙粒群合并后，最大粗糙粒的边缘蒙版大小由椭圆的最长轴线与最短轴线共同决定，当 k 为常量时，椭圆长轴 $I_{\max}=k\sqrt{\lambda_1}$，椭圆短轴 $I_{\min}=k\sqrt{\lambda_2}$。图 8-25(a)为一幅 25 像素×25 像素的人脸图像；图 8-25(b)为粗糙粒合并后得到的椭圆图像；图 8-25(c)为根据椭圆顶点做矩形后生成的最大粗糙粒边缘蒙版，其中，边缘蒙版最外侧边框由椭圆顶点位置决定，内部位于中央的灰色矩形占边缘蒙版面积的 50%，灰色矩形包含了人脸上的眉毛、眼睛和嘴，因为人面部存在的边缘信息量很大，这里用灰色模板覆盖，以专门检测剩余区域内的肤色情况；图 8-25(d)为根据原图像得到的最大粗糙粒的边缘检测图。之后，边缘蒙版和边缘检测图像可共同作为检测窗口内筛选人脸的“过滤器”。

最终，皮肤最大粗糙粒的边缘蒙版由 −1、0、1 这 3 个不同的数字组成，图 8-26 是当 $I_{\max}=I_{\min}=15$ 时边缘蒙版示例。边缘蒙版的筛选条件定义为

$$\sum_{j=1}^{n_w} h_e(j)\,w_e(j)>\xi_e$$

其中，n_w 为窗口中确定为皮肤的粒集所含像素点的数量；h_e 为蒙版；w_e 为检测窗口的皮肤粒集的边缘像素点取值，边缘点 $w_e(j)=1$，否则为 0；ξ_e 为阈值，取值为边缘蒙版边缘像素点个数的 50%，代表人脸肤色与非肤色区域相交的边缘点个数。边缘蒙版检测人脸图像边缘

是否在检测窗口边界处，即图 8-26 中标记为 1 的位置。

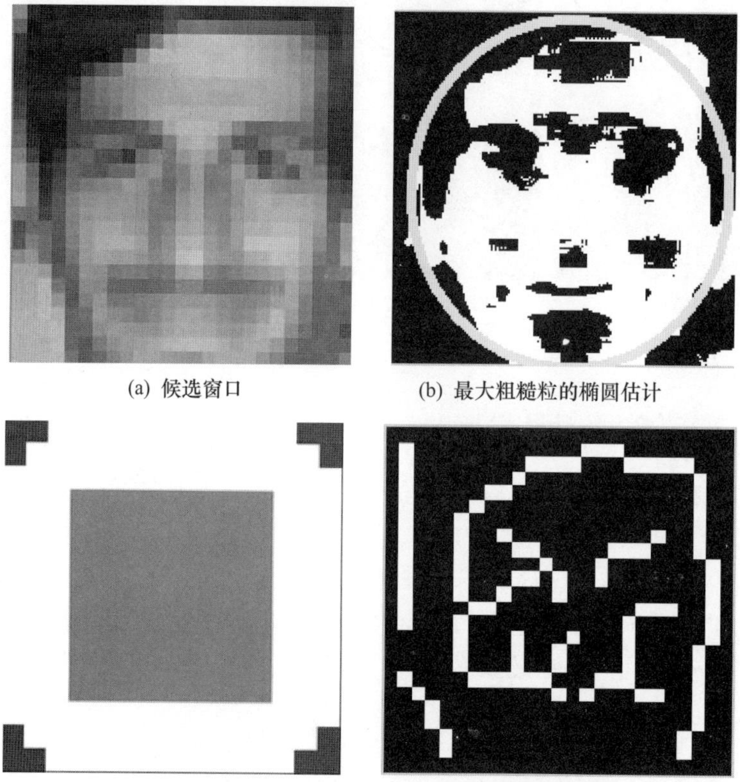

(a) 候选窗口　(b) 最大粗糙粒的椭圆估计

(c) 边缘蒙版　(d) 边缘检测图像

图 8-25　图像处理过程

-1	-1	1	1	1	1	1	1	1	1	1	1	1	-1	-1
-1	1	1	1	1	1	1	1	1	1	1	1	1	1	-1
1	1	1	1	1	1	1	1	1	1	1	1	1	1	1
1	1	1	0	0	0	0	0	0	0	0	0	1	1	1
1	1	1	0	0	0	0	0	0	0	0	0	1	1	1
1	1	1	0	0	0	0	0	0	0	0	0	1	1	1
1	1	1	0	0	0	0	0	0	0	0	0	1	1	1
1	1	1	0	0	0	0	0	0	0	0	0	1	1	1
1	1	1	0	0	0	0	0	0	0	0	0	1	1	1
1	1	1	0	0	0	0	0	0	0	0	0	1	1	1
1	1	1	0	0	0	0	0	0	0	0	0	1	1	1
1	1	1	0	0	0	0	0	0	0	0	0	1	1	1
1	1	1	1	1	1	1	1	1	1	1	1	1	1	1
-1	1	1	1	1	1	1	1	1	1	1	1	1	1	-1
-1	-1	1	1	1	1	1	1	1	1	1	1	1	-1	-1

图 8-26　边缘蒙版示例

本章对 Adaboost 算法训练到检测过程所涉及的知识及要点一一进行了讨论，对每一环节中出现的问题提出了改进方案。图 8-27 为 Adaboost 人脸检测算法训练及检测过程。

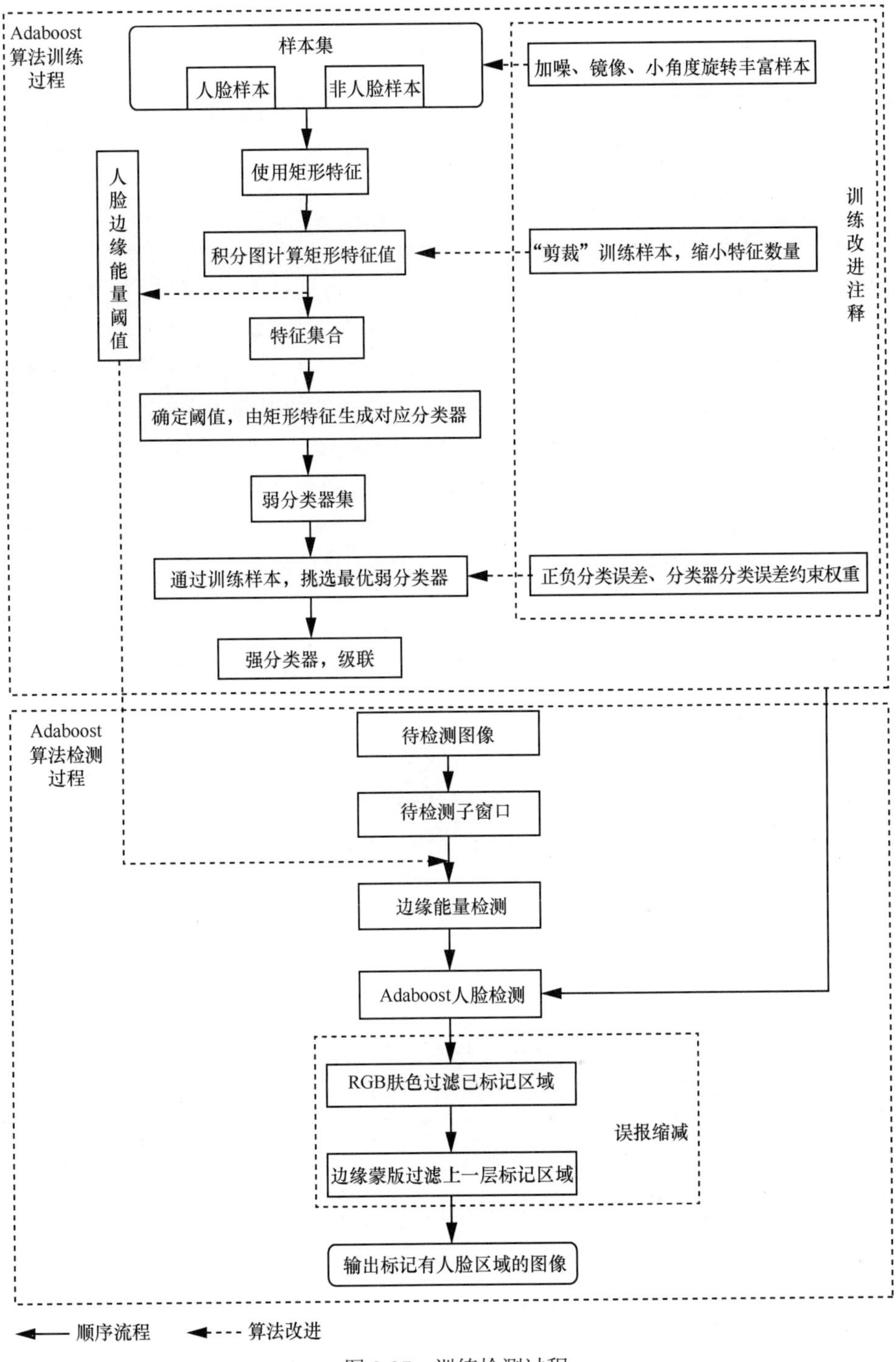

图 8-27　训练检测过程

8.5.4　实验及分析

在 VS2010 平台上编程进行实验。实验图像为普通相机获取的大小为 743 像素×549 像素的图片，且人脸区域不大于 30 像素×30 像素。检测数据如表 8-11 所示。

表 8-11 检测数据对比

算法	检测窗口数/个	误报检测数/个
Adaboost	71	6
Adaboost+粗糙粒肤色过滤	58	3
Adaboost+粗糙粒边缘蒙版筛选	51	0

由表 8-11 可看出，运用传统 Adaboost 算法对远距离抓取的图像进行人脸检测时，检测窗口数量高达 71 个，误报数量为 6 个，占检测窗口总量的 8.5%。Adaboost 检测后采用粗糙粒肤色检测对检测窗口进行过滤，检测窗口数量下降到 58 个，误报检测窗口数下降到 3 个，约占检测窗口总量的 5.2%。对 Adaboost 和肤色过滤后的图像继续运用粗糙粒边缘蒙版筛选，对疑似人脸区域进一步筛选，此时检测窗口数量下降到 51，误报数量缩减至 0。

图 8-28 为不同距离下的人脸检测实验图像，由于人脸到摄像头的距离不同，人脸在检测画面中的大小也不同。图 8-28(a)中人脸大小约为 50 像素×50 像素，图 8-28(b)中人脸大小约为 30 像素×30 像素，图 8-28(c)中人脸大小约为 20 像素×20 像素。通过粗糙粒肤色过滤和粗糙粒边缘筛选可很好地检测出不同大小的人脸。

(a)50 像素×50 像素　(b)30 像素×30 像素　(c)20 像素×20 像素

图 8-28 不同距离的人脸检测

针对 Adaboost 算法检测远距离图像时误报率高的问题，本节提出了一种适用于远距离人脸检测的误报缩减机制，利用人脸肤色与形状信息将误报依次移除，通过检测肤色和边缘信息来确定候选窗口。实验显示，本节方法处理远距离获取的图像时，移除错误感兴趣区域的性能要优于 Adaboost 算法。这种方法也具有较强的实用性，训练集变为人体、车牌或其他特定类别物体后，可相应地检测训练集类型的物体。

8.6 小 结

本章以经典 Adaboost 算法为基础，对算法学习、算法检测过程分别进行了优化，之后运用到图像、视频和实时人脸检测中。

（1）对 Adaboost 人脸检测算法进行深入研究，分析算法的基本思想和实现过程，并依次介绍了 Haar 特征、积分图和分类器的原理。

（2）改进 Adaboost 算法训练过程可有效提高算法性能。首先，为避免算法学习过程中因训练样本单一出现训练过度现象，提出了丰富训练样本的解决方案，将训练图像进行处理后作为新样本加入训练集；其次，针对算法学习过程中 Haar 特征计算量庞大的问题，根据人脸位于训练图像中央位置的先验知识，提出“裁剪”样本尺寸的方法有效减少了特征数量；最后，针对难分类样本在多次训练后出现样本权重分配失衡的问题，结合正负误差比和分类器错误率提出新的权重分配原则。改进后的 Adaboost 算法不仅可以有效避免严重的权重分配失衡，还可以提高检测性能。

（3）为减少 Adaboost 算法检测过程出现的误报，提出前端误报缩减和后端检测 2 种方法缩减误报。前端误报缩减是指在分类器判断待检测窗口之前，先通过边缘能量检测删除非感兴趣子窗口。后端检测是指在 Adaboost 算法检测后，基于粗糙粒的肤色检测和粗糙粒的边缘过滤构成误报缩减机制，进一步缩减误报。实验证明，本章提出的方法可以有效减少误报。

第 9 章　基于视频序列的人眼检测与跟踪

9.1　引　言

随着科技的发展和各种高性能电子产品的普及，计算机视觉巨大的发展潜力吸引了众多研究者的深入研究和探索，并在交通安全、医疗诊断、军事安全等很多领域取得了广泛应用。进入 21 世纪，随着计算机硬件、软件性能的显著提升和模式识别技术的快速发展，人眼由于涵盖了包含性别、身份、表情在内的丰富信息，吸引了相关研究人员的广泛关注，成为计算机视觉领域的重要研究课题之一。

9.1.1　人眼检测

人眼检测是一种使计算机能够自动检测出图像中的人眼并精确定位的技术，根据是否使用视频序列，可分为基于静态图像的人眼检测和基于视频序列的人眼检测。本章主要研究基于视频序列的人眼检测。目前的人眼检测方法主要分为 4 种：灰度投影法、模板匹配法、基于知识的方法和基于统计的方法。

（1）灰度投影法

灰度投影法是指对输入的人脸灰度图像在水平和垂直方向上分别进行投影，然后统计灰度值或灰度函数值之和，进而根据其随坐标的变化来判断人眼位置。常用的投影函数有积分投影函数（IPF，Integral Projection Function）、均值投影函数（MPF，Mean Projection Function）、方差投影函数（VPF，Variance Projection Function）和混合投影函数（HPF，Hybrid Projection Function）。王文成等[80]将人眼区域在水平和垂直方向分为若干份，提出了一种区域投影函数。灰度投影法最简单，但也最粗糙，对于人眼被头发或眼镜遮挡的情形都不能准确检测出人眼的位置，目前该方法多用于粗略定位人眼。

（2）模板匹配法

模板匹配法是在保证参考模板不超出图像范围的前提下，在图像区域内从起始像素点开始逐点平移参考模板图像，遍历搜索区域内的所有像素点，然后计算模板区域图像像素的特征值和参考模板特征值的相似度，根据相似度的大小判断是否匹配。黄万军等[81]提出了三维可变形模板的眼睛特征提取方法。模板匹配法适用范围广且实现过程简单，但很难选取到合适的人眼模板，而且匹配过程非常耗时，更重要的是不能解决尺度变化问题。

（3）基于知识的方法

基于知识的方法是将人眼特征（如轮廓、位置、色彩等）输入知识库作为规则，再进行人眼检测。总的来说，基于知识的方法依据一些知识规则进行人眼检测。Hsieh 等[82]利用 Sobel

滤波对人脸灰度边缘图像除噪，首先根据人眼在人脸中的几何位置和对称性进行双眼粗定位，然后在双眼候选区域精确定位人眼。人眼知识规则有很大的局限性，直接利用基于知识的方法进行人眼检测通用性比较差，目前该方法多作为约束条件辅助人眼检测。

（4）基于统计的方法

基于统计的方法通过训练和学习大量人眼样本和非人眼样本，从中寻找能够区分人眼和非人眼样本的最佳特征，然后通过调整样本权重训练出分类能力较强的强分类器，最后用强分类器扫描输入图像进行人眼检测。基于统计特征的人眼检测方法主要有：人工神经网络方法、主成分分析法（PCA，Principal Component Analysis）、隐马尔可夫模型、支持向量机（SVM，Support Vector Machine）以及 Adaboost 算法。基于统计的方法普适性强、正确率高且顽健性强，但该方法需要大量的训练样本，且训练和选取参数过程比较复杂。

9.1.2　人眼跟踪

人眼跟踪即人眼轨迹估计，其核心内容是分析视频序列图像，并计算出人眼在每帧图像上的二维坐标位置，最后将所有人眼位置关联起来得到人眼的完整运动轨迹和位置信息。人眼检测是人眼跟踪的第一步，其目的是将人眼特征从视频序列图像中提取出来，而人眼跟踪的目的是在帧与帧之间建立位置、颜色等联系。目前的人眼跟踪方法主要分为 3 种：帧间差分法、特征匹配法和混合跟踪方法。

（1）帧间差分法

帧间差分法也称为相邻帧差法。当图像的背景不变或变化很小时，由于眨眼时眼部区域的灰度值变化明显，采集到的相邻两帧图像会有较明显的灰度变化，因此可以将采集到的相邻两帧图像相减得到差分图像，然后对其进行二值化分割，最后分析处理图像的前景区域进而判断图像中人眼位置。帧间差分法通过比较相邻两帧图像间的灰度值变化快速定位人眼位置，该方法简单快速、运算量小且易实现，并且具有很好的光照顽健性。但当待检测图像背景变化较大或受到阴影影响时，该方法由于不能将背景区域相互对消，导致顽健性较差。

（2）基于特征匹配的方法

基于特征匹配的方法包括特征提取和特征匹配 2 个步骤。首先提取人眼特征；然后计算特征属性矢量相关度，相关系数的峰值即为匹配位置。常用的特征包括点特征、颜色特征、纹理特征等。基于特征匹配的方法对目标的形状变化以及部分遮挡具有良好的稳定性。

（3）混合跟踪方法

由于不同的目标跟踪算法各有优缺点，目前很多学者专家将 2 个或多个算法组合成混合算法进行目标跟踪，混合跟踪方法弥补了单一算法的缺陷而成为新的研究热点。MeanShift 算法是一种比较常用的非参数密度估计高效模式匹配算法，是综合运用 Kalman 滤波和 MeanShift 算法的人眼跟踪算法。Zhu 等[83]提出基于红外线的人眼跟踪算法，基于亮瞳孔效应对每一帧图像运用 Kalman 滤波和 MeanShift 算法跟踪人眼。

9.2　基于改进 Adaboost 算法的人眼检测

人眼检测是后续人眼跟踪和疲劳检测的基础，如何从视频序列图像中准确地提取出人眼特征是人眼检测的关键。Adaboost 算法从一个较大的特征集中挑选少量的关键特征，根据其各自分类性能组合成分类器。然而随着训练迭代次数的不断增加，一些处于正负样本交界处的临界样本可能由于多次被错分而导致其权重越来越大，使算法重心逐渐转移到这些临界样本上而引发权重失衡。基于漏检的正样本的价值要远远大于误检的负样本，本节改进了 Adaboost 算法，并针对目前的人眼检测方法误检率较高的缺陷，提出了基于改进 Adaboost 算法的三层结构人眼检测方法。

9.2.1 改进的 Adaboost 算法

Adaboost 算法通过改变样本权重来实现迭代，权重调整过程主要包括以下 2 个步骤。

（1）样本权重更新过程

在当前迭代循环过程中，根据分类器对每个样本的分类情况更新样本权重，如式(9.1)所示。

$$w_{t+1,i} = w_{t,i}\beta_t^{1-e_i} \tag{9.1}$$

其中，$w_{t,i}$ 表示样本 x_i 在第 t 次迭代循环过程中的样本权重；$\beta_t = \dfrac{\varepsilon_t}{1-\varepsilon_t}$，$\varepsilon_t$ 为错误率；如果样本 x_i 正确分类，则 $e_i = 0$，否则 $e_i = 1$。可以看出 Adaboost 算法在每一轮迭代循环过程中减小正确分类样本的权重，保持错误分类样本权重不变。

（2）样本权重归一化过程

样本权重归一化是在整个样本空间内进行的，如式(9.2)所示。

$$w_{t,i} = \frac{w_{t,i}}{\sum_{j=1}^{n} w_{t,j}} \tag{9.2}$$

其中，n 为样本总数。可以看出，样本权重归一化过程使错误分类样本的权重增加，而正确分类样本的权重减小，从而使分类器在下一轮迭代循环过程中更加重视错误分类样本。然而对于一些处于正负样本交界处的临界样本，在每一次迭代循环过程中，很可能因错分而导致其权重增加，随着训练迭代次数的增加，权重不断集中向临界样本，而导致 Adaboost 算法重心转移引发权重失衡，严重时甚至会使分类误差大于 0.5 而导致训练结束。

然而上述 2 种权重调整方法都没有考虑到错分样本可以分为误检和漏检两部分。所谓误检，即负样本被错分为正样本；所谓漏检，即正样本被错分为负样本。Adaboost 算法最重要的是检测出正样本，漏检的正样本的价值要远远大于误检的负样本。针对这一问题，本节引入了 FNR 改进权重更新过程，如图 9-1 所示。FNR 为分类器的漏检率，即被错分为负样本的正样本数目与全部正样本数目的比值，具体改进步骤如下。

（1）在每次迭代循环过程中计算漏检误差 $\varepsilon_j^+ = \sum_{i=1}^{n} w_i(h_j(x_i) \neq y_i, y_i = 1)$，误检误差 $\varepsilon_j^- = \sum_{i=1}^{n} w_i(h_j(x_i) \neq y_i, y_i = 0)$，漏检正样本数目 m^+ 和误检负样本数目 m^-。

（2）计算平均漏检误差 $\overline{\varepsilon^+} = \dfrac{\varepsilon^+}{m^+}$，平均误检误差 $\overline{\varepsilon^-} = \dfrac{\varepsilon^-}{m^-}$。

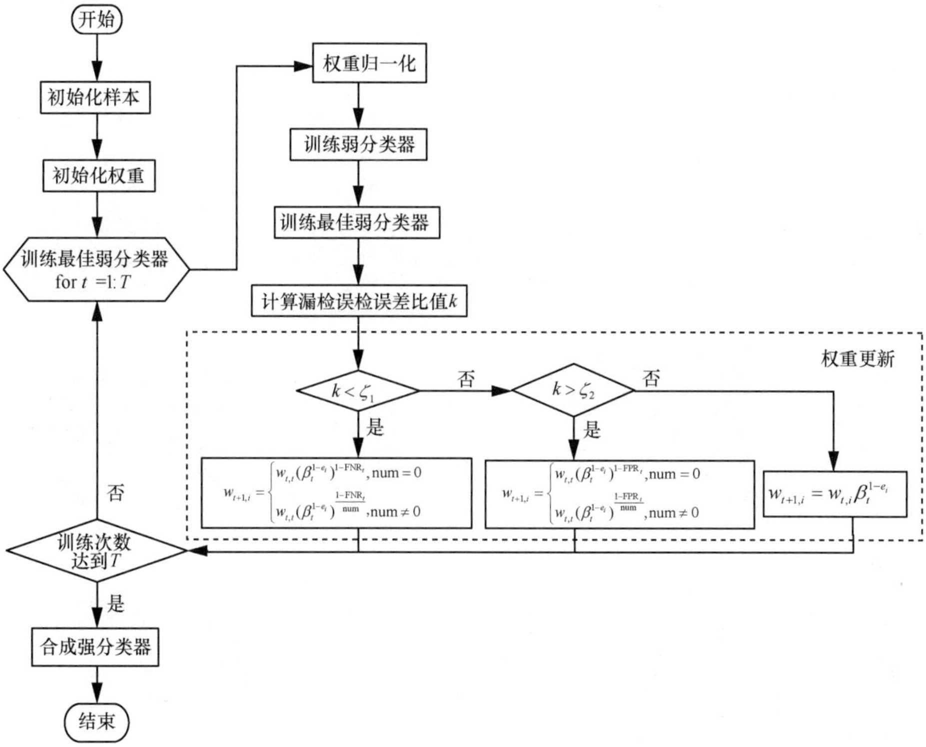

图 9-1　改进 Adaboost 算法

（3）计算漏检误检误差比值 $k=\dfrac{\overline{\varepsilon^{+}}}{\overline{\varepsilon^{-}}}=\dfrac{\dfrac{\varepsilon^{+}}{m^{+}}}{\dfrac{\varepsilon^{-}}{m^{-}}}=\dfrac{\varepsilon^{+}m^{-}}{\varepsilon^{-}m^{+}}$。

（4）为 k 取 2 个阈值 ζ_1、ζ_2，且 $0<\zeta_1<1<\zeta_2$。

当 $k<\zeta_1$ 时，表明当前误检负样本训练误差过大，在权重更新过程中要限制误检负样本的权重增长，调整样本权重 $w_{t+1,i}=\begin{cases} w_{t,i}(\beta_t^{1-e_i})^{1-\mathrm{FNR}_t}, & \mathrm{num}=0 \\ w_{t,i}(\beta_t^{1-e_i})^{\frac{1-\mathrm{FNR}_t}{\mathrm{num}}}, & \mathrm{num}\neq 0 \end{cases}$。

当 $\zeta_1 \leqslant k \leqslant \zeta_2$ 时，表明当前训练误差权值分配基本均衡，调整样本权重 $w_{t+1,i}=w_{t,i}\beta_t^{1-e_i}$。当 $k>\zeta_2$ 时，表明当前漏检正样本训练误差过大，在权重更新过程中要限制对漏检正样本的权重增长，调整样本权重 $w_{t+1,i}=\begin{cases} w_{t,i}(\beta_t^{1-e_i})^{1-\mathrm{FPR}_t}, & \mathrm{num}=0 \\ w_{t,i}(\beta_t^{1-e_i})^{\frac{1-\mathrm{FPR}_t}{\mathrm{num}}}, & \mathrm{num}\neq 0 \end{cases}$。

其中，如果样本 x_i 被正确分类，则 $e_i=0$，否则 $e_i=1$；$\beta_t=\dfrac{\varepsilon_t}{1-\varepsilon_t}$；$\mathrm{FNR}_t$ 为前 t 个弱分类器组合在一起的漏检率；FPR_t 为前 t 个弱分类器组合在一起的误检率；num 为样本在前 t 次训练过程中的错分次数。

9.2.2　三层结构人眼检测

目前，较为常用的人眼检测方法有以下 2 种。

（1）直接在输入图像上检测人眼。人眼区域相对于人脸和背景区域很小，因此直接在输入图像中检测人眼会由于目标过小导致检测到的人眼位置精确度不高。

（2）首先在输入图像上检测人脸，确定人脸范围，然后在人脸范围内进行人眼检测，最后得到人眼的精确位置，即双层结构人眼检测。

由于不同人眼差别很大，且同一人眼在不同光照和视角下也有很大差异，导致基于Adaboost算法的人眼检测误检率比较高，因此本节改进了传统的人眼检测结构，提出了基于改进Adaboost算法三层结构人眼检测，如图9-2所示。

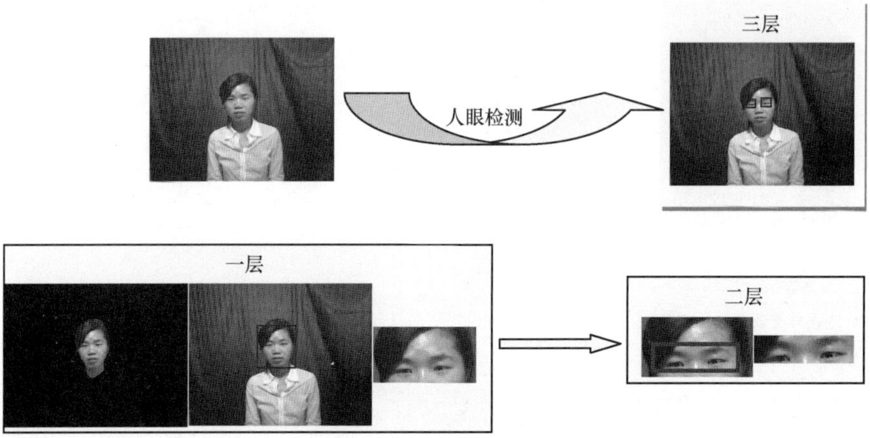

图9-2　人眼检测过程示意

具体步骤如下。

（1）采用肤色+Adaboost 算法进行人脸检测。肤色信息是人脸固有的重要属性，由于肤色在 YC_bC_r 色彩空间中的聚类特性比较好，且与亮度信息不太相关，通常可以利用 C_b、C_r 这2个分量对视频序列图像进行肤色分割。首先在获取到的视频序列图像中进行肤色分割，再在肤色区域使用Adaboost算法进行人脸检测。

（2）根据先验知识，人眼位于人脸区域的上半部分，因此截取检测到的人脸区域上半部分作为人眼检测的候选区域，在候选区域使用Adaboost算法进行双眼检测。

（3）在检测到的双眼区域使用Adaboost算法进行人眼检测。

9.2.3　实验与分析

（1）训练分类器

由于没有现存的双眼库供直接使用，因此本实验从人脸库中选取一些图片并手工截取双眼部分图片作为正样本，其中包括是否配戴眼镜、睁眼、闭眼以及旋转等状态，将图片压缩至30像素×10像素，共500张；负样本为人眼部分以外其他部位图片，大小也为30像素×10像素，共500张。将训练数据集存储在目录data下，正样本存放在路径data/eyes下，负样本存放在路径data/noneyes下，并为这2个文件分别建立描述文件。部分正负训练样本如图9-3所示。然后用改进的Adaboost算法进行双眼训练获得双眼分类器。

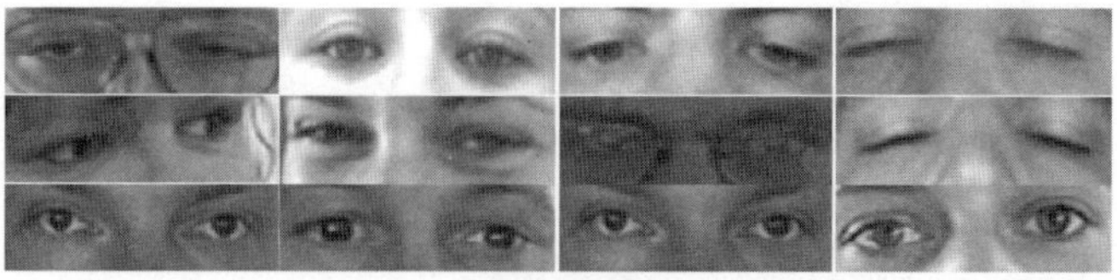

(a)双眼样本

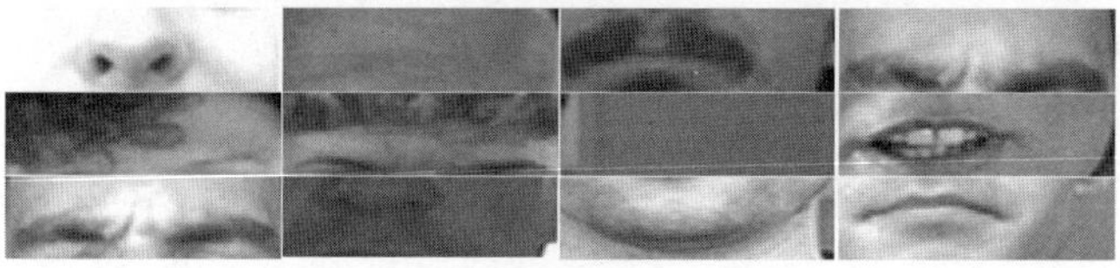

(b)非双眼样本

图 9-3　部分训练样本

在训练分类器过程中，阈值 ζ_1、ζ_2 的选取与漏检误检误差比值 k 有关，通常取 $\zeta_1 \in [0.5,1.0)$，$\zeta_2 \in (1.0,1.5]$。表 9-1 给出了 ζ_1、ζ_2 不同取值情况下的检测结果。从表 9-1 可以看出，当 ζ_1=0.5, ζ_2=1.5 时，检测率最低分类器的训练时间最短；当 ζ_1=0.9, ζ_2=1.3 时，检测率最高分类器的训练时间最长；当 ζ_1=0.7, ζ_2=1.4 时，检测率和训练时间居于两者之间。本节选取 ζ_1=0.7, ζ_2=1.4。

表 9-1　样本检测率和训练时间

ζ_1	ζ_2	检测率	训练时间/s
0.5	1.5	89.3%	2.67
0.7	1.4	92.4%	2.88
0.9	1.3	92.7%	3.07

图 9-4 是 Adaboost 算法改进前后的漏检误检误差比值 k 的对比情况。可以看出，当训练到第 47 个分类器时，改进后的 Adaboost 算法有效减小了 k 值，确保了训练过程中不会出现样本权重分配失衡现象。传统 Adaboost 算法共训练得到 80 个弱分类器，改进后的算法训练得到 91 个分类器，在相同情况下，改进后的 Adaboost 算法能够产生更多的弱分类器，有效提高了算法效率。

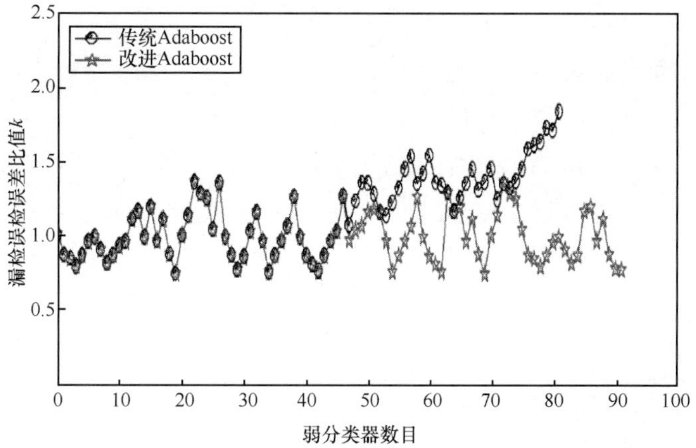

图 9-4　改进前后漏检误检误差比值对比

（2）人眼检测实验结果

实验中的测试集为公共数据集 Hollywood2 的多个片段以及摄像头采集到的视频序列图像，在实验中人脸检测和人眼检测使用了 OpenCV 库自带的分类器 haarcascade_frontalface_alt2.xml 和 haarcascade_eye.xml，双眼检测使用了本节训练的双眼分类器 eyes.xml。图 9-5 是改进 Adaboost 算法在 Hollywood2 片段视频序列图像中的部分实验结果。其中，图 9-5(a)是人眼处于睁眼状态下的检测结果，图 9-5(b)是人眼处于闭眼状态下的检测结果，图 9-5(c)是人脸处于水平旋转状态下的检测结果，图 9-5(d)是人脸处于深度旋转状态（低头）下的检测结果。可以看出不管人眼处于何种状态，都可以准确地检测到人眼。

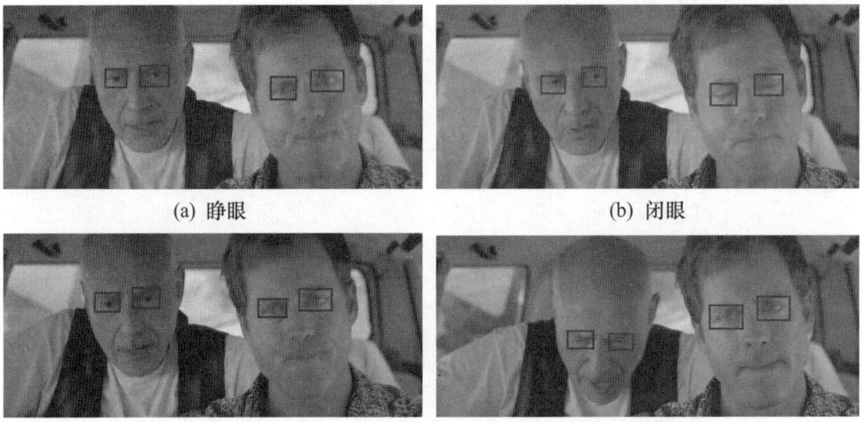

(a) 睁眼　(b) 闭眼

(c) 水平旋转　(d) 深度旋转

图 9-5　改进 Adaboost 算法三层结构人眼检测部分实验结果

图 9-6 给出了人眼检测的实验结果。其中，图 9-6(a)为采用双层结构 Adaboost 算法，图 9-6(b)为采用三层结构 Adaboost 算法。可以看出，采用双层结构 Adaboost 算法进行人眼检测时容易把眉毛、刘海等误检为人眼；而采用三层结构 Adaboost 算法进行人眼检测，很好地消除了误检，而且最终检测到的人眼区域更加准确。

(a) 双层结构 Adaboost 算法实验结果　(b) 三层结构 Adaboost 算法实验结果

图 9-6　人眼检测实验结果对比

表 9-2 给出了双层结构 Adaboost 算法和三层结构 Adaboost 算法进行人眼检测在测试集上的实验结果，包括检测率和误检率。可以看出，采用三层结构 Adaboost 算法进行人眼检测在保证检测率稳定的情况下有效地降低了误检率。

表 9-2　部分实验结果比较

检测对象	双层结构 Adaboost 人眼检测		三层结构 Adaboost 人眼检测	
	检测率	误检率	检测率	误检率
Hollywood2 片段 1	93.1%	12.5%	94.3%	8.3%
Hollywood2 片段 2	72.3%	15.9%	75.1%	10.7%
摄像头采集视频图像	95.4%	8.7%	96.6%	5.2%

9.3　基于 Kalman 滤波器和改进 CamShift 算法的人眼跟踪

所谓人眼跟踪，即在一组视频序列图像中连续实时地计算人眼位置。常用的跟踪策略有 2 种：一种是对每帧图像都进行人眼检测，这种方法需要对每帧视频序列图像进行全局搜索，实时性不高；另一种是将预测和检测相结合，这种方法充分利用了相邻视频序列图像帧中人眼位置的相关性，每次只需要对图像进行局部处理就可以实现跟踪，大大提高了人眼跟踪的效率。CamShift 算法是一种基于颜色分布特征的跟踪算法，缺乏预测模块，而且当目标颜色与背景颜色相近或目标出现大面积遮挡时容易丢失目标，且一旦目标丢失便无法恢复对目标的继续跟踪。本节改进了 CamShift 算法，并针对局部搜索窗口的大小会直接影响跟踪效果，基于人的双眼不管如何移动和变化，双眼之间具有对称性和相对不变性的特点，又提出了一种基于 Kalman 滤波器和改进 CamShift 算法的双眼跟踪方法[84]，如图 9-7 所示。

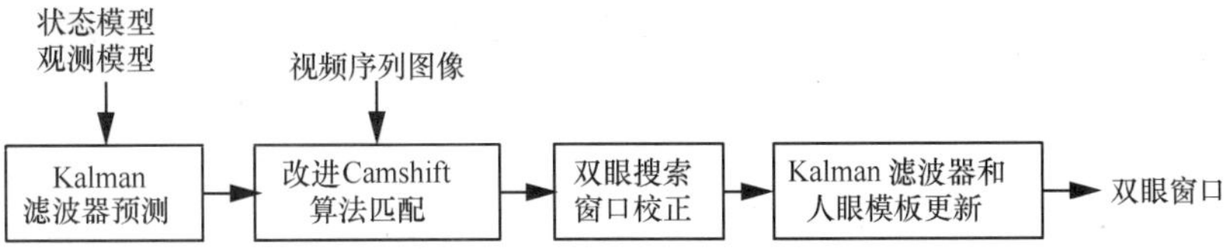

图 9-7　双眼眼跟踪方法框图

9.3.1　CamShift 算法

1. MeanShift 算法

MeanShift（均值漂移）算法是一种无参数密度估计方法，最早由 Fukunaga 等提出。随后 Cheng 改进了该算法，将其应用于计算机视觉领域并引起了学术界的重视。Comaniciu 等证明了 MeanShift 算法在一定条件下收敛，并成功地将其运用于分析特征空间、分割图像和目标跟踪中。

MeanShift 算法是一种半自动目标跟踪算法。首先在初始帧选定目标搜索区域，然后利用加权核函数对搜索区域中不同点赋予不同权值，并用当前区域的颜色概率直方图表征目标，通过计算当前状态与目标状态的均值偏移量来实现状态的有目的变更，如图 9-8 所示。

具体算法步骤如下。

（1）目标模板描述。在视频序列初始帧图像中选定目标区域，计算该区域内所有像素点在特征空间中的特征值概率。MeanShift 算法中通常采用颜色概率直方图描述目标特征。假设目标模型的颜色概率分布为 q_u。

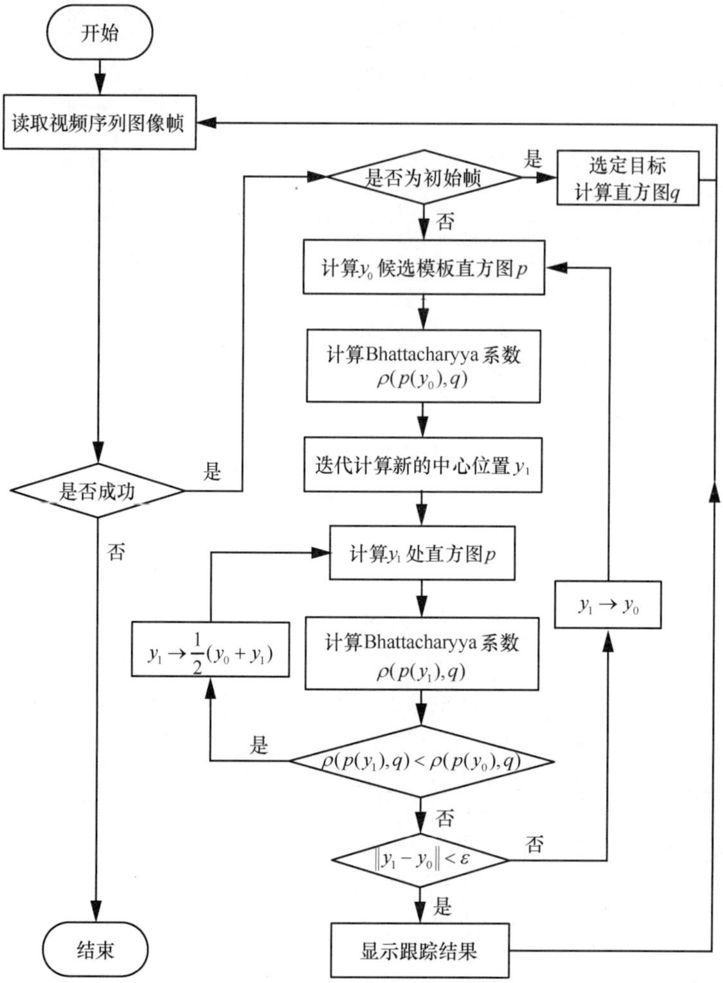

图 9-8 MeanShift 算法流程

$$q_u = C\sum_{i=1}^{n} k\left(\left\|\frac{(x - x_i)}{h}\right\|^2\right)\delta\left[b(x_i) - u\right] \tag{9.3}$$

其中，q_u 表示第 u 个模型的分布概率，$u = 1,2,\cdots,m$；C 为归一化常数，使 $\sum_{u=1}^{m} q_u = 1$；n 是模板中的像素个数；$k(\cdot)$ 为核函数；x 是模板的中心位置；x_i 是不同像素在模板中的位置；h 是核函数带宽；$\delta(\cdot)$ 是 Delta 函数，$\delta(y) = \begin{cases} 1, & y = 0 \\ 0, & 其他 \end{cases}$；$b(x_i)$ 是模板中 x_i 位置处像素的颜色。

（2）候选目标模板描述。在后续视频序列图像可能存在目标的候选区域中，计算该区域内所有像素点在特征空间中的候选目标颜色概率分布 p_u。

$$p_u(y_0) = C\sum_{i=1}^{n} k\left(\left\|\frac{(y_0 - x_i)}{h}\right\|^2\right)\delta\left[b(x_i) - u\right] \tag{9.4}$$

其中，y_0 是候选目标模板的中心位置，x_i 是像素在候选目标模板中的相应位置。

（3）计算相似度。利用 Bhattacharyya 系数 ρ 度量初始帧目标模板和当前帧候选目标模板的相似性。利用相似性函数最大值可以求出目标由起始位置向正确位置转移的向量。

$$\begin{aligned}\rho(p(y),q)=&\sum_{u=1}^{m}\sqrt{p_u(y)q_u}=\\&\frac{1}{2}\sum_{u=1}^{m}\sqrt{p_u(y_0)q_u}+\frac{1}{2}\sum_{u=1}^{m}C\sum_{i=1}^{n}k\left(\left\|\frac{y-x_i}{h}\right\|^2\right)\delta\left[b(x_i)-u\right]\sqrt{\frac{q_u}{p_u(y)}}=\\&\frac{1}{2}\sum_{u=1}^{m}\sqrt{\hat{p}_u(y_0)\hat{q}_u}+\frac{C}{2}\sum_{i=1}^{n}\left(\sum_{u=1}^{m}\delta\left[b(x_i)-u\right]\sqrt{\frac{q_u}{p_u(y)}}\right)k\left(\left\|\frac{y-x_i}{h}\right\|^2\right)=\\&\frac{1}{2}\sum_{u=1}^{m}\sqrt{p_u(y_0)q_u}+\frac{C}{2}\sum_{i=1}^{n_k}w_ik\left(\left\|\frac{y-x_i}{h}\right\|^2\right)\end{aligned} \tag{9.5}$$

则

$$w_i=\sum_{u=1}^{m}\delta\left[b(x_i)-u\right]\sqrt{\frac{q_u}{p_u(y_0)}} \tag{9.6}$$

其中，$\delta\left[b(x_i)-u\right]$为冲击响应，$b(x_i)$为 x_i 的分类结果，如果 x_i 的分类结果是 k，那么权值 $w_i=\sqrt{\dfrac{q_k}{p_k(y_0)}}$。由式(9.6)可得 ρ 越大，q_u 与 p_u 相似度就越大。将式(9.6)在 y_0 处进行泰勒展开，得迭代中心位置 y_1。

$$y_1=\frac{\sum_{i=1}^{n}x_iw_ig\left(\left\|\frac{y_0-y_i}{h}\right\|^2\right)}{\sum_{i=1}^{n}w_ig\left(\left\|\frac{y_0-y_i}{h}\right\|^2\right)} \tag{9.7}$$

其中，$g(x)=-k'(x)$。

（4）迭代计算 MeanShift 向量。计算 $\rho(p(y_1),q)=\sum_{u=1}^{m}\sqrt{p_u(y_1)q_u}$，当 $\rho(p(y_1),q)<\rho(p(y_0),q)$，则 $y_1\to\frac{1}{2}(y_0+y_1)$。

（5）如果$\|y_1-y_0\|<\varepsilon$，则跳出循环，否则 $y_1\to y_0$，返回步骤（2）。其中，ε 为 MeanShift 算法的收敛条件，由于 MeanShift 算法具有收敛性，不断迭代目标最终目标会收敛到真实位置，从而实现跟踪目的。

2. CamShift 算法

Bradski 等改进了 MeanShift 算法，首次提出连续自适应均值漂移（CamShift，Continuously Adaptive MeanShift）算法，并将其应用于人脸跟踪。CamShift 算法将 MeanShift 算法扩展到视频序列图像，使用颜色概率分布图描述目标，利用 MeanShift 算法对当前帧做均值偏移运算，并将迭代结果作为下一帧搜索窗口的初始位置，同时自适应更新搜索窗口的大小，从而实现目标跟踪。与 MeanShift 算法相比，CamShift 算法只考虑目标的颜色信息，而与目标的形状信息无关，因此能够有效地解决目标的变形及遮挡问题；另外 CamShift 算法可以自适应地调整搜索窗口的大小，避免了由于尺寸变化影响跟踪的准确性。

CamShift 算法是一种基于颜色分布特征的目标跟踪算法，其核心思想是利用迭代运算在视频序列图像中寻找与目标模板的颜色特征分布最相似的潜在目标，具体步骤如下。

（1）HSV 色彩空间由于接近人眼的色觉反映，能够更精确地呈现图像的灰度和色彩等相关信息，被广泛应用于目标跟踪领域。读取一帧图像，提取 HSV 三通道图像的通道 H，选取大小为 s 的搜索窗口，反向投影获得目标在搜索窗口的离散二维颜色概率投影图，即目标模板。

（2）利用 MeanShift 算法获取目标的最优搜索窗口。

① 在搜索窗口内计算目标的质心位置 (x_c, y_c)。

$$x_c = \frac{\boldsymbol{M}_{10}}{\boldsymbol{M}_{00}}, \quad y_c = \frac{\boldsymbol{M}_{01}}{\boldsymbol{M}_{00}} \tag{9.8}$$

其中，$\boldsymbol{M}_{00}$ 为搜索窗口的零阶矩，$\boldsymbol{M}_{01}$、$\boldsymbol{M}_{10}$ 为搜索窗口的一阶矩，$\boldsymbol{M}_{00} = \sum_x \sum_y I(x,y)$，$\boldsymbol{M}_{10} = \sum_x \sum_y xI(x,y)$，$M_{01} = \sum_x \sum_y yI(x,y)$，$I(x,y)$ 是位置 (x,y) 处的像素值，位置 (x,y) 变化范围为搜索窗口的范围 s。

② 移动搜索窗口中心位置至质心位置。

③ 重复步骤①②直到收敛。

（3）自适应调整搜索窗口的长 l、宽 w 和方向 θ。

$$l = \sqrt{\frac{(a+c) + \sqrt{b^2 + (a-c)^2}}{2}} \tag{9.9}$$

$$w = \sqrt{\frac{(a+c) - \sqrt{b^2 + (a-c)^2}}{2}} \tag{9.10}$$

$$\theta = \frac{1}{2}\arctan\left(\frac{b}{a-c}\right) \tag{9.11}$$

其中，$a = \frac{\boldsymbol{M}_{20}}{\boldsymbol{M}_{00}} - x_c^{\ 2}$，$b = 2\left(\frac{\boldsymbol{M}_{11}}{\boldsymbol{M}_{00}} - x_c y_c\right)$，$c = \frac{\boldsymbol{M}_{02}}{\boldsymbol{M}_{00}} - y_c^{\ 2}$，$\boldsymbol{M}_{02}$、$\boldsymbol{M}_{11}$、$\boldsymbol{M}_{20}$ 为搜索窗口的二阶矩，$\boldsymbol{M}_{11} = \sum_x \sum_y xyI(x,y)$，$\boldsymbol{M}_{20} = \sum_x \sum_y x^2 I(x,y)$，$\boldsymbol{M}_{02} = \sum_x \sum_y y^2 I(x,y)$。

9.3.2 Kalman 滤波器

CamShift 算法在目标跟踪过程中没有考虑目标的运动，仅仅依靠前一帧获取到的迭代结果初始化当前帧图像的搜索窗口，缺乏预测模块。因此本节将 Kalman 滤波器引入到 CamShift 算法中。Kalman 滤波器是一个在误差协方差最小准则下的最优估计算法，是一个不断“预测–修正”的反馈机制，如图 9-9 所示。在目标跟踪过程中，给定状态模型和观测模型等一些初始条件后，就可以根据前一时刻 t_{k-1} 的状态信息 $\hat{x}_{k-1}$ 估计下一时刻 t_k 的状态信息 $\hat{x}_k^-$，之后根据观测到的噪声的测量变量获得反馈。因此 Kalman 滤波器可以分为时间更新过程和观测更新过程 2 个部分。

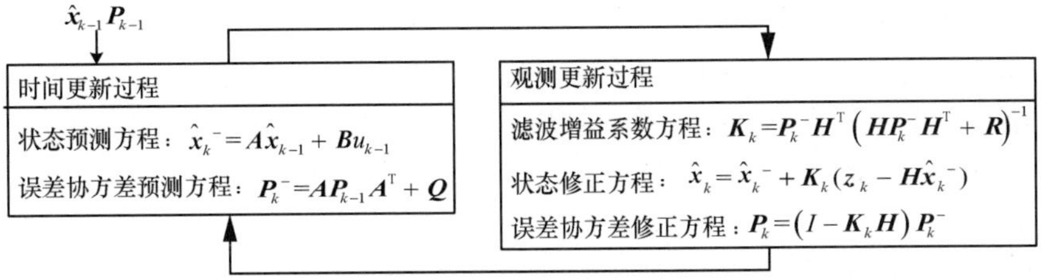

图 9-9　Kalman 滤波器过程示意

为了对下一个时间状态进行先验估计，时间更新过程主要负责实时地向前推算当前的状态变量和误差协方差的估计值，具体形式如下。

$$\hat{\boldsymbol{x}}_k^- = \boldsymbol{A}\hat{\boldsymbol{x}}_{k-1} + \boldsymbol{B}u_{k-1} \tag{9.12}$$

$$\boldsymbol{P}_k^- = \boldsymbol{A}\boldsymbol{P}_{k-1}\boldsymbol{A}^{\mathrm{T}} + \boldsymbol{Q} \tag{9.13}$$

其中，$\boldsymbol{A}$ 表示状态转移矩阵，$\boldsymbol{A} = \begin{pmatrix} 1 & 0 & \Delta t & 0 \\ 0 & 1 & 0 & \Delta t \\ 0 & 0 & 1 & 0 \\ 0 & 0 & 0 & 1 \end{pmatrix}$，由于视频序列中相邻两帧图像时间间隔较短，通常假设目标作匀速运动，Δt 为相邻两帧图像之间的时间间隔；$\boldsymbol{B}$ 表示系统控制作用矩阵；$\hat{\boldsymbol{x}}_k^-$ 表示 k 时刻系统状态向量的先验估计，可以表示为位置和速度，假设 $\left(x_k^-, y_k^-\right)$ 表示 k 时刻目标的位置，$\left(v_{kx}^-, v_{ky}^-\right)$ 表示 k 时刻目标在水平和垂直方向的速度，则 $\hat{\boldsymbol{x}}_k^- = \left(x_k^-, y_k^-, v_{kx}^-, v_{ky}^-\right)^{\mathrm{T}}$；$\hat{\boldsymbol{x}}_k$ 表示 k 时刻系统状态向量的后验估计，则 $\hat{\boldsymbol{x}}_k = \left(x_k, y_k, v_{kx}, v_{ky}\right)^{\mathrm{T}}$；$u_k$ 表示 k 时刻系统的确定性输入；$\boldsymbol{P}_k^-$ 表示 k 时刻先验状态估计误差协方差；$\boldsymbol{P}_k$ 表示 k 时刻后验状态估计误差协方差；$\boldsymbol{Q}$ 表示服从正态分布的系统噪声协方差矩阵。

为了改进后验估计，观测更新过程主要负责将先验估计和新的测量变量相结合，具体形式为

$$\boldsymbol{K}_k = \boldsymbol{P}_k^- \boldsymbol{H}^{\mathrm{T}} \left(\boldsymbol{H}\boldsymbol{P}_k^- \boldsymbol{H}^{\mathrm{T}} + \boldsymbol{R}\right)^{-1} \tag{9.14}$$

$$\hat{\boldsymbol{x}}_k = \hat{\boldsymbol{x}}_k^- + \boldsymbol{K}_k(z_k - \boldsymbol{H}\hat{\boldsymbol{x}}_k^-) \tag{9.15}$$

$$\boldsymbol{P}_k = \left(I - \boldsymbol{K}_k \boldsymbol{H}\right)\boldsymbol{P}_k^- \tag{9.16}$$

其中，$\boldsymbol{z}_k$ 是目标在 k 时刻的观测向量，$\boldsymbol{z}_k = \left(x_k, y_k\right)^{\mathrm{T}}$；$\boldsymbol{H}$ 表示观测矩阵，由于 $\boldsymbol{z}_k$ 只与位置有关，因此 $\boldsymbol{H} = \begin{pmatrix} 1 & 0 & 0 & 0 \\ 0 & 1 & 0 & 0 \end{pmatrix}$；$\boldsymbol{K}_k$ 为 Kalman 滤波器增益矩阵，也可以理解为残差权重；$\boldsymbol{R}$ 表示服从正态分布的观测噪声协方差矩阵。

9.3.3　改进 CamShift 算法

CamShift 算法是一种有效的迭代统计算法，采用颜色概率分布图描述目标特征，当目标背景简单时能够取得较好的跟踪效果，然而当目标颜色与背景颜色相近或目标出现大面积遮挡时，仅依靠 Kalman 滤波器和 CamShift 算法仍然很容易丢失目标，而且一旦丢失便无法恢复对目标的正确跟踪。针对这一问题，考虑到本章的跟踪目标为人眼，模板区域一定程度上

存在与背景区域相同的肤色区域，本节改进了 CamShift 算法，如图 9-10 所示。在每次采用 MeanShift 算法搜索到目标后，通过比较目标窗口与搜索窗口的大小来判断目标是否受到背景干扰或遮挡影响，从而有效控制肤色区域所占比重。假设目标窗口大小为 $object\_area$，搜索窗口大小为 $search\_area$，α、β 为阈值，实验中设定 α=1.5，β=0.5。

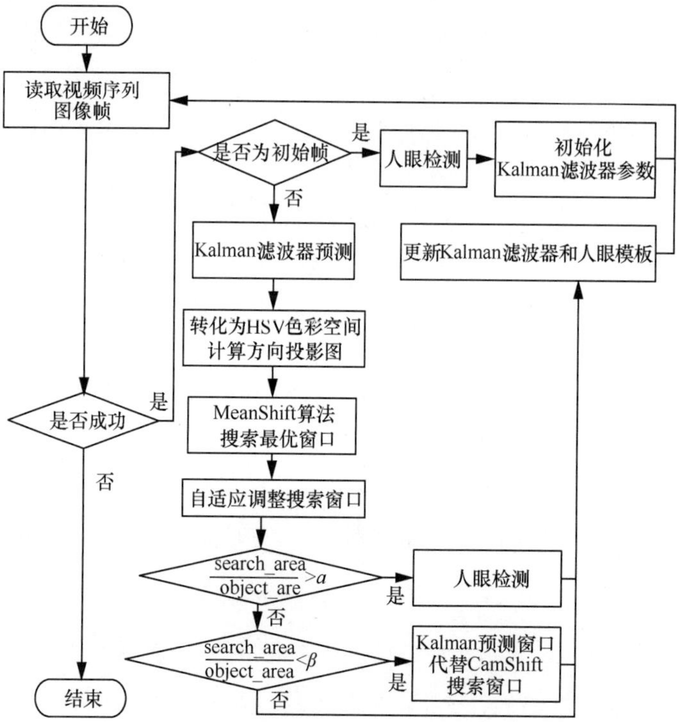

图 9-10　Kalman 滤波器和改进 Camshift 算法流程

具体步骤如下。

（1）当 $\frac{search\_area}{object\_area} > \alpha$ 时，表示搜索到的目标窗口太大，背景区域在目标跟踪过程中产生干扰，此时应重新确定目标（即进行人眼检测）。

（2）当 $\frac{search\_area}{object\_area} < \beta$ 时，表示搜索到的目标窗口太小，目标出现大面积遮挡，此时将搜索窗口移动至 Kalman 滤波器预测位置。

（3）当 $\alpha < \frac{search\_area}{object\_area} < \beta$ 时，表示搜索到的窗口即为目标所在区域。

9.3.4　基于 Kalman 和改进 CamShift 算法的人眼跟踪

在目标跟踪过程中，搜索窗口的大小会直接影响跟踪效果，搜索窗口太大，会增加许多干扰因素并延长搜索时间；搜索窗口太小，则因特征不明显易导致跟踪效果不理想。目前已有的人眼跟踪大都针对单个眼睛进行，然而人眼区域在整个视频序列图像中所占面积很小，同一个人的眼睛在睁眼和闭眼状态下特征变化也会非常明显，这无疑增加了人眼跟踪的难度。考虑到人的双眼不管如何移动和变化，都具有对称性和相对不变性，本节提出一种基于

Kalman 滤波器和改进 CamShift 算法的双眼跟踪方法[85]，具体步骤如下。

（1）人眼检测。为了解决人眼跟踪半自动化问题，首先必须精确检测人眼。传统的基于 Adaboost 算法的人眼检测误检率较高，为了有效提高人眼跟踪的时间效率和减小人眼跟踪的代价，本节采用 9.2 节提出的基于改进 Adaboost 算法三层结构人眼检测方法对视频序列的初始帧图像进行人眼检测（即人脸–双眼–人眼检测），如图 9-11 所示。

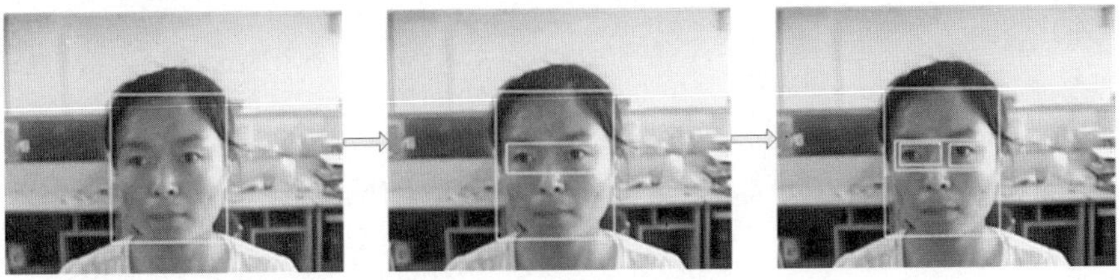

图 9-11　Adaboost 算法三层结构人眼检测

（2）获取人眼模板（包括双眼模板、左眼模板和右眼模板）。将步骤（1）检测到的双眼区域转换为 *HSV* 颜色空间，分别计算双眼、左眼、右眼的通道 *H* 直方图。

（3）Kalman 滤波器预测。初始化 Kalman 滤波器参数，将 $\hat{\boldsymbol{x}}_0$ 赋初值为双眼质心位置和双眼运动速度为 0，同时将误差协方差 P_0 置 0，计算相邻两帧视频序列图像的时间间隔 Δt ，利用式(9.12)和式(9.13)计算双眼预测状态 $\hat{\boldsymbol{x}}_k^-$ 和预测误差协方差 $\boldsymbol{P}_k^-$ 。

（4）改进 CamShift 算法匹配。将 Kalman 滤波器的预测值 $\hat{\boldsymbol{x}}_k^-$ 中的 (x_k^-, y_k^-) 作为改进 CamShift 跟踪算法的搜索区域中心位置，在一定区域内搜索出与双眼模板颜色特征分布最相似的潜在目标，并计算目标质心点 (xx_k, yy_k) 作为状态修正方程中的观测值 $\boldsymbol{z}_k$ 。

（5）搜索窗口校正。根据双眼分布的对称性和旋转不变性，将搜索到的双眼区域一分为二，分别利用左眼模板和右眼模板计算左、右搜索区域的质心位置 $(x_{\rm l}, y_{\rm l})$、$(x_{\rm r}, y_{\rm r})$，校正搜索区域中心位置为 $(x_{\rm c}, y_{\rm c})$，如图 9-12 所示。其中 $x_{\rm c} = \left\lfloor \dfrac{x_l + x_r}{2} \right\rfloor$， $y_{\rm c} = \left\lfloor \dfrac{y_l + y_r}{2} \right\rfloor$。

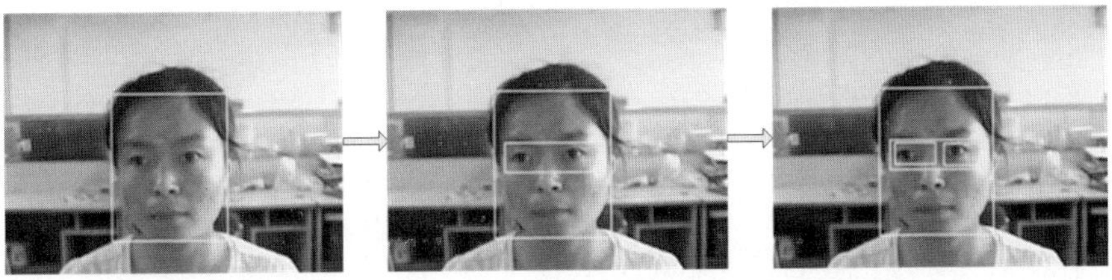

图 9-12　双眼跟踪窗口校正过程

（6）更新。利用式(9.14)、式(9.15)和式(9.16)计算 Kalman 滤波器增益系数 $\boldsymbol{K}_k$、当前实际观测修正后的状态向量 $\hat{\boldsymbol{x}}_k$ 和误差协方差矩阵 $\boldsymbol{P}_k$ ，为下一刻的估计提供有效信息，更新人眼模板并输出跟踪到的双眼窗口，返回步骤（2），重复“预测–匹配–修正”过程。

9.3.5　实验与分析

由于没有标准的视频库进行人眼跟踪测试，本节的测试集选用自制视频、Hollywood2 视频片段。自制视频包含人眼的各种状态，包括睁眼、闭眼、部分遮挡、人脸尺度变化和旋转。

对自制视频进行测试，图 9-13 显示了部分跟踪结果，其中图 9-13(a)～图 9-13(c)反映了双眼处于微睁、闭眼和部分遮挡的情况；图 9-13(d)反映了双眼尺度变化情况；图 9-13(e)、图 9-13(f)反映了双眼水平旋转情况；图 9-13(g)、图 9-13(h)反映了双眼深度旋转情况。实验表明本节算法（基于 Kalman 滤波器和改进 CamShift 算法）的双眼跟踪可以准确跟踪到双眼所处的各种情况。

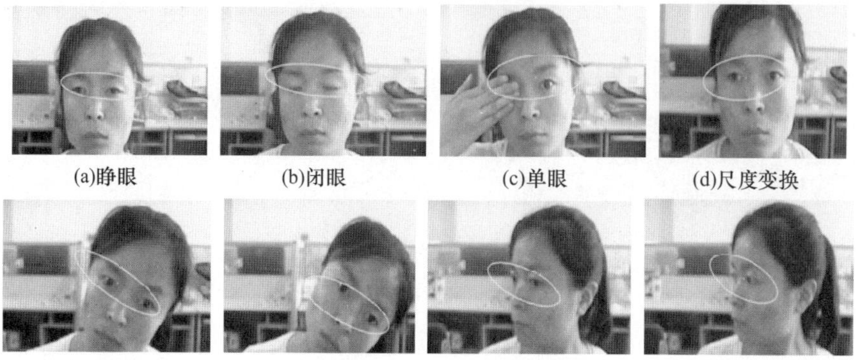

(a)睁眼　(b)闭眼　(c)单眼　(d)尺度变换

(e)水平旋转 1　(f)水平旋转 2　(g)深度旋转 1　(h)深度旋转 2

图 9-13　部分双眼跟踪结果

通过实验验证本节提出的双眼跟踪方法的准确性，定义错误率 d 为

$$d=\frac{\max\left(\left\|c_{\mathrm{l}}-c_{\mathrm{l}}'\right\|,\left\|c_{\mathrm{r}}-c_{\mathrm{r}}'\right\|\right)}{\left\|c_{\mathrm{l}}-c_{\mathrm{r}}\right\|} \tag{9.17}$$

其中，c_{l}、c_{r} 分别为手工标注的左、右眼位置，c_{l}'、c_{r}' 为跟踪到的左、右眼质心位置。通常情况下，双眼间的距离约为人眼宽度的 2 倍，当 $d=0.25$ 时意味着跟踪到的左眼和右眼的质心位置距离真实位置约为眼睛宽度一半，如果 $d<0.25$，认为跟踪正确，否则认为跟踪错误，d 越小表示跟踪越精确。为了充分比较 CamShift 算法、基于 Kalman 滤波器和 CamShift 算法以及本节算法在双眼跟踪过程中的准确性，本节截取了 2 s 时长的自制视频序列图像（共 60 帧），分别使用 3 种方法进行双眼跟踪并统计错误率，如图 9-14 所示。当双眼位置未发生变化（第 1~13 帧）时，3 种算法的跟踪效果相同；当双眼位置发生微小变化（第 14~29 帧）或被小范围遮挡（第 30~43 帧）时，虽然都可以实现跟踪，但由于 Kalman 滤波器具有预测作用，基于 Kalman 滤波器和 CamShift 算法、本节算法跟踪效果要优于 CamShift 算法；当人眼被大面积遮挡（第 44~52 帧）时，采用 CamShift 算法、基于 Kalman 滤波器和 CamShift 算法进行双眼跟踪产生的错误率大于本节算法，且一旦发生跟踪错误无法恢复，而采用本节算法即使发生大面积遮挡时仍然可以实现准确跟踪，当双眼在第 52 和 53 帧视频序列图像中跟踪错误后，本节算法重新进行了人眼检测，从而恢复了对人眼的准确跟踪。

图 9-15 是基于 Kalman 滤波器和 CamShift 算法进行的双眼跟踪部分实验结果，图 9-16 是本节方法进行的双眼跟踪部分结果。对比图 9-15 与图 9-16 可以看出，采用传统 CamShift 算法跟踪到的双眼窗口要大于采用本节改进 CamShift 算法跟踪到的窗口，这是由于眉毛与人眼的颜色特征相似，在采用传统 CamShift 算法进行匹配时，眉毛对人眼目标造成了一定程度的干扰。

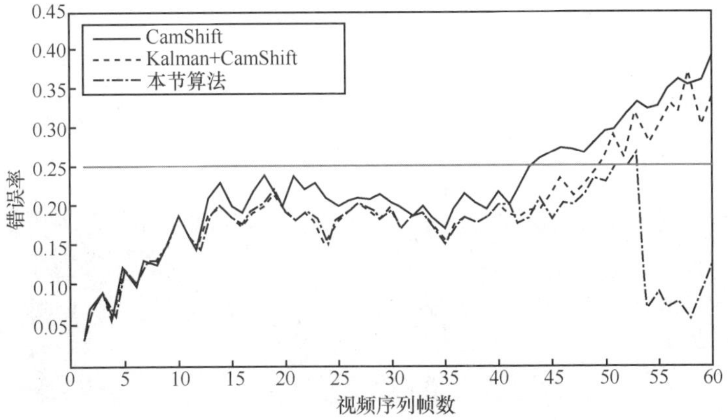

图 9-14　各种算法的错误率比较

(a)重度右转　(b)轻度右转　(c)轻度左转　(d)重度左转

图 9-15　Kalman 滤波器和 CamShift 算法的双眼跟踪部分结果

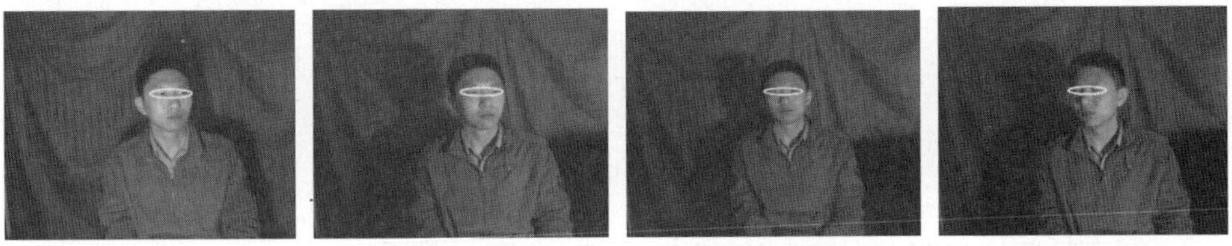

(a)重度右转　(b)轻度右转　(c)轻度左转　(d)重度左转

图 9-16　本节算法的双眼跟踪部分结果

图 9-17 是使用本节算法进行的单眼跟踪部分结果，可以看出跟踪到的人眼窗口随帧数推进越来越大，而且左右眼由于颜色特征非常相近，对彼此造成很大干扰。对比图 9-16 和图 9-17 可以看出，双眼跟踪到的窗口更加接近双眼所在区域。与单眼跟踪方法相比，双眼跟踪窗口是普通单眼跟踪窗口的 2 倍，窗口所反映的人眼特征更为明显，而且本节提出的双眼跟踪方法充分利用了双眼分布的对称性和相对不变性，对跟踪到的双眼窗口进行了校正。

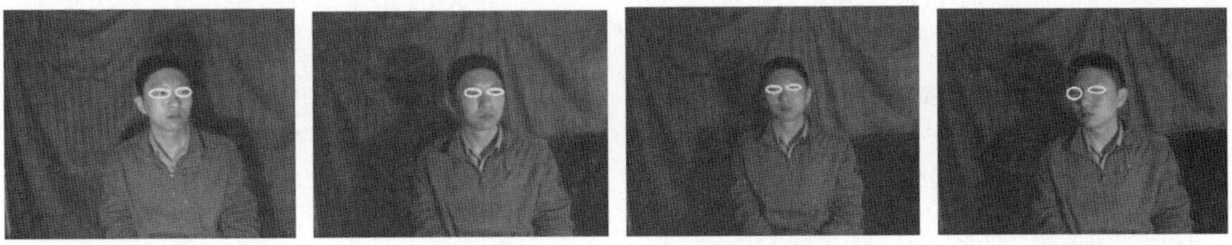

(a)重度右转　(b) 轻度右转　(c) 轻度左转　(d) 重度左转

图 9-17　本节算法的单眼跟踪部分结果

另外本节提出的双眼跟踪方法将人眼跟踪方法由传统的多目标跟踪改进为单目标跟踪。图 9-18 是将本节算法应用于多人的人眼的部分跟踪结果，可以看出当双眼出现大幅度的移动时，本节算法也可以实现准确跟踪。

表 9-3 给出了 3 组测试集采用本节算法的双眼跟踪结果，由于自制视频和 Hollywood2 视频片段 1 中双眼变化幅度较小，跟踪正确率较高，而 Hollywood2 视频片段 2 中人眼位置变化幅度过大，使获取的视频序列图像不清晰，从而导致跟踪正确率较低。

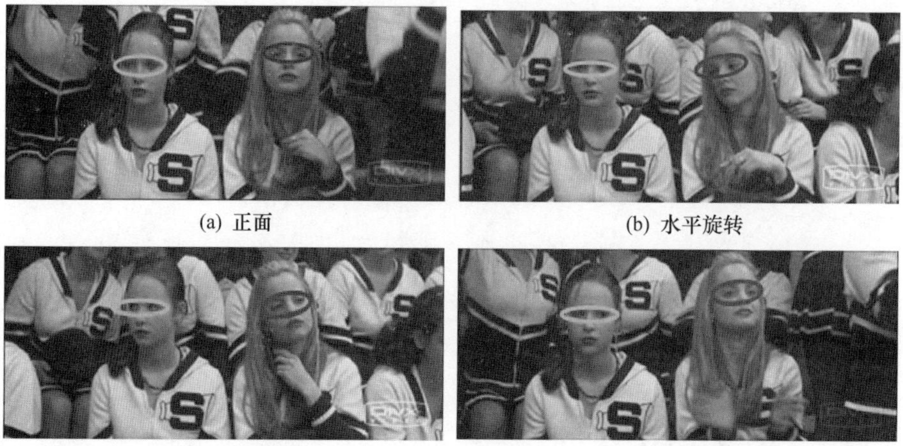

(a) 正面　(b) 水平旋转

(c) 深度和水平旋转　(d)深度旋转

图 9-18　多人双眼跟踪部分结果

表 9-3　双眼跟踪结果

检测对象	正确率
自制视频	85.7%
Hollywood2 视频片段 1	86.9%
Hollywood2 视频片段 2	65.2%

9.4　人眼检测与跟踪在疲劳检测中的应用

疲劳检测作为 E-learning 系统和汽车主动安全的重要研究方向，一直是国内外的研究热点。当人处于疲劳状态下时，眼部状态变化最为明显，如眨眼频率异常或眼睛闭合时间变长，甚至长时间处于闭眼状态。人眼检测和跟踪可以实现准确定位人眼，是疲劳检测的核心技术，本节在此基础上基于人眼状态进行了疲劳检测，具体分为两部分：首先基于图像处理方法分析研究了人眼状态，其次引入了 PERCLOS 和眨眼频率 2 个判定标准进行了疲劳检测。

9.4.1　人眼状态分析

通常情况下，人眼所处状态可分为睁眼和闭眼，如图 9-19 所示。所谓人眼状态分析就是判断人眼处于睁眼状态还是闭眼状态，关键是获取人眼在 2 种不同状态下的特征。由于人眼处于睁眼状态或闭眼状态时，其轮廓都可以近似地看成椭圆，本节基于图像处理方法分析研究了人眼状态。首先采用 Ostu 方法对人眼图像进行阈值化处理，然后采用 Freeman 链码提取人眼外围轮廓，最后采用最小二乘椭圆拟合方法对提取的人眼轮廓进行拟合，并通过实验研究验证了可以根据拟合后椭圆的长轴和短轴的比值判断人眼状态。

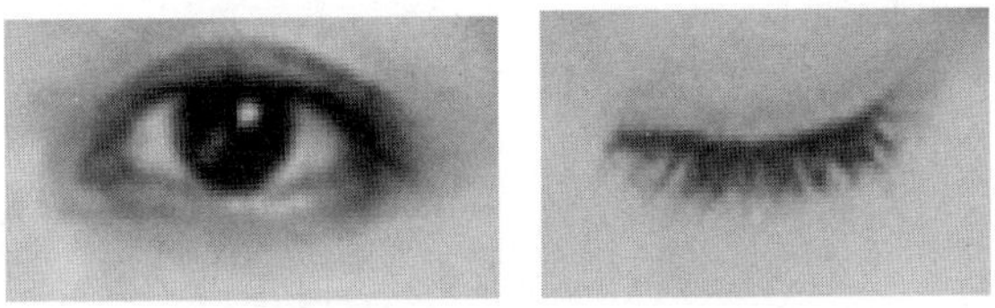

图 9-19　人眼状态

（1）阈值化处理

阈值化处理即把像素分配给 2 个或多个分组，本节采用 Ostu 方法提取人眼检测或跟踪到的人眼区域的一些有意义的细节信息。假设人眼图像大小为 $M \times N$，有 L 个不同灰度级，n_i 和 p_i 分别表示灰度级为 i 的像素数和概率。现给定一个阈值 k 将人眼图像分为两类，即 C_1 和 C_2，则像素被分到类 C_1 中的概率为 $P_1(k)=\sum_{i=0}^{k} p_i$，平均灰度 $m_1(k)=\frac{1}{P_1}\sum_{i=0}^{k} ip_i$；像素被分到类 C_2 中的概率为 $P_2(k)=\sum_{i=k+1}^{L-1} p_i$，平均灰度 $m_2(k)=\frac{1}{P_2}\sum_{i=k+1}^{L-1} ip_i$；整幅图像的平均灰度 $m_G=\sum_{i=0}^{L-1} ip_i$。由于 $P_1+P_2=1$，则

$$P_1 m_1 + P_2 m_2 = m_G \tag{9.18}$$

定义类间方差 $\sigma_B^{\ 2}(k)$ 为

$$\sigma_B^{\ 2}(k)=P_1(m_1-m_G)^2+P_2(m_2-m_G)^2=P_1P_2(m_1-m_2)^2 \tag{9.19}$$

由式(9.19)可知，2 个类的平均灰度值相差越大，$\sigma_B^{\ 2}$ 越大。将式(9.18)代入式(9.19)得

$$\sigma_B^{\ 2}(k)=\frac{(m_G-m_1)^2}{P_1(1-P_1)} \tag{9.20}$$

Ostu 方法的关键是确定阈值 k，一旦得到最大类间方差 $\sigma_B^{\ 2}$，则可以求得最佳阈值为 k^*，将定位到的人眼图像进行分割，即

$$g(x,y)=\begin{cases}0, f(x,y)>k^* \\ 1, f(x,y)\leqslant k^*\end{cases} \tag{9.21}$$

其中，$\sigma_B^{\ 2}(k^*)=\max\limits_{0\leqslant k\leqslant L-1}\sigma_B^{\ 2}(k)$，如果最大值不唯一，用相应检测到的 k 取平均得到 k^*。

（2）Freeman 链码轮廓提取

由于采用 Ostu 方法获得的二值图存在一些内部点，即与之相邻的 8 个像素点均为黑色，而该中心点为白色。因此本节采用 Freeman 链码提取人眼外围轮廓，避免内部点对人眼轮廓的影响。

Freeman 链码将具有指定长度和方向的直线段组成的轮廓进行顺次连接。通常 Freeman 链码可以分为四连接或八连接，如图 9-20 所示，每个线段的方向使用一种数字表示。这种以方向性数字序列表示的编码称为 Freeman 链码，用 $\{a_i\}^n$ 表示，其中，n 为总码数，a_i 为当前轮廓像素点到下一个轮廓像素点的线段方向。对于八连接，$a_i \in \{0,1,\cdots,7\}$。

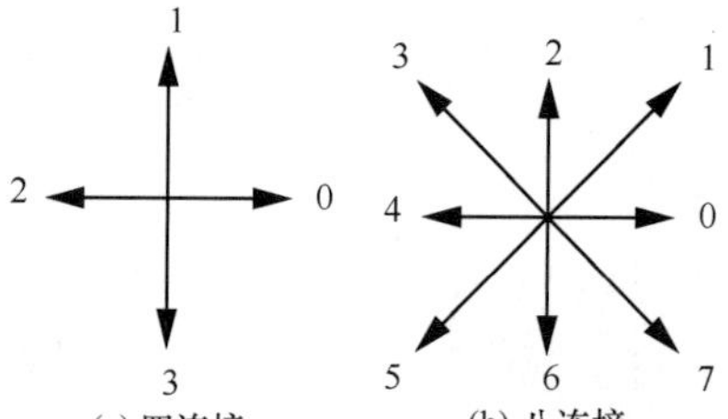

图 9-20　Freeman 链码方向编号

视频序列图像可以看成一种水平间距和垂直间距相等的网格形式。如果对连接每对轮廓像素点的线段赋予一个方向，则 Freeman 链码可以通过追踪一个轮廓产生。如图 9-21 所示，如果像素点 Q 是当前轮廓像素点 P 的后继轮廓像素点，则 $a_i=1$。从图 9-21 可以看出，除了前驱点 O 和后继点 Q 之外，还有 2 个非轮廓像素点 F_1 和 F_2（内部点），Freeman 链码轮廓提取的关键是屏蔽这 2 个内部点，通常采用试探性方法识别一个轮廓像素点的 8 个邻域。具体步骤如下。

①确定跟踪轮廓的方向（如图 9-20(b)所示为顺时针方向）。

②如果当前轮廓像素点 P 的前驱像素点为 O，则对 P 的后继轮廓像素点按 3、2、1、0、7、6、5 的顺时针方向进行判断，一旦判断出灰度值不为 0 的像素点Q，这个像素点就是后继轮廓像素点，同时停止继续识别该点的其他邻域，这样就可以屏蔽掉图 9-21 中的内部点 F_1 和 F_2。

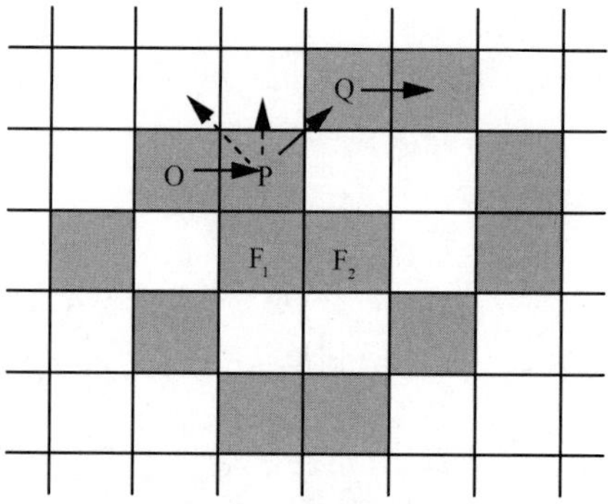

图 9-21　轮廓提取方法

③ 存储Q点，并检测Q点是否为起始点O，如果不是，则从Q点开始重复步骤②；如果是，则追踪结束。所有存储点的集合就是整幅图像的外围轮廓像素点的信息。

（3）最小二乘椭圆拟合

采用 Freeman 链码获得人眼图像的外围轮廓后，需要进一步分析轮廓，进而判断人眼所处状态。本节使用最小二乘法椭圆拟合方法对人眼外围轮廓进行拟合，然后根据拟合后椭圆的形态来判断人眼状态。

最小二乘椭圆拟合的本质是寻找一组椭圆参数，使拟合后的椭圆与实际提取到的人眼外围轮廓像素点距离最小。“二乘”指的是用平方来度量各个外围轮廓像素点与拟合点的距离；“最小”指的是参数的估计值要确保各个轮廓点与拟合点距离的平方和达到最小。二维坐标系中的任何椭圆都可以采用圆锥曲线方程的代数形式表示为

$$F(x,y)=ax^2+bxy+cy^2+dx+ey+f=0 \tag{9.22}$$

假设向量 $\boldsymbol{X}=\begin{bmatrix} {x_1}^2 & x_1y_1 & {y_1}^2 & x_1 & y_1 & 1 \\ {x_2}^2 & x_2y_2 & {y_2}^2 & x_2 & y_2 & 1 \\ \vdots & \vdots & \vdots & \vdots & \vdots & \vdots \\ {x_n}^2 & x_ny_n & {y_n}^2 & x_n & y_n & 1 \end{bmatrix}$，$\boldsymbol{A}=\begin{bmatrix} a & b & c & d & e & f \end{bmatrix}^{\mathrm{T}}$，则式(9.22)可以改写为

$$F(\boldsymbol{A},\boldsymbol{X})=\boldsymbol{X}\boldsymbol{A}=0 \tag{9.23}$$

设(x_i,y_i)为人眼外围轮廓上一点，令 $\boldsymbol{X}_i=\begin{bmatrix} x_i^2 & x_iy_i & y_i^2 & x_i & y_i & 1 \end{bmatrix}$，该点到椭圆 $F(\boldsymbol{A},\boldsymbol{X})=0$ 的距离为 $F(\boldsymbol{A},\boldsymbol{X}_i)$，轮廓上所有点到拟合椭圆代数距离的平方和 $E(\boldsymbol{A})=\sum_{i=1}^{n}F(\boldsymbol{A},\boldsymbol{X}_i)^2$，则使 $E(\boldsymbol{A})$ 最小的 $\hat{\boldsymbol{A}}$ 即为最终拟合后椭圆方程系数，即

$$\hat{\boldsymbol{A}}=\arg\min_{\boldsymbol{A}}\left\{\sum_{i=1}^{n}F(\boldsymbol{A},\boldsymbol{X}_i)^2\right\} \tag{9.24}$$

当 $b^2-4ac>0$ 时曲线为双曲线，当 $b^2-4ac=0$ 时曲线为抛物线，当 $b^2-4ac<0$ 时曲线为椭圆或者圆。通常在条件 $b^2-4ac<0$ 下求解困难，因此将不等式限定条件改写为 $4ac-b^2=1$，则椭圆参数的求解问题可以转化为在限定条件下求极值的问题，即

$$\begin{cases} \min\limits_{\boldsymbol{A}}\|\boldsymbol{X}\boldsymbol{A}\|^2 \\ \boldsymbol{A}^{\mathrm{T}}\boldsymbol{C}\boldsymbol{A}=1 \end{cases} \tag{9.25}$$

其中，$\boldsymbol{X}=[\boldsymbol{X}_1 \quad \boldsymbol{X}_2]$，$\boldsymbol{X}_1=\begin{bmatrix} {x_1}^2 & x_1y_1 & {y_1}^2 \\ {x_2}^2 & x_2y_2 & {y_2}^2 \\ \vdots & \vdots & \vdots \\ {x_n}^2 & x_ny_n & {y_n}^2 \end{bmatrix}$，$\boldsymbol{X}_2=\begin{bmatrix} x_1 & y_1 & 1 \\ x_2 & y_2 & 1 \\ \vdots & \vdots & \vdots \\ x_n & y_n & 1 \end{bmatrix}$，$\boldsymbol{C}=\begin{bmatrix} 0 & 0 & 2 & 0 & 0 & 0 \\ 0 & -1 & 0 & 0 & 0 & 0 \\ 2 & 0 & 0 & 0 & 0 & 0 \\ 0 & 0 & 0 & 0 & 0 & 0 \\ 0 & 0 & 0 & 0 & 0 & 0 \\ 0 & 0 & 0 & 0 & 0 & 0 \end{bmatrix}$。由拉格朗日算子得 $\boldsymbol{A}$ 的最优条件为

$$\begin{cases} \boldsymbol{S}\boldsymbol{A}=\lambda\boldsymbol{C}\boldsymbol{A} \\ \boldsymbol{A}^{\mathrm{T}}\boldsymbol{C}\boldsymbol{A}=1 \end{cases} \tag{9.26}$$

其中，$\boldsymbol{S}=\boldsymbol{X}^{\mathrm{T}}\boldsymbol{X}=\begin{bmatrix} {\boldsymbol{X}_1}^{\mathrm{T}} \\ {\boldsymbol{X}_2}^{\mathrm{T}} \end{bmatrix}[\boldsymbol{X}_1 \quad \boldsymbol{X}_2]=\begin{bmatrix} {\boldsymbol{X}_1}^{\mathrm{T}}\boldsymbol{X}_1 & {\boldsymbol{X}_1}^{\mathrm{T}}\boldsymbol{X}_2 \\ {\boldsymbol{X}_2}^{\mathrm{T}}\boldsymbol{X}_1 & {\boldsymbol{X}_2}^{\mathrm{T}}\boldsymbol{X}_2 \end{bmatrix}=\begin{bmatrix} \boldsymbol{S}_1 & \boldsymbol{S}_2 \\ {\boldsymbol{S}_2}^{\mathrm{T}} & \boldsymbol{S}_3 \end{bmatrix}$。对 $\boldsymbol{A}$ 进行拆分 $\boldsymbol{A}=\begin{bmatrix} \boldsymbol{A}_1 \\ \boldsymbol{A}_2 \end{bmatrix}$，$\boldsymbol{A}_1=\begin{bmatrix} a \\ b \\ c \end{bmatrix}$，$\boldsymbol{A}_2=\begin{bmatrix} d \\ e \\ f \end{bmatrix}$，则 $\begin{bmatrix} \boldsymbol{S}_1 & \boldsymbol{S}_2 \\ {\boldsymbol{S}_2}^{\mathrm{T}} & \boldsymbol{S}_3 \end{bmatrix}\begin{bmatrix} \boldsymbol{A}_1 \\ \boldsymbol{A}_2 \end{bmatrix}=\lambda\begin{bmatrix} \boldsymbol{C}_1 & 0 \\ 0 & 0 \end{bmatrix}\begin{bmatrix} \boldsymbol{A}_1 \\ \boldsymbol{A}_2 \end{bmatrix}$，得

$$\boldsymbol{S}_1\boldsymbol{A}_1+\boldsymbol{S}_2\boldsymbol{A}_2=\lambda\boldsymbol{C}_1\boldsymbol{A}_1 \tag{9.27}$$

$$\boldsymbol{A}_2=-{\boldsymbol{S}_3}^{-1}{\boldsymbol{S}_2}^{\mathrm{T}}\boldsymbol{A}_1 \tag{9.28}$$

因为 $\boldsymbol{C}_1$ 满秩，得 $\boldsymbol{C}_1^{-1}(\boldsymbol{S}_1-\boldsymbol{S}_2\boldsymbol{S}_3^{-1}\boldsymbol{S}_2^{\mathrm{T}})\boldsymbol{A}_1=\lambda\boldsymbol{A}_1$，令 $\boldsymbol{M}=\boldsymbol{C}_1^{-1}(\boldsymbol{S}_1-\boldsymbol{S}_2\boldsymbol{S}_3^{-1}\boldsymbol{S}_2^{\mathrm{T}})$，则有

$$\begin{cases}\boldsymbol{M}\boldsymbol{A}_1=\lambda\boldsymbol{A}_1\\ \boldsymbol{A}_1^{\mathrm{T}}\boldsymbol{C}_1\boldsymbol{A}_1=1\end{cases}\tag{9.29}$$

因此，$\boldsymbol{A}_1$ 是 $\boldsymbol{M}$ 的一个特征向量，由式(9.28)和式(9.29)可以求得椭圆曲线参数向量 $\boldsymbol{A}$。当确定二维坐标系内的椭圆时，其曲线方程与椭圆参数之间一一对应，如图 9-22 所示。当已知椭圆曲线方程中的向量 $\boldsymbol{A}$ 时，可以计算椭圆几何特征，椭圆参数如下。

$$\begin{cases}x_{\mathrm{c}}=\dfrac{be-2cd}{4ac-b^2}\\ y_{\mathrm{c}}=\dfrac{bd-2ae}{4ac-b^2}\\ a=2\sqrt{\dfrac{-2f}{\sqrt{a+c-\sqrt{b^2+\left(\dfrac{a-c}{f}\right)^2}}}}\\ b=2\sqrt{\dfrac{-2f}{\sqrt{a+c+\sqrt{b^2+\left(\dfrac{a-c}{f}\right)^2}}}}\\ \theta=\dfrac{1}{2}\arctan\dfrac{b}{a-c}\end{cases}\tag{9.30}$$

其中，$(x_{\mathrm{c}},y_{\mathrm{c}})$ 为椭圆的中心坐标点，a 为长轴长，b 为短轴长，θ 为椭圆相对于 x 轴的偏转角。

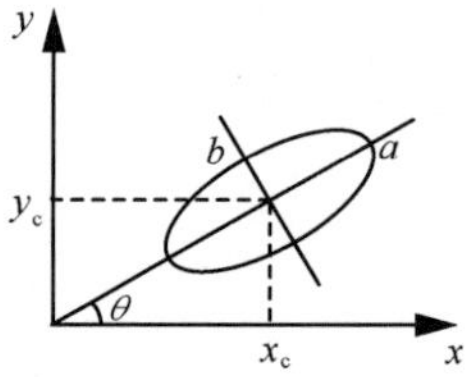

图 9-22　椭圆的几何特征

9.4.2　人眼疲劳检测

在视频序列图像中人眼分为睁眼和闭眼 2 种状态，然而不能仅仅根据当前图像中人眼所处状态进行疲劳检测。当处于疲劳状态时，人眼难以保持正常状态而导致变化明显，例如眨眼频率异常或闭眼时间变长，甚至长时间处于闭眼状态。本节引入 PERCLOS 和眨眼频率 2 个疲劳判定标准，通过统计一段连续时间内人眼状态信息进行疲劳检测。

（1）PERCLOS 测量原理

PERCLOS 指人眼闭合时间占某一特定时间（一般取 1 min 或 30 s）的百分率。PERCLOS 方法通常有 3 种标准：P70、P80 和 EM。美国国家公路交通安全局 NHTSA 的实验结果表明 P80 与疲劳程度的相关性较好，图 9-23 给出了 P80 标准下 PERCLOS 的测量原理。

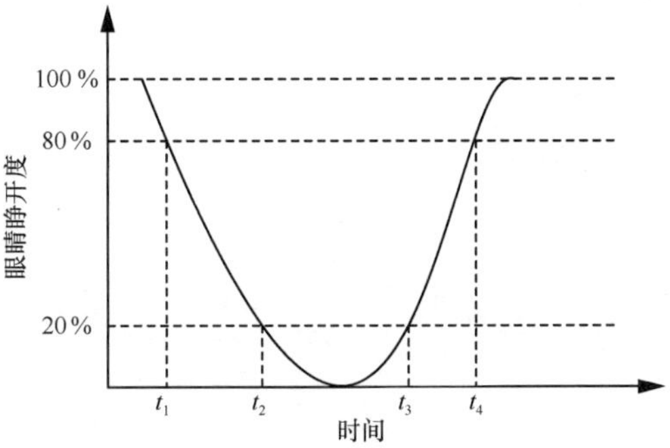

图 9-23　PERCLOS 检测原理

假设眨眼动作从 t_1 持续到 t_4，且 t_1 和 t_4 时刻人眼处于睁眼状态，在此期间瞳孔被覆盖面积超过 80%的时间段为 $t_2 \sim t_3$，则 PERCLOS 值 f 为

$$f = \frac{t_3 - t_2}{t_4 - t_1} \times 100\% \tag{9.31}$$

由于在相同时间内抓取到的视频序列图像帧数是相同的，因此可以用帧数来代表时间，则式(9.31)可以改写为

$$f = \frac{T\text{时间内人眼闭合总帧数}}{T\text{时间内总帧数}} \times 100\% \tag{9.32}$$

郑培经研究得出，当 $f > 0.4$ 时可认为当前处于疲劳状态。

（2）眨眼频率

所谓眨眼是指人眼从睁眼状态到闭眼状态再到睁眼状态的过程。研究资料表明，正常人平均每分钟眨眼 10～15 次，每次眨眼持续时间约为 0.2～0.4 s，平均眨眼间隔时间约为 2～6 s。眨眼频率是指某一特定时间内（一般取 1 min 或 30 s）完成眨眼的次数。当人处于清醒状态时，人眼会保持一定眨眼频率。当人处于疲劳状态时，眨眼频率会出现异常：如果眨眼频率过低，意味着当前处于疲劳状态（人眼长时间处于闭眼状态）或走神状态（目光呆滞但眼睛仍处于睁开状态）；如果眨眼频率过高，意味着人有可能意识到疲劳并试图通过眨眼来缓解疲劳。本节设定清醒状态眨眼频率不低于 5 次/min，不高于 20 次/min。

（3）疲劳检测过程

本节通过人眼检测和跟踪方法定位到人眼，分析人眼所处的状态，进而进行疲劳检测，一旦发现处于疲劳状态则发出相应的报警信号。首先统计一段连续时间内人眼状态信息，然后借助 PERCLOS 和眨眼频率 2 个疲劳判定标准进行疲劳检测。用“1”表示处于闭眼状态的视频序列图像帧，用“0”表示处于睁眼状态的视频序列图像帧，则 PERCLOS 值为一段时间内“1”所占比例，眨眼频率为一段时间内由“0”变化到“1”的次数，具体检测过程如图 9-24 所示。

① 当在一段连续时间内，PERCLOS>0.4，则表明当前处于疲劳状态发出报警信号。

② 当在一段连续时间内，PERCLOS≤0.4，则还需检测眨眼频率。

当 5 次/min<眨眼频率<20 次/min 时，则表明当前未出现疲劳状况；

当眨眼频率≤5 次/min 时，则表明当前处于走神状态。

③ 当眨眼频率≥20 次/min 时，则表明当前有可能意识到自身处于疲劳状态，试图通过不断眨眼来缓解疲劳。

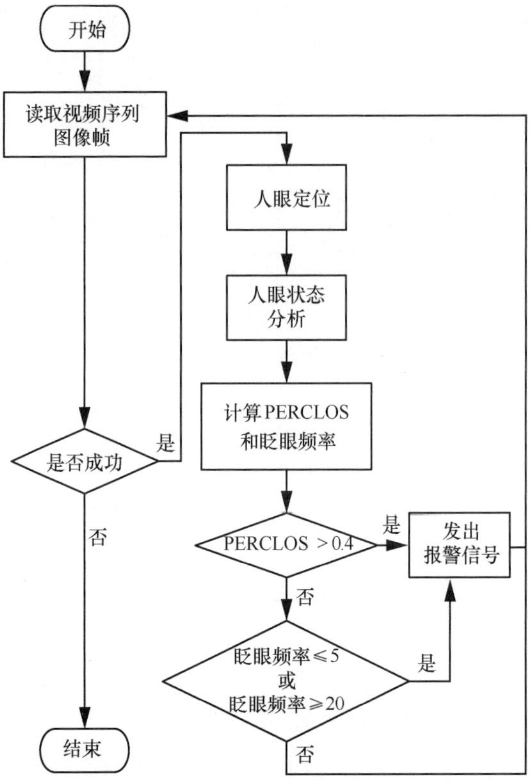

图 9-24 疲劳检测流程

由②和③可知，不管眨眼频率≤5 次/min 或≥20 次/min，都表明当前处于危险状态，应发出报警信号。

9.4.3 实验与分析

（1）人眼状态分析实验

本节首先基于图像处理方法研究分析了人眼状态，图 9-25 和图 9-26 分别给出了人眼处于睁眼状态和闭眼状态的轮廓拟合过程。对比图 9-25 和图 9-26 可以看出，无论人眼处于睁眼状态还是闭眼状态，其轮廓都可以近似地看作椭圆，且当人眼处于睁眼状态时，拟合后的人眼轮廓比较浑圆；而当人眼处于闭眼状态时，拟合后的人眼轮廓比较扁平。

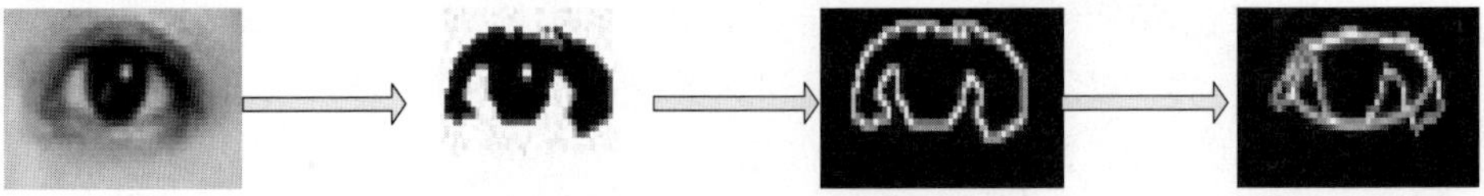

图 9-25 睁眼状态人眼轮廓拟合过程

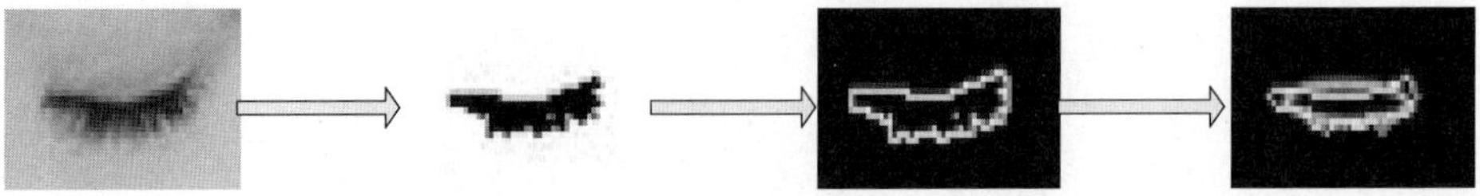

图 9-26 闭眼状态人眼轮廓拟合过程

由 9.4.1 节分析可知，采用最小二乘椭圆拟合法可利用式(9.28)、式(9.29)和式(9.30)求得拟合后椭圆的长轴 a 与短轴 b，进而根据长轴与短轴的比值 $\frac{a}{b}$ 分析人眼所处的状态。实验发现，当 $\frac{a}{b} < 3.5$ 时，表明当前人眼处于睁眼状态，否则表明处于闭眼状态。本节实验数据为 3 个自制测试视频序列。其中测试视频序列 1 为清醒状态，并且测试者眼睛比较大；测试视频序列 2 同样为清醒状态，但测试者佩戴了眼镜，由于在人眼状态分析过程中，提取到的人眼轮廓部分会受到镜框影响，导致正确率下降；测试视频序列 3 为疲劳状态，并且测试者眼睛较小。表 9-4 是人眼状态分析实验结果。

表 9-4　人眼状态分析结果

检测对像	正确率
视频序列 1	90.1%
视频序列 2	81.6%
视频序列 3	74.2%

（2）疲劳检测系统开发环境

本节的疲劳检测实验包括硬件和软件 2 个部分，如图 9-27 所示。硬件方面，采用了价格低廉的网络摄像头作为视频采集设备，分辨率为 640像素×480像素，最大帧频为 30 帧/s，视频处理设备采用个人电脑，Intel(R) Core(TM) i7-3770 CPU@3.40 GHz，8.00 GB 内存；软件方面，运行环境为 Windows7 操作系统，在 Visual Studio 2010 和 OpenCV2.4.9 平台上进行了实验，主要包括视频图像采集模块、人眼定位模块、人眼状态分析模块和疲劳检测模块。首先采集视频序列图像，并对采集到的视频序列图像进行人眼定位和状态分析，进而检测疲劳，一旦发现处于疲劳状态，就发出报警信号（一段语音提醒）。

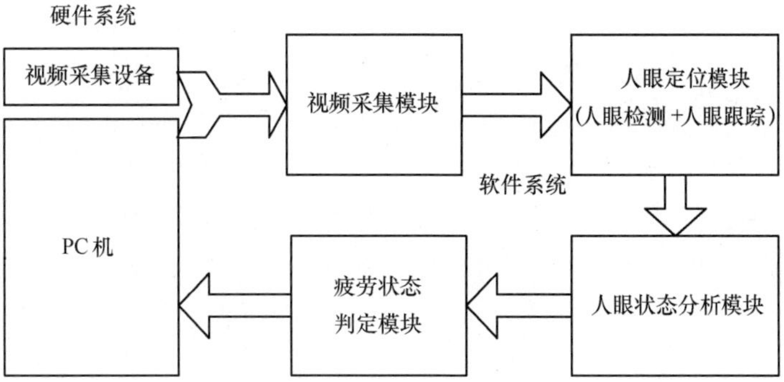

图 9-27　系统构成框架

（3）疲劳检测实验

本节实验数据为在实验室采集的 6 组时长为 90 s 的视频序列测试集。在实验中针对每一帧视频序列图像分别进行人眼定位、人眼状态分析，根据拟合后椭圆的长短轴比值判断人眼状态，统计出 1 min 内的眨眼频率和 PERCLOS 值，进而进行疲劳检测，检测结果如表 9-5 所示，实验中人眼定位分为人眼检测与人眼跟踪。

表 9-5 视频序列中人眼疲劳检测

视频序列测试集	PERCLOS	眨眼频率	疲劳分析
测试集 1	0.09	7	未处于疲劳状态
测试集 2	0.12	10	未处于疲劳状态
测试集 3	0.43	3	处于疲劳状态
测试集 4	0.48	9	处于疲劳状态
测试集 5	0.09	3	处于疲劳状态
测试集 6	0.26/0.22	7/8	未处于疲劳状态

9.5 小　结

本章基于视频序列研究了人眼检测和人眼跟踪，并将其应用于疲劳检测中。具体研究工作有以下 3 个方面。

（1）基于 Adaboost 算法研究了人眼检测。采用 Adaboost 算法训练分类器时，随着训练迭代次数的不断增加，一些处于正负样本交界处的临界样本可能由于多次错分而导致其权重越来越大，使算法重心逐渐转移到这些临界样本上而引发权重失衡，基于漏检正样本的价值要远远大于误检负样本，本章改进了 Adaboost 算法，并针对人眼检测中误检率较高的缺陷提出了基于改进 Adaboost 算法的三层结构人眼检测方法。

（2）基于 Kalman 滤波器和 CamShift 算法研究了人眼跟踪。CamShift 算法在目标跟踪过程中缺乏预测模块，当目标颜色与背景颜色相近或目标出现大面积遮挡时容易丢失目标，且一旦丢失便无法恢复对目标的正确跟踪。本章将 Kalman 滤波器引入到 CamShift 算法并对其进行了改进，针对人眼跟踪受局部搜索窗口大小的影响，提出一种基于 Kalman 滤波器和改进 CamShift 算法的双眼跟踪方法。

（3）当人处于疲劳状态时人眼变化最为明显，本章在人眼检测和跟踪的基础上，基于人眼状态进行了疲劳检测。具体分为 2 个部分。①基于图像处理方法分析研究了人眼状态，采用 Ostu 方法对定位到的人眼区域进行阈值化处理；接着采用 Freeman 链码方法提取二值图像中人眼外围轮廓，再采用最小二乘椭圆拟合方法对人眼外围轮廓进行拟合，最后依据椭圆的长短轴比值分析判断人眼状态。②引入了 PERCLOS 和眨眼频率 2 个疲劳判定标准，通过统计一段连续时间内人眼的 PERCLOS 参数和眨眼频率进行疲劳检测。

第 10 章　融合双韦伯特征深度置信网络表情识别

10.1　引　言

面部表情识别作为人工智能、人机交互、视觉图像处理等方面的重要科研课题，众多的国内外研究机构和学者一直积极地对其进行研究和探索。最早关于面部表情的研究始于 19 世纪，著名的生物学家 Darwin 在研究人类和动物的表情时进行了总结，指出表情存在某种程度的普遍性，并论证了在不同年龄、性别、种族、文化中面部表情的一致性。1971 年，2 位著名的心理学家 Frisen 和 Ekman 首次定义了人类的 6 种情感，高兴（happy）、悲伤（sadness）、恐惧（fear）、愤怒（anger）、惊讶（surprise）和厌恶（disgust），该定义得到了相关领域的广泛认可，并成为后续很多相关研究工作的坚实基础。1978 年，这 2 位心理学家在此基础上研发了面部行为编码系统（FACS，Facial Action Coding System），定义了 44 个行为单元（AU，Action Unit）用于描述表情变化，通过 AU 的不同组合可以表示出 6 种不同的面部表情，据此，该系统可以根据面部动作和表情的对应关系来识别不同的面部表情。

针对面部表情识别的技术研究始于 1970 年，Suwa 等[86]于 1978 年对表情识别进行了初步尝试，他们对视频序列中的面部表情进行了跟踪、分析和分类，找到每个面部表情 20 个关键特征点的规律来表示人脸表情运动，并采用模板匹配方法将其与预设的人脸不同表情关键点运动模型进行匹配，最终完成人脸表情在视频中的识别实验。1991 年，Pentland 和 Mase 研发了基于光流法的人脸表情识别系统，此系统采用光流法从 8 个方向跟踪光流值以判别面部肌肉的运动趋势，并以光流值作为人脸面部表情的特征，最后将特征值以向量形式输入从而识别出人脸的不同表情，研究者在人工表情分类中引入了计算机的自动化处理过程，其后，随着模式识别和图像处理等技术的发展，此技术形成了独立的研究分支，即人脸表情自动识别。到 1997 年，Essa 提出 FACS+用以描述视频序列中的动态表情，FACS+考虑了视频中变化的时间和空间特性，其动态的建模和运动估计克服了 FACS 在动态表情特征方面描述的缺陷，通过光流法对视频中的人脸表情数据进行分析。2001 年，Kanade[87]于卡内基梅隆大学（CMU，Carnegie Mellon University）机器人研究中心设计研发的系统可以自动分析面部表情，此系统在基于表情特征的暂时性与永久性的基础上对人脸表情进行了研究分析，能对不同的面部表情进行实时且有效的辨别。2012 年，Kanan 等[88]提出了一种局部加权自适应的伪泽尼克时刻（PZM，Pseudo Zernike Moments）的表情识别方法，该方法在 JAFFE, FG-Net and Radboud Faces 数据库中进行验证，识别结果有显著提高，并且对年龄、种族和性别有很好的顽健性。2015 年，文献[89]

提出了一种基于二维决策树分类器（DTC，Decision Tree of Classifiers）和 Neural Network 的方法，并在一个 100 人的标准表情库中进行了测试，测试结果达到了 100%的准确率。2016 年，文献[90]通过使用主动形状模型（ASM，Active Shape Model）方法追踪 7 个人脸动态区域，再通过梯度方向算子提取语义人脸特征（Proposed Semantic Facial Features），结合多层支持向量机（Multi-class Support Vector Machine）对表情进行类，在 CK 数据库得到较好的识别效果。

在人脸表情识别技术领域，国内的研究比国外起步稍晚。1997 年，哈尔滨工业大学的高文教授[91]将面部表情识别技术引入中国，并首次在国内带领团队对此项技术进行研究。2004 年，文献[92]提出了诸如偏最小二乘回归法、核典型相关分析法等多种表情识别方法，并基于这些方法开发了人脸表情识别系统。2006 年，相关人脸表情识别的国家自然科学基金项目正式成立。2009 年，文献[93]提出支持向量机（SVM，Support Vector Machine）结合 K-邻近算法，并在 SVM 中重构了 K-邻近信息，表情识别效果取得较好的进展。2014 年，文献[94]提出一种融合全局与局部多样性的人脸表情特征提取算法，其识别率在 JAFFE 和 CK（Cohn-Kanade）标准人脸表情数据库得到了验证。目前，国内包括中国科学院、清华大学、哈尔滨工业大学、北京科技大学、东南大学等在内的众多科研机构和许多学者仍致力于人脸表情自动识别技术的发展，由于面部表情自动识别技术自身所具有的理论意义和广泛的商业应用前景，以及对未来人类社会的巨大影响，越来越多的国内外的科研机构和学者投入此项技术研究之中。

10.2 表情识别系统及相关理论

根据相关文献及研究可知，面部表情识别大致分为 4 个步骤：表情图像数据库获取、表情图像预处理、表情特征提取、表情分类识别。面部表情识别流程如图 10-1 所示。

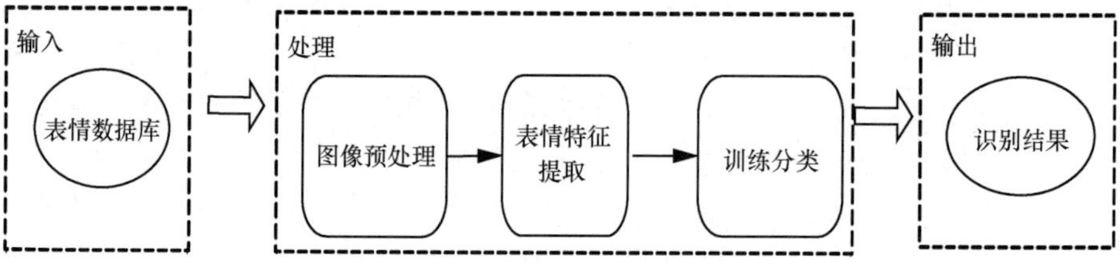

图 10-1 人脸表情识别流程

本章在对面部表情识别方法进行深入研究的基础上，对上述 4 个步骤的常用方法分别进行了概述，并对相应的算法优化进行了介绍。

10.2.1 表情数据库

目前，常用的人脸表情图像被分为静态表情数据库和动态表情数据库。本章所使用的表情数据库 JAFFE（Japanese Female Facial Expression Database）、CK（Cohn-Kanade）就属于静态表情数据库。

静态的人脸表情数据库的主要来源是一些研究机构为实验所拍摄的人脸表情图像，其图像样本包括很多背景噪音、不同光照、不同姿势，以便不同情况下进行科学研究，比较具有专业性。动态的人脸表情数据库则是指一些人脸的动态序列图，主要是通过成像或摄像机等监测设备采集的具有时间变化的一组图像序列，它是由静态图像集合而成，并加入时间轴以表示表情时间变化的序列图像组。

10.2.2　表情图片预处理

图像的预处理是表情识别最基础的一步，也是一个重要环节，图像预处理的结果对表情的识别率和算法的效率有着一定的影响。首先，对彩色图像灰度化，以大幅度减少图像数据处理量，进而减少计算量以提高识别的速率；其次，通过直方图均衡化，增强图像对比度以消除光照的影响，提高识别的性能；再次，通过人脸检测对图像中人脸表情的部分进行定位、裁剪等，从而减少算法对冗余信息的学习和训练，既能提高识别的速率也能增强识别的准确性；最后，表情图像在获取过程中，不同的拍摄者和被拍摄者的个人差异，会造成图像尺寸以及表情区域大小的不同，需要用尺寸归一化的方法对图片进行处理，从而提高识别的性能。所以，通过灰度化、直方图均衡化、人脸检测、归一化等算法对表情图像进行预处理，可以提高表情识别的效率和性能。

1. 图像灰度化

通常由摄像头获得的图像均是彩色 RGB 图像，R、G、B 分别表示图像中每个像素点在红色、绿色和蓝色 3 种颜色通道上的分量，这 3 个分量共同决定着图像中每个像素的颜色，其中每种分量均为 8 bit 的位深，即每个分量的取值都有 255 种可能性。每个像素点的位深为 24 bit，即图中每个像素点的取值均在 0～16 581 375 之间。而灰度图不同于彩色图像，在灰度图中的每个像素点的位深为 8 bit，其取值在 0～255 范围内。因此，将彩色的数字图像转换成灰度图像可大幅度减少后续的图像数据处理量，即减少计算量，有助于提高图像处理的运算速度，有利于系统的实时性。常用的图像灰度化的方法有 2 种。

（1）平均值法。灰度值即是像素点的 R、G、B 这 3 个分量的平均值，如式(10.1)所示。

$$\mathrm{GRAY} = \frac{R+G+B}{3} \tag{10.1}$$

GRAY 表示转化后的灰度图像的灰度值。

（2）系数加权法。由于人眼对每种颜色的敏感度不同，例如，对绿色敏感度最高，而对蓝色敏感度最低。所以根据其每种像素分量的重要性以及其他指标，需要对 3 种分量进行加权平均，即

$$\mathrm{GRAY} = k_r R + k_g G + k_b B \tag{10.2}$$

其中，$k_r + k_g + k_b = 1$，通常 $k_r = 0.299$，$k_g = 0.587$，$k_b = 0.114$，分别表示红色、绿色和蓝色的权值。

2. 直方图均衡化

在受外界环境如光照不均匀、背景、肤色等的影响时，人脸图像会出现明暗程度不同的情况，其灰度图的对比度也会较低，使图像某些面部细节变得模糊，表情特征的提取也会因此受到极大影响，最终直接影响到表情识别的正确率。可利用直方图均衡化（Histogram Equalization）增强图像对比度以消除光照的影响。直方图均衡化是一种常见的增强图像对比度的方法，可以将集中的灰度区间均衡分布到全局灰度区间。假设原始图像中的灰度级为 r，

通过直方图变换后的灰度级为 s，映射变换为

$$s = T(r) \tag{10.3}$$

其中，映射函数 $T(r)$ 在区间 $[0,1]$ 是单调递增函数，且在区间 $[0,1]$，$T(r) \in [0,1]$。

离散形式的映射式为

$$s = T(r) = \sum_{j=0}^{k} \frac{n_j}{n}，\ k = 0,1,\cdots,L-1 \tag{10.4}$$

其中，n 表示图像的像素总数，n_j 代表图像中灰度级为 j 的像素总量，L 表示图像的灰度级总数。

假设 $P_r(r_k)$ 表示图像中灰度级 r_k 出现的概率，则

$$P_r(r_k) = \frac{n_k}{n}，\ k = 0,1,\cdots,L-1 \tag{10.5}$$

映射函数可以表示为

$$s = T(r) = \int_0^r \mathrm{Pr}(w)\mathrm{d}w \tag{10.6}$$

部分 JAFFE 图像用直方图均衡化后，结果如图 10-2 所示。

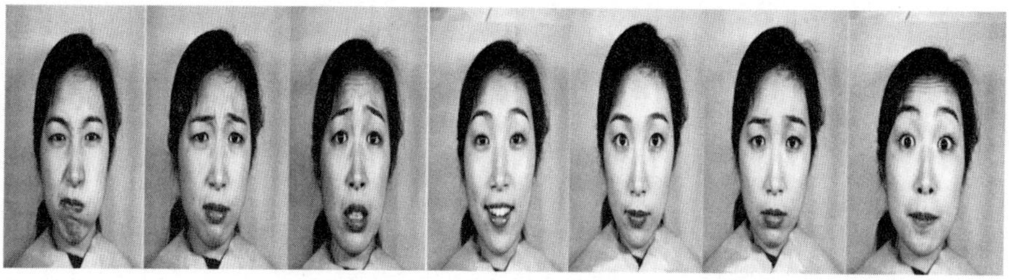

图 10-2 部分 JAFFE 图像直方图均衡化效果

3. 人脸检测

人脸检测常用的技术主要包括基于模板匹配的方法、基于肤色特征的方法以及基于 Adaboost 的方法等。

（1）基于模板匹配的方法

基于模板匹配的方法是指将通过预先训练得到的人脸区域模板与所识别的图像比较以检测人脸，可以通过计算模板的面部轮廓、眉眼区域、鼻子区域以及嘴部区域与输入图像的匹配程度实现检测。虽然此方法原理简单、学习训练较容易，但是由于预设的模板图像是固定尺寸，无法适用于各种尺寸的图像或者多人脸背景图像，且其计算量较大，性能较差。因此，该检测方法适用性不太理想。

（2）基于肤色特征的方法

由于肤色是人脸比较明显的外部特征，并且独立于人脸的其他特征，无论人的脸型和姿态如何变化，人脸的肤色都较为稳定，因此可以通过区分人脸肤色与背景颜色来构建模型以检测人脸。但是，该方法同样存在无法避免的缺点。当背景颜色接近肤色时，其检测效果会显著下降，误检率也会较大，同时其对光照变化和噪音非常敏感，使人脸检测的准确性受到

较大影响。因此，该检测方法在实时检测中应用性较差。

（3）基于 Adaboost 的方法

基于 Adaboost 的方法是一种基于学习的人脸检测法，其过程需要大量人脸样本和非人脸样本。通过机器学习可以得到一个专门用来进行人脸检测的分类器。此类方法能够在复杂环境下较好地完成人脸检测，是目前的热点研究方向。基于 Adaboost 方法首先计算得出最好的表征人脸的矩形特征，这些特征也被称作弱分类器，然后通过投票加权法将弱分类器级联为一个强分类器来完成人脸检测，从而提高检测的准确率及速率。Adaboost 方法具有较高的准确率、较快的检测速率以及对光照的变化不敏感性。

上述方法均是人脸检测的常用方法，Intel 的开源计算机视觉库（OpenCV）已经实现上述识别算法的编程接口。OpenCV 不仅执行迅速、时效性高，而且可以直接用于与计算机视觉相关的领域，是进行二次开发的理想工具。本章利用 OpenCV 进行人脸的识别与检测，即从输入图像中获得人脸的大小和所在的区域等信息，并从背景中将该区域分割出来，结果如图 10-3 所示。

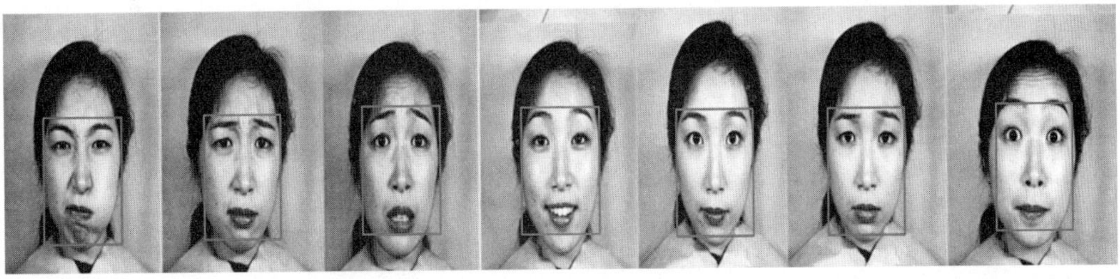

图 10-3　OpenCV 人脸检测与定位结果

4. 图像尺度归一化

在人脸图像采集时，通常会因为人脸与摄像机的距离不同而造成图像或者图像中人脸的大小不一致，定位并切割图像中的人脸区域会得到大小不同的图片。当图片过大时，会使特征向量的维数增加，造成特征信息的冗余，增加识别时间，降低识别速率；当尺寸过小时，会使图像细节模糊，提取的特征失去较多信息，表征图像不全面，严重影响到识别的准确率。因此，需要对将图像进行裁剪及归一化处理，其原理及实现方法如下。

在人脸图像中，人的头发、眉毛、眼睛、鼻子、嘴巴等部位和面部之间具有较大的灰度值差，并且面部与背景之间同样存在较大灰度值差，因此，可以快速检测出人脸部位。在对图像进行积分投影之后，根据投影图出现的较为明显的波峰和波谷部位，裁剪背景、头发等冗余的信息，突出需要进行识别的人脸主要部位，以减少后期特征提取、分类学习等步骤的时间，同时提高系统的稳定性。

这里采用水平和垂直的积分投影，以锁定要保留的面部区域。

假设灰度图像大小是 $M \times N$，图像中像素点 (x,y) 的灰度值为 $f(x,y)$，垂直积分投影式与水平积分投影式分别为

$$V(x)=\sum_{y=1}^{M} f(x,y), x=1,2,\cdots,N \tag{10.7}$$

$$H(y)=\sum_{x=1}^{N} f(x,y), y=1,2,\cdots,M \tag{10.8}$$

本章实验选用 JAFFE 和 CK 表情数据库。以 JAFFE 数据库为例，原始图像及其经过垂直积分投影后得到的垂直边界线如图 10-4(a)所示；相应的积分投影如图 10-4(b)所示，其中，比较明显的 2 个波谷就是决定人脸图像的边界。

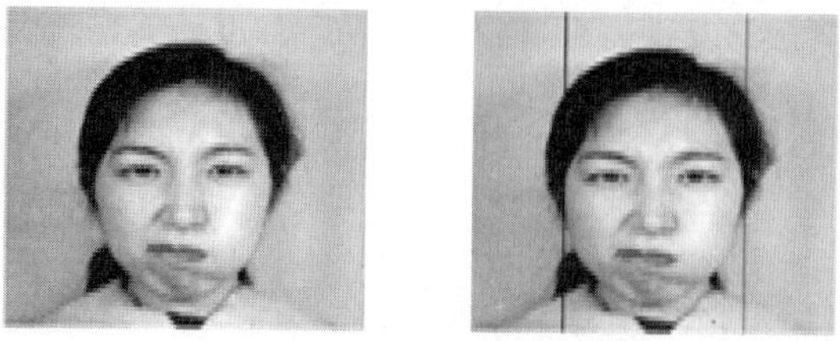

（a）原始图像及其垂直边界线的图像

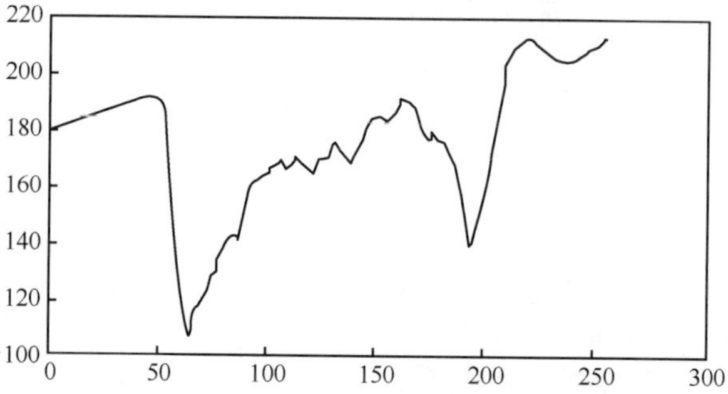

（b）垂直积分投影

图 10-4　原始图像及其经过垂直投影的效果

接着对图像水平积分投影，其效果如图 10-5 所示。

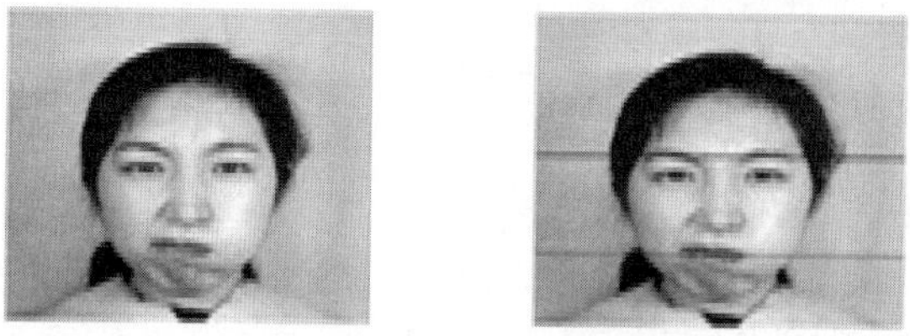

（a）原始图像及水平边界线的图像

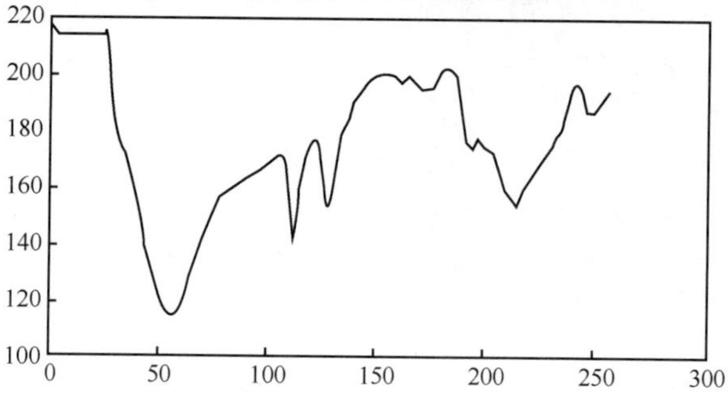

（b）水平积分投影

图 10-5　原始图像及其经过水平投影的效果

从图 10-4 可以看到，垂直积分投影图中的 2 个波谷分别对应着脸部和头发的交界处的位置；而在图 10-5 中，水平积分投影图中的 2 个波谷则分别对应着人脸图像中眉毛和嘴唇的部位。从原始图片中也可以看出，在这些定义人脸边界线的部位都有明显的灰度值差。

经过人脸定位和图像裁剪后，图像的大小会发生变化。因此，需要对其进行归一化处理，将图形统一处理为大小相同的图像，以提高整个表情识别系统的性能，对图像进行尺寸的缩小和放大是常用的图像尺寸归一化处理方式。

（1）图像尺寸缩小

假定图像中像素点 (x,y) 的灰度值由 $f(x,y)$ 表示，$h(x,y)$ 表示像素点 (x,y) 处经尺寸缩放后的灰度值。

$$h(x,y)=f\left(x\times\frac{w}{w\%},y\times\frac{h}{h\%}\right) \tag{10.9}$$

其中，w 和 h 分别表示原始图像的宽度和高度，而 $w\%$ 和 $h\%$ 则表示经过缩小变换后图像的宽度和高度。

（2）图像尺寸放大

与图像缩小变换的过程完全不同，图像尺寸的放大过程需要在原始图像中插入一些点，这些点是在原始图像中不存在的，通常使用双线性插值法来确定这些点的灰度值，以避免这些点插入引起马赛克现象。

如图 10-6 所示，假设图像是一个像素矩阵 $\boldsymbol{I}$，在以像素点 (x_0,y_0) 和 (x_n,y_n) 为顶点的图像的局部矩阵区域 $\boldsymbol{I}'$ 中插入一个像素点 (x,y)，使用双值插入法，则点 (x,y) 灰度值 $G(x,y)$ 满足 $x\in(x_0,x_n),y\in(y_0,y_n)$，具体步骤如下。

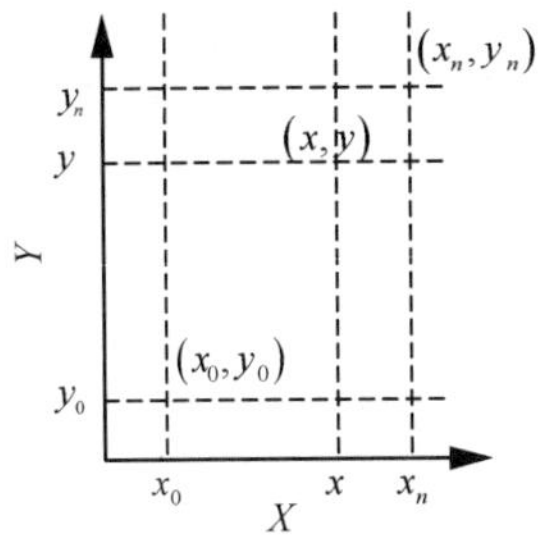

图 10-6　双线性插值示意

步骤 1　在 X 方向进行线性插值，以确定 x 的灰度值，通过式(10.10)和式(10.11)计算点 (x,y_0) 和 (x,y_n) 中间像素点的灰度值。

$$G(x,y_0)=G(x_0,y_0)+\frac{x-x_0}{x_n-x_0}[G(x_n,y_n)-G(x_0,y_0)] \tag{10.10}$$

$$G(x,y_0)=G(x_0,y_n)+\frac{x-x_0}{x_n-x_0}[G(x_n,y_n)-G(x_0,y_n)] \tag{10.11}$$

步骤 2　在 Y 方向进行线性插值，以确定 y 的灰度值，通过式(10.12)计算点 (x,y) 的灰度值。

$$G(x,y_0)=G(x,y_0)+\frac{y-y_0}{y_n-y_0}[G(x,y_n)-G(x,y_0)] \tag{10.12}$$

通过上述步骤，即可确定插值点在 X 方向和 Y 方向的值。

原始图像及经过图像裁剪、尺寸归一化后得到的相应脸部区域图像如图 10-7 所示。

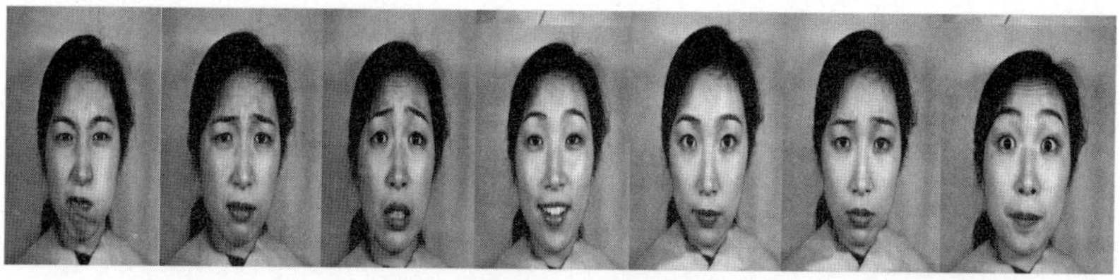

(a) JAFFE 部分人脸表情示意

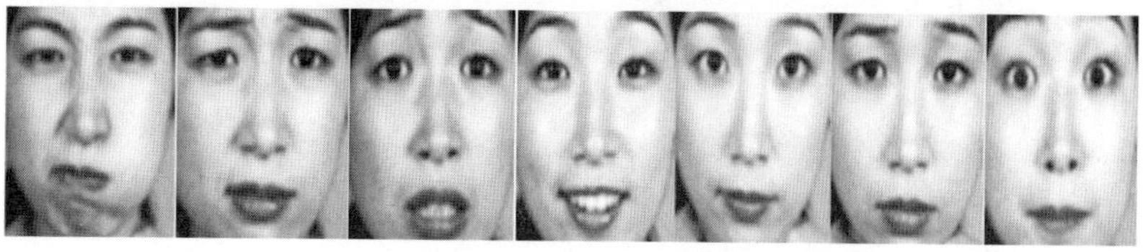

(b) 预处理后 JAFFE 部分人脸表情示意

图 10-7　JAFFE 部分原始图像及经过预处理后的表情示意

10.2.3　表情特征提取

表情特征提取是整个表情识别流程的关键步骤，特征提取的结果是后续分类器进行分类识别的重要依据，会直接影响识别率的正确性，同样也会影响整个算法的速率和性能。特征提取是通过某种算法将数字图像转换为某种形式的数据，该数据可以有效表征原始面部图像的形状、边缘、纹理等特征信息。其结果应满足以下条件：①面部表情的内在特征能够得到全面、有效、准确的表征；②能减少光照变化和各种噪声造成的干扰，以及其他与识别无关的冗余信息；③有效的数据表示，避免维度过高，并有利于进一步加工；④利于不同表情类别的区分。

在静态的人脸表情特征提取中，根据人脸表情图像特征提取的范围可以分为局部纹理特征提取法、整体信息提取法、混合特征提取法。

（1）局部纹理特征提取法

局部纹理特征提取法是基于当前人脸表情发生变化时，对其局部的纹理信息变化来进行特征提取。此处重点介绍常用的几种局部纹理特征及其改进方法：局部二值模式（LBP，Local Binary Patterns）、Gabor 小波以及韦伯局部描述（WLD，Weber Local Descriptor）。

① LBP 的研究重点是灰度图像局部窗口中纹理结构信息的局部二值模式，是一种有效且应用广泛的纹理特征描述，通过比较中心像素点与其邻接像素点的灰度值，提取图像所求窗口的纹理结构信息，适用于提取图像纹理特征信息。其原理简单，计算简便，能保留丰富的表情纹理信息，同时对光照变化、多种噪音具有顽健性，并且具有灰度和旋转不变性等优点，所以应用广泛。但是，LBP 具有以下缺点：首先，其忽略了表情图像的全局结构信息；其次，其在划分模式统计方格时，没有固定的方法，获得最优结果所需采取的策略有待研究。2010 年，T.Jabid 等提出了局部方向模式（LDP）的概念，继承了 LBP 的优点，同时比 LBP 对噪音和光照变化具有更好的顽健性。

②Gabor 小波法是 Gabor 函数旋转变化和尺度伸缩而形成的复函数，继承了小波变换的多分辨率的优势，同时融合了 Gabor 函数的局域化特性，所以很好地保留了表情图像的细节信息，并且对光照变化具有顽健性。但是，Gabor 小波法也存在比较明显的不足，不同尺度

和方向的图像在采样后会维数增加，造成计算量大，使得特征提取速度缓慢。

③WLD 是受韦伯定理启发而提出的图像描述子，该特征具有很强的描述能力和区分性，对噪声和光照变化顽健好，但其特征提取在全面性、强鉴别力方面仍不完善，尤其在表征局部细微特征时仍存在不足。文献[95]提出的基于金字塔韦伯局部特征对图像显著区域进行分块提取，再根据 D-S 证据理论联合规则进行融合，其结果具有更好的局部特征表征能力和顽健性。但是 PWLD 在计算韦伯特征的梯度方向时仍没有有效利用中心元素的所有邻接元素，无法完全有效地对局部纹理特征进行表征。经过综合考虑，本文选取了韦伯特征，并对 WLD 进行了改进，在后面章节进行详细阐述。

（2）整体信息提取方法

整体信息特征提取是从整体角度对图像进行分析。整体信息提取方法分为：主成分分析法（PCA，Principal Component Analysis）、线性判别分析法（LDA，Linear Discriminant Analysis）、独立分量分析法（ICA，Independent Component Correlation Algorithm）、深度学习（DL，Deep Learning）。

① PCA 是将表情图像的多个特征变量通过线性变换以抽取图像的重要特征变量的一种多元统计分析方法。这些重要特征变量可以用较低的维度表征出图像的大部分信息，可去除图像的很多冗余信息。在足量的训练样本下，对光照变化、姿态变化具有一定程度的顽健性。该方法因为具有低维度、信噪比高、计算量小、可操作性强等优点应用广泛，很多学者对其进行了研究、改进和优化。但是它也存在较为明显的缺点：样本类内离散度随样本间离散度的增大而增大，忽略图像的局部纹理信息，导致识别率不够高。

② LDA 适用于可分性高的样本，通过投影变化使同一类样本的类内散度尽可能小，而各类样本的类间散度尽可能大，以达到区分不同类样本的目的。虽然方法对光照变化和姿态变化具有顽健性，但是却无法区分单类样本，存在小样本问题。

③ ICA 也是一种基于统计原理来提取表情图像特征的方法。它通过线性变化从数据中抽取相互独立的特征，以描述数据的高阶统计特性。ICA 是 PCA 的推广形式，能提供比 PCA 更为丰富的信息，用于表情图像的全局信息提取时，能取得较好的识别效果，对噪音有很强的顽健性。其缺点是，运算过程较为复杂，所以提取特征速度较为缓慢。

④ 深度学习特征提取法属于机器学习的一个分支，由 Hinton 于 2006 年提出，随后又掀起机器学习的热潮，成为学界研究的热点。DL 目前已成功应用于多个领域，但仍处于发展初期。深度学习的本质是把低层特征组合起来形成高层特征进行表示，从而使分类或预测更加容易。所以，深度学习也被称为无监督特征学习（Unsupervised Feature Learning）。与诸如支持向量机以及人工神经网络等浅层学习的方法不同，深度学习模型中不但层数多，而且无监督特征学习在网络中也有关键的作用。

（3）混合特征提取法

该方法是结合图像的全局信息和局部信息来进行特征提取。2 种混合特征提取方法为：活动外观模型（AAM，Active Appearance Models）、弹性图匹配（EGM，Elastic Graph Matching）。

①AAM 是目前应用较为广泛的混合特征提取方法。AAM 是 1998 年 Cootes 提出的一种结合形状和纹理信息对表情图像进行特征提取的方法。其通过数理统计的方法建立先验模型，然后使用模型对图形进行目标物体的匹配，从而找到形状信息和纹理信息的关系。

② EGM 是将几何特征和纹理分析相结合的表情识别算法。首先对表情图像进行基准特征点的拓扑图构造，然后将基准点构造成弹性图。该方法能够有效保留人脸表情图像的空间

信息，并且对光照变化、位移旋转等都具有较好的顽健性，但是其需要对每个人脸进行存储建模，因此计算量大，可操作性不高。

一般来说，图像的基于局部特征提取法要优于基于全局特征法，但仅用局部特征表征图像会丢失图像结构的全局信息，因而结合全局特征和局部特征表征图像更具优势。

10.2.4 表情分类

在人脸表情识别系统中，表情的分类识别也是关键步骤之一，当图片经过预处理和特征提取后，需要采用适当的分类算法对之前得到的特征数据进行分类和识别。因此，分类算法的好坏直接影响到最后识别的结果和系统的性能。常用的分类算法的主要包括 K 最近邻算法（KNN，K-Nearest Neighbor）、支持向量机法（SVM，Support Vector Machines）、Adaboost 法、稀疏表示分类法（SRC，Sparse Representation Classification）、隐马尔可夫模型法（HMM，Hidden Markov Model）、人工神经网络法（ANN，Artificial Neural Network）等。

（1）KNN 是一种比较简单的机器学习算法，也是比较成熟的算法。其计算 K 个测试样本的特征向量与训练好的样本中每个表情数据之间的距离，距离最近的表情即为测试样本的表情。此算法原理简单、容易实现、便于操作。但是在使用过程中，每次进行分类时都需要计算与所有样本的距离，所以计算量较大。

（2）SVM 算法先训练一部分样本，然后定义核函数，从而通过非线性变换将样本投射到高维空间，接着利用目标函数，求解不同类别样本间的最大距离的线性分面界。该算法适用于小样本、非线性、高维度等分类问题，而对于大量样本或者是多类别的情况劣势明显。

（3）Adaboost 算法分为 3 个步骤：初始化训练数据的权值，训练弱分类器，将所有训练得到的弱分类器级联组成强分类器。训练过程中，如果某个样本点已经被准确分类，在下一个训练集中，其权值就被降低；相反，如果某个样本点没有被准确分类，其权值就会被提高。在训练下一个分类器时使用权值被更新过的样本集，如此，在整个训练过程进行迭代直至完成。在结束所有的弱分类器训练后，增加分类误差率小的弱分类器的权重，使其在最终的分类函数中具有较强的决定性作用；同时，减小分类误差率大的弱分类器的权重，使其在最终的分类函数中具有较弱的决定作用。也就意味着，当弱分类器误差率低时，其在最终分类器中所占的权重也会较大，反之则会较小。

（4）SRC 算法的主要思想是，对于给定的测试样本，首先用训练样本构建字典，并获得训练样本在字典上的稀疏系数，然后将系数及每类训练样本结合重新构建样本，最后通过匹配测试样本的重构误差，将其分类到最小误差的类别。SRC 方法需要足够大维数的特征空间以及相应的系数表示。

（5）HMM 是一种统计分析模型，用来描述一个添加了可观测状态集合和这些状态与隐含状态之间的概率关系的马尔可夫过程。适用于表征随机过程中产生的具有统计特征的信号，有学者将隐 Markov 模型应用于面部表情识别技术，提出了隐半马尔可夫（HSMM，Hidden Semi-Markov Models）技术，用于识别局部遮挡或者其他部分特征丢失的人脸表情，有效提高了人脸部分遮挡的表情识别率，改善了无遮挡人脸的表情识别。

（6）ANN 是通过对人脑的神经系统进行抽象，模仿人脑的信息处理方式而简化出的数学模型，具有自学习和自适应功能、联想存储功能、高速寻找最优解功能。ANN 把经过预处理后的原始人脸表情图像作为信号输入到网络中，利用图像中的纹理信息、几何信息等特征信息，最后输出图像分类结果。

10.3　韦伯局部描述算子的改进及应用

上一节对人脸表情识别的各个算法进行了介绍和分析。人脸特征提取是表情识别流程的关键步骤，会直接影响识别的准确率和系统的性能。根据人脸特征的表述方法，人脸表示方法一般可以分为全局描述（Global Descriptor）和局部描述（Local Descriptor）。而大量研究也表明了对于人脸特征的表示，局部特征的效果要优于全局特征。

但是，鉴于局部特征提取在图像整体结构信息表征的局限性，本节将其与整体特征相结合，对全局特征提取和局部特征提取进行优势加强、缺点互补。本节选择了融合改进韦伯特征和深度学习的人脸表情进行特征提取。韦伯特征是一种高效、对光照变化和噪音顽健性强的纹理描述方法，能有效地表征图像的纹理特征。选择韦伯局部描述算子作为局部特征提取的方法，是为了加强对局部细节的表征能力，同时，本节还对韦伯特征的梯度方向计算方法进行了改进，提高了在空间区域的梯度方向算法的精度[96]。

10.3.1　韦伯局部描述算子基本原理

（1）韦伯定理

著名的德国心理学家和生理学家韦伯发现，能被感知的激励（比如变化显著的光照、声音等）和原始的激励之间的比值是一个恒定的常数，若比值小于这个常数，则变化是人们无法察觉的。定理可以表示为

$$\frac{\Delta I}{I}=\mathrm{K} \tag{10.13}$$

其中，I 表示原始的激励，ΔI 表示激励变化，K 为常数，也被称为韦伯率。韦伯定律能够表明激励变化与其原始激励变化之间呈现的规律性，即只有当激励变化大于韦伯率时，变化才能被人们所感知。比如，在一个安静的房间里和一个嘈杂的房间里，人们所能听到的声音分贝值是不同的，很明显嘈杂的背景下，较高分贝的声音才能被人们听见。

（2）差分激励

依据韦伯定律，图像中每个像素点的韦伯特征从 2 个方面统计得到：（1）像素自身，代表原始激励；（2）像素的邻接像素（例如，3 像素×3 像素的窗口中，中心像素点的 8 个邻接像素），表示激励变化。两者之间的关系即形成了像素点的韦伯特征。陈杰等受 Weber 定律启发，发现韦伯局部描述算子（WLD，Weber Local Descriptor）由两部分组成：差分激励（Differential Excitation）ξ 和梯度方向（Orientation）θ。差分激励是韦伯公式的比值，用来描述周围像素变化与当前像素的灰度变化，可以反映图像的显著变化，计算过程如图 10-8 所示，计算方法如式(10.14)所示。

$$\xi(x_c)=\gamma_s^0=\arctan\left(\frac{f_{00}(x_s)}{f_{01}(x_s)}\right)=\arctan\left(\sum_{i=0}^{(p-1)}\frac{x_i-x_c}{x_c}\right) \tag{10.14}$$

其中，x_s 表示当前像素 x_c 及其 8 个相邻像素，滤波器 f_{00} 表示邻接像素与中心像素灰度值变化，而滤波器 f_{01} 表示中心像素自身，相比于式(10.13)，差励值就是韦伯比值。从式(10.14)可以看出，当邻接像素点的灰度值小于当中心像素点的灰度值时，差分激励 $\xi(x)$ 的取值将为

负值而非绝对值，意味着韦伯特征可以通过这种计算方式来获得较为丰富的差别信息，即：如果差分激励 $\xi(x)$ 为正，表明邻接像素点比当前像素点的灰度值大；如果差分激励 $\xi(x)$ 为负，表明周围像素点比中心像素点的灰度值小。式(10.14）中的反正切函数用来限制输出值随输入值变化而剧烈变化，从而抑制部分噪声的影响。因此，差分激励的范围为 $\left[-\frac{\pi}{2},\frac{\pi}{2}\right]$。

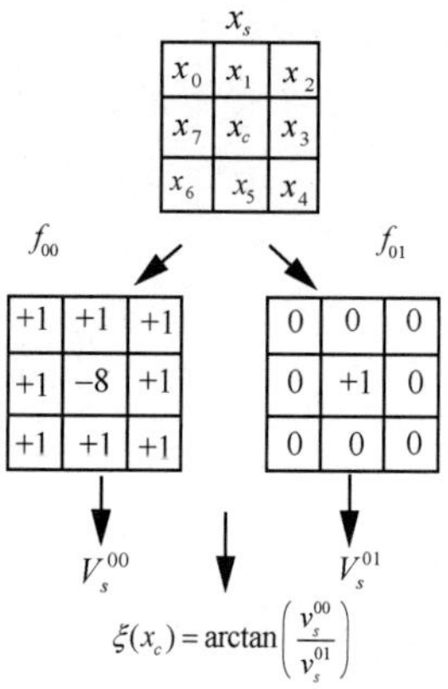

图 10-8　差励计算示意

（3）梯度方向

梯度方向（Orientation）θ 用来描述垂直方向和水平方向像素变化的比值，反映局部窗口内灰度变化的空间分布信息，计算过程如图 10-9 所示，计算方法如式(10.15)所示。

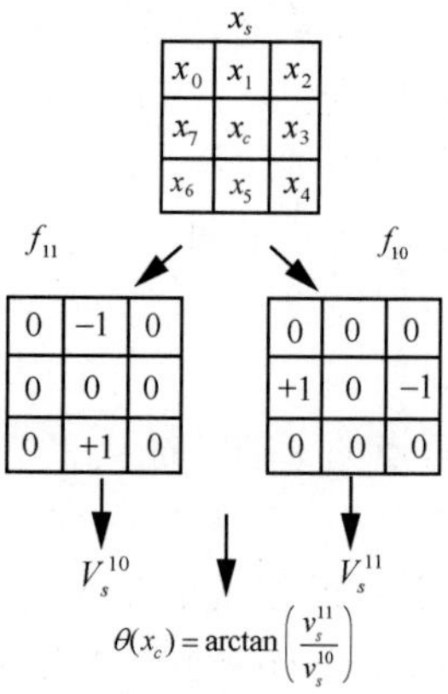

图 10-9　梯度方向计算示意

$$\theta(x_c) = \gamma_s^1 = \arctan\left(\frac{f_{10}(x_s)}{f_{11}(x_s)}\right) = \arctan\left(\sum_{i=0}^{p-1}\frac{x_5 - x_1}{x_7 - x_3}\right) \tag{10.15}$$

由式(10.15)可以看出 $\theta(x_c)$ 的取值范围为 $\left(-\frac{\pi}{2},\frac{\pi}{2}\right)$，为了方便计算，将每个点的梯度方向扩展为 $(0,2\pi)$，设 $f:\theta\to\theta'$，具体计算过程如下。

$$\theta'(x_c)=\begin{cases}\theta, & v_s^{11}>0,v_s^{10}>0\\ \theta+\pi, & v_s^{11}>0,v_s^{10}<0\\ \theta+\pi, & v_s^{11}<0,v_s^{10}>0\\ \theta+2\pi, & v_s^{11}<0,v_s^{10}<0\end{cases} \tag{10.16}$$

尤其，当 $v_s^{10}=0$ 时，有

$$\theta'(x_c)=\begin{cases}\frac{1}{2}\pi, & v_s^{11}>0\\ 0, & v_s^{11}=0\\ \frac{3}{2}\pi, & v_s^{11}<0\end{cases} \tag{10.17}$$

将 θ' 量化成为 T 个主方向如式(10.18)所示。

$$\Phi_t=f_q(\theta')=\frac{2t}{T}\pi \tag{10.18}$$

其中

$$t=\operatorname{mod}\left(\left\lfloor\frac{\theta'}{\frac{2\pi}{T}}+\frac{1}{2}\right\rfloor,T\right) \tag{10.19}$$

其中，T 是梯度方向的量子化参数。假设 $T=8$，则 $\Phi_t=\dfrac{t\pi}{4}$ 表示了梯度方向的 T 个主要方向，$t=0,1,\cdots,T-1$。区间 $[0,2\pi]$ 内的任意一个数值可以和 $(0,1,\cdots,T)$ 中的数相对应，即区间 $\left[\Phi_t-\dfrac{\pi}{T},\Phi_t+\dfrac{\pi}{T}\right]$ 内的值被量化映射为 Φ_t。

10.3.2　WLD 特征的直方图统计

WLD 是一种构造特征直方图来表示图像的方法。首先分别计算差分激励和梯度方向，然后统计相同方向且相同分段的差分激励的图像像素个数，再用二维向量 $\{\mathbf{WLD}(\varepsilon_j,\Phi_t)\}$ 表示图像，则直方图尺寸为 $T\times N$，其中，$j=0,1,\cdots,N-1$，$t=0,1,\cdots,T-1$，N 是图像的维数，T 是主方向个数。这意味着，直方图中每一行对应着一个差励分段区间，每一列对应着一个主方向 Φ_t。这样，直方图即可表示在某一个方向上一定阶段阈值区间的频率。

为了方便下一步的计算，需要将得到的二维向量 $\{\mathbf{WLD}(\varepsilon_j,\phi_t)\}$ 映射到一维直方图 H。首先，将表情图像的二维直方图 $\{\mathbf{WLD}(\varepsilon_j,\Phi_t)\}$ 中代表差分激励的每一列分解，分解后的 T 个子序列用 $H(t)(t=0,1,\cdots,T-1)$ 表示，则子序列 $H(t)$ 表示了该方向梯度上的差分激励。然后，量化 $H(t)$，按照 $\varepsilon(x_c)$ 将其平均分成 M 段，即 $H_{m,t}(m=0,1,\cdots,M)$，M 是差分激励的量化参数。把所有子序列 $H(t)$ 按照 $\varepsilon(x_c)$ 平均分为 M 段，其中，已知 $\left[-\dfrac{\pi}{2},-\dfrac{\pi}{3}\right]$ 是差励 $\varepsilon(x_c)$ 的取值

范围。设 $l=\left[-\frac{\pi}{2},\frac{\pi}{2}\right]$，当 l 被平均分成 M 段时，则第 m 段为 $l_m(m=0,1,\cdots,M)$，设 $l_m=\left[\eta_{m,l},\eta_{m,u}\right]$，则有 $\eta_{m,l}=\left(\frac{m}{M}+\frac{1}{2}\right)\pi$，$\eta_{m,u}=\left(\frac{m+1}{M}+\frac{1}{2}\right)\pi$。

此时，已经完成了差动激励 $\varepsilon(x_c)$ 的量化工作。在进行下一步的直方图统计时，二维直方图统计矩阵由序列集合 $H_{m,t}$ 构成，其中 $H_{m,t}$ 的大小为 $M\times T$。在矩阵中，列保存了差励的信息，行存储了方向梯度的信息。最后，按照行（或列）将二维矩阵转换为一维数组 $WLD_{m,t}$，至此基本完成了表情图像的特征提取工作。

为进一步对纹理细节信息进行提取和表征，需要将得到的特征子序列 $H_{m,t}$ 再细分为 S 个子区间，也就是 $H_{m,t}=\left\{h_{m,t,s}\right\},s=0,1,\cdots,S$，可通过式(10.20)计算求得。

$$h_{m,t,s}=\sum_j\delta(S_j=s),\ S_j=\left\lfloor\frac{\varepsilon_j-\eta_{m,l}}{\eta_{m,u}-\frac{\eta_{m,l}}{S}}\right\rfloor \tag{10.20}$$

其中，

$$\delta(X)=\begin{cases}1, & X\text{为真}\\0, & \text{其他}\end{cases}$$

事实上，$h_{m,t,s}$ 所代表的就是一幅表情图像中满足特定条件的像素点的数量，这些点需要满足以下条件：①差分激励 $\varepsilon_j\in l_m$，②梯度方向 θ_j' 被量化为 Φ_t，③子区间参数 $S_j=s$。

$$f'\to:\frac{1}{\frac{(\eta_{m,u}-\eta_{m,l})}{S}}(\varepsilon_j-\eta_{m,l}) \tag{10.21}$$

根据式(10.20)，可以求得特征序列的子区间 s 的值，则算法可以根据式(10.21)的差分激励 ε_j 线性映射到子区间。

将差分激励划分成 M 个子区间，也意味着，图像被分割为 M 个区域，每个区域可以由相应的差分激励的子区间表示。假设像素点 P_i 和 P_j 是图像中任意的 2 个点，其中，$\varepsilon(P_i)\in l_0$，$\varepsilon(P_j)\in l_2$。由 WLD 的差励计算式可知，图像中某一局部灰度值变化越大，则其窗口中的像素点的差励值也会越大。像素点 P_i 与邻接像素点间的灰度变化强度比像素点 P_j 大时，也意味着，像素点 P_i 所在的窗口的对比度大于像素点 P_j 所在窗口的对比度，同时 P_i 的差励值也大于 P_j。但是，在以下 2 种特殊情况下也会发生对比度小反而出现大差励：一是中心像素点周围出现杂波噪音；二是产生与 LBP 中统一模式相类似的点。通常情况下，后者会比前者产生更严重的影响，而在图像 WLD 特征提取时，方向梯度 θ 能区分这 2 种点。所以，只有差励和梯度方向的结合才能更细致地表征图像的纹理特征。

10.3.3 改进韦伯特征

韦伯特征在局部纹理特征提取上存在很多优势，但仍有不足之处。由韦伯的梯度方向计算式可知，原始 WLD 的梯度方向仅使用了中心像素的 8 个邻域像素中的 4 个，即仅反映了其纹理信息在空间分布水平方向和垂直方向上的梯度变化，不能充分反映在空间分布结构上的灰度变化，无法准确体现纹理信息的内在变化特征。

例如，在计算图 10-10 中 3 种不同纹理模式的 WLD 特征时，其中心像素灰度值均为 30，邻接像素的灰度之和均为 240，按照传统 WLD 的计算方法，中心像素与邻接像素的灰度差为 0，意味着其 ΔI 都为 0，即 $\xi = 0$。而且，在垂直梯度方向上的灰度值变化也为 0，表明其梯度方向也等于 0。这就意味着对于传统 WLD，这 3 个纹理模式是无法区分的。

10	0	0
80	30	0
150	0	0

(a) 模式1

90	10	10
50	30	50
0	10	20

(b) 模式2

30	30	30
30	30	30
30	30	30

(c) 模式3

图 10-10　局部纹理图示例

这是因为在计算 WLD 特征中，梯度方向的计算只考虑了当前像素的 4 个邻接像素，导致传统方法提取韦伯特征时，对中心像素的邻接像素的利用率比较低，因此，丢失了一些非常具有鉴别力的细节信息，也意味着容易受到噪声的干扰。针对这一问题，本节对传统 WLD 的梯度方向进行如式(10.22)所示的改进[97]。

$$\theta(x_c) = \arctan\left(\frac{2(x_5 - x_1) + x_4 - x_2 + x_6 - x_0)}{2(x_7 - x_3) + x_0 - x_2 + x_6 - x_4)}\right) \tag{10.22}$$

DWLD 梯度方向计算如图 10-11 所示。

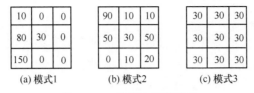

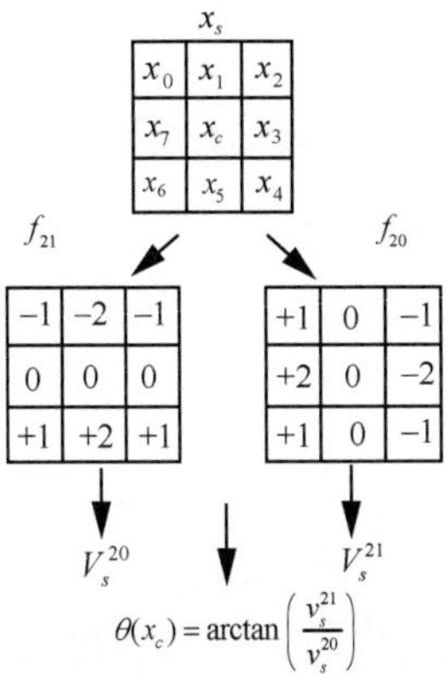

图 10-11　DWLD 梯度方向计算示意

在式(10.22)中，改进的 WLD 在计算梯度方向时，中心像素的 8 个邻接像素均使用了两次，消除了邻接像素使用频率的不同对梯度方向产生的误差，也基于此称改进的韦伯局部特征为双韦伯特征（DWLD，Double WLD）。本节使用改进的 DWLD 方法，考虑了 8 个邻域像素，使计算梯度方向时对邻接像素的利用率提高了 50%，因此能够更好地提取方向信息，更为全面和准确地表征表情的图像细节信息，也能够更有效地抑制噪声。

韦伯特征是受韦伯定律，一种心理法则的启发而提出的，其原理是通过模仿人类感知周围环境的过程来提取图像的特征。因此，在边缘检测方面以及对光照和噪音的不敏感度方面具有较大优势，具有很好的图像描述能力。而改进韦伯特征不仅完美继承了韦伯特征的原有优点，还增强了韦伯特征在图像细节方面的表征能力，其特性如下。

（1）由韦伯特征的差分激励计算式可知，差励 $\xi(x)$ 的值主要是中心像素点与其邻接像素点的灰度值差值。因此，差励能检测出图像的完整边缘。例如，中心像素与邻接像素的差值 f_{00} 很大时，如果当前像素的灰度值本身也很大，则它们的比值就有可能很小，甚至小于刺激阈值，那么图像边缘可能无法被人们察觉。同样，当 f_{00} 很小时，由于当前像素灰度值大，因此差励也很大，能被人们所感知。因此，改进韦伯特征能够有效提取图像中的较弱（差值小、差励大）边缘，但正是这些差值小而差励大的部分，如边缘、亮点，能包含更多的表情尤其是微表情的可能性信息。

（2）双韦伯特征对光照的变化具有很好的顽健性。人脸表情识别的一个难点是图像中光照变化给表情特征提取造成了极大影响，也直接影响了表情识别系统的识别准确率和系统性能。假设受光照影响，当前像素的亮度提高了 K 倍，那么其邻接像素也会相应提高 K 倍，差励的分子和分母也会同样提高 K 倍，这时所求的差励值是不变的。同理，中心像素的梯度方向也不会发生改变。因此，光照强度的变化对韦伯特征不具有大的影响力。

（3）双韦伯特征对噪音非常不敏感。DWLD 在计算差励时，使用当前像素与邻接像素的灰度差值与中心像素的灰度值之比，考虑了当前像素对邻接像素的影响，这在图像的平滑处理中占有极大优势；同时，这种计算方式能减少噪音所带来的影响。因此在背景噪音很大的图像中，图像特征依然能相对完整地被提取出来。

10.3.4 实验及分析

本章选择 JAFFE 数据库和 CK（Cohn Kanade）面部库作为实验样本，其中，JAFFE 数据库中共有 213 幅图片，分辨率为 256 像素×256 像素，采集了 10 个日本女学生的每人 7 种表情，包含了 6 种基本表情和 1 种中性表情，每种表情 2～4 幅图像。CK 数据库包含的表情图片比 JAFFE 数据库多，采集自 210 个人，共约 2 000 个正面的人脸表情图像，分辨率为 640 像素×490 像素，也包含了包括中性表情在内的 7 种表情。本章选取了其中 470 幅带标签的图像进行交叉验证。

由 WLD 的差励计算式可知，一般情况下，图像中某一局部灰度值变化越大，则其窗口中像素点的差励值也会越大。而中心像素点周围出现杂波噪音，或者产生与局部二值模式（LBP，Local Binary Patterns）中统一模式相类似的点等特殊情况下，会出现对比度小反而差励大的情况，方向梯度能够区分这 2 种点。因此，只有差励和梯度方向的结合才能更细致地表征图像地纹理特征。图 10-12 呈现了 WLD 特征提取的过程，其中，图 10-12(a)是原始图像，图 10-12(b)是差分激励特征提取的效果图，图 10-12(c)是梯度方向特征提取的效果图，图 10-12(d)是原始图像的二维特征统计直方图。

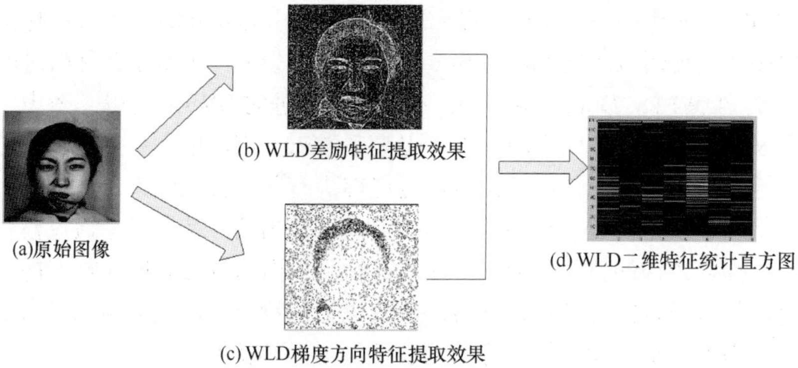

图 10-12　图像 WLD 特征提取效果示意

DWLD 与 WLD 梯度方向特征提取实验对比如图 10-13 所示。从实验结果来看，DWLD 的梯度方向算子比传统 WLD 具有更丰富的局部纹理信息，能更清晰地看到面部的轮廓，且图像中包含了更丰富的图像细节信息。

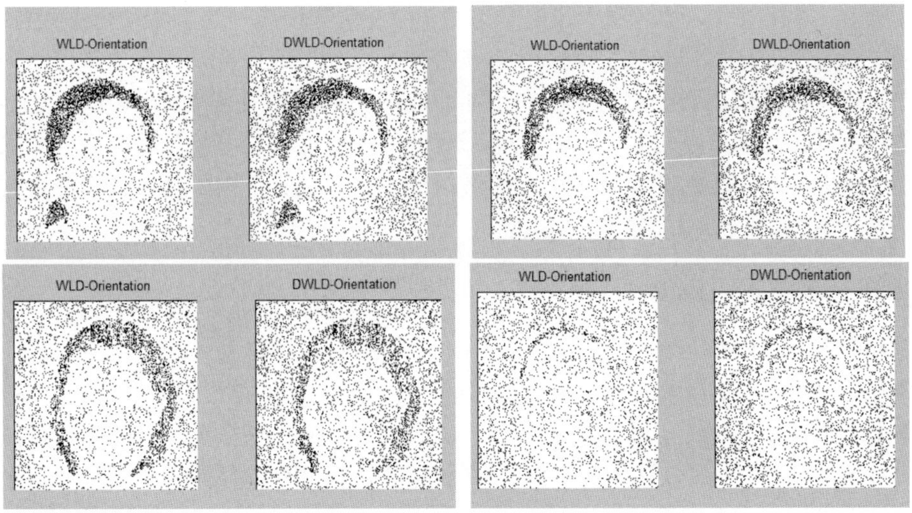

图 10-13　传统 WLD 和 DWLD 方向算子实验结果对比

为了测试本节引入的双韦伯特征对表情识别率的影响，本实验在 JAFFE 数据库和 CK 面部数据库中，分别使用深度置信网络算法（DBN）、局部二值模式（LBP，Local Binary Pattern）、局部微分模式（LDP，Local Derivative Pattern）、主成分分析法（PCA，Principal Component Analysis）、小波变换特征提取法（Gabor）、韦伯局部描述算法（WLD）、双韦伯局部描述算法（DWLD），并与深度置信网络相结合进行识别率比较。识别结果如图 10-14 所示，显然，不管是 JAFFE 库中还是 CK 库中，相比于 WLD 特征和 LBP 特征，DWLD 特征在识别结果的正确率上有明显优势。

由于 DBN 本身并无识别功能，所以在 DBN 顶层设置 BP 神经网络，用于微调整个网络。使用 JAFFE 表情数据库，当 DBN 参数中隐藏节点数为 300 时，隐藏层数为 1；CK 数据库中，DBN 的隐藏层数为 1 时，隐藏层的节点数分别 500。

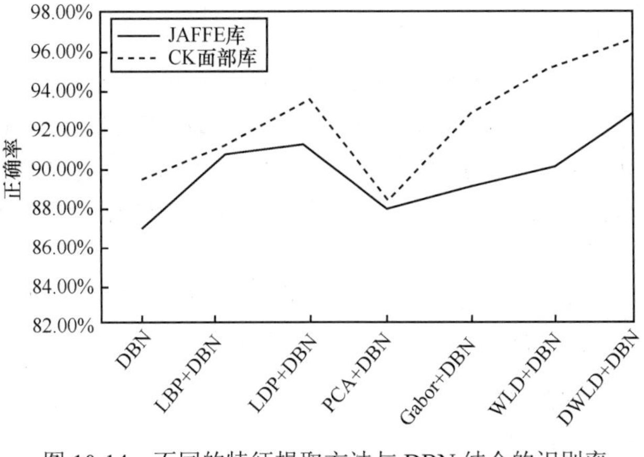

图 10-14　不同的特征提取方法与 DBN 结合的识别率

10.4 融合改进韦伯特征的深度置信网络的表情识别

深度学习，顾名思义，是区别于浅层学习的，但是这 2 种模型的目的均是进行特征学习。相比于浅层学习只有一隐层节点，深度学习模型具有多隐层的特征，拥有更多层级的非线性信息处理功能，能提取出数据更为本质的特征，能面向更高级别的特征学习、描述能力，有利于数据的可视化。深度学习是受人类视觉感官信号的传递方式、信息提取方式和人脑的数据处理方法启发，而提出的非监督多层神经网络模型，此种学习模型能极大降低数据的处理量，并有效保留有用的结构信息。

10.4.1 深度置信网络

深度置信网络（DBN，Deep Belief Network）模型是一种典型的深度学习结构，是由多个限制玻尔兹曼机（RBM，Restricted Boltzmann Machine）层堆叠组成的多层神经网络模型，是一种概率生成模型，每一层的输出作为下一层的输入，从而获得更高级的抽象特征。与传统神经网络相比，DBN 通过逐层训练的方式有效避免了对所有层同时训练的时间复杂度问题，同时对于每层 RBM 内部的输入进行逐一重构，其权值偏置也会不断调优。这一贪心算法模式，大大地提高了无监督学习的效率。典型的 DBN 模型如图 10-15 所示。

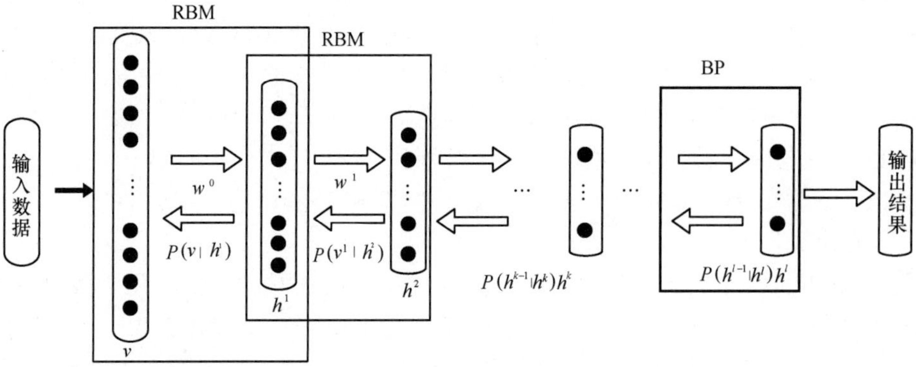

图 10-15 DBN 模型

（1）受限玻尔兹曼机

受限玻尔兹曼机（RBM）是 1986 年机器学习专家 Hinton 和 Sejnowski 提出的一种概率型神经网络。它包含可视层 V（Visual Layer）和隐藏层 H（Hidden Layer），两层之间相互连接，层内节点相互独立。基本的 RBM 模型如图 10-16 所示，采用的是无方向对称连接式模型，层内均包含了相互独立的若干节点（神经单元），且节点均在“开”或“关”2 种状态间转化，分别用 1 或 0 表示。

图 10-16 中，上层为隐藏层，由若干隐藏节点 h_i 组成，下层为可视层，组层元素为可视节点 v_j，其中 $0 \leqslant i \leqslant n$, $0 \leqslant j \leqslant m$，$m$ 和 n 分别为 V 层和 H 层的维数，由于层内节点相互独立，使每个节点对条件也是相对独立的。

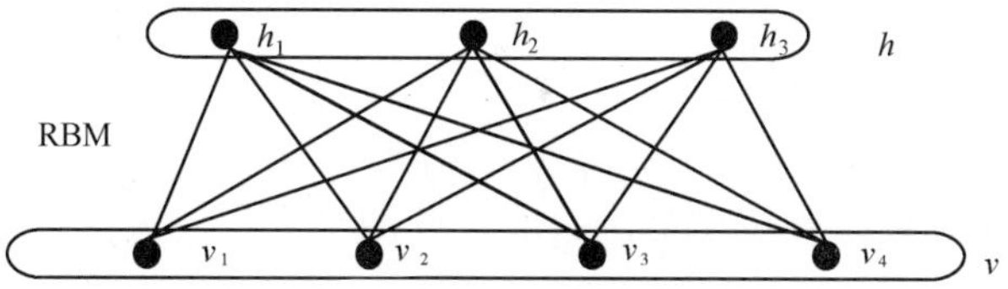

图 10-16　RBM 模型

RBM 的概率分布函数为

$$P(v,h)=\frac{\mathrm{e}^{-E(v,h)}}{Z} \tag{10.23}$$

其中，能量函数 $E(v,h)$ 和归一化函数 Z 定义如下。

$$E(v,h)=-b'v-c'h-h'wv \tag{10.24}$$

$$Z(v,h)=\sum_{v,h}\mathrm{e}^{-E(v,h)} \tag{10.25}$$

其中，$b=\left(b_1,b_2,\cdots,b_m\right)$ 是可视层节点的偏移量（Bias），$c=\left(c_1,c_2,\cdots,c_n\right)$ 是隐藏层节点的偏移量，$\boldsymbol{W}=\left[W_{ij}\right]_{m\times n}\in\mathbb{R}^{m\times n}$ 是可视层和隐藏层之间的连接权值矩阵，W_{ij} 是可视节点 v_i 和隐藏节点 h_j 的连接权值。

可视层的输入 v 已知时，则隐藏层 h 条件分布为

$$P(h\,|\,v)=\frac{P(v,h)}{P(v)}=\frac{\dfrac{\mathrm{e}^{-E(v,h)}}{Z}}{\sum_h \mathrm{e}^{-E(v,h)}}=\prod_i P(h_i\,|\,v) \tag{10.26}$$

由于每个节点的取值均为 0 或 1，因此激活概率可以表示为

$$P(h_i=1\,|\,h,\theta)=\sigma(c_i+w_i v) \tag{10.27}$$

同理，当隐藏层 h 已知时，由 RBM 的对称性可知，所求可视层输入的条件概率分布和激活概率分别为

$$P(v\,|\,h)=\prod_j P(v_j\,|\,h) \tag{10.28}$$

$$P(v_j=1\,|\,h,\theta)=\sigma(b_j+w_j h) \tag{10.29}$$

其中，$\theta=\{W,b,c\}$ 是 RBM 网络模型的参数；$\sigma(\bullet)$ 为 sigmoid 函数，表示可视层与隐藏层之间的非线性映射。

$$\sigma(x)=\frac{1}{(1+\exp(-x))} \tag{10.30}$$

RBM 训练的目的，是获得最优网络模型参数 $\theta=\{W,b,c\}$。假设给定的观测样本集 $V=\left\{v^{(i)},i=1,2,\cdots,N\right\}$，其中，$N$ 表示训练样本的数目，参数 $\theta=\{W,b,c\}$。假设观测样本独立同分布，则训练 RBM 的目标就是得到观测样本集的最大似然函数。

$$l(\theta)=\prod_{i=1}^{N}p(v^{(i)}\,|\,\theta) \tag{10.31}$$

对于如式(10.31）所示的最大似然函数，通常是取其 log 函数的形式

$$L(\theta)=\log l(\theta)=\sum_{i=1}^{N}\log p(v^{(i)}\mid\theta) \tag{10.32}$$

根据最大似然原则，模型参数集合 $\theta=\{W,b,c\}$ 的最优值的计算式为

$$\theta^{*}=\arg\max_{\theta} L(\theta)=\arg\max_{\theta}\sum_{i=1}^{N}\log p(v^{(i)}\mid\theta) \tag{10.33}$$

为实现上述最优化问题，采用梯度上升法的进行数值求解。此时，梯度上升法的形式为

$$\theta(t+1)=\theta(t)+\rho_t\nabla_{\theta(t)}L(\theta)=\theta(t)+\varepsilon_t\sum_{i=1}^{N}\nabla_{\theta(t)}\log(v^{i}\mid\theta) \tag{10.34}$$

Hinton 提出对比散度（CD，Contrastive Divergence）采样法，对 RBM 进行快速训练，不仅保证了近似估计的精度，还快速提高 RBM 训练的计算速度，保证了算法的可行性。

$$\mathrm{CD}_k(\theta,v)\approx\nabla_{\theta(t)}\log p(v\mid\theta)=-\sum_{h}p(h\mid v,\theta)\nabla_{\theta(t)}E(v,h\mid\theta)+\sum_{v}p(v\mid\theta)\sum_{h}p(h\mid v,\theta)\nabla_{\theta(t)}E(v,h\mid\theta) \tag{10.35}$$

根据吉布斯采样（Gibbs Sampling）可以得到 v_k。

$$\mathrm{CD}_k(\theta,v)=-\sum_{h}p(h\mid v_0,\theta)\nabla_{\theta(t)}E(v_0,h\mid\theta)+\sum_{h}p(h\mid v_k,\theta)\nabla_{\theta(t)}E(v_k,h\mid\theta) \tag{10.36}$$

Gibbs 采样其实就是一种特殊的马尔可夫蒙特卡罗算法（MCMC，Markov Chain Monte Carlo）。Gibbs 采样采用交叉采样法，具体的采样过程如式(10.37)所示。

$$\begin{array}{ll} h_0\sim P(h\mid v_0) & \\ \quad\searrow & \\ & v_1\sim P(v\mid h_0) \\ & \swarrow \\ h_1\sim P(h\mid v_1) & \\ \quad\searrow & \\ & v_2\sim P(v\mid h_1) \\ \vdots & \vdots \\ & v_n\sim P(v\mid h_{n-1}) \\ & \swarrow \\ h_n\sim P(h\mid v_n) & \end{array} \tag{10.37}$$

其中，θ 参数集合的更新法则如式(10.38)～式(10.40)所示。

$$\Delta W_{i,j}=\varepsilon\left(\left\langle v_i h_j\right\rangle_{\text{data}}-\left\langle v_i h_j\right\rangle_{\text{recon}}\right) \tag{10.38}$$

$$\Delta b_i=\varepsilon\left(\left\langle v_i\right\rangle_{\text{data}}-\left\langle v_i\right\rangle_{\text{recon}}\right) \tag{10.39}$$

$$\Delta c_j=\varepsilon\left(\left\langle h_j\right\rangle_{\text{data}}-\left\langle h_j\right\rangle_{\text{recon}}\right) \tag{10.40}$$

其中，ε 是学习速率，$\langle\bullet\rangle_{\text{data}}$ 代表学习模型中原始样本的数学期望，$\langle\bullet\rangle_{\text{recon}}$ 则代表模型中定义

的原始样本重构后的数学期望。

（2）BP 神经网络

BP 神经网络是一个只含有一层隐藏层的浅层学习模型，自人工神经网络反向传播算法发明以来，一直是机器学习的热点。神经网络学习事物规律是通过对大量样本的训练，训练所需的样本库越大，识别时精度就越高，但训练过程所耗费的时间也相应越长。神经网络的模型如图 10-17 所示。神经网络虽然是一种有效的分类方法，但在优化时很难收敛到全局最优区域，因为神经网络在调优时，需要一个初始值，若该值较大，往往容易跳过最优区域，而停留在局部最优区域；若该值较小，则需要花费更多的时间才能达到全局最优区域。

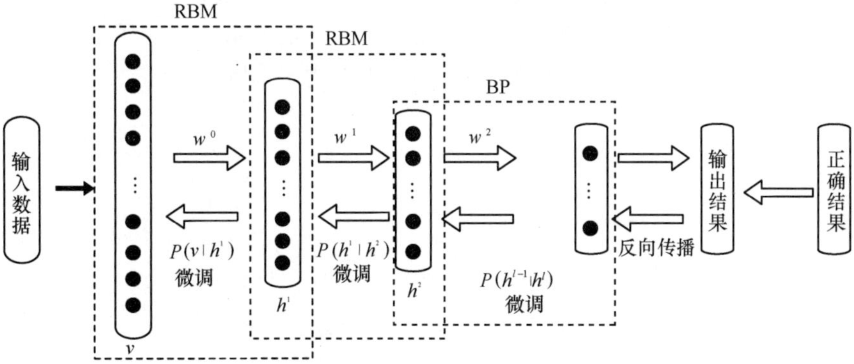

图 10-17　BP 方向传播示意

10.4.2　基于深度置信网络的表情识别

基于深度置信网络的人脸表情识别中 DBN 的训练过程如下。

步骤 1　提取面部表情数据库中图像并进行面部定位、裁剪，归一化为 $N \times N$ 的表情图像，并转换为 N^2 维的一维向量。

步骤 2　对 DBN 模型中第 k 层 RBM 进行预训练。初始化参数 $\theta=\{W,b,c\}$，其中，$W^k=0, b^k=0, c^k=0$。并将 N^2 维的向量数据作为第一层 RBM 的输入，由此获取可视节点的值 $v_{1k} \in \{0,1\}$。

步骤 3　根据 $v_{1k} \in \{0,1\}$ 和 $\theta=\{W,b,c\}$，求得隐藏节点的后验概率 $Q(h_{1kj}^i=1|v_{1k})$，采用随机采样法，计算隐藏节点的值 $h_{1kj}^i \in \{0,1\}$。

步骤 4　根据步骤 3 所求得隐藏节点的值重构可见节点的值，计算可视节点的概率分布 $P(v_{2ki}=1|v_{ik})$，并对 $P(v_{2t}=1|v_{ik})$ 随机采样计算可视节点值 $v_{2ki} \in \{0,1\}$。

步骤 5　根据步骤 4 求得的可视节点值计算隐藏节点值 h_{2k}，并计算隐藏节点的概率分布 $P(h_{2kj}=1|v_{2k})$，采用随机采样得到 $h_{2kj} \in \{0,1\}$。

步骤 6　按照式(10.38)、式(10.39)、式(10.40)更新参数集 $\theta=\{W,b,c\}$。

步骤 7　重复步骤 2～步骤 6，直至符合结束条件。则该层 RBM 模型参数固定。对所有 RBM 所做同步骤 2，直至获取所有 RBM 网络的参数估计值。

步骤 8　重复步骤 2～步骤 7，采用自上而下逐层无监督的贪婪学习算法获得序列权值参数。

步骤 9　采用 BP 算法对 DBN 模型进行微调，根据输入数据和重构数据的损失函数重新调整网络的参数。

深度置信网络对预处理后的表情图像的原始像素信息进行特征学习，通过模型中的预训练和微调，然后提取图像的高级抽象特征，通过 BP 算法进行识别和分类。基于深度置信网络的表情识别算法描述如下。

步骤 1 提取面部表情数据库中图像并进行面部定位、裁剪、归一化等预处理，将其分为训练样本集和测试数据样本集。

步骤 2 对 DBN 模型进行预训练。将训练集以像素级向量形式输入 DBN 可见层，初始化参数，通过采用自上而下逐层无监督的贪婪学习算法，更新序列权值参数。

步骤 3 对 DBN 模型进行微调。完成所有 RBM 训练后，根据输入数据和重构数据的损失函数利用 BP 网络将训练误差后向传播，重新调整网络的参数，以实现 DBN 网络的训练。

步骤 4 判断初始样本向量值和最优权值的重构向量值间的差值是否小于预定值，若是则进行步骤 5，否则返回步骤 3。

步骤 5 将测试数据样本输入 DBN 网络模型进行分类，并输出结果。

当表情图像以像素级图像作为 DBN 的输入时，深度网络对面部表情图像的特征学习和信息提取能力也存在很多缺陷。(1) 深度置信网络（DBN）忽略了图像的二维结构，难以学习到面部图像的局部特征，而面部图像局部结构在面部识别中是非常关键的特征。(2) 以像素级的面部特征作为 DBN 的输入，学习过程在很大程度上受到输入图像质量的影响，若输入图像受到强烈光照影响，则网络可能学习到不利的特征表达。(3) 对表情图像而言，DBN 模型会对每一个检测到的无关特征进行学习，并重复计算，这无疑会增加算法的时间开销。

本节提出的新算法，先采用局部纹理特征算法实现表情图像的初次特征提取，再将其引入深度置信网络，进行二次特征提取及分类。局部纹理特征算法在表情图像的梯度方向、边缘等结构信息和纹理信息等方面，具备更强的捕获和表征细节信息能力，且对光照、噪音也具有更强的顽健性。

10.4.3 融合双韦伯特征的深度置信网络表情识别算法

一般来说，图像检索方法中基于局部特征方法要优于基于全局特征，但仅用局部特征表示图像，又会丢失其全局结构信息。WLD 在提取局部纹理时的有效性，使它在描述面部表情识别的特征方面具有优势，但是它同样无法有效表征整体结构信息。深度学习具有很好的学习功能，但是对于面部表情图像以向量形式的输入，深度学习虽然能学习到图像的高级抽象特征，但对于面部表情的局部结构信息特征仍有不足之处。

将图片以像素级向量形式输入 DBN 时，学习得到图片的高级抽象特征，同时也包含了除表情之外的诸多无关特征，受光照和旋转影响的图片的其他特征也包含在其中。将图片提取的 WLD 特征用在 DBN 自主学习之前形成初次特征，在使 DBN 获取有效的抽象表情特征的同时，也增加了对光照和旋转的顽健性。本文的面部表情识别流程如图 10-18 所示。

该算法将面部表情图像提取到的 WLD 纹理特征作为 DBN 的输入，既能结合两者的优势、弥补不足，又能减少深度学习在学习、训练过程中计算量大的问题，同时由于 WLD 纹理特征具有灰度不变性和旋转不变性等优点，其作为 DBN 的输入时，能兼具局部性和全局性[98]。

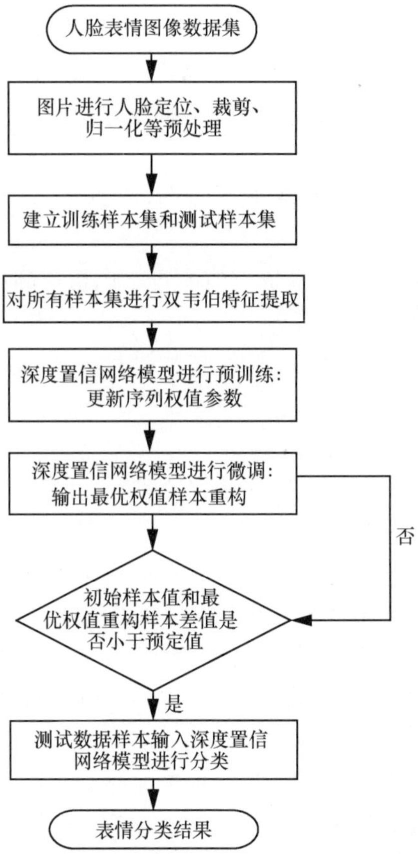

图 10-18　DWLD 的 DBN 面部表情识别流程

融合 DWLD 和 DBN 的面部表情特征来表征人脸表情图像时，深度置信网络的联合分布为

$$P(v,h^1,h^2,\cdots,h^l)=P(v|h^1)P(h^2|h^1)\cdots P(h^{l-1}|h^l) \tag{10.41}$$

其中，v 是表情图像 DWLD 的局部纹理信息，$h^1,h^2,\cdots,h^l$ 是深度置信网络对双韦伯特征学习到的不同等级的抽象特征。因此，抽象特征的优劣性体现了学习网络的有效性，并直接影响识别结果的准确性。算法实验步骤如下。

步骤 1　提取面部表情数据库中图像并进行面部定位、裁剪、归一化等预处理。

步骤 2　对预处理后的图像进行 DWLD 特征提取，采用 3 像素×3 像素窗口，半径 R 为 1，中心像素的邻接像素为 8 个。最后将其分为训练样本集和测试数据样本集。

步骤 3　对 DBN 模型中第 k 层 RBM 进行预训练。初始化参数 $\theta=\{W,b,c\}$，将表情图像的 DWLD 特征输入到网络模型中，获取可视层各节点的值 $v_{1k}\in\{0,1\}$。

步骤 4　根据 $v_{1k}\in\{0,1\}$ 和 $\theta=\{W,b,c\}$，求得隐藏节点的后验概率 $Q(h_{1kj}^i=1|v_{1k})$，采用随机采样法，计算隐藏节点的值 $h_{1kj}^i\in\{0,1\}$。

步骤 5　根据步骤 4 求得的隐藏节点的值重构可见节点的值，计算可视节点的 $P(v_{2ki}=1|v_{ik})$，并对 $P(v_{2t}=1|v_{ik})$ 随机采样计算可视节点值 $v_{2ki}\in\{0,1\}$。

步骤 6　根据步骤 5 求得的可视节点值计算隐藏节点值 h_{2k}，并计算隐藏节点的概念分布 $P(h_{2kj}=1|v_{2k})$，采用随机采样得到 $h_{2kj}\in\{0,1\}$。

步骤 7 按照式(10.38)、式(10.39)、式(10.40)更新参数集 $\theta=\{W,b,c\}$。

步骤 8 重复步骤 3～步骤 7，直至符合结束条件，则该层 RBM 模型参数固定。

步骤 9 重复步骤 3～步骤 8，通过采用自上而下逐层无监督的贪婪学习算法，获得序列权值参数。

步骤 10 采用 BP 算法对 DBN 模型进行微调，根据输入数据和重构数据的损失函数，重新调整网络的参数。

步骤 11 判断初始样本向量值和最优权值的重构向量值间的差值是否小于预定值，是则进行步骤 12，否则返回步骤 10。

步骤 12 将测试数据样本输入 DBN 网络模型进行分类，并输出结果。

10.4.4 实验及分析

本节选择 JAFFE 数据库和 CK（Cohn Kanade）面部库作为实验样本，采用将双韦伯特征引入深度置信网络的算法实现表情识别，并与已有的监督算法进行比较，来进一步验证该算法的性能。JAFFE 数据库中有总计 213 幅图片，分辨率为 256 像素×256 像素，是 10 个日本女学生的每人 7 种表情，包含了 6 种基本表情和 1 种中性表情，每种表情 2～4 幅图像。CK 数据库包含的表情图片要比 JAFFE 数据库更多，包含了 210 个人，共约 2 000 个正面的人脸表情图像，分辨率为 640 像素×490 像素，也包含了带中性表情在内的 7 种表情。选取了其中 470 幅带标签的图像进行交叉验证。

为了测试本章引入的双韦伯特征对表情识别率的影响，本节实验在 JAFFE 数据库和 CK 面部库中，分别使用 DBN 算法、WLD+DBN 算法和 DWLD＋DBN 算法进行识别率比较。由于 DBN 本身并无识别功能，所以在 DBN 顶层设置 BP 神经网络，用于微调整个网络，使用 JAFFE 表情数据库时，经过多次实验，当 DBN 参数中隐藏节点数为 300 时，隐藏层数分别为 1、2、3，实验结果如表 10-1 所示；当隐藏层数为 1 时，隐藏层的节点数分别为 50、100、300、500，实验结果如表 10-2 所示。由此可以看出，识别率并非随着隐藏层数的增加而增加，这可能是因为随着深度增加导致的 RBM 重构误差累加，且 BP 算法的累加误差过大。

表 10-1 在 JAFFE 数据库中 DBN、DBN+WLD 与 DBN+DWLD 在不同隐藏层数的识别结果

算法	1	2	3
DBN	86.91%	83.38%	40.95%
WLD+DBN	90.23%	87.54%	44.36%
DWLD+DBN	92.66%	88.12%	45.11%

表 10-2 在 JAFFE 数据库中 DBN、DBN+WLD 与 DBN+DWLD 在不用隐藏节点数的识别结果

算法	50	100	300	500
DBN	81.42%	84.76%	86.91%	71.42%
WLD+DBN	83.37%	85.21%	90.23%	79.56%
DWLD+DBN	84.69%	87.34%	92.66%	81.33%

在 DWLD+DBN 表现最好时，其 7 种表情的实验结果如表 10-3 所示，平均识别率达 92.66%。7 种表情中，有 4 种表情的正确识别率在 90%以上，其中中性表情的识别率接近 100%，

识别效果较为理想，而高兴、讨厌和害怕这 3 种表情在某种程度上容易产生混淆，其平均识别率为 85.19%。

表 10-3　DWLD+DBN 在 JAFFE 面部库时各种表情的正确识别率

表情	生气	高兴	悲伤	惊奇	讨厌	害怕	中性
生气	93.33%	0.00%	0.00%	0.00%	3.27%	3.40%	0.00%
高兴	0.00%	88.17%	2.72%	2.05%	0.00%	0.00%	7.06%
悲伤	0.00%	2.07%	97.90%	0.00%	0.00%	0.00%	1.03%
惊奇	0.00%	2.11%	0.00%	95.87%	0.00%	2.02%	0.00%
讨厌	3.25%	0.00%	3.65%	0.00%	84.83%	8.27%	0.00%
害怕	0.00%	0.00%	3.02%	2.75%	2.54%	88.56%	2.91%
中性	0.00%	0.03%	0.00%	0.00%	0.00%	0.00%	99.97%

同时，本节使用 JAFFE 数据库对不同算法的时间消耗进行了比较，实验结果如表 10-4 所示。可以看出，当对表情数据库中的图像进行韦伯特征初次提取时，深度置信网络中的训练时间和分类时间都有所减少，其中，WLD+DBN 消耗的总时间比 DBN 时间减少 13.89%，DWLD+DBN 消耗的总时间也比 DBN 少。这是因为将图像的局部纹理特征作为深度置信网络的输入时，由于纹理特征对光照和噪音的顽健性强，使深度置信网络在对其进行特征学习时能排除这些与识别无关的冗余信息的干扰和学习；其次，DBN 对初次特征信息进行学习时，是对有效的、抽象的特征性数据进行学习和联系，这也会减少深度置信网络对以像素级为输入的图像的无效学习和联系。因此，通过融合双韦伯特征，能有效减少深度置信网络的学习、分类时间和计算量。

表 10-4　在 JAFFE 数据库中不同算法在训练和识别所消耗的时间

隐藏层节点数	算法	训练时间/s	识别时间/s	总消耗时间/s
300	DBN	25.38%	2.08%	27.46%
	WLD+DBN	22.46%	1.65%	24.11%
	DWLD+DBN	24.67%	1.73%	26.40%
500	DBN	51.79%	2.47%	54.26%
	WLD+DBN	49.08%	1.94%	51.02%
	DWLD+DBN	49.23%	2.05%	51.28%

使用 CK 表情数据库时，经过多次实验，当 DBN 参数中隐藏节点数为 500 时，隐藏层数分别为 1、2、3，实验结果如表 10-5 所示；当隐藏层数为 1 时，隐藏层的节点数分别为 50、100、300、500，实验结果如表 10-6 所示。

表 10-5　在 CK 数据库中 DBN、DBN+WLD 与 DBN+DWLD 在不同隐藏层数的识别结果

算法	1	2	3
DBN	94.16%	87.14%	60.05%
WLD+DBN	95.53%	89.26%	64.26%
DWLD+DBN	96.57%	92.72%	65.13%

表 10-6 在 CK 数据库中 DBN、DBN+WLD 与 DBN+DWLD 在不用隐藏节点数的识别结果

算法	50	100	300	500
DBN	83.79%	85.67%	88.21%	94.16%
WLD+DBN	86.19%	86.93%	91.45%	95.53%
DWLD+DBN	87.54%	90.25%	93.86%	96.57%

本节在 CK 数据库中对不同算法的时间消耗进行了比较，实验结果如表 10-7 所示。从实验结果可以看到，WLD+DBN 消耗的总时间比 DBN 时间减少 15.40%，同样，DWLD+DBN 消耗的总时间也比 DBN 少。这也再次验证了将双韦伯特征作为深度置信网络的输入时，能有效减少深度置信网络对冗余信息的学习和计算，以减少深度置信网络在提取图像高级抽象特征时的计算量，以达到提高算法性能的目的。

表 10-7 在 CK 数据库中不同算法在训练和识别所消耗的时间

隐藏层节点数	算法	训练时间/s	识别时间/s	总消耗时间/s
300	DBN	50.76	2.16	52.92
	WLD+DBN	44.92	3.30	48.22
	DWLD+DBN	49.34	3.46	52.90
500	DBN	103.58	4.94	108.52
	WLD+DBN	90.16	3.88	94.04
	DWLD+DBN	92.46	4.10	106.56

使用 CK 面部库时，经过多次实验，当 DBN 参数中隐藏层数设置为 1 时，以及隐藏节点数为 500 时，本章所提方法的识别效果最好，平均识别率为 96.57%。实验结果分别如表 10-8 所示。

表 10-8 DWLD+DBN 在 CK 面部库时各种表情的正确识别率

表情	生气	高兴	悲伤	惊奇	讨厌	害怕	中性
生气	97.82%	0.00%	0.00%	0.00%	2.18%	0.00%	0.00%
高兴	0.00%	96.93%	1.02%	0.00%	0.00%	0.00%	2.07%
悲伤	0.00%	1.10%	96.76%	0.00%	0.00%	0.00%	2.14%
惊奇	0.00%	1.21%	0.00%	98.79%	0.00%	3.02%	0.00%
讨厌	0.80%	0.00%	1.40%	0.00%	95.62%	2.28%	0.00%
害怕	0.00%	0.00%	1.59%	1.21%	0.00%	96.41%	0.79%
中性	1.76%	2.21%	1.03%	0.00%	0.75%	0.59%	93.66%

将本章所提出算法分别与常用的算法进行比较，如局部微分模式（LDP，Local derivative pattern）的特征提取算法分别与支持向量机（SVM，support vector machine）和 K 邻近算法（KNN，K-Nearest Neighbor）相结合的算法，Gabor 小波变换分别与 SVM 与 KNN 相结合，主成分分析法（PCA，principal component analysis）分别与 SVM 与 KNN 相结合，比较结果如表 10-9 所示。从实验结果可以看出，本章所提的算法在平均识别率上略有提高。事实上，DBN 的学习能力非常好，尤其是隐藏层数和隐藏节点数越多时，学习效果越强，但是由于

JAFFE 数据库总样本比较小，所以在本实验中，隐藏层数是 1，隐藏节点数为 300，正确率最高。在 CK 数据库中，则是隐藏层数是 1，隐藏节点数为 500 时达到最好的识别效果。

表 10-9　不同算法分别在 JAFFE 数据库和 CK 面部库正确识别率

算法	JAFFE 数据库平均识别率	CK 数据库平均识别率
LDP+KNN	86.32%	90.65%
Gabor+KNN	85.43%	92.76%
PCA+KNN	83.91%	88.25%
PCA+SVM	85.71%	91.53%
Gabor+SVM	81.71%	89.52%
LDP+SVM	85.4%	93.43%
DBN	86.91%	94.16%
WLD+DBN	90.23%	95.53%
DWLD+DBN	92.66%	96.57%

10.5　小　结

本章在综述国内外面部表情识别技术研究成果的基础上，提出了改进的面部表情识别算法，重点对特征提取过程进行优化，主要成果和创新点总结如下。

（1）对人脸表情识别中特征提取方法进行改进，针对传统韦伯局部描述子在局部特征提取时存在的不足，提出了双韦伯局部描述子的概念。在计算图像的方向算子时，双韦伯特征增加了中心像素点的参照像素数量，增强了算法对纹理细节的表征能力。

（2）提出了融合双韦伯特征的深度置信网络表情识别算法。该算法先对表情图像进行初次改进韦伯特征提取，再将其引入到深度置信网络进行二次学习和识别。将双韦伯特征引入到深度置信网络中的算法，结合 2 种特征提取的互补优势，改善了韦伯特征局部特征在提取面部表情图像整体纹理结构信息上的不足和深度学习对图片局部纹理的结构信息学习的缺陷，同时双韦伯特征作为深度置信网络的输入能减少其对冗余信息的学习和联系，使深度学习的学习速度得到明显提高。通过进行韦伯特征与深度置信网络的特征融合，最终在 BP 分类器下得到了较好的分类效果。

第11章 结论与展望

粒计算是信息处理的一种新的概念和计算范式，覆盖了所有和粒度相关的理论、方法、技术和工具的信息，主要用于描述和处理不确定的、模糊的、不完整的和海量的信息，以及提供一种基于粒和粒之间关系的问题求解方法。粒计算的基本思想是在问题求解中粒的使用，它通过粒对现实问题的抽象、粒之间的关系、粒的分解和合成以及粒或者粒层之间的转换来描述和解决问题。

粒计算，通俗地讲，就是以粒为单位来进行计算。粒是人们对现实的抽象，它的目标是建立高效的以用户为中心的对于外部世界的观点，从而支持和帮助人们对周围物理和虚拟世界进行感知。人们具有根据具体的任务特性将相关数据和知识抽象或者泛化成不同程度、不同大小的粒的能力，以及进一步根据这些粒和粒之间的关系进行求解的能力。基于这样的思想，本文提出并研究了粒度格矩阵空间模型及其在不同领域的应用。

11.1 本书的主要贡献

本书提出并研究了一种新的粒计算模型——粒度格矩阵空间模型，该模型的建立源于人类智能的一个重要特点：人们不仅具有从极不相同的粒度上观察和分析同一问题的能力，更具有根据特定背景把相应的数据、知识建立成适合问题求解的粒度空间的能力。因此，该模型不仅能对知识和信息进行不同层次和粗细程度的粒化，体现粒化后粒之间的关系，而且可以根据具体的情况，实现在不同粒和粒层之间进行跳跃和往返，从而提供一种知识发现和问题描述的新方法和途径。主要贡献包括以下几部分。

（1）结合粒的直观概念和逻辑推理的特点来对粒、粒化及粒空间进行严格定义，提出了粒度格矩阵空间模型，将商空间理论、粗糙集方法及模糊集理论统一到该模型上。该模型不仅继承了粗糙集和商空间的清晰粒的概念，而且吸收了模糊集处理不精确问题的方法，同样具有在模糊空间下处理问题的能力。

（2）自始至终都贯穿了粒度格矩阵，对其在二进制粒度空间和模糊空间下的性质和定理进行了阐述和证明。粒度格矩阵搭建了关系、粒、矩阵理论以及图论之间的一座桥梁，成为刻画新粒度模型的软工具。

（3）以完备信息系统作为知识发现的对象，通过信息系统的粒化，将其转化为粒度格矩阵空间下的知识体系，并以粒度格矩阵作为运算途径进行知识约简。

（4）鉴于经典粗糙集分类过程的非动态性容易导致决策规则挖掘的非动态性，提出了一种基于新模型的具有动态粒度的决策规则挖掘算法。

（5）以不完备信息系统为研究对象，通过构造相容粒进行知识粒化，将原系统转化为粒度格矩阵空间，提供了知识约简的算法。

（6）提出了基于粒度格矩阵空间的动态聚类算法，重新定义了距离公式，采用“粗”和“细”的动态粒度，在降低计算复杂度的同时，提高了聚类的准确性。从应用的角度验证了新粒度模型的可行性和有效性。

（7）提出了基于新模型的图像分割算法。该算法基于图像分割问题与粒度划分的统一性，将图像转化为具有分层结构的知识体系，构造了多个单元粒度层，通过各单元粒度层分割的粒度合成得到最终的分割效果。实验证明该算法对边缘细化的处理有明显的效果。

（8）提出了基于粒计算模型的视频镜头边界检测、关键帧提取、人脸检测识别等算法，定义了视频图像特征多粒度空间融合，及粗糙粒的肤色过滤用于人脸检测识别，对粒计算在视频图像分析领域的应用进行了积极探索。

11.2　下一步研究工作

粒计算作为一个独立领域的模型和应用研究尚属于一个新兴的领域，其研究和发展尚处于初级阶段。本文受知识发现、数据挖掘和图像分割基本理念的启发，主要从知识发现的角度对粒计算理论进行了研究，提出了粒度格矩阵空间模型，并将其应用在一些相关领域。目前，还有许多有意义的工作有待进一步研究。

首先，本文建立了新模型，并且就其基本定义和定理进行了必要的阐述和证明。然而，该模型还有很大的发展空间，如在该模型上定义粒的运算以及粒度格矩阵的运算，还有很多性质和原理需要进一步去完善和挖掘。

其次，在一些具体问题中，如第 3 章基于该模型的知识约简算法，仅从理论和应用实例上证明了该算法的有效性和合理性，还需要进一步从空间复杂度和时间复杂度两方面证明该算法的高效性。

最后，在视频图像处理领域作了探索性的研究。通过研究发现，该模型以粒度格矩阵为载体，完全符合视频图像像素的矩阵描述方式，提高了算法的效率。然而，该模型还可以解决视频图像处理中更为广泛的问题，这将是下一步的工作重点。

参考文献

[1] ZADEH L A. Fuzzy sets[J]. Information and Control, 1965, 8(3): 338-353.

[2] ZADEH L A. Fuzzy sets and information granularity[C]//Advances in Fuzzy Set Theory and Applications. 1979: 3-18.

[3] ZADEH L A. Fuzzy logic=computing with words[J]. IEEE Transactions on Fuzzy Systems, 1996, 4(2): 103-111.

[4] ZADEH L A. Some reflections on soft computing, granular computing and their roles in the conception, design and utilization of information/intelligent systems[J]. Soft Computing, 1998, 2(1): 23-25.

[5] ZADEH L A. Toward a theory of fuzzy information granulation and its centrality in human reasoning and fuzzy logic[J]. Fuzzy Sets & Systems, 1997, 90(2): 111-127.

[6] PAWLAK Z. Rough sets[J]. International Journal of Computer & Information Sciences, 1982, 11(5): 341-356.

[7] PAWLAK Z. Rough sets: theoretical aspects of reasoning about data[M]. Kluwer Academic Publishers, 1991.

[8] 张钹, 张铃. 问题求解理论及应用[M]. 北京: 清华大学出版社, 1990: 1-476.

[9] YAO Y. A Partition model of granular computing[J]. LNCS Transactions on Rough Sets, 2004, 3100: 232-253.

[10] LIN T Y. Granular computing on binary relations Ⅰ: data mining and neighborhood systems Ⅱ: rough set representations and belief functions, rough sets in knowledge discovery[M]. Physica-Verlag, 1998.

[11] MA J M, ZHANG W X, LI T J. A covering model of granular computing[C]//Proceeding of the Fourth International Conference on Maching Learing and Cybernetics. 2005: 1625-1630.

[12] WANG G Y, HU F, HUANG H, et al. A granular computing model based on tolerance relation[J]. The Journal of China Universities of Posts and Telecommunications, 2005, 12(3): 86-90.

[13] ZHENG Z, HU H, SHI Z Z. Tolerance relation based information granular space[J]. Lecture Notes in Computer Science, 2005, 3641: 682-691.

[14] HU J, WANG G, ZHANG Q. Uncertainty measure of covering generated rough set[C]//2006 IEEE/WIC/ACM International Conference on Web Intelligence and Intelligent Agent Technology. 2006: 498-504.

[15] WILLE R. Restructuring lattice theory: an approach based on hierarchies of concepts[C]//Rival I, Ordered Sets. 1982: 445- 470.

[16] 杜伟林, 苗夺谦, 李道国, 等. 概念格与粒度划分的相关性分析[J]. 计算机科学, 2005, 32(12): 181-187.

[17] 范世青, 张文修. 模糊概念格与模糊推理[J]. 模糊系统与数学, 2016, 20(1): 11-17.

[18] 王虹, 张文修. 形式概念分析与粗糙集的比较研究[J]. 计算机工程, 2006, 32(8): 42-44.

[19] 宋笑雪, 张文修. 形式概念分析与集值信息系统[J]. 计算机科学, 2007, 34(11): 129-131.

[20] 曲开社, 翟岩慧, 梁吉业, 等. 形式概念分析对粗糙集理论的表示及扩展[J]. 软件学报, 2007, 18(9): 2174-2182.

[21] 李道国，苗夺谦，杜伟林. 粒度计算在人工神经网络中的应用[J]. 同济大学学报(自然科学版)，2006，34(7): 960-964.

[22] 张旻，程加兴. 基于粒度计算和覆盖算法的信号样式识别[J]. 计算机工程与应用，2003，39(24): 56-59.

[23] 徐银，周文江，王伦文. 基于构造型神经网络和商空间粒度的聚类方法[J]. 计算机工程与应用，2007，43(29): 165-167.

[24] 于漫，朱岩. 集中式粗粒度分布并行模型和并行进化神经网络[J]. 系统工程理论与实践，2003，23(6): 74-79.

[25] 胡玉兰，潘福成，梁英. 基于种群规模可变的粗粒度并行遗传算法[J]. 小型微型计算机系统，2003，24(3): 534-536.

[26] YAO Y Y, ZHONG N. Granular computing using information table[C]//Data Ming, Rough Sets and Granular Computing. 2000: 102-124.

[27] LI Y F, ZHONG N. Interpretations of association rules by granular computing[C]//Proceedings of 2003 IEEE International Conference in Data Mining. 2003: 593-596.

[28] 刘斓，刘清. 基于粒的二进制运算的关联规则提取方法[J]. 南昌大学学报(理科版)，2003，27(1): 98-101.

[29] 张钹，张铃. 商空间理论与粒度计算[C]//第三届中国 Rough 集与软计算机学术研讨会. 2003: 1-3.

[30] 刘仁金，黄贤武. 图像分割的商空间粒度原理[J]. 计算机学报，2005，28(10): 1680-1685.

[31] 张向荣，谭山，焦李成. 基于商空间粒度计算的 SAR 图像分类[J]. 计算机学报，2007，30(3): 483-490.

[32] 李文，孙辉，陈善本. 一种建立模糊模型的粗糙集方法[J]. 控制理论与应用，2001，18(1): 69-75.

[33] HU X H, LIN T Y, HAN J C. A new rough sets model based on database systems[C]//International Conference on Rough Sets. 2003: 114-121.

[34] SELIM S Z, ISMAIL M A. K-Means-Type algorithms: a generalized convergence theorem and characterization of local optimality[J]. IEEE Transactions on Pattern Analysis and Machine Intelligence, 1984, 6(1): 81-87.

[35] ESTER M, KRIEGEL H P, SANDER J, et al. A density-based algorithm for discovering clusters in large spatial databases with noise[C]//KDD'96 Proceedings of the Second International Conference on Knowledge Discovery and Data Mining. 1996: 226-231.

[36] WANG W, YANG J, MUNTZ R R. A statistical information grid approach to spatial data mining[C]//VLDB '97 Proceedings of the 23rd International Conference on Very Large Data Bases. 1997: 186-195.

[37] 郝晓丽. 基于小生境技术和聚类分析的人工免疫算法[J]. 计算机科学，2007，34(9): 135-138.

[38] XIE K M, HAO X L, XIE J. Parallel artificial immune clustering algorithm based on granular computing[C]//Rough Sets, Fuzzy Sets, Data Mining and Granular Computing. 2007: 208-215.

[39] 郝晓丽. 基于并行人工免疫算法的变精度属性约简[J]. 计算机工程与应用，2007，43(21): 173-176.

[40] 郝晓丽，张靖. 基于自适应聚类算法的 RBF 神经网络分类器设计与实现[J]. 计算机科学，2014，41(6): 260-263.

[41] 郝晓丽. 基于动态粒度的并行免疫聚类算法[J]. 计算机工程，2007，33(23): 194-196.

[42] HAO X L, LIANG B, DUAN F. Dynamic clustering algorithm based on granular lattice matrix space model[C]//2010 The 2nd International Workshop on Intelligent Systems and Applications. 2010: 1-4.

[43] 易国华. 基于粗糙集和模糊集理论的数字图像增强方法[J]. 仪器仪表学报，2004，25(4): 533-537.

[44] MURTHY C A, PAL S K. Histogram Thresholding by minimizing gray level fuzziness[J]. Information Sciences, 1992, 60(1-2): 107-135.

[45] HAO X L, LI D G. Image segmentation based on dynamic granular algorithm[J]. Journal of Computational Information Systems, 2012, 8(20): 8277-8284.

[46] XIE K M, HAO X L, XIE J. Image segmentation algorithm based on granular lattice matrix space[C]//2009 IEEE International Conference on Granular Computing. 2009: 616-619.

[47] HAO X L, XIE K M, LI E Q. Image segmentation algorithm based on hierarchal granulation model of variable precision[C]//7th World Congress on Intelligent Control and Automation. 2008: 9255-9259.

[48] HAO X L, LIN R, DUAN F. Image segmentation algorithm of variable precision based on granular matrix model[C]//International Workshop on Intelligent Systems and Applications. 2009: 1-4.

[49] 郝晓丽. 粒度格矩阵空间模型及其应用研究[D]. 太原: 太原理工大学, 2009.

[50] FENG H, YUAN X, WEI M, et al. A shot boundary detection method based on color space[C]//The International Conference on E-business and E-Government. 2010: 1647-1650.

[51] WANG J Z, LI J, GRAY R M, et al. Unsupervised multiresolution segmentation for images with low depth of field[J]. IEEE Transactions on Pattern Analysis and Machine Intelligence, 2001, 23(1): 85-90.

[52] ZABIH R, MILLER J, MAI K. A feature-based algorithm for detecting and classifying production effects[J]. Multimedia Systems, 1999, 7(2): 119-128.

[53] DAILIANAS A, ALLEN R B. Comparison of automatic video segmentation algorithms[C]//Proceedings of The International Society for Optical Engineering. 1996, 2615: 2-16.

[54] SMEATON A F, OVER P, DOHERTY A R. Video shot boundary detection: seven years of TRECVid activity[J]. Computer Vision and Image Understanding, 2010, 114(4): 411-418.

[55] 常虹, 张明. 一种基于支持向量机的镜头边界检测算法[J]. 现代计算机, 2016, 7(20): 73-77.

[56] NAGASAKA A, TANAKA Y. Automatic Video Indexing and Full-Video Search for Object Appearances[C]//Second Working Conference on Visual Database Systems II, 1991: 113-127.

[57] YEUNG M M, LIU B. Efficient matching and clustering of video shots[C]//International Conference on Image Processing, 1995: 338-341.

[58] WOLF W. Key frame selection by motion analysis[C]//IEEE International Conference on Acoustics, Speech and Signal Processing Conference. 1996: 1228-1231.

[59] 高永. 基于信息熵的关键帧提取算法的研究与实现[D]. 太原: 太原理工大学, 2018.

[60] 高永, 郝晓丽, 吕进来. 互信息熵和 Prewitt 差测度的 Lasso 模型关键帧提取[J]. 中国科技论文, 2017, 12 (20): 2342-2348.

[61] 刘华咏, 李涛. 基于改进分块颜色特征和二次提取的关键帧提取算法[J]. 计算机科学, 2015, 42(12): 307-311.

[62] ZHENG R, YAO C W, JIN H, et al. Parallel key frame extraction for surveillance video service in a smart city[J]. Plos One, 2015, 10(8): e0135694.

[63] 杨瑞琴. 视频频检索中镜头分割及关键帧提取技术的研究[D]. 太原: 太原理工大学, 2018.

[64] WANG Q, SHEN Y, ZHANG J Q. A nonlinear correlation measure for multivariable data set[J]. Physica D Nonlinear Phenomena, 2005, 200(3–4): 287-295.

[65] QU Z, LIN L, GAO T, et al. An improved keyframe extraction method based on HSV colour space[J]. Journal of Software, 2013, 8(7): 1751-1758.

[66] DHAGDI S T, DESHMUKH P R. New technique for keyframe extraction using block based histogram[J]. International Journal of Advanced Research in Computer Science, 2012, 3(3): 794-799.

[67] SHI Y, YANG H, GONG M, et al. A fast and robust key frame extraction method for video copyright protection[J]. Journal of Electrical and Computer Engineering, 2017(3): 1-7.

[68] RAO P C, DAS M M. Keyframe extraction method using contourlet transform[C]//The 2012 International Conference on Electronics, Communications and Control, 2012: 437-440.

[69] ANGADI S, NAIK V. Shot boundary detection and key frame extraction for sports video summarization based on spectral entropy and mutual information[C]//The Fourth International Conference on Signal and Image Processing. 2013, 221(2): 81-97.

[70] LIU H Y, HAO H F, TAO L I. Key frame extraction algorithm based on video clustering[J]. Internet of Things Technologies, 2014.

[71] 姜军, 张桂林. 一种基于知识的快速人脸检测方法[J]. 中国图象图形学报, 2002, 7(1): 6-10.

[72] HAO X L, XU X, LI D A. Facial recognition by PCA-LDA algorithm based on parallel clone selection algorithm[J]. Computational Information Systems, 2013, 9(16): 6587-6594.

[73] DEVADETHAN S, TITUS G, PURUSHOTHAMAN S. Face detection and facial feature extraction based on a fusion of knowledge based method and morphological image processing[C]//Annual International Conference on Emerging Research Areas: Magnetics, Machines and Drives. 2014: 1-5.

[74] ERDEM C E, ULUKAYA S, KARAALI A, et al. Combining Haar feature and skin color based classifiers for face detection[C]//IEEE International Conference on Acoustics, Speech and Signal Processing. 2011: 1497-1500.

[75] OSUNA E, FREUND R, GIROSI F. Training support vector machines: an application to face detection[C]//Proceedings of IEEE Computer Society Conference on Computer Vision and Pattern Recognition. 1997: 130-136.

[76] 徐前, 赵德安, 赵建波. 基于改进的 Adaboost 算法的人脸检测与定位[J]. 传感器与微系统, 2010, 29(1): 94-97.

[77] 房宜汕. 基于改进 Adaboost 的快速人脸检测算法[J]. 计算机应用与软件, 2013, 30(8): 271-274.

[78] 徐信. 基于 Adaboost 人脸检测算法的研究及实现[D]. 太原: 太原理工大学, 2015.

[79] 徐信, 郝晓丽, 王芳. 基于 Adaboost 算法的远距离人脸检测[J]. 计算机工程与设计, 2015, 4(36): 983-986.

[80] 王文成, 常发亮. 一种基于区域投影的人眼精确定位方法[J]. 光电子: 激光, 2011, 22(4): 618-622.

[81] 黄万军, 尹宝才, 陈通波, 等. 基于三维可变形模板的眼睛特征提取[J]. 计算机研究与发展, 2002, 39(4): 495-501.

[82] HSIEH C T, LAI E, SHEN C L, et al. A simple and effective real-time eyes detection human detection without training procedure[C]//The 6th WSEAS International Conference on Signal, Speech and Image Processing. 2006: 215-220.

[83] ZHU Z, JI Q, FUJIMURA K, et al. Combining kalman filtering and mean shift for real time eye tracking under active IR illumination[C]//International Conference on Pattern Recognition. 2002: 318-321.

[84] 王丽. 基于视频序列的人眼检测与跟踪的研究及应用[D]. 太原: 太原理工大学, 2016.

[85] 王丽, 郝晓丽. 基于 Kalman 滤波器和改进 Camshift 算法的双眼跟踪[J]. 微电子学与计算机, 2016, 33 (6): 109-112.

[86] SUWA M, SUGIE N, FUJIMORA K. A preliminary note on pattern recognition of human emotional expression[C]//International Joint Conference on Pattern Recognition. 1978: 408-410.

[87] KANADE T. Recognizing action units for facial expression analysis[J]. Pattern Analysis & Machine Intelligence IEEE Transactions on, 2001, 23(2): 97-115.

[88] KANAN H R, AHMADY M. Recognition of facial expressions using locally weighted and adjusted order Pseudo Zernike Moments[C]//International Conference on Pattern Recognition. 2012: 3419-3422.

[89] XIAO Y, CHANDRASIRI N P, TADOKORO Y, et al. Recognition of facial expressions using 2D DCT and neural network[J]. Electronics and Communications in Japan (Part III Fundamental Electronic Science). 1999, 82(7): 1-11.

[90] HSIEH C C, HSIH M H, JIANG M K, et al. Effective semantic features for facial expressions recognition using SVM[J]. Multimedia Tools and Applications, 2016, 75(11): 6663-6682.

[91] 高文, 金辉. 面部表情图像的分析与识别[J]. 计算机学报, 1997, 20(9): 782-789.

[92] 徐文明. 基于核函数的判别分析研究[D]. 南京: 东南大学, 2004.

[93] 徐文晖, 孙正兴. 面向视频序列表情分类的 LSVM 算法[J]. 计算机辅助设计与图形学学报, 2009, 21(4): 542-548.

[94] 李雅倩, 李颖杰, 李海滨, 等. 融合全局与局部多样性特征的人脸表情识别[J]. 光学学报, 2014, 34(5): 172-178.

[95] WANG X H, JIN C, REN F J, et al. Research on facial expression recognition based on pyramid Weber local descriptor and the Dempster—Shafer theory of evidence[J]. Journal of Image and Graphics, 2014, 19(9): 1297-1305.

[96] 田苗. 融合双韦伯特征的深度置信网络表情识别[D]. 太原: 太原理工大学, 2017.

[97] 郝晓丽, 田苗. 基于双韦伯算子的深度置信网络表情识别算法[J]. 中北大学学报(自然科学版), 2017, 38(6): 628-631.

[98] HAO X L, TIAN M. Deep belief network based on double weber local descriptor in micro-expression recognition[C]//International Conference on Multimedia and Ubiquitous Engineering International Conference on Future Information Technology. 2017: 419-425.